STUDIES ON GERSONIDES

COLLECTION DE TRAVAUX DE L'ACADÉMIE INTERNATIONALE D'HISTOIRE DES SCIENCES

JOHN D. NORTH

Rédacteur en chef

TOME 36

STUDIES ON GERSONIDES

A FOURTEENTH-CENTURY JEWISH PHILOSOPHER-SCIENTIST

EDITED BY

GAD FREUDENTHAL

E.J. BRILL
LEIDEN • NEW YORK • KÖLN
1992

The paper in this book meets the guidelines for permanence and durability of the Committee on Production Guidelines for Book Longevity of the Council on Library Resources.

Library of Congress Cataloging-in-Publication Data

Studies on Gersonides: a fourteenth-century Jewish philosopher-scientist / edited by Gad Freudenthal.
p. cm.—(Collection de travaux de l'Académie internationale d'histoire des sciences, ISSN 0169-7897; t. 36)
Includes bibliographical references and index.
ISBN 9004096418 (cloth: alk. paper)
1. Levi ben Gershom, 1288-1344—Knowledge—Science. 2. Levi ben Gershom, 1288-1344—Knowledge—Astronomy. 3. Science, Medieval. 4. Astronomy, Medieval. 5. Scientists, Jewish—France—Biography. 6. Philosophers, Jewish—France—Biography. I. Freudenthal, Gad. II. Series: Collection des travaux de l'Académie internationale d'histoire des sciences; no. 36.
Q143.L57S78 1992
509.2—dc20
[B] 92-31896
CIP

ISSN 0169-7897
ISBN 90 04 09641 8

PRINTED IN THE NETHERLANDS

TABLE OF CONTENTS

AVANT-PROPOS
PETIT HISTORIQUE DU VOLUME ET REMERCIEMENTS

Le sept-centième anniversaire de la naissance de Rabbi Lévi ben Gershom, Gersonide, a donné lieu en 1988 à différentes manifestations scientifiques en l'honneur du savant d'Orange. L'Association Pro-Peyresq (Bruxelles) et, en son sein, Monsieur Simon Diner (Paris) ont pris l'initiative d'organiser un colloque consacré plus spécifiquement à Gersonide homme de science. Ce colloque, intitulé "Gersonide et la science en son temps" et dont le programme scientifique fut établi par Monsieur Bernard R. Goldstein (Pittsburgh), s'est tenu, avec le soutien financier généreux de Madame Mady Smets, Présidente de l'Association Pro-Peyresq, du 27 au 29 juin 1988, dans le beau village de Peyresq (Alpes de Haute Provence), en une ambiance exceptionnellement agréable. Il est à l'origine du présent volume.

Selon une conception répandue, nul colloque ne mérite ce nom si sa mémoire n'est pas perpétuée par des actes. Aussi m'a-t-il été proposé à l'issue du Colloque de Peyresq d'assumer la responsabilité de la publication de ses actes. Ce que, insouciant, j'ai accepté, considérant que les contributions présentées au Colloque ont véritablement élargi nos connaissances sur ce savant exceptionnel que fut Gersonide.

Les *Studies on Gersonides* que je présente ici, trois ans plus tard, sont pourtant bien plus que les actes du Colloque. En effet, trois personnes qui n'étaient pas elles-mêmes présentes à Peyresq (MM. Davidson et Kellner et Mme Weil-Guény) ont accepté mon invitation à collaborer au présent volume: leurs contributions, on le constatera, ne sont pas des moindres. De même, M. Tony Lévy a remplacé sa contribution au Colloque par une autre. Enfin, les dix autres participants au Colloque de Peyresq qui ont contribué au présent volume ont pratiquement tous complètement réécrit et refondu leurs travaux: la longueur même de certains articles en témoigne!

Même si ce volume collectif s'est ainsi considérablement éloigné de ses origines à Peyresq, il reste néanmoins tributaire dans une large mesure des choix initiaux faits par M. Goldstein, qui a ainsi participé de façon substantielle à sa constitution: qu'il en soit ici chaleureusement remercié.

De nos jours, celui à qui se voit confiée la responsabilité de la publication d'un ouvrage, collectif ou non, s'apparente à un entrepreneur: il a un produit idéel, et il cherche des capitaux qui en permettront la matérialisation. En effet, la publication d'un livre savant ne saurait guère se faire sans subventions, surtout si l'ouvrage est en français, ne serait-ce que partiellement. Créer les conditions matérielles nécessaires à la publication du présent ouvrage s'est avéré être une tâche plus difficile que je ne l'avais prévu. A ma grande surprise, et indignation, le Centre National de la Recherche Scientifique (C.N.R.S.) a refusé d'octroyer une subvention régulière à la publication de l'ouvrage, alors pourtant que celui-ci porte sur l'un des plus grands savants médiévaux ayant vécu sur le sol de la France actuelle (et que, de surcroît, quatre de ses propres chercheurs, dont le soussigné, y participent). Cette décision regrettable fut pour moi le signal de départ de l'initiation à une nouvelle pratique, que j'avais ignorée jusque-là, la quête de bienfaiteurs et organismes privés de soutien à la publication savante.

Nombreux sont les amis et les collègues qui, au début de cette nouvelle carrière (heureusement demeurée partielle), m'ont aiguillé et conseillé, ou sont intervenus afin d'appuyer mes demandes de soutien: Alan C. Bowen (Princeton), Karine Chemla (Paris), Herbert A. Davidson (Los Angeles), Simon Diner (Paris), Bernard R. Goldstein (Pittsburgh), Menachem Kellner (Haifa), Y. Tzvi Langermann (Jérusalem), David B. Ruderman (Yale), Joseph Shatzmiller (Toronto et Lyon), Sarah Stroumsa (Jérusalem). Ce m'est un devoir très agréable de leur exprimer ici mes très vifs remerciements.

L'ouvrage paraît en effet grâce au soutien généreux de deux institutions et d'une association privée: toutes trois, détail appréciable, ont accordé leur aide rapidement et sans la moindre lourdeur bureaucratique. Elles sont mentionnées ici selon l'ordre chronologique de réception de leurs aides respectives: The Joseph Meyerhoff Fund (Baltimore), l'Association Pro-Peyresq (Bruxelles), et The Lucius Littauer Foundation (New York). Je leur exprime ma profonde gratitude pour leur précieux soutien, soutien sans lequel le présent ouvrage n'aurait pas vu le jour.

Madame Donna Evleth et Madame Juliane Lay (Paris) ont préparé le manuscrit pour la publication: qu'elles en soient chaleureusement remerciées. Nous avons cependant décidé de laisser à chaque auteur la liberté de choisir son propre système de notes et de références et n'avons pas procédé à une harmonisation systématique des translittérations de l'hébreu et de l'arabe.

G.F.

PRÉSENTATION

Nombreux sont les savants juifs d'expression hébraïque qui, entre les XIIIe et XVe siècles, étudièrent les sciences dans la France méridionale et dans le nord de l'Espagne. Gersonide, de son nom hébreu Rabbi Lévi ben Gershom (abrégé en RaLBaG; 1288-1344), qui passa sa vie en Provence, est cependant le seul parmi eux que l'historien des sciences qualifierait rétrospectivement de savant qui, ayant participé de façon créative aux sciences de son temps, est de stature intellectuelle comparable à celle des plus grands savants de langue arabe ou latine. Ce volume, consacré précisement à Gersonide en tant qu'homme de science, s'efforce de dresser un portrait de la stature scientifique de Gersonide dans le contexte de son époque.

Depuis le milieu du XIIIe siècle la philosophie de Maïmonide est adoptée par la quasi-totalité de ceux parmi les savants juifs qui ne rejettent pas d'emblée toute pensée étrangère aux études juives traditionnelles. Or s'il est vrai que le programme philosophico-religieux maïmonidien rend l'étude des sciences impérative, il ne leur assigne pourtant que le rôle d'une propédeutique à l'étude de la véritable science, à savoir la métaphysique: seule la science divine, pensait-on, était à même de guider l'homme vers sa félicité éternelle. Gersonide s'écarte de ce consensus: il considère la science comme étant elle-même le chemin menant à la béatitude de l'âme et il attribue à la connaissance véridique du monde réel une valeur en soi. Possédant une conception claire du progrès scientifique, il consacre une grande partie de son énergie intellectuelle considérable à la pratique des sciences: l'astronomie—la science des corps les plus nobles, au moyen desquels Dieu gouverne le monde—, les mathématiques et la logique sont les disciplines scientifiques dans lesquelles Gersonide a rédigé un ou plusieurs ouvrages originaux. Il aborde des sujets scientifiques également dans son grand ouvrage philosophique, les *Milḥamot ha-Shem* (*Les Guerres du Seigneur*), dont son important traité d'astronomie fait partie, ainsi que dans une série de "supercommentaires", c'est-à-dire des commentaires sur des épitomés ou des commentaires d'Averroès à différents traités aristotéliciens. Si l'identité juive de l'auteur ne se fait guère remarquer dans ces écrits, à l'exception bien sûr des *Milḥamot ha-Shem*, elle intervient cependant massivement dans d'autres œuvres, qui ont un caractère plus immédiatement religieux: dans de nombreux commentaires bibliques—où sont souvent discutés côte à côte problèmes philosophiques et questions concernant la Loi et la tradition juives—et dans des *novellae* sur un traité talmudique.

Dans l'histoire intellectuelle du judaïsme européen médiéval le cas de Gersonide est ainsi unique: on ne trouve guère d'autre savant juif qui soit à la fois l'auteur d'un grand nombre d'écrits dont le contenu revêt un caractère spécifiquement juif et de traités scientifiques de haut niveau, dans lesquels le facteur religieux n'intervient point et qui, traduits en latin, se sont effectivement, pour la plupart, frayé un chemin chez des savants chrétiens. Toutefois, dans l'esprit de Gersonide lui-même, la *Torah* et la science n'étaient que deux expressions différentes d'une seule et même vérité: pour lui, ses préoccupations intellectuelles, loin d'être ''compartementalisées'', relevaient toutes d'une unité profonde.

*

Au centre des intérêts scientifiques de Gersonide se trouve sans nul doute l'astronomie. La première partie du présent ouvrage fait état des travaux du savant dans ce domaine, les situe dans leur contexte et en mesure l'influence. M. Bernard R. Goldstein donne une synthèse panoramique de l'astronomie gersonidienne et en indique la signification. Il dresse le bilan (que l'on espère provisoire) d'un programme de recherche qu'il avait entamé il y a plus de vingt ans: avec ses ''Preliminary Remarks Concerning Levi ben Gerson's Contributions to Astronomy''[1], cet historien a en fait donné un nouveau coup d'envoi aux études de la pensée scientifique de Gersonide, commencées au début du siècle. Dans sa contribution au présent ouvrage, M. Goldstein met en relief l'originalité de l'astronomie gersonidienne, qu'il résume ainsi: ''le but de Gersonide était de trouver une description précise, tant quantitative que qualitative, du cosmos. A cette fin il inventa de nouveaux instruments d'observation, réalisa lui-même un nombre significatif d'observations auxquelles il accorda la priorité sur celles des anciens, construisit de nouveaux modèles planétaires dont il modifia les

---

[1] Bernard R. Goldstein, ''Preliminary Remarks Concerning Levi ben Gerson's Contributions to Astronomy'', *Proceedings of the Israel Academy of Sciences and Humanities* 3 (1969), p. 239-254.

paramètres, explora un nouvel arrangement des sphères célestes et, à partir de ses découvertes, calcula de nouvelles tables astronomiques''.

Les deux articles qui suivent examinent certains aspects de l'influence qu'eut l'astronomie gersonidienne sur la postérité. Comme l'avait constaté M. Goldstein, cette influence, qui, dans l'ensemble, ne fut pas très grande (sans doute à cause du caractère innovateur de l'œuvre gersonidienne), était plus perceptible parmi les Latins (notamment à partir du XVe siècle) que parmi les astronomes d'expression hébraïque[2]. L'*Astronomie* de Gersonide exerça donc une influence essentiellement par le biais de sa traduction latine. Or si l'existence de celle-ci était connue depuis longtemps, elle fut, jusqu'à présent, peu étudiée et restait anonyme. L'étude approfondie et rigoureuse de M. José Luis Mancha l'arrache de l'ombre: M. Mancha identifie formellement le traducteur; il décrit les circonstances extraordinaires dans lesquelles la traduction fut réalisée et nous permet d'apprécier la signification des informations concernant l'évolution du système astronomique de Gersonide que renferme la version latine de l'*Astronomie*. M. Mancha démontre, en effet, que le traducteur est le moine Pierre d'Alexandrie, connu nommément comme le traducteur en latin d'autres traités scientifiques de Gersonide, et que la version latine de l'*Astronomie* contient certaines innovations absentes du texte hébreu conservé de l'ouvrage: datant des dernières années de la vie de Gersonide, elle représente ainsi le dernier stade de l'évolution de la pensée du maître d'Orange. De plus, M. Mancha rend très plausible, pour ne pas dire certaine, l'hypothèse selon laquelle la traduction avait été faite avec le concours actif de Gersonide lui-même: il suggère qu'au fur et à mesure que la traduction avançait, Gersonide incorporait dans la version latine de son *magnum opus* astronomique ses résultats les plus récents. M. Mancha nous permet ainsi, fait rarissime en ce qui concerne l'histoire des sciences du moyen âge, de voir comment l'œuvre astronomique gersonidienne a pu graduellement évoluer et nous introduit presque visuellement dans le *scriptorium* avignonnais où travaillaient côte à côte, conversant sans doute en provençal, le célèbre astronome et le modeste moine.

---

2 Bernard R. Goldstein, *The Astronomy of Levi ben Gerson (1288-1344). A Critical Edition of Chapters 1-20 with Translation and Commentary* (Berlin, Springer, 1985), p. 9-15.

La conclusion de M. Mancha concernant la coopération de Gersonide avec Pierre d'Alexandrie a des implications pour l'idée générale que nous nous faisons de la place du savant juif dans l'histoire intellectuelle européenne. On sait que la question de savoir si Gersonide fut influencé par la philosophie scolastique de son temps est controversée. M. Charles Touati, tout en admettant que Gersonide avait, avec des personnalités chrétiennes, des contacts suivis qu'il a pu mettre à profit afin de s'instruire oralement sur la philosophie scolastique, tend à minimiser cette influence[3]. Le très regretté professeur Shlomo Pinès, en revanche, a, à plusieurs reprises, attiré l'attention sur des points de convergence entre des idées formulées par Gersonide et certaines idées émises par des philosophes scolastiques, suggérant que Gersonide en avait effectivement une connaissance assez précise[4]. Cependant, la question de savoir par quel canal une telle influence, massive et détaillée, avait pu s'exercer demeurait troublante. La quasi-certitude que Gersonide collaborait à la traduction en latin de son ouvrage d'astronomie l'éclaire d'un nouveau jour. Car si une telle collaboration, nécessairement intensive et continue, a pu avoir lieu durant les dernières années de la vie de Gersonide, on peut penser que des contacts suivis analogues entre Gersonide et des savants chrétiens avaient pu se produire aussi auparavant, pendant la période formative de la pensée de Gersonide et que c'est par leur biais que Gersonide a pu être informé de la philosophie scolastique. Il faut cepen-

---

[3] Charles Touati, *La pensée philosophique et théologique de Gersonide* (Paris, Éditions de Minuit, 1973), p. 38-39. Cette opinion est adoptée également par M. S. Feldman: Levi ben Gershom (Gersonides), *The Wars of the Lord.* Volume One: *Book One: Immortality of the Soul*, Translated with an introduction and notes by Seymour Feldman (Philadelphia, The Jewish Publications Society, 5745/1984), p. 5-6.

[4] Sh. Pinès, "Scholasticism after Thomas Aquinas and the Teachings of Hasdai Crescas and His Predecessors", *Proceedings of the Israel Academy of Sciences and Humanities* vol. 1, n° 10 (1967), notamment p. 31 sqq.; *idem*, "Saint Thomas et la pensée juive médiévale: Quelques notations", *in* G. Verbeke et D. Verhelst (éd.), *Aquinas and Problems of His Time* (Louvain, University Press et La Haye, Martinus Nijhoff, 1976), p. 118-129; *idem*, "Some Views Put Forward by the 14th Century Jewish Philosopher Isaac Pulgar, and some Parallel Views expressed by Spinoza" (en hébreu) *in* J. Dan et J. Hacher (éd.) *Studies in Jewish Mystics, Philosophy and Ethical Literature, Presented to Isaia Tishby on his Seventy-fifth Birthday* (Jérusalem, Magnes Press, 1986), p. 395-457, voir l'Appendice sur les "Problèmes concernant la doctrine de Gersonide" aux p. 447-457. La thèse d'une influence scolastique sur Gersonide a récemment été soutenue *in* Susanne Möbuss, *Die Intellektlehre des Levi ben Gerson in ihrer Beziehung zur christlichen Scholastik* (Frankfurt/M. / Bern / New York / Paris, Peter Lang, 1991).

dant garder en mémoire que selon toute probabilité Gersonide n'avait pas d'accès direct à des ouvrages latins: l'inventaire, vraisemblablement autographe, de sa bibliothèque fait état uniquement d'ouvrages en hébreu[5]. Outre sa contribution à une meilleure connaissance de la destinée historique du travail astronomique de Gersonide, l'étude de M. Mancha a ainsi pour résultat subsidiaire d'insérer Gersonide plus solidement qu'il n'avait été auparavant dans le contexte intellectuel latin et de montrer que la tradition philosophique en hébreu n'est pas nécessairement le seul contexte dans lequel il faut interpréter son œuvre.

M. José Chabás s'intéresse, quant à lui, à la réception de l'astronomie gersonidienne parmi les astronomes de langue hébraïque et plus précisement à son influence sur l'astronome Jacob ben David Bonjorn, dont la période d'activité se situe une génération après celle de Gersonide. Il montre que si Bonjorn n'adopta pas les modèles planétaires de Gersonide, les tables astronomiques qu'il a calculées sont, quant à elles, fondées en partie sur des valeurs des paramètres de base empruntées à Gersonide. Or ces tables furent très largement diffusées en différentes langues—hébreu, latin, catalan, grec: il s'avère donc que si l'impact direct et manifeste de l'astronomie de Gersonide sur la postérité n'était pas grand, d'autres chemins, plus discrets, lui permirent d'excercer une certaine influence sur l'histoire de l'astronomie.

Les contacts qu'entretenait Gersonide avec des savants chrétiens montrent à quel point il est pertinent de situer l'œuvre gersonidienne dans son rapport à la science latine contemporaine. M. Henri Hugonnard-Roche décrit l'évolution de la pensée latine sur un problème qui était au cœur même des préoccupations de Gersonide: l'incompatibilité des modèles mathématiques de l'astronomie ptoléméenne avec la physique aristotélicienne. M. Hugonnard-Roche établit une classification des attitudes à l'égard de cette "anomalie" persistante de la science antique et médiévale

[5] Breslau, Juedisch-theologisches Seminar, ms Saraval n° VI (n° 38 dans le catalogue Loewinger-Weinryb), actuellement à Prague, Bibliothèque universitaire, no. VI 65, fol. 236^{r}. (J'ai consulté le microfilm n° 46886 de l'Institut des microfilms de manuscripts hébreux de la Bibliothèque nationale et universitaire à Jérusalem.) L'inventaire sera publié sous peu: Gérard E. Weil, *La bibliothèque de Gersonide d'après son catalogue autographe*, édité par F. Chartrain avec la collaboration d'A.-M. Weil-Guény et J. Shatzmiller (Louvain, Éditions Peeters, à paraître en 1992).

et conclut que la position de Gersonide est originale en ce qu'elle s'efforce de concilier la physique et l'astronomie mathématique non pas *a posteriori*, mais dès les prémisses mêmes d'une théorie unifiée du ciel: c'est là, dit-il, l'attitude même qui sera celle de Kepler et qui conduira, au XVIIe siècle, à la synthèse newtonienne.

Quittant le domaine de l'astronomie, M. Guy Beaujouan dresse un panorama de la science latine du XIVe siècle et en décrit les lignes de force. La comparant avec la science d'expression hébraïque il conclut qu'à l'époque de Gersonide celle-ci ne participait plus aux progrès de celle-là. Ainsi la tradition scientifique d'expression hébraïque qui, malgré les contacts que Gersonide put avoir avec des savants chrétiens, restait son principal cadre de référence, était déjà obsolète au moment où Gersonide travaillait: le génie original de Gersonide s'excerçait sur des questions qui n'étaient plus, pour la plupart, à l'ordre du jour de la philosophie et de la science européennes contemporaines.

*

Tout astronome médiéval devait forcément maîtriser certaines parties des mathématiques de son temps, notamment la géométrie. Tous les astronomes n'ont cependant pas entrepris des recherches mathématiques proprement dites. Or Gersonide, lui, s'est à plusieurs reprises tourné vers les mathématiques et la deuxième partie de ce volume contient deux articles consacrés à certains de ses travaux dans ce domaine. On y trouvera également une traduction (ou une paraphrase) de traités gersonidiens qui, jusqu'à présent, étaient disponibles l'un en hébreu et en russe seulement, l'autre seulement en latin.

M. Tony Lévy donne une traduction commentée de deux textes de Gersonide qui se présentent comme des commentaires de certains définitions, postulats, ou théorèmes des *Éléments* d'Euclide. On remarquera surtout qu'un des buts principaux de Gersonide était de démontrer le postulat des parallèles. Mme Karine Chemla et M. Serge Pahaut analysent deux travaux de Gersonide sur la théorie des nombres: l'un porte sur la théorie combinatoire, l'autre sur des nombres harmoniques. Ces articles soulèvent tous deux la question de savoir si Gersonide avait pris connaissance, directement ou indirectement, de certains travaux en arabe: M. Lévy, en particulier, relève une remarque de Gersonide par laquelle celui-ci affirme avoir consulté un livre en langue arabe afin de clarifier le sens d'un passage difficile dans le texte hébreu des *Éléments* d'Euclide[6]. Par ailleurs, l'étude de Mme Chemla et de M. Pahaut montre que l'un des résultats mathématiques de Gersonide était connu dans les milieux universitaires parisiens, notamment de Nicole Oresme. A l'instar des études de la première partie, ces deux études contribuent ainsi, quoique de manière moins directe, à insérer Gersonide dans le contexte intellectuel qui fut le sien, duquel il a pu s'inspirer et auquel il a, à son tour, contribué.

*

La troisième partie du volume s'efforce de situer le travail scientifique de Gersonide dans le contexte de la philosophie contemporaine. En effet, la division du travail entre historiens des sciences et historiens de la philosophie fausse trop souvent la compréhension adéquate de la pensée pré-moderne. Car si le génie de la plupart des savants médiévaux s'est exercé dans différentes disciplines, leur pensée restait pourtant le plus souvent une: ainsi, toute tentative d'isoler artificiellement l'un des aspects de cette pensée se solde-t-elle nécessairement par une perte de la pertinence de l'interprétation. Il s'agit donc, dans cette partie du volume, de révéler les liens que tissent les unes avec les autres les idées de Gersonide dans des domaines apparemment distincts.

Le rôle que joua, dans la pensée médiévale, la notion d'intellect agent, le donateur de formes, illustre particulièrement bien ce qui vient d'être dit. Pour le penseur médiéval, cette notion relève de deux disciplines et elle rend compte des phénomènes se situant sur

---

[6] Gersonide fait une remarque identique dans son *Supercommentaire du commentaire moyen [d'Ibn Rushd] sur les ''Premiers analytiques''*; cité *in*: Shalom Rosenberg, *Logic and Ontology in Jewish Philosophy in the 14th Century* (Thèse de doctorat, Université hébraïque de Jérusalem, 1973; en hébreu), p. 231. M. Charles Touati avait déjà noté que Gersonide possédait manifestement quelques rudiments de langue arabe (*op. cit.* [n. 3], p. 39), cependant insuffisants pour lire un ouvrage entier dans cette langue. Cette conclusion est confirmée par le fait, déjà mentionné, que la bibliothèque personnelle de Gersonide ne contenait que des livres en hébreu. Ajoutons à ce dossier concernant les connaissances linguistiques de Gersonide une nouvelle donnée: Gersonide a pu acquérir ses notions d'arabe chez son père, dont quelques brèves gloses, établissant des comparaisons brèves mais pertinentes entre l'hébreu et l'arabe, recueillies, à l'en croire, par un élève à la fois de Gersonide et de son père, sont conservées à la fin de deux des manuscripts du *Supercommentaire sur l'Épitomé [d'Averroès] de l'Organon*, par Gersonide. Cf. Rome, Bibliothèque du Vatican, MS Urb. Ebr. 35, fol. 108^{r-v}; Dresde, Bibliothèque municipale, MS Ea 140 b/1, fol. 41^{r-v}. (A l'Institut des microfilms de manuscripts hébreux de la Bibliothèque nationale et universitaire à Jérusalem, où j'ai consulté ces deux manuscrits, leurs cotes sont, respectivement, 674 et 20763.)

deux plans distincts. L'intellect agent est, d'abord, une notion psychologique: sans son secours, supposait-on, l'homme ne pourrait pas appréhender des intelligibles; c'est l'intellect agent, au sein duquel les intelligibles se trouvent tous en acte, qui les actualise dans l'intellect hylique humain, où ils se trouvent en puissance seulement. En plus de cette action sur les intellects, l'intellect agent est supposé avoir une action de première importance sur la matière sublunaire: donateur de formes, il est à l'origine de tout l'ordre, de toutes les structures se trouvant dans le monde; son existence explique comment des formes, telles que celles des êtres vivants, peuvent émerger dans la matière amorphe et comment elles peuvent y perdurer un certain temps. A l'évidence, la notion d'intellect agent joue un rôle indispensable dans l'économie du monde physique, telle qu'elle est décrite dans la philosophie de la nature médiévale, ce qui la rend directement pertinente pour l'histoire de la pensée scientifique. Pourtant les écrits des historiens des sciences ne mentionnent guère la notion d'intellect agent, qui reste l'apanage des historiens de la philosophie.

L'article de M. Herbert A. Davidson est donc particulièrement bienvenu ici: décrivant avec minutie les multiples rôles explicatifs qu'attribuait Gersonide à l'intellect agent, tant au niveau physique et biologique qu'au niveau psychologique, il met en évidence l'importance de cette notion dans la pensée scientifique de notre savant. S'appuyant notamment sur ses propres travaux antérieurs concernant le cheminement historique de cette notion, M. Davidson montre comment la pensée de Gersonide s'est élaborée par une sorte de discussion critique à travers les siècles, d'ailleurs parsemée de malentendus, avec ses devanciers—en particulier avec Thémistius, al-Fārābī et Averroès. L'article de M. Davidson constitue ainsi un exemple particulièrement heureux d'une étude qui, par sa méthode, est située plutôt dans la tradition de l'histoire de la philosophie, mais qui fournit pourtant un éclairage strictement indispensable à la compréhension de la pensée scientifique d'un savant médiéval.

M. Y. Tzvi Langermann suit une démarche en quelque sorte complémentaire de celle de M. Davidson: ce dernier, en effet, après avoir retracé le long cheminement historique d'une notion métaphysique, observe comment celle-ci a été mise à profit afin de rendre compte de certaines opérations de la nature. M. Langermann, en revanche, prend pour point de départ la philosophie aristotélicienne de la nature et montre comment les limites inhérentes à celle-ci ont permis à Gersonide de compléter sa théorie physique par des notions dont le fondement est métaphysique, voire théologique. En effet, deux phénomènes naturels—l'attraction excercée par l'aimant et le réchauffement du monde sublunaire par le soleil—ne sauraient être expliqués par une référence à la seule composition matérielle des objets qui sont à leur origine. Aussi faut-il stipuler, selon Gersonide, que l'aimant reçoit une "vertu" supplémentaire de l'intellect agent, de même que la chaleur du soleil est due à une "force divine" de ses rayons. Dans les deux cas, le constat selon lequel la théorie physique n'est pas complète fraye la voie à l'établissement d'un lien organique entre les parties scientifique et métaphysico-théologique de la philosophie de la nature.

L'article de M. Charles Manekin, en étudiant deux idées gersonidiennes concernant le statut épistémologique de la logique, aborde un aspect différent des relations entre la science de Gersonide et d'autres parties de sa pensée. Gersonide considère les *Catégories* d'Aristote comme un ouvrage portant non sur les signifiants, mais sur les signifiés (les choses elles-mêmes), une position qui change le sens de la conception classique de la logique en tant qu'"organon" de la pensée. D'autre part, Gersonide s'oppose à la plupart des logiciens médiévaux en distinguant entre le caractère naturel d'un raisonnement et sa validité logique, une distinction qui lui permet de défendre la quatrième figure syllogistique. M. Manekin montre ainsi que, pour technique qu'elle soit, la logique de Gersonide tient pourtant compte des préoccupations de celui-ci en philosophie de la nature.

Les deux derniers articles s'intéressent à l'épistémologie de Gersonide et plus précisement à ses répercussions sur des positions qu'adopte Gersonide à propos de différents sujets. M. Amos Funkenstein étudie les commentaires bibliques de Gersonide et y trouve les caractéristiques mêmes qui sont celles de sa science. Son point de départ est l'optimisme épistémologique de Gersonide, qui contraste avec le scepticisme de Maïmonide: Maïmonide, dans le souci de rendre sa doctrine acceptable, voire obligatoire, pour tous, s'efforça de la bâtir sur un minimum de présupposés; Gersonide, par contre, ne doutant pas du pouvoir cognitif humain, tient pour acquises des prémisses qui, pour Maïmonide, ne pouvaient pas être démontrées. M. Funkenstein soutient que cette confiance qu'avait notre philosophe en la capacité de l'homme de déchiffrer des secrets divins sous-tend aussi bien la science de Gersonide que ses commentaires bibliques, auxquels elle donne leur caractère spécifique: on peut dire, en utilisant une métaphore anachronique, que pour Gersonide le livre de la Nature et celui de la Loi sont tous deux déchiffrables par l'homme; ainsi l'œuvre du scientifique et celle du commentateur biblique ne font qu'une.

Mon propre article, enfin, avance la thèse selon laquelle au cœur de l'entreprise gersonidienne se trouve une théorie de l'immortalité de l'âme (sotériologie) d'après laquelle l'homme (il ne s'agit en fait que rarement de femmes!) peut acquérir la béatitude éternelle pour son âme *individuelle* et ceci par le biais d'une connaissance du monde créé. Cette sotériologie, selon laquelle le but ultime et le bonheur de l'homme dépendent de la science de la nature, fut non seulement une motivation puissante ayant incité Gersonide à se consacrer à la recherche scientifique, spécifiquement à l'astronomie, mais impliquait aussi, en plus, que la position épistémologique de Gersonide se devait d'être réaliste. Or ce réalisme épistémologique a conditionné la démarche scientifique de Gersonide tout entière—notamment sa volonté de concilier la physique et l'astronomie mathématique—déterminant largement, de ce fait, le contenu même de ses théories. Mon article s'efforce ainsi de montrer que pour comprendre de façon adéquate la science de Gersonide il est indispensable de la situer dans le contexte de sa philosophie, de prendre en considération l'ensemble de ses doctrines, y compris celles qui, comme la sotériologie, semblent être sans rapport avec la science.

*

En appendice on trouvera deux outils de travail. Mme Anne-Marie Weil-Guény a établi un tableau chronologique de la vie et des œuvres de Gersonide pour autant que nous les connaissions. Ce tableau permettra, en premier lieu, de situer facilement une œuvre donnée dans la vie de Gersonide, de savoir si elle est antérieure ou postérieure à une autre. (Encore faut-il garder en mémoire que les dates données par Gersonide ne sont que celles de l'achèvement des œuvres et que souvent Gersonide continuait à modifier ses œuvres après leur achèvement "officiel".) Du même coup, elle éclaire certains aspects de la genèse de l'œuvre gersonidienne: on constate, par exemple, que fréquemment Gersonide rédigeait plus d'un ouvrage en même temps, et que les deux séries de commentaires—celle des supercommentaires sur les épitomés et les commentaires moyens d'Ibn Rushd d'une part, les commentaires bibliques de l'autre—furent écrites l'une à la suite de l'autre.

La dernière contribution au volume n'en est certes pas la moins utile: M. Menachem Kellner a établi une bibliographie extrêmement riche des ouvrages de Gersonide ainsi que des travaux de recherche le concernant. C'est là non seulement la bibliographie gersonidienne la plus complète qui ait jamais été réalisée, mais probablement l'une des meilleures bibliographies ayant pour objet un philosophe juif médiéval. Cette bibliographie restera un instrument de travail indispensable à toute recherche future sur Gersonide.

Châtenay-Malabry, janvier 1991 — Gad Freudenthal

PART ONE
GERSONIDES' ASTRONOMY
THE WORK, ITS CONTEXT, AND ITS INFLUENCE

LEVI BEN GERSON'S CONTRIBUTIONS TO ASTRONOMY

Bernard R. Goldstein

0. Introduction

Despite Levi ben Gerson's considerable productivity in other fields, he managed to find a great deal of time for astronomical research. In this domain he was one of the most original thinkers of the middle ages; yet it seems that his influence on his successors was quite limited. Be that as it may, we will concentrate here on presenting a survey of his achievements and not discuss his influence at all. His *magnum opus* in astronomy forms book 5, part 1, of his *Milḥamot Adonai*, and is preserved in separate manuscripts from the rest of this theological treatise. It is a lengthy work, divided into 136 chapters, and does not conform to the order of topics that usually are to be found in medieval astronomical treatises. I have previously edited the first 20 chapters of this treatise[1], and have published translations of some other chapters as well[2].

In order to understand any medieval astronomical work, it is necessary to be familiar with the Ptolemaic tradition that was dominant at the time. Ptolemy's main astronomical work, the *Almagest* (composed in Alexandria, ca. 150 C.E.), treats this science systematically, i.e., he built upon the mathematical methods discussed in the early sections of his text, and presented the observations from which the parameters for the models have been derived[3]. He was also careful to give credit to his predecessors for their contributions. On the other hand, most medieval treatises take a great deal for granted and do not enter into foundational questions. To be sure, there were many critics of Ptolemy, both in matters of detail

---

[1] Goldstein 1985a.

[2] Goldstein 1974a (excerpts from chap. 71); idem 1974b (excerpts from chap. 71, and all the tables in the extant text); idem 1975 (chap. 61); idem 1979a (chaps. 80 and 100); idem 1986a (chap. 29); idem 1986b (chap. 130 and 131); idem 1988 (chaps. 46, 109, 113, 117, 122).

[3] See Toomer 1984 for a translation of the *Almagest*; see Pedersen 1974 for an analysis of its contents.

as well as of principle, but even they accepted most of Ptolemy's legacy. In contrast, Levi's criticisms of Ptolemy are based on a profound understanding of the tradition and depend upon his own astronomical observations, a rare (if not unique) combination for a medieval thinker.

At the beginning of his treatise Levi stressed that the proper study of astronomy requires the skills of a mathematician as well as a philosopher, implicitly claiming (quite rightly) that he is the best candidate to do the job[4]. His goal was to find an accurate description, both qualitative and quantitative, of the cosmos and, to achieve it, he invented new observational instruments, made a significant number of observations to which he gave priority over those of the ancients, constructed new planetary models, changed their parameters, explored a new arrangement of the celestial spheres, and computed a new set of astronomical tables based on his discoveries. Though some of these activities were paralleled by his contemporaries, he alone undertook all of them.

1. New Instruments

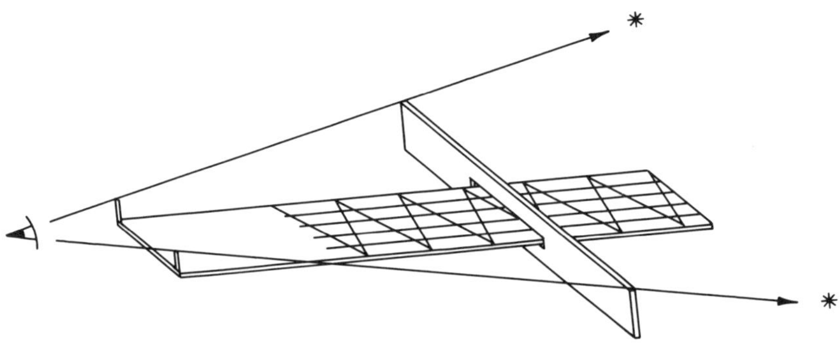

Figure 1. The Jacob Staff, with a transversal scale, according to Levi ben Gerson's description. The angular separation of the two stars is found from the ratio of the length of the crosspiece to its distance from the center of vision in the eye. Note that there are pegs at the end of the Staff near the eye; they have nothing to do with the line of sight to the stars and only serve to allow the Staff to be held firmly in front of the eye.

[4] See Goldstein 1985a, pp. 22-3. I am grateful to Dr. J. L. Mancha for pointing out that in chap. 1, [16], et passim, the translation should read: "... it follows that this investigation can only be undertaken in its perfection by one who is a mathematician, a physicist, and a metaphysician...". Cf. Freudenthal 1987, p. 358.

Levi is perhaps best known in astronomical circles for the Jacob Staff, a simple but effective instrument for observing the distance between 2 stars (or a star and a planet)[5]. Many refinements of this instrument are already to be found in Levi's treatise. For example, he was aware of what later came to be called "the eccentricity of the eye", i.e., the difference between the angle formed at the center of vision in the eye and the angle formed at the end of the staff nearest the eye[6]. Moreover, he succeeded in measuring this effect and in compensating for it. He also added to the precision of the instrument by inventing a transversal scale permitting the observer to measure the distance from the crosspiece to the eye with increased precision[7] (see figs. 1 and 2). In another part of his treatise Levi described

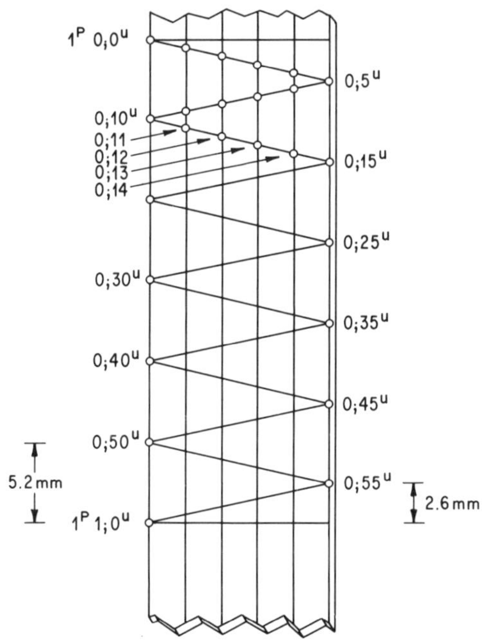

Figure 2. The transversal scale for linear measurement: a staff (about 1.5 m in length) is divided into 6^p or 48^u, where each "unit" (approximately 31 mm) is divided into 6 sub-units of $0;10^u$ (approximately 5.2 mm). The transversals intersect lines drawn parallel to the edge of the staff, dividing them into intervals of $0;1^u$ measured from the center of vision in the eye, yielding a precision of about half a millimeter.

---

5 See Goldstein 1985a, pp. 51 ff., and 143 ff.

6 See Goldstein 1985a, pp. 144-5.

7 See Goldstein 1985a, pp. 146-8.

several refinements for the astrolabe, a popular and elegant medieval instrument that served both observational and calculational purposes. One such refinement was the introduction of a transversal scale for an arc of a circle in order to obtain more accurate measurements of angular distances[8] (see fig. 3). The camera obscura interested Levi for making observations of eclipses; he also tried to apply it to observations of the variation in apparent planetary diameters, but failed to find any visible effect[9]. Levi's understanding of the camera obscura seems to have surpassed that of anyone before Kepler: in particular, he knew how the size of the aperture affected the size of the image. Moreover, he applied the principle of the camera obscura to make a large room into an observing chamber, taking advantage of the image cast by a window on the wall opposite it; this seems to be the first example in the West of a room being used for astronomical observations[10].

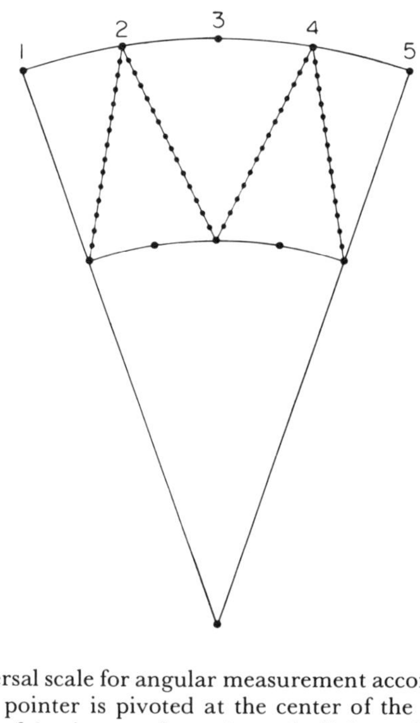

Figure 3. The tranversal scale for angular measurement according to Levi ben Gerson's description: a pointer is pivoted at the center of the circle, and the angle, marked at intervals of 4 minutes of arc, is read off the scale.

[8] See Goldstein 1985a, pp. 82-5, and 162-7.
[9] See Goldstein 1985a, pp. 49-50, 69, 105, 140-43.
[10] See Goldstein 1985a, pp. 86-92, 95-101, 170-86.

2. Observations

Like most medieval astronomers, Levi appreciated the value of observations, but few others made as many as he did. Even with a new set of observations, however, it was by no means obvious how to adjust the parameters of the models in order to achieve greater agreement between computed and observed planetary positions, and even less clear how to modify the models in other ways. In subsequent sections we will see to what extent Levi succeeded in dealing with these questions. Levi described his way of thinking in the following passage (chapter 46)[11]:

> But when deciding to dissent from the teachings of the ancients, one should do so with extreme care and scrutiny, deviating from these teachings as little as possible. This is appropriate because the ancients were lovers of truth and endeavored to approach it as closely as possible even when their principles prevented them from reaching it entirely .... When we investigated the Moon and found that its model could not possibly be as Ptolemy had postulated, we took pains to investigate alternative possibilities for the models of the celestial bodies until we discovered a model according to which the motions of these bodies conform to observational evidence .... We were at first led to depend on the opinions of the ancients in this matter, for at that time we had not yet obtained observations by which we could determine the mean position of the Sun which is indispensable for finding the parameters for these motions .... Consequently, we sought to produce a model for each planet consistent with the positions that we observed ....

In this way we see that Levi intended to use his observations both for modifying parameters as well as for justifying new models.

In two chapters Levi reported 4 solar and 6 lunar eclipses that he observed between the years 1321 and 1339 which he then used, for example, to modify his parameter for the solar eccentricity so that his solar model would account for the times of his observations[12]. For some solar eclipses he indicated the times of beginning and end of the eclipse by the observed solar altitude, and then calculated the corresponding number of hours before or after noon. Similarly, for some lunar eclipses the times of certain phases are given by the altitude of the Moon or of a fixed star. No instrument is mentioned, but

---

[11] Goldstein 1988, p. 385.

[12] See Goldstein 1979a.

either an astrolabe or a Jacob Staff would have served the purpose. For his lunar theory a number of observations are cited, and Levi specifically compared his observations with computations based on his new model as well as with computations based on Ptolemy's model (as modified by al-Battānī, d. 929), arguing that his model is better because it yields closer agreement with his observations. Although by modern standards this seems to be the most natural procedure, it was quite unusual in the Middle Ages to prefer recent observations to those of the ancients.

In the chapters preliminary to the model for each planet, Levi presented his observations and then sought a model to account for them; in all, I have found some 45 such observations that range in date from 1325 to 1340. Of special interest is the following report (chap. 122)[13]:

> In the year 1339 of the Christian era, on the the 28th of September, about 2 hours before sunrise on the aforementioned day, in the city of Avignon, Venus occulted (*histir*) Jupiter, to the appearance of the eye. At that time the latitude of Venus, according to the tables, was 0;20,11° to the north, while the latitude of Jupiter was 0;45,20° to the north. At that time Venus was 101;15° from its apogee, and its anomaly was 269;6,4°, while Jupiter was 326;49° from its apogee, and its anomaly was 46;32°.

Levi only specified his place of observation when it was not Orange; here we learn that Levi was in Avignon (the residence of the Pope) on 28 Sept 1339. It is also noteworthy that Levi dated his observations according to the Christian, rather than the Jewish, calendar. Only the first sentence contains the observation: occultations of one planet by another are rarely reported and, if accurately reported, they can serve as very good tests of planetary theories, whether ancient or modern. Here, however, Levi may have only seen a near occultation (the two planets coming very close together, but not actually one behind the other) which is what one finds according to modern planetary tables for the date in question. The rest of the passage gives computed data that allow him to determine the planetary positions according to Ptolemy's models.

---

[13] Goldstein 1988, p. 397.

3. Models

Levi explored many different models to account for planetary positions that took advantage of the possibilities inherent in the Ptolemaic tradition. In chapter 20 a number of such models are described and their characteristics are determined[14]. In this set of models deferent centers and equant points are all defined with respect to the observer in both standard and non-standard ways. In each case characteristic features such as the location of apparent maximum and minimum velocities and equations are found, allowing one to choose the model that meets the requirements for the motion of some planet. Yet, when he came to discuss lunar motion, Levi introduced an entirely new model which includes a principle of reflection[15]. He begins by telling us of the inadequacies of Ptolemy's model, notably that at quadrature (half-Moon phase) the Moon ought to appear twice as large as at opposition, clearly contrary to the appearances. Moreover, he argued that the epicyclic model would allow us to see both sides of the Moon, again contrary to the appearances[16]. In addition to observations at syzygy (conjunction and opposition: when the Moon is 0° or 180° in elongation from the Sun) and quadrature (when the Moon is 90° or 270° in elongation from the Sun), Levi introduced observations at the octant points (i.e., when the Moon is in multiples of 45° elongation from the Sun) and he insisted that the model must satisfy all such observations. After constructing his model, he compared his observations with computations according to his new model. Let us cite one example of an observation at octant (chap. 71)[17]:

> We observed the Moon with α Sco in the aforementioned year [1333], 8;7 hours after mean noon on the 24th of June. We found its true position to be Sco 22;19,18°. At that time the mean position of the Moon was Sco 29;52,21°, its anomaly 95;44°, and its distance from apogee 278;20°. When you follow the preceding computations [i.e., according to Levi's model], you will find the correction [to the mean position] to

[14] Goldstein 1985a, pp. 114-29.

[15] Goldstein 1974b, pp. 53-63.

[16] This difficulty with the epicyclic model was also noted by some medieval Latin authors as early as the 13th century: cf. Grant 1987, pp. 203f.

[17] Goldstein 1974b, p. 71.

> be 7;31,58°, and this agrees very well with what was found by observation, which only exceeded it by 0;1,5°. We ascribe this discrepancy to the approximation in the observation and in the time-keeping.

Levi has not succeeded as well as he claimed (judging by modern computed lunar positions), but he has made a significant improvement over the Ptolemaic models produced up to his time. Note that he attempted to explain the remaining discrepancy between observation and theory.

In a later passage, Levi directly compared his lunar model with that of Ptolemy, as modified by al-Battānī, and claimed that his model agreed better with his observation (chap. 100)[18]:

> We observed the circumference of the Moon with α Tau in the year 1339 of the Christian era, on the 11th day of December, 7;14 hours after mean noon. We found the Moon at Tau 0;47,6° although, according to our model, it should have been at Tau 0;52°. This discrepancy is probably due to the approximation in the observation. But according to Ptolemy's model, it should have been at Tau 2;12,28°.

Explicit tests of competing theories against dated observations are extremely rare in the medieval literature, though the concept was clearly recognized by a number of authors[19].

4. Changes in Parameters

Levi was not willing to accept parameters simply on the basis of tradition, and sought to confirm them by observation. For example, the motion of the planetary apsidal lines was set by Ptolemy at the rate of precession which, in the *Almagest*, is 1° per century. Levi considered the motion of the planetary apsidal lines separately for each planet and arrived at different values, e.g., for Saturn Levi's value is 1° per 44 Julian years whereas for Jupiter it is 1° per 60 Julian years[20]. Levi also changed Ptolemy's value for precession, and in chapter 61 he derived the value of 1° in about 67 years based on data

---

18 Goldstein 1974b, p. 73.
19 See for example, Goldstein 1985b, p. 299.
20 Goldstein 1988, pp. 382-3.

from the *Almagest* combined with his own observation of the star Aldebaran during the lunar eclipse that took place on 3 Oct. 1335[21]. For the Moon Levi changed the maximum corrections at syzygy and quadrature from those found in the *Almagest*[22]:

	Syzygy	Quadrature
Ptolemy:	5;1°	7;40°
Levi:	5;6	7;31

Levi noted explicitly that he increased the lunar correction at syzygy and decreased the correction at quadrature based on observations of eclipses and other observations of the Moon[23]. These then became part of the data for deriving his lunar model.

Even after deriving some parameters they were still subject to change: Levi first set the maximum solar equation at 2;8° but later, based on his analysis of observations of eclipses, he changed it to 2;17° (chap. 100)[24]:

> It is appropriate to reconsider our observations of eclipses which we have already mentioned [in chapter 80], for we perceived a doubt in the amount of the solar correction which we reached on the basis of these eclipses, on account of the fact that we were only able to determine the time of one eclipse where the Sun was near maximum correction, namely the fourth lunar eclipse on the 3rd of October, before sunrise, in the year 1335 .... When the Sun was eclipsed in 1337, on the 3rd of March, we noticed that it took place later than the time suggested by our computation. Therefore we decided that the solar correction was greater than we had assumed.

Despite the reasonableness of Levi's procedure, his revised value for the maximum solar correction is worse (from a modern point of view) than his preliminary value. Again, it is quite rare to find a medieval astronomer who used an eclipse observation to modify a parameter in the solar or lunar model.

5. Cosmic distances

One of Levi's most amazing innovations is his theory of cosmic distances where he considered a distance to the fixed stars of

---

21 Goldstein 1975, pp. 36, 40.
22 Goldstein 1974b, p. 57.
23 Goldstein 1974b, p. 53; cf. idem 1974a, pp. 281-2.
24 Goldstein 1979a, p. 118.

157×10^{12} earth radii, as contrasted with Ptolemy's value of 20,000 earth radii that was almost universally accepted in the Middle Ages[25]. The theory of cosmic distances, as described in Ptolemy's *Planetary Hypotheses*, is based on the principle of nested spherical shells where each planet (including the Moon and the Sun) is assigned a set of orbs that lie between two concentric spherical surfaces, whose center is the center of the Earth, and the distance from the center of the Earth to the upper spherical surface of one planet is equal to the distance from the center of the Earth to the lower spherical surface of the planet directly above it[26]. The order of the planets, according to their distances from the Earth, is taken to be: Moon, Mercury, Venus, Sun, Mars, Jupiter, Saturn, followed by the fixed stars.

Ptolemy argued for the plausibility of this system of spherical shells by claiming that the model for each planet (where the radius of the deferent is taken to be 60) correctly represents the relative distances of the planet from the Earth. Moreover, he had already determined the distances in earth radii of both the Moon and the Sun (from observations of lunar parallax and of eclipses) and, starting with the maximum distance of the Moon and applying the nesting principle for Mercury and Venus, he reached the minimum distance of the Sun, very nearly. Although Ptolemy's value for the maximum lunar distance is reasonably accurate (by modern standards), his value for the mean solar distance, 1210 earth radii, is much too small. Nevertheless, it was not substantially revised until the 17th century[27]. Levi computed the planetary distances according to his own theory with Ptolemy's order of the planets, but he also considered 2 other orders: where the position of the Sun was taken to be between Mercury and Venus (as claimed by al-Biṭrūjī: ca. 1200, Spain), and where the Sun was taken to be below both Mercury and Venus (as claimed by Jābir ibn Aflaḥ: 12th century, Spain).

Levi's theory of planetary distances is described in chapters 130 to 135 of his astronomical treatise[28]. He placed a fluid layer between successive planetary shells so that the motion of one planet

---

[25] See, e.g., Van Helden 1985, pp. 29-40.

[26] Goldstein 1967, p. 4.

[27] For example, Tycho Brahe's value for the mean solar distance was 1150 earth radii: Van Helden 1985, p. 50.

[28] See Goldstein 1986b.

cannot interfere with the motion of the planet adjacent to it. The idea of a layer between planetary shells was mentioned by Maimonides (*Guide*, II.24) who says he found it in a (lost) work of Thābit ibn Qurra (d. 901), but no indication of a method for calculating the thickness of the layers appears there (or in any other known ancient or medieval treatise). Levi's term for this fluid is: the body which does not preserve its shape (*ha-geshem ha-bilti shomer temunato*), and he gave it the following properties: (P1) the fluid layer adjacent to the surface of a moving sphere has no motion relative to the sphere, i.e., a thin fluid layer moves at the same rate as the adjacent spherical surface, (P2) as the radial distance from that surface increases, the motion of the fluid at that distance decreases uniformly until it reaches zero, (P3) the layer of the fluid with no motion (relative to the fixed Earth) has minimal thickness (in practice, Levi takes it to have zero thickness), and (P4) between 2 planetary shells there is always a distance at which the fluid has no motion.

So far we have a qualitative *mechanical* model that elaborates the idea mentioned in passing by Maimonides, but Levi sought a way to compute the thickness of these fluid layers. To do so, he accepted Ptolemy's assumption that the model for each planet (with its orbs) correctly represents the relative planetary distances (but Levi constructed new models and used the relative distances he derived from them), and added some more properties to the fluid: (P5) if a spherical surface moves at the rate of the daily rotation, the motion of the fluid adjacent to it diminishes to zero in a layer whose thickness is 6;40 (where the radius of that surface is taken to be 60), (P6) if the spherical surface is moving at another rate, the ratio of that motion to the daily rotation is equal to the ratio of the thickness of the layer in which the motion diminishes to zero to 6;40 (where the radius of the spherical surface is taken to be 60), (P7) the lower surface of a planetary shell moves with the daily rotation, and (P8) the upper surface of a planetary shell moves in the direction of the daily rotation with a velocity equal to the difference between 360°/day and its slowest daily velocity to the east (a value that Levi is able to compute). It follows that if the distance to the upper spherical surface of a planetary shell has already been determined, the thickness of the fluid layer above it (up to the layer of no motion) can be computed, and that if the distance to the fluid layer of no motion has been found, the distance to the lower spherical surface of the planetary shell above it can be computed. All that is needed is an initial value for the maximum lunar distance, and Levi informs us that he had previously determined it to be about 62;48 earth radii.

Levi did not offer an explanation for his choice of 6;40 in assumption (P5), above, and indeed he later changed it successively to 7;11 and 7;9,20 in recomputing the distances. The motivation for the choice of these values in (P5) lies in the fact that, together with the maximum lunar distance (and the other non-numerical assumptions), the value in (P5) completely determines the other planetary distances. But Levi also independently determined the solar distance (Levi's minimum solar distance is about 2052 earth radii), and that adds another constraint which is sufficient for him to determine the value for the thickness of the fluid layer in (P5), rather than assuming a value for it. Once again, we see the influence of Ptolemy's method, but not a slavish imitation of it.

Levi's determination of the parameter in (P5) depends on an iteration procedure that he included in the category of *heqqesh taḥbuli*, an expression that Levi used quite often, but that does not appear in the works of others in precisely this form[29]. I have decided to translate it as "heuristic reasoning" based on Levi's various discussions of it, none of which is entirely satisfactory. On one occasion (chap. 47), Levi used this expression to describe the procedure for finding the eccentricity and apsidal line of an outer planet in the *Almagest*; this is an iterative procedure that involves a way to make preliminary estimates of the parameters for the model, then computing planetary positions with them, followed by adjustments to those parameters based on the differences between observed and computed positions, and so on. Levi's use of "heuristic reasoning" is broader than such iterative procedures, for he applied it to his way of discovering new models as well as new parameters. In another place (chap. 49) we are told that it involves experiment and investigation (*nisayon ve-ḥippus*) which seems to reflect an expression used in the Arabic translation of the *Almagest*[30]. Moreover, a similar expression has recently come to light in a late Yemenite copy of an Arabic treatise by Ḥabash al-Ḥāsib (9th century, Baghdad) on cosmic distances, where he described a way to divide a circle into fine subdivisions: "it is found approximately and follows by repeated analogy (*qiyās baʿda qiyās*), since there is no device (*ḥīla*) or demon-

[29] For further discussion, see Goldstein 1986b, pp. 279ff.
[30] Cf. Goldstein 1986b, pp. 279-80.

stration (*ṭaṣaḥḥuḥ*: lit. sound method) in [these] analogies''[31]. This is the earliest example I have found where *qiyās* (corresponding to Heb. *heqqesh*) and *ḥīla* (corresponding to Heb. *taḥbula*) are used together. It would seem that Levi stands in a tradition in which a method of discovery is justified by its success each time in meeting the requirements set by the problem. Thus, to take the method for determining the eccentricity and apsidal line of the outer planets: Ptolemy had no theoretical argument to justify his procedure, but it worked in that he arrived at parameters for his model that produced agreement with the observations. Similarly for Ḥabash, fine subdivisions of a circle can be compared with one another (by making a copy of the circle and then rotating one circle over the other) and, after repeated adjustments, the subdivisions can be made equal.

With all these assumptions, Levi arrived at the following maximum geocentric planetary distances in earth radii:

Moon	62;48,42,36
Mercury	184;54
Venus	1614;23
Sun	2229;29
Mars	18909;18
Jupiter	37965; 9
Saturn	65981;21

These distances become much greater when the position of the Sun with respect to Venus and Mercury is changed because the fluid layers become much thicker (the maximum distance of the Moon and the minimum distance of the Sun remain unchanged). The result is that, under the assumption that both Mercury and Venus lie above the Sun (chap. 134), the distances to the outer planets and the fixed stars become truly astronomical in the figurative sense.

6. Astronomical Tables

One of the principal goals of ancient and medieval astronomers was to construct auxiliary tables from which the positions of the Sun, the Moon, and the planets (as well as times, durations, and magnitudes of eclipses), could be computed for any time in the past or in

[31] See Langermann 1985, pp. 120, 125, and 128n20.

the future. In practice this led to a variety of methods for presenting the models in forms that simpified the required computations. Again, the *Almagest* served as the chief example for the kinds of tables to be included in a *zīj* (to use the Arabic term for a set of astronomical tables), though *The Handy Tables*, another work by Ptolemy based on the *Almagest*, was influential as well. Thus, a zīj normally contained trigonometric tables for solving both plane and spherical triangles; mean motion tables for the Sun, the Moon, and the planets; tables to correct the mean positions to true positions based on the appropriate models; eclipse tables; planetary latitude tables; and a star catalogue; though, to be sure, other tables were often added as well[32]. In Levi's *Astronomy*, we find trigonometric tables as well as tables for the Sun, the Moon, and eclipses that in transcription fill 100 pages. Planetary tables are announced in the table of contents at the beginning of his *Astronomy* but none is to be found in the extant manuscripts[33]. Levi's tables are noteworthy in that they are not copied from earlier texts (a common medieval practice), even when he accepted a parameter from one of his predecessors. Moreover, the tables for his lunar model show considerable ingenuity in reducing a highly complex model to simple computations[34]. Here we will describe only a few of his tables.

(i) The only trigonometric function that Levi tabulated is the sine function, and his derivation of its values at 0;15° intervals follows the method for computing the chord table in the *Almagest*. Among Muslim astronomers it had long become standard to include a tangent table as well[35]. It is inconvenient to perform all the necessary trigonometric computations with only a sine table, but it can be done and Levi did so.

(ii) Levi included many tables for mean motions: e.g., for the Sun he tabulated the mean motions at intervals of minutes of an hour, hours, days, months (in the Julian calendar), single Julian years, accumulations in steps of 60 years, and accumulations in steps of 1800 years[36]. The radix (i.e., the starting point) of these tables is noon on the last day of February 1301 (old style). For Levi the year began

---

[32] See Kennedy 1956.

[33] The table of contents in Hebrew and Latin was published in Renan 1893, pp. 624-41.

[34] For details, see Goldstein 1974b, pp. 53-63.

[35] Cf. Kennedy 1956, pp. 140, 145, 153, et passim.

[36] Goldstein 1974b, pp. 170-71.

on 1 March; hence 28 Feb. 1301 (old style) corresponds to 28 Feb. 1302 in the year that began on 1 Jan. 1302. By using the last day of the previous year Levi has effectively introduced the notion of a "zero day" of the year, a convenient device that is still used in modern astronomy. Levi's most important predecessor among those who composed astronomical tables in Hebrew was Abraham Bar Ḥiyya (12th century, Spain) who arranged his mean motion tables according to the Jewish calendar, but otherwise Bar Ḥiyya depended almost entirely on the zīj of al-Battānī[37]. It is strange that Levi computed entries in his tables for dates thousands of years into the future without remarking upon it. One can only speculate that he expected the world to continue for a very long time after the coming of the messiah (Levi offered the date 1358 for that event in his commentary on Daniel 12:11), and that he believed his tables were sufficiently accurate for calculational purposes even after such a long period.

(iii) The first step in computing an eclipse is to find the moment of mean syzygy, i.e., the time when the mean Sun and the mean Moon are in conjunction (for a solar eclipse) or opposition (for a lunar eclipse). Levi included a set of tables for this purpose arranged in 4 "circles": circle 1 lists the times (date, hours and minutes of the day, and weekday) for all mean syzygies from 14 March 1321 to 28 Feb. 1328 (o.s.); circle 2 prolongs circle 1 in steps of about 8 years (more precisely: 99 mean synodic months); circle 3 prolongs circle 2 in steps of about 552 years (more precisely: 6831 mean synodic months); and circle 4 prolongs circle 3 in steps of 22,091 years (more precisely: 273,240 mean synodic months), up to more than 600,000 years[38]. Again, Levi did not comment on the usefulness of extending his table so far into the future. The next step in calculating an eclipse is to find the moment of true syzygy from the moment of mean syzygy: for this purpose Levi computed a set of 4 tables so that only linear interpolation in them is required for their use. These tables are based on models for the Sun and the Moon and are so arranged that the entries are all non-negative (24^h are to be subtracted from the sum of the four appropriate entries, one from each table). The equation of time is included in them so that the moment of true syzygy can be stated with respect to apparent local noon (i.e., when the Sun crosses the local meridian on that day). It is quite

37 See Goldstein 1979b, pp. 33f.

38 See Goldstein 1974b, pp. 134-6.

characteristic of Levi that he gave instructions for the use of these tables, but not for their construction, even though the method for computing entries in them is neither standard nor obvious (but sufficiently clever that he was surely proud of his achievement)[39].

7. Conclusion

Levi's *Astronomy* is an original work without peer among medieval Hebrew astronomical texts, and is at a level equal to, or more advanced than, contemporary work in Latin and Arabic. Though he did not make any innovations in the study of trigonometry, he clearly understood the tradition for using trigonometry in solving problems. In other matters, he displayed considerable originality and ingenuity: making observations and instruments, constructing planetary models and astronomical tables, and in introducing a physical model for cosmic distances. The only significant aspect of medieval astronomy that is not represented in the Hebrew version of his *Astronomy* concerns the catalogue of fixed stars. However, we do find a star list in an earlier work which he wrote in 1325 that depends on the entries in a similar list compiled by Abraham Bar Ḥiyya[40]. It may also surprise some readers that astrology is not treated in Levi's *Astronomy*; however, Levi was conversant with the techniques of astrology, based largely on the works in Hebrew of Abraham Ibn Ezra (12th century, Spain), as we learn from his prognostication for the conjunction of Saturn and Jupiter that was predicted to take place in 1345, the year after Levi died[41].

In light of all that he accomplished, it is unfortunate that Levi's work in astronomy has received so little recognition by modern historians of science.

References

Freudenthal, G. 1987. "Epistémologie, astronomie et astrologie chez Gersonide", *Revue des études juives*, 146:357-65.

Goldstein, B. R. 1967. "The Arabic Version of Ptolemy's *Planetary Hypotheses*", in *Transactions of the American Philsophical Society*, NS 57.

Goldstein, B. R. 1974a. "Levi ben Gerson's Preliminary Lunar Model", *Centaurus*, 18: 275-88.

[39] On the equation of time, see Goldstein 1974b, pp. 102-04; on the tables for correcting mean syzygy to true syzygy, see pp. 136-43.

[40] See Goldstein 1985c.

[41] Goldstein and Pingree 1990.

Goldstein, B. R. 1974b. *The Astronomical Tables of Levi ben Gerson*. New Haven.

Goldstein, B. R. 1975. "Levi ben Gerson's Analysis of Precession", *Journal for the History of Astronomy*, 6:31-41.

Goldstein, B. R. 1979a. "Medieval Observations of Solar and Lunar Eclipses", *Archives Internationales d'Histoire des Sciences*, 29:101-56.

Goldstein, B. R. 1979b. "The Survival of Arabic Astronomy in Hebrew", *Journal for the History of Arabic Science*, 3:31-39.

Goldstein, B. R. 1985a. *The Astronomy of Levi ben Gerson (1288-1344)*. New York, Berlin.

Goldstein, B. R. 1985b. "Towards a Philosophy of Ptolemaic Planetary Astronomy", *Ancient Philosophy*, 5: 293-303 (appeared in 1987).

Goldstein, B. R. 1985c. "Star Lists in Hebrew", *Centaurus*, 28: 185-208.

Goldstein, B. R. 1986a. "Preliminary Remarks on Levi ben Gerson's Cosmology", in *Creation and the End of Days*, D. Novak and N. Samuelson (eds.), Lanham and New York, pp. 261-76.

Goldstein, B. R. 1986b. "Levi ben Gerson's Theory of Planetary Distances", *Centaurus*, 29:272-313.

Goldstein, B. R. 1988. "A New Set of Fourteenth Century Planetary Observations", in *Proceedings of the American Philosophical Society*, 132:371-399.

Goldstein, B. R., and Pingree, D. 1990. "Levi ben Gerson's Prognostication for the Conjunction of 1345", in *Transactions of the American Philosophical Society*, 80.6.

Grant, E. 1987. "Eccentrics and Epicycles in Medieval Cosmology", in *Mathematics and its application to science and natural philosophy in the Middle Ages*, E. Grant and J. E. Murdoch (eds.), Cambridge, pp. 189-213.

Kennedy, E. S. 1956. "A Survey of Islamic Astronomical Tables", in *Transactions of the American Philosophical Society*, NS 46.2.

Langermann, T. 1985. "The Book of Bodies and Distances of Ḥabash al-Ḥāsib", *Centaurus*, 28:108-28.

Pedersen, O. 1974. *A Survey of the Almagest*. Odense.

Renan, E. 1893. "Les écrivains juifs français du XIVe siècle", *Histoire littéraire de la France*, 31:351-789 (reprint ed. Westmead, Farnborough, Hants., England 1969).

Toomer, G. J. 1984. *Ptolemy's Almagest*. New York, Berlin.

Van Helden, A. 1985. *Measuring the Universe*. Chicago.

THE LATIN TRANSLATION OF LEVI BEN GERSON'S *ASTRONOMY*

José Luis Mancha

1. Introduction

Although a medieval translation of the Hebrew text of Levi ben Gerson's *Astronomy* has been known to exist at least since Renan-Neubauer's publication (1893), it has not been the subject of a detailed study and it has been considered to be anonymous and unrelated to the translation of the treatise *De sinibus* undertaken by Petrus of Alexandria in 1342 and dedicated to Pope Clement VI. The object of the present article is to identify the author of the translation, to date it, and to provide arguments showing that Levi ben Gerson collaborated in the translation and, in fact, may even have dictated it.

2. Medieval Latin Translations of Levi's Works

There are extant medieval Latin translations of at least five scientific or philosophic works of Levi:

1) The *Book of the Correct Syllogism* (*Liber syllogismi recti*), a treatise on modal logic, preserved in the Vatican MS Ottobon. 1906 (Renan-Neubauer, 1893, p. 602; see also Manekin, 1985, pp. 87-90).

2) The *Prognostication for the Conjunction of Saturn, Jupiter and Mars in the year 1345* (*Pronosticatio super conjunctionem Saturni, Jouis et Martis anno domini 1345*), preserved in Paris, Bibliothèque Nationale, MS lat. 7378A, and Oxford, Bodleian Lib., MSS Ashmol. 192 and 393, and MS Digby 176 (Renan-Neubauer, 1893, p. 643). The Hebrew and Latin texts of this work have recently been published by Goldstein and Pingree (1990).

3) The treatise *On Harmonic Numbers* (*De numeris harmonicis*), a work on musical theory written by Levi in 1343 at the request of Philippe de Vitry, later bishop of Meaux (1351-61), to whom Nicole Oresme dedicated his *Algorismus proportionum* (Grant, 1965, p. 328). This text, of which the Hebrew version seems to have been lost, is preserved in the aforementioned manuscript of the Bibliothèque

Nationale in Paris and in Basel, MS F.II.33. It has been published by Carlebach (1910, pp. 128-39).

4) The *Astronomy* (*Liber Bellorum Dei*, V, 1), an incomplete translation of the part conserved in Hebrew of the first section of Book V of the *Wars of the Lord* (*Sefer Milḥamot Adonai*); that is, chapters 1 through 103, 106, 109 and 110. According to the table of contents accompanying the manuscripts, however, the translation should include all three sections of Book V and not only the first. At least four copies of this text are preserved: Vat. Lat. MSS 3098 and 3380; Milan, Ambros. D 327; and Lyon, Bibliothèque Municipale, 326.

5) The treatise *On Sines, Chords and Arcs, and the Instrument "the Revealer of Secrets"* (*De sinibus, cordis et arcubus, item instrumento reuelatore secretorum*), dedicated to Pope Clement VI in 1342, is a translation of chapters four through eleven of the *Astronomy*, dealing with trigonometry and describing the Jacob Staff, an instrument for astronomical observations invented by Levi. It is preceded by a dedicatory letter and a prologue. At least four copies of this text are preserved: Paris, B.N., MS lat. 7293 (this codex was in the papal library at Avignon in 1369, *cf.* Renan-Neubauer, 1893, p. 621; the first folio of this copy, containing the dedicatory letter and most of the prologue, is lacking); Vienna, Nationalbibliothek, MS 5277; Klagenfurt, Bischöfliche Bibliothek, MS XXX.b.7; and Munich, Bayerische Staatsbibliothek, CLM 8089. The MS 2962- 2978 of the Bibḷiothèque Royale in Brussels (ff. 194r-210r) contains a summary of this text[1*]. The treatise *De sinibus* was partially edited by Curtze (1898, 1901).

The manuscript copies of *De sinibus* and the *Prognostication* tell us that Petrus of Alexandria *ordinis fratrum heremitarum sancti Augustini* was the translator of these two works. In the *colophon* of the *Prognostication*, Petrus mentions the date of Levi's death (20 April 1344) and also indicates that Solomon, Levi's brother and physician in the court of Clement VI in Avignon (Renan-Neubauer, 1893, p. 643; Goldstein and Pingree, 1990, pp. 29 and 34), collaborated in the translation of the text. There is, therefore, no doubt regarding the author of these translations or their date.

3. The Author of the Latin Translation of the *Astronomy*

The text of the Latin translation of the *Astronomy* remains in manuscript except for the table of contents, published by Renan-

* For technical reasons, the notes of this article appear as endnotes.

Neubauer (1893, pp. 632-41), and the table for the solar equation, published by Goldstein (1974a, p. 158). Occasionally, Goldstein has used the Latin text in the critical apparatus of the edition and translation of certain chapters of the Hebrew text (Goldstein, 1979, 1985). The Latin manuscripts of the *Astronomy* do not contain any information on the date or the author of the translation and in the literature on Levi, this translation is considered to be anonymous and independent of that of the *De sinibus* (Renan-Neubauer, 1893, p. 620; Goldstein, 1974a, p. 79; 1979, p. 103). However, if the text of *De sinibus* and the corresponding passages of the *Astronomy* are compared, it becomes clear that we are dealing with a single translation: both texts are practically identical except for certain minor stylistic variations, most of which involve the substitution of impersonal verb forms or the passive voice for personal ones. Some examples of the collation follow:

De sinibus	*Liber Bellorum Dei*, V, 1
Ad cuius probationem suppono pro nunc, quousque ex dicendis fuerit declaratum, quod si corpus radiosum fuerit indiuisibile siue puncti unius, radius terminatus ad obiectum non esset latior fenestra propter distantiam fenestre ab obiecto quamcumque possibilem in aliqua quantitate notabili sensui; quia propter mirabilem distantiam celestium corporum ad terram non est signum notabile sensui propter tam modicam distantiam, quam est illa que inter fenestram et obiectum existit (Tertium capitulum, Paris, B.N. 7293, 7vb-8ra).	Supponamus pro nunc, quousque ex dicendis fuerit declaratum, quod, si corpus radiosum esset indiuisibile siue puncti unius, radius terminatus ad obiectum non esset latior propter distantiam fenestre quamcumque possibilem ab obiecto in aliqua quantitate notabili sensui; quia propter mirabilem distantiam celestium corporum usque ad terram non est signum notabile sensui propter tam modicam distantiam, que est illa que inter fenestram et obiectum existit (Capitulum quintum, Vat. Lat. 3098, 6vb-7ra).
Postquam de opere nostri instrumenti sum locutus quantum demonstratio superior requirebat, nunc prosequar usque ad complementum totius eius operis uel facture et usus. Et primo de eius factura; secundo de usu ipsius quoad omnes experientias perfecte habendas celestium corporum. Igitur hoc est opus seu factura ipsius. Accipiatur baculus unus rectus longitudinis 4 palmorum canne uel amplius,	Postquam de opere nostri intrumenti fuimus locuti quantum demonstratio supradicta requirebat, nunc prosequimur usque ad complimentum totius eius operis uel facture et usus. Et primo de eius factura; secundo de usu ipsius quoad omnes experientias perfecte habendas celestium corporum. Hoc est scilicet opus seu factura ipsius. Accipiemus enim baculum unum rectum longitudinis 4 palmorum

in quo fiat una superficies recta et plana latitudinis semidigiti per totam longitudinem baculi. Et ponatur in capite baculi una tabella quasi cornuta, cuius cornua non sint acuta in capite, sed aliqualiter sint rotunda. Et distantia unius cornu ab alio sit modicum maior quantitate unius digiti pollicis et semis, ita quod alterutrum cornu super alterutrum *mach* oculi possit sine artatione uisus locari. Et quando factus fuerit in hac forma, inuenietur centrum uisus magis infra capud quam sit tabula posita in capite baculi per 20^am^ partem palmi unius, sicut probaui per experientias multas cum maxima diligentia et labore (Quintum capitulum, *ibid.*, 10va).

canne uel amplius, in quo faciemus unam superficiem rectam et planam latitudinis semidigiti per totam longitudinis baculi. Et ponemus in capite baculi unam tabellam quasi cornutam, cuius cornua non sint acuta in capite, sed aliqualiter sint rotunda. Et distantia unius cornu ab alio sit modicum maior unius digiti pollicis cum dimidio quantitate, ita alterutrum cornu super alterutrum *mach* oculi sine artatione uisus locari. Et quando factus fuerit in hac forma, inuenietur centrum uisus magis infra caput quam sit tabula posita in capite baculi per 20^am^ partem palmi unius, sicut probauimus per multas experientias cum maxima diligentia et labore (Capitulum septimum, *ibid.*, 7vb).

Quoniam ut dixi necessarium est quod primo queratur scientia habendi longitudines et latitudines fixarum stellarum, quibus intendo me iuuare ad inueniendum loca longitudinum et latitudinum planetarum. Et uia que ad hoc ducet est ut queratur primitus locus solis, quia eius solius locus uerus potest omni tempore inueniri. Et est notum quod nullus sydus uidetur cum eo nisi cum pena, luna dumtaxat excepta; ideo cum dicto instrumento docui inueniri locum lune cum sole taliter quod sol oculos non offendat. Et cum accepta fuerit experientia ista aliquantulum ante solis occasum et statim cum post dictum occasum apparuerint alique stelle, accipiatur experientia cum luna et aliqua stella fixa, qua experientia habebitur longitudo inter eas hoc modo. Computabitur cursus lune in medio tempore inter experientias duas predictas secundum Ptolomei doctrinam, que in tam breui tempore a ueritate non

Quoniam ut diximus necessarium est quod primo queramus scientiam habendi longitudines et latitudines stellarum fixarum, quibus intendimus nos iuuare ad inueniendum loca longitudinum et latitudinum planetarum. Et uia que ad hoc nos ducet est ut queramus primitus locum solis, quia eius solius locum uerum in omni tempore possumus inuenire. Et est manifestum quod nulla stella uidetur cum eo nisi cum pena, luna dumtaxat excepta; ideo cum nostro instrumento docuimus inueniri locum lune cum sole taliter quod sol oculos non offendat. Et cum accepimus istam experientiam aliquantulum ante solis occasum [et statim cum post dictum occasum] apparuerint alique stelle, accipiemus cum luna experientiam cum aliqua stella fixa, qua experientia habebimus longitudinem inter eas hoc modo. Computabimus etenim cursum lune in medio tempore inter experientias duas predictas secundum Ptolomei doctrinam, que in

notabiliter elongatur, sicut est michi per multas experientias manifestum (Octauum capitulum, *ibid.*, 15va-b).

Ne in usu predicti instrumenti error intercidat, quilibet utens eo attendat ad ista. Primo ut lumen teneatur post caput, ut supra. Secundo ut uideantur ambo sidera in angulis superioribus tabule uel prope, ita quod ambo semper sint ad superficiem superiorem equaliter prope et nunquam notabiliter longe. Tertio quod non sint uapores inter oculos et stellam uidendam, quia uapores ostendunt diuersam distantiam inter stellam et stellam uel sydus et diuersam quantitatem dyametri sideris in maius et minus (Nonum capitulum, *ibid.*, 17ra).

tam breui tempore a ueritate non notabiliter elongatur, sicut est nobis per multas experientias manifestum (Capitulum decimum, *ibid.*, 9vb-10ra).

Ne in usu predicti instrumenti error intercidat, utens eo attendat ad ista. Primo ut lumen teneatur post caput, ut supra. Secundo uideantur ambo sidera in angulis superioribus tabule uel prope, ita quod ambo sint ad superficiem superiorem equaliter prope et nunquam notabiliter longe. Tertio quod non sint uapores inter oculos et stellam uidendam, quia uapores ostendunt diuersam distantiam inter stellam et stellam uel sydus et diuersam quantitatem dyametri sideris in maius et minus (Capitulum 11, *ibid.*, 10va).

We can thus conclude that Petrus of Alexandria is also the translator of the *Astronomy*. Since this hermit friar was working on the translation of Levi's works between 1342 and 1344, he was presumably also the author of the Latin version of the treatise *De numeris harmonicis* dated 1343. Moreover, although the text of *De sinibus* preserved in Munich CLM 8089 is considered to be an independent translation (Günther, 1890, pp. 75ff.; Renan-Neubauer, 1893, pp. 622-3; Touati, 1973, p.55), a detailed examination proves that the text is identical to the one the other manuscripts explicitly ascribe to Petrus of Alexandria. The copyist simply changed the chapter headings and increased their number from 9 to 14[2], adding immediately as chapters 15, 16, and 17 an incomplete copy of Peter of Saint-Omer's *Tractatus semisse*[3] without giving any indication that it is a different work.

In the manuscripts I have examined of *De sinibus* and the *Astronomy* I have not found any new information on Brother Petrus that would allow us to fill out his biography. A word added *supra lineam* in the copy of *De sinibus* preserved in the Nationalbibliothek of Vienna (f. 41r) identifies 'Alexandria' as the Italian city of the same name[4]. In any case, it is certain that all knowledge of Levi's work on astronomy among Christians in Europe from the XIVth century onward was due to the work of this translator[5].

4. The Date of the Translation

What is the date of Petrus of Alexandria's translation of Levi's *Astronomy*? Although, as already mentioned, the manuscripts do not say it, the treatise *De sinibus* gives us an indirect way of dating. In the dedicatory letter, written in 1342, Levi says that the chapters on the Jacob Staff had not previously been translated into Latin. Adressing the Pope, Levi writes:

> And although the above-mentioned discovery has been revealed a long time ago, as will be seen later, written down in Hebrew characters and divulged by hearing and in an incomplete manner together with other words from my mouth, never, however, was it translated into Latin[6].

If Levi's statement is accepted, it is evident that the translation of the *Astronomy* cannot be dated before 1342, given that the texts of *De sinibus* and of the corresponding chapters in the *Astronomy* are identical. This leads us to think that Levi dedicated some of the chapters of the *Astronomy* to the Pope under the title *De sinibus* before the complete translation of the work, begun around 1342, was finished.

There is yet another argument which points to the same date. The dedicatory letter is not the only indication that the treatise *De sinibus* was addressed to the Pope. Another piece of evidence can be found in the section dealing with trigonometry. In the *quarta dictio* of the second chapter Levi states:

> Quando igitur Sanctitas uestra de arcu noto sinum sibi ocurrentem scire uoluerit, querat in tabulis arcum notum et in eius directo sinum inueniet (Paris, B.N., MS 7293, 4va).

The corresponding passage in the Latin translation of the *Astronomy* is the following:

> Quando igitur uestra Corona ex arcu noto sinum sibi correspondentem scire uoluerit, querat in tabulis arcum notum et in eius directo sinum inueniet (Vat. Lat. MS 3098, 4ra).

Now the expression *uestra Corona* has no equivalent in the Hebrew version (H 4:142; Goldstein, 1985, p. 42) and it is probably addressed to Clement VI. This hypothesis fits in with other independent evidence. At the end of a letter which can be dated between 1340 and 1344, Isaac Qimḥi (also called Petit de Nyons) writes to Levi:

> May He [i.e., God] grant that you find perpetual grace in the eyes of the Great King for the good of us all.

Touati (1973, p. 47), in his commentary on this letter, points out that the expression "the Great King" could only, at that date and place, refer to two rulers: Robert d'Anjou, King of Naples and Count of Provence, protector of Kalonymos ben Kalonymos, and Clement VI, elected Pope in 1342. Since nothing is known of any relationship between Robert d'Anjou and Levi, we can conclude that Levi wished to dedicate the translation of Book V of the *Wars of the Lord* to the Pope.

5. Characteristics of the Latin Translation of the *Astronomy*

Levi's astronomical tables, published by Goldstein in 1974, provide an indirect indication of the importance of the contents of the Latin translation of the *Astronomy*. Apparently until some time between 1337 and 1339 Levi used a solar model with an excentricity of 2;14 and a maximum equation of 2;8°. After that time, he adopted a solar model with a maximum equation of 2;17° corresponding to an excentricity of 2;23,25,41 (Goldstein, 1974a, pp. 93-4). Now in the Hebrew manuscripts, the table for the solar correction is calculated according to the first value for the excentricity, whereas only the Latin manuscripts contain the table based on the second value.

Goldstein's edition (1985) of the first twenty chapters of the Hebrew version of the *Astronomy* facilitates the task of comparing systematically the original and the Latin texts. This comparison immediately shows that the translation, while in general faithful to the Hebrew text in terms of content, is, in many places, not literal. The variations or accidents of translation fall, *grosso modo*, into the following categories: *substitutions*[7], *omissions* (negative accidents) and *additions* (positive accidents). In what follows, I will not deal with omissions since, in general, they are not significant; mostly, they are due to an abbreviation of the Hebrew text or to a desire of the translator to avoid repetition[8].

With regard to the additions, a superficial examination might suggest the possibility that some are glosses inserted by the translator, whereas others are due to different copyists. Consider some examples. The table of contents preceding the Hebrew text reads: "Chapter 15: In it we shall present instructions for finding the true position of the Sun at any time we wish" (Goldstein, 1985, pp. 21 and 306), while the corresponding Latin text says: "In chapter 15 we will show how to find with the greatest possible certainty the true solar position, its maximum equation, its apogee and the value for the obliquity of the ecliptic''[9], in exact conformity with the content of the chapter. Similarly, the end of chapter 12 of the Hebrew text reads: ''As for the rest of the [instructions] needed to make an astrolabe, others have said enough about it'' (H 12:54). The corresponding Latin text offers ''...Ptolemy and others...''[10]. In chapters 8 and 10, the Latin text specifies the materials which can be used to make certain pieces of the modified version of the Jacob Staff—''copper or bronze'', ''copper, bronze, or light wood''[11]—while the Hebrew version lacks these specifications (H 8:3; 10:25).

The possibility that such differences are due to different copyists can immediately be rejected: all the extant Latin copies of the *Astronomy* are identical. But also the other possibility, namely that the additions are glosses inserted by the translator, soon becomes difficult to maintain. For this hypothesis requires that we assume that the translator was thoroughly familiar with the Hebrew text even before setting out to translate. Only such complete knowledge would have enabled him (i) to mention subjects in some passages which are discussed later on in the Hebrew version, (ii) to comment or justify Levi's statements or procedures, (iii) to give different geometric demonstrations on some points, (iv) to correct errors in the Hebrew text, or (v) even provide some parameters not found in the manuscripts of the original version. Some examples follow.

(i) In chapter 17, after claiming that the Ptolemaic lunar model cannot be true since the apparent diameter of the Moon at its minimum distance is only slightly greater than at its maximum distance, the Latin text adds a sentence lacking in the Hebrew version (H 17:2): ''The same can be demonstrated from the parallax concerning which we cannot confirm Ptolemy's opinion''[12], a remark which anticipates the contents of chapter 74. In the discussion of the preliminary lunar model at the beginning of chapter 71, invoking the observation of 17 January 1333, 6;9 hours after mean noon, the Latin text indicates the mean and true positions of the Moon (Gemini 279;6,42° and Cancer 1;10°, respectively). However, in the Hebrew text these values appear only at the end of the chapter, when Levi reexamines this observation for the purpose of discussing his definitive lunar model[13].

(ii) In the same chapter, after affirming that his observations of solar and lunar eclipses compelled him to make the correction for the Moon greater than 5° at apogee and less than 7;40° at perigee, the

Latin texts adds the following sentence that is absent from the Hebrew text:

> ...although we will not be able to decide this point definitely till we have observations of some eclipses which we expect to occur with the Sun near the place of its maximum equation, in such a way that we can thus reach an exact knowledge of this maximum equation, since from it we will know exactly the amount for the equation of lunar anomaly[14].

Another difference of this kind occurs in chapter 12, where Levi presents instructions for making an astrolabe. In the Hebrew version, Levi suggests that to find the direction to the zenith accurately one should take two observations of solar altitude within a short time interval near noon (so that the solar altitude will not have changed) turning the instrument 180° about its vertical axis between the two observations, so that the altitude readings with the alidade can be marked at two places on the rim symmetrically about the zenith direction (H 12:7-10). Regarding this passage, Goldstein (1985, p. 168) has pointed out that such a rotation would introduce a torque in the cord which might interfere with the second observation. And if the cord were to be detached and then attached again and time allowed for it to become motionless, a longer time interval would elapse between the two observations. Goldstein adds that Levi does not discuss this problem of his observational technique. The Latin text of the same chapter, however, suggests an iterative method for avoiding the problem:

> And to prevent the error which may be produced in performing this or a similar operation, it is necessary to suspend the astrolabe and turn it as indicated above, repeating the operation two, three, four or five days[15].

(iii) The Latin version also exhibits some significant variations concerning the geometrical proofs used. There are differences in chapter 9 in the demonstration establishing that for a correct measurement of the apparent solar diameter, it is necessary to subtract from the diameter of the image formed on the screen of the *camera obscura* an amount equal to the diameter of the opening (H 9:21-24; Vat. Lat. 3098, 9va)[16]. There are also differences in chapter 10 in the description of the auxiliary triangular piece of the Jacob Staff used to determine the position of the planets with respect to the Sun (H 10:16-29; Vat. Lat. 3098, 10ra). In chapter 15, the text and the figures describing the solution of the problems arising when the angles formed by the walls of the room used to determine the solar parameters are not straight (H 15:61 ff.; Vat. Lat. 3098, 12va-b) are also different. The same holds true of those sections in chapter 20 (both text and figure) showing at which place in the eccentric the solar equation reaches its maximum value[17].

(iv) There are also places where the Latin translation reveals no trace of the errors and faults in the text transmitted by all Hebrew manuscripts. In chapter 61, for example, where the Hebrew manuscripts use the word *'Libra'* (H 61:11; Goldstein, 1975, p. 36), the Latin manuscripts give, correctly, *'Aries'*[18]. Goldstein (*ibid.*, p. 40) has also pointed out that the passage in the same chapter in the Hebrew text, stating that the amount of the total precession in the time separating Timocharis from Levi does not reach 23°, is problematic. The Latin text, however, asserts that the total precession during the time separating Timocharis and al-Battānī does not reach 20°[19]. In chapter 80 apropos the computation of the solar eclipse of 26 June 1321, the Hebrew manuscripts give Cancer 11;39,51° for the true solar position (a value which according to Goldstein [1974a, p. 124] should be 11;40,34°), while the Latin manuscripts carry 11;40,28°, a value which is much closer to the correct one and cannot be due to an error of the translator[20]. Finally, in chapter 7, the erroneous statement "to the north" in the Hebrew text (H 7:71), which some manuscripts correct in the margin, is maintained in the Latin manuscripts because the error is avoided by changing the description of the figure given some lines above[21].

(v) We now turn to numerical values not found in the manuscripts of the Hebrew version and provided by the Latin text. In chapter 80, for example, discussing the lunar eclipse of 23 October 1333, Levi writes that "the arc on the surface of the sphere from point G to point A is about 0;42,25° in this place at the time of the eclipse where the Sun is close to its perigee" (H 80:126; Goldstein, 1979, p. 115). The Latin version specifies the exact distance from the apogee: 125;25°[22].

Another difference concerns the values for the mean motions of the ascending node of the Moon which Levi discusses in chapter 70 of the *Astronomy*. Goldstein (1974a, pp. 107-8) shows that the values given in the Hebrew manuscripts are not those that Levi in fact used to calculate the entries in column V of tables 13-19 and 20-21 (Goldstein, 1974a, pp. 172-81). These entries are based on a different set of values for the motion of the ascending node which have been reconstructed by Goldstein from the tables themselves. The Latin manuscripts do not carry these tables. However, instead of the values for the motion of the ascending node given in the Hebrew text, the Latin version of chapter 70 provides precisely those values in fact used to calculate the tables. The values found in the Hebrew text are:

1	day	0; 3,10,37,38,56, 2,10°
30	days	1;35,18,49,28, 1, 5°
31	days	1;38,29,27, 6,57, 7,10°
365	days	19;19,39, 1,50,53,10,50°
365,25	days	19;20,26,41,15,37,11,22,30°
366	days	19;22,49,39,29,49,13°
60	years	80;26,41,15,37,11,22,30°
1800	years	253;20,37,48,35,41,15°

The values given by the Latin version, compared with those reconstructed by Goldstein, are[23]:

		Latin text	Goldstein
1	d.	0; 3,10,37,41,14,17, 4°	0; 3,10,37,41,14,24,...°
30	d.	1;35,18,50,37, 8,32°	1;35,18,50,37,...°
31	d.	1;38,29,28,18,22,49, 4°	1;38,29,28,18,...°
365	d.	19;19,39,15,51,53,49,20°	19;19,39,15,52,36,...°
365,25	d.	19;20,26,55,17,12,23,36°	19;20,26,55,17,54,...°
366	d.	19;22,49,53,33, 8, 6,24°	19;22,49,53,33,50,...°
60	y.	80;26,55,17,12,23,36°	80;26,55,17,54,...°
1800	y.	253;27,38,36,11,48°	253;27,38,57,18,...°

Finally, it must be pointed out that were we to maintain the hypothesis that all these changes are to be assigned to the translator who had an excellent knowledge of Levi's work, it would be necessary to assume that he was acquainted also with the non-astronomical sections of the *Wars of the Lord*. In the Hebrew version, for example, after having claimed that a certain philosophical principle is useful for explaining the creation of the celestial bodies, Levi adds "as will become clear in what follows, God willing" (H 2:15). In the Latin version the expression "in what follows" is made more explicit:

> And this is a very useful principle for proving the creation of the celestial bodies as will be evident in Book VI of this work[24].

All these variations, not to mention others involving extensive additions and the reordering of the contents of some chapters[25], seem quite unlikely to be the work of the translator. But there are, moreover, further differences which allow us to reject definitely this hypothesis and to prove at the same time that the Latin translation was the result of the collaboration between Levi ben Gerson and Petrus of Alexandria. These differences are additions to the original version *which could not be derived from the Hebrew text and whose source can only be Levi himself.* I shall mention only some of them.

1) In chapter 15, Levi tells us that the room with a window facing the south, which he used for the determination of the solar parameters, was not built with right angles (H 15:63). The Latin text adds that the house was in Orange:

> ...as occurred to us in the room in which these observations were made in the city of Orange where we wrote this work with much effort and difficulties[26].

2) In a passage in chapter 17 of the Hebrew version, Levi writes that the apparent diminution of the diameter of Mars, as observed on a certain occasion, was produced by the interposition of vapors caused by a comet. The Hebrew version adds that the vapor ''came into being under Scorpio and it was drawn from there to somewhat below the north pole: there it burst into flame and it perished in Scorpio'' (H 17:28-29). Goldstein (1972a, p. 45) has identified this comet as the one of 1337. The Latin text tells us that the comet was first observed in Taurus (which is compatible with other reports of the time as well as with modern computations, according to which the position of the comet on 23 June 1337 was Gemini 0;8°; *cf.* Thorndike, 1950, pp. 219-25) and that it remained visible for three months. It adds that Saturn was then in conjunction with Mars which is also correct (Tuckerman, 1964, p. 686):

> And we think that the reason that the size of the apparent diameter of Mars in the sign of Scorpio did not increase, was a thick vapor generated between us and the planet because immediately afterwards a comet appeared under the north pole in the sign of Taurus and from there it continued to the pole and reached Scorpio and could be observed for more than three months. The influence of Saturn in conjunction then with Mars in Scorpio contributed to the formation of this thick vapor[27].

3) Levi ben Gerson's reports and computations of four solar and six lunar eclipses between 1321 and 1339, contained in chapters 80, 99 and 100 of the *Astronomy*, present in the Latin text numerous posi-

tive accidents, the most interesting of them concerning the instruments used, the weather conditions during observation, and the computations.

3.1) *Instruments*. Goldstein (1979, p. 105) has pointed out that in these chapters (in the Hebrew version) no instruments are mentioned although Levi may have used either an astrolabe or a Jacob Staff. The Latin version, on the other hand, provides us with some information about the subject. The most significant additions are as follows: for the lunar eclipse of 23 October 1333, "without instrument"[28]; for the solar eclipse of 14 May 1333, "with an astrolabe"[29]; for the lunar eclipse of 19 April 1334, "because according to our estimation, the Moon was near the meridian line at the end of the eclipse although we had not marked the meridian line in the room we were in during the observation"[30]; for the solar eclipse of 3 March 1337, "we did not have an instrument to determine the time"[31]; for the lunar eclipse of 3 October 1335, "without instrument"[32]; and for the solar eclipse of 3 March 1337, "according to what we estimated from the solar ray passing through the window without measuring, however, this ray with the compass"[33].

3.2) *Weather conditions*. We have two examples of passages having no parallel in the Hebrew version. On the lunar eclipse of 23 October 1333, the Latin text adds:

> You must know that we could not use this observation to determine the times of the eclipse because the sky was cloudy, although a little after the end of the eclipse the sky cleared and then we were able to make the above-mentioned observation[34].

For the lunar eclipse of 19 April 1334, we find:

> You must know that the sky was cloudy during this eclipse. But between the beginning and the end of the eclipse, we could make some observations of the altitude of Regulus at the moment at which we knew the amount of the eclipsed part of the Moon. These observations gave a result somewhat different from that already mentioned. However, we base our opinion more on this one than on the others because according to us the reason the one and the others did not agree was a certain thickness in the air[35].

3.3) *Computations*. There are some significant differences between the Hebrew and the Latin texts in chapters 80 and 100 with regard to the solar eclipse of 26 June 1321 and the lunar eclipse of 23 October 1333. Here, however, I shall only mention the differences between the two versions in the computation for the solar eclipse of

1321, found in section 5 of chapter 99, unpublished either in Hebrew or in Latin. With the exception of the values for the lunar anomaly and the true solar longitude (90;38° and Cancer 11;39°, respectively) which coincide, each version offers a completely different set of computed data, each of them being internally consistent and derived from different values for the lunar parallax in longitude (0;40,19° East in the Hebrew version and 0;40,8° East in the Latin one) and for the relative lunar velocity (0;30,20$^{o/h}$ and 0;30,31$^{o/h}$, respectively)[36].

In the report on the solar eclipse of 14 May 1333 in chapter 80, there is also a variant worthy of mention, although it is not directly involved in the computation. In the Hebrew version, Levi writes that "the part of the Sun to the north that remained visible was 0;32^{d}; and this agrees very well with what was perceived" (H 80:79; Goldstein, 1979, p. 113). The Latin text, however, reads:

> And about 0;32^{d} of the solar diameter to the north remained visible which agrees very well with what was observed. We said above that this observation would demonstrate the truth of our computation because, according to us, the southern part of the Sun should be eclipsed, and thus it occurred, while, according to others, the northern part of the Sun should be eclipsed which did not occur[37].

6. Conclusion

From the foregoing, we can conclude, first, that, beyond doubt, the additions to the Latin text we have examined were not made independently of Levi; and, second, that Levi's participation in the actual translation process is most probable, although it is not possible to be completely certain.

We cannot absolutely exclude the possibility that the translator used a Hebrew text different from the one we know and of which there are no preserved copies. However, this hypothesis is unlikely. The analysis of the extant Hebrew text suggests that before his death, Levi had not completed his planetary models and had not revised his lunar model as was his intention. There is also sufficient evidence to prove that Levi wrote or changed certain chapters of the *Astronomy* as late as 1339-1340. Under these circumstances, why in *ca*. 1342 would he begin to write another complete version of a text which was not yet finished?

There is a more plausible explanation of the singularities of the

Latin version. It seems that Levi did not know Latin, but we know that he spoke Provençal (Touati, 1973, pp. 38-9). Thus, the Latin version might well be the result of a double translation: with the Hebrew text and his note books at hand, Levi would have translated the text into Provençal orally, occasionally making additions and revisions as he went along, and this oral version would have then been written down in Latin by Petrus of Alexandria. This method of translation in which two persons—one knowledgeable in Hebrew or in Arabic, the other in Latin—cooperate is well documented in the Middle Ages: this is for instance the case of the translations of Avicenna and Ibn Gabirol by Dominicus Gundissalinus and the Jew Avendauth in the XIIth century, and that of the translation of al-Zarqāllu's treatise on the *saphea* by Jacob ben Makhir and Johannes Brixiensis[38]. Our suggestion is supported by Levi himself, if we take literally the words of the dedicatory letter of *De sinibus* to Pope Clement VI. After asserting that his works had not been translated until he met Petrus of Alexandria, Levi adds that Petrus,

> in order to spread the discovery of the Jacob Staff, touched my lips and, opening them, I spoke and I said to him, 'write'. And he took down all the words that I spoke on this discovery. And the words left my mouth in the following manner..."[39].

The assumption that the *Astronomy* was translated in this way by Levi and Petrus until Levi's death in 1344 interrupted the collaboration also explains why the Latin text is an incomplete translation of the Hebrew version: Petrus was unable to finish it on his own. Indeed, he needed the help of Solomon, Levi's brother, to complete the translation of the *Prognostication* after Levi's death[40].

Leaving these conjectures aside, it is clear that the Latin translation of the *Astronomy* holds an exceptional place among medieval texts of which both the original and the translation are preserved. The two versions, one directly, the other indirectly, serve as testimonies of Levi's work. Clearly, in order to decide on the importance of the additional information contained in the Latin manuscripts for our knowledge of the astronomical work of Levi, we will have to wait for the editions of the complete texts.

NOTES

1 *Incipit* (f. 114 r): "Extracta per me paulum ex tractatu magistri leonis judei de balneolis de baculo jacob. Prima propositio. Quadratum corde arcus minoris

semicirculo est equalem ei quod fit ex sinui residui dicti arcus..."; *explicit* (f. 210r): "...Et si una fuerit ab una parte et alia ab altera parte subtrahe latitudinem stelle scite ab inuenta distantia et quod remanet erit latitudo alterius".

[2] The copyist begins (f. 83r) with the table of contents of the treatise, identical to the one contained in the other copies ("Primum capitulum continet epistolam ad dominum papam Clementem VI et prologum operis..."; see an edition of this table in Curtze, 1898, pp. 97-8), adding at the end the date at which he started his work ("Et hic tractatus fuit translatus de Haebraeo in latinum anno Christi 1342 Pontificatus domini Clementi Papae VI anno primo. Descriptus uero huc anno 1610 15 Junij"; f. 83v). However, Levi's prologue ("Cum sapientis astronomi verba ad notitiam nostram peruenerunt...", f. 84r) is entitled *Caput secundum. Stabiliuntur quaedam principia*, a title corresponding in the other copies to chapter 2, devoted to trigonometry and divided into five sections. In their turn, the three first sections of chapter 2 became chapter 3 (*De divisione orbium et sphaerarum; item quid dicatur arcus, quid sinus et quid sagitta*), the two remaining ones chapter 4 (*Declaratio tabularum sinuum*), and so on, producing an enlargement of the number of chapters from 9 to 14. Leaving aside this difference, the text itself is identical to that explicitly attributed to Petrus of Alexandria (although the copy is of bad quality), as is proved by the following example of a collation:

Ad cuius probationem suppono pro nunc, quousque ex dicendis fuerit declaratum, quod, si corpus radiosum fuerit indiuisibile siue puncti unius, radius terminatus ad obiectum non esset latior fenestra propter distantiam fenestre ab obiecto quamcumque possibilem in aliqua quantitate notabili sensui; quia propter mirabilem distantiam celestium corporum ad terram non est signum notabile sensui propter tam modicam distantiam, quam est illa que inter fenestram et obiectum... (Paris, B. N. MS 7293, 7vb-8ra).

Ad cuius probationem supposito pro nunc, quousque ex dicendis fuerit declaratum, quod, si corpus radiosum esset indiuisibile siue punctum [sic] unius radij [sic] terminatus ad obiectum non esset latior fenestra per [sic] distantiam fenestre ab obiecto quamcumque possibilem in aliqua quantitate notabili sensui per numeralem seu [sic] mirabilem distantiam corporum celestium ad terram non est signum notabile sensui per tam modicam distantiam, quam est illa que intra [sic] fenestram et obiectum... (Munich, Staatsbibliothek, CLM 8089, 99v).

It is also incorrect, as Curtze (1898, p. 100) remarked, to assert (Renan-Neubauer, 1893, p. 623; Steinschneider, 1964, p. 132; Roche, 1981, p. 9) that neither Petrus nor Levi himself had called the instrument 'Jacob's Staff' (*baculus Jacob*). The name 'Jacob's Staff' appears in the dedicatory letter to the Pope ("...propter quod mihi sacramentum astronomie completum in baculo Jacob extitit reuelatum...", Klagenfurt, B.B., MS XXX.b.7, 23r; Vienna, NB, MS 5277, 40v; Munich, CLM 8089, 84r) and the name 'revealer of secrets' in the prologue ("...et cum inueni per experientias multas cum instrumento predicto eccentricitates orbium planetarum multum diuersas ab eo quod erat conueniens ad Ptolomei sententiam, coactus fui experientias multas accipere circa uera loca cuiuslibet planetarum, ut certitudo ueritatis predictorum locorum esset in uia ad inueniendum dispositiones celorum et orbium omnium planetarum que correspondent omnibus que apparent in eis ex eccentricitate, uelocitate, retardatione, directione, retrogradatione ac statione eorum, ad quorum omnium ueritatem cum instrumento predicto perueni Deo duce. Et ideo merito instrumentum iam dictum 'reuelatorem secretorum' uocaui", Paris, B.N. MS 7293, 1ra; Klagenfurt, B.B., MS XXX.b.7, 23v; Vienna, NB, MS 5277, 41r-v; Munich, CLM 8089, 84v-85r).

[3] The *Tractatus semisse* or *semissarum* is a well-known work (*cf.* Pedersen, 1976, pp. 37-41; Poulle, 1980, pp. 206-10). In CLM 8089 of the Staatsbibliothek in Munich, the copy of *De sinibus* occupies ff. 83r to 117v, and the text of Peter of Saint-Omer, ff. 117v to 127v. The *incipit* of the latter is: "Caput decimum quartum

[sic]. Instrumentum componere, quo vera loca omnium planetarum sine tabulis equationum inveniantur. Quoniam nobis non concedatur philosophiae studium nec tempus philosophandi...", and the *explicit*: "...6 annis mouetur 5 minutis cum dimidio. Finis huius tractatus anno 1610 22 Junij" (see an edition of this text in Pedersen, 1984, pp. 649-729).

4 A passage in Levi's dedicatory letter of *De sinibus* to the Pope could be useful to date his encounter with Petrus of Alexandria, but unfortunately it seems to be corrupt or difficult to understand. The invention of the Jacob Staff was motivated, according to Levi, by the discrepancies between the magnitudes of two eclipses (26 June and 9 July 1321) derived from Ptolemy's models and his own observations. Levi adds that the discovery of the instrument remained unknown for Latin readers "during 21 days until a cleric, brother Peter of Alexandria, of the order of hermit brothers of St. Augustine, arrived almost like the son of the man..." ("sed sic permansit occultum 21 diebus donec uenit quasi similitudo hominis filij ut [*sic*] religiosus uir frater Petrus de Alexandria, ordinis fratrum heremitarum Sancti Augustini...", Klagenfurt, B.B., MS XXX.b.7, 23r; Vienna, NB, MS 5277, 40v-41r; Munich, CLM 8089, 84r; without variant readings in the manuscripts, so that there is no textual basis for the tempting correction *annis* instead of *diebus*).

The Latin text of the *Prognostication* for the conjunction of 1345 contains, however, some additional information on the relationship between Levi ben Gerson and Petrus of Alexandria. According to a passage not found in the Hebrew version, in 1339 Levi sent a prognostication on the comet which appeared during that year to Pope Benedict XII (1334-1342) in Avignon. At Christmas 1339, Petrus of Alexandria communicated to Levi his own prognostication on this comet to which he had attributed the same significance as Levi: "Et eciam signum quod postea vidimus *anno Christi 1339º* quod, ascendens de Scorpio et veniens usque Leonem contra motum signorum, *terminavit ibidem, ubi tunc Iupiter residebat*, signavit hoc idem, scilicet meridionalium conflictum, ut tunc prediximus *domino nostro, summo pontifici sancte et felicis memorie, domino Benedicto Pape xii. Michi eciam frater Petrus circa festum nativitatis Christi predixit hoc idem, per meridionales Saracenos exponens; et statim eodem anno sequutus est in Hispania eorum conflictus*" (the sentences in italics are absent from the Hebrew version; *cf.* Goldstein and Pingree, 1990, pp. 26 and 32). According to the passage quoted above, Levi and Petrus must have been in contact from at least 1339. A comparison of the Hebrew and Latin versions of the *Prognostication* shows the same sort of differences as the two versions of the *Astronomy* which will be examined in the section 5 of this article. In the case of the *Prognostication*, however, the fact that only a single copy in Hebrew has been preserved makes any conclusions based on the comparison less certain.

Goldstein (1979, p. 105) considers it probable that the Christian mentioned by Levi in connection with his observations of the solar eclipses of 3 October 1335 and 3 March 1337 (chapters 80, sentence no. 24, and 100, sentence no. 8) is Petrus of Alexandria, a suggestion that dates the beginning of their collaboration to *ca*. 1335. The Latin text of the *Astronomy* offers no evidence in favour of this argument, however. First, sentence no. 24 of chapter 80 was omitted in the translation. Second, while *frater* Petrus mentions his name to the reader in the passage quoted above from the *Prognostication*, the Latin version of sentence no. 8 of chapter 100 is slightly different from the Hebrew and gives no name: "Set audiuimus a quodam clerico, de cuius experientia satis confidimus, quod in principio eclipsis erat solis altitudo circa 12 gradus et in fine circa 32 gradus" (Vat. Lat. 3098, 90ra). [Henceforth, the references to the original Hebrew of the *Astronomy* will be abreviated in the following way: "H 80:24" stands for "sentence no. 24 of chapter 80 of the Hebrew text or the English translation".]

5 It has not been possible for me to compare the partial edition and translation

of the *Book of the Correct Syllogism* (Manekin, 1984) with the Latin translation to check whether there are differences between the two versions. Steinschneider and, after him, Renan-Neubauer remarked that the extant Hebrew manuscripts only mention the year when the work was composed (5079 A.M. = 1319 A.D.), whereas the Latin translation gives also the name of the month ("mense illud .1. augusto" according to Steinschneider, 1893, p. 71, and Renan-Neubauer, 1893, p. 602). In fact, the *explicit* of the Latin version in MS Ottobon. 1906, f. 83v, reads: "Et hic completa est intentio huius libri. Et expleuimus ipsum mense illul, id est, augusti anno creationis 5079". If Steinschneider's claim concerning the Hebrew manuscripts is correct, the addition in the Latin text is similar to those we find in the Latin version of the *Astronomy* (see later on, section 5 of this article) and, therefore, the translation could be also made by Petrus of Alexandria.

6 "Et licet predictum sacramentum in iamdiu fuit reuelatum, ut apparebit inferius, et annotatum hebraicis litteris, et quod alijs uerbis sine debito ordine ex ore meo prolatus [sic] forte fuerit, scilicet partialiter representatum, nunquam tamen ordinate translatus fuerat in latinum" (Klagenfurt, B.B., MS XXX.b.7, 23r; Vienna, Nationalbibliothek, MS 5277, 40v; Munich, CLM 8089, 84r).

7 See note 17.

8 There are also *mere* omissions, but in general they do not concern the astronomical content of the work. Thus, for example, the two poems by Levi on the Jacob Staff are omitted from chapter 9 (Goldstein, 1985, pp. 71-2 and 264-5; H 9:31-54).

9 "In 15° docebimus quomodo inueniatur solis in çodiaco uerus locus et aux eius et eius finalis equatio et distantia poli çodiaci a polo mundi ad maiorem certitudinem quam possumus optinere" (Vat. Lat. MS 3098, 1rb).

10 "Ideo perficitur secundum doctrinam a Ptolomeo et ab alijs traditam, quia sufficienter quoad alia est data ab eis" (Vat. Lat. 3098, 10ra).

11 "Et ponamus in capite baculi unam tabellam subtilem de cupro uel ere in qua sit unum paruum foramen..." (Vat. Lat. MS 3098, 9ra); "Et in dictis fossis tabelle parue de cupro uel ere uel ligno subtili ponantur, quarum superficies interiores cadant perpendiculariter super dictis lineis..." (Vat. Lat. 3098, 10ra).

12 "Hoc idem potest demonstrari ex diuersitate aspectus, in qua non inuenitur illud quod esset consequens ad sententiam Ptolomei..." (Vat. Lat. MS 3098, 13rb).

13 "Que experientia habita fuit anno predicto 17 Januarij 6;9^h post equalem meridiem. Et inuenimus uerum locum lune in Cancro 1;10°, que distabat ab auge 283;18,27°. Et medius locus ipsius erat in Geminis 26;18,27°..." (Vat. Lat. 3098, 61rb). See the corresponding passage of the Hebrew text in Goldstein (1974b, p. 285, sentence 7), and see also Goldstein (1972b, p. 280, sentence 2).

14 "...ponendo equationes circa augem aliquantulum maiores quam posuit Ptolomeus et aliquantulum minores circa augis oppositum, ut ex aliquibus experientijs eclipsium et alijs nobis apparet, licet adhuc non possimus de hoc iudicare perfecte quousque habuerimus experientias aliquarum eclipsium quas expectamus sole stante circa equationem maiorem ut perfecte deuenire possimus in quantitatem equationis maioris ipsius, quia ex hoc equationem prouenientem in luna pro motu diuersitatis tempore sciemus perfecte" (Vat. Lat. 3098, 62ra). See also Goldstein (1972b, p. 274, sentence 2).

15 "Et ut error qui in experientia ista uel simili cadere potest uitetur, tabula pluries hinc inde per duos uel tres uel quattuor uel quinque dies paretur et giretur ut supra. Et sic per experientias multas habito uero puncto sub centro astrolabij et in eo facto signo et diuisione arcus in duas partes equales, incipiendo a puncto dicte diuisionis, tota linea circumferentialis astrolabij diuidatur in quattuor partes equales" (Vat. Lat. 3098, 10va).

16 See the Latin text corresponding to H 9:21-26 in Mancha (1989, pp. 29-30, note 29); see also Goldstein (1985, pp. 70-71).

17 The passage and the figure of the Latin text corresponding to H 20:25-29 and fig. 20.1 (Goldstein, 1985, pp. 115-6 and 228) provide a very clear example of what we call *substitution*: "Dico quod si angulus AEB non esset rectus, sinus anguli equationis esset minor linea DE. Ad cuius probationem protrahamus lineas DF, EF. Et protrahamus a puncto D columna DG super lineam EF positam ad infinitum protractam uel protrahibilem. Et est notum quod linea DG est minor linea DE.

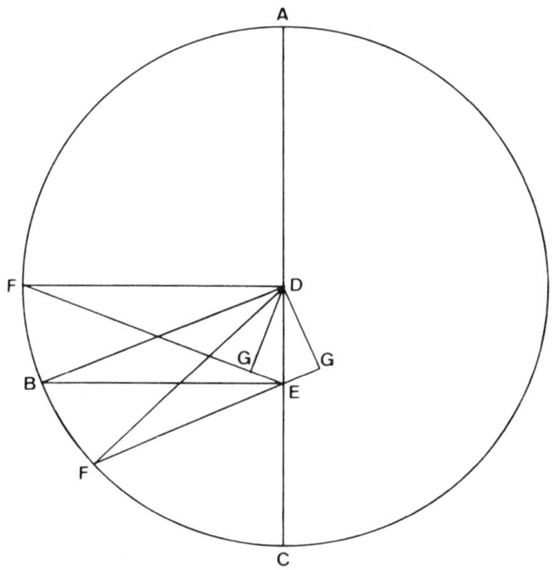

Figure 1: Vat. Lat. 3098, 14v; Vat. Lat. 3380, 102r.

Set linea DG est sinus anguli DFE et linea DE est sinus anguli DBE. Sequitur quod angulus DFE est minor angulo DBE. Et hoc est quod uolebamus probare" (Vat. Lat. 3098, 14va).

18 "...ex quo sequitur quod centrum umbre erat in eodem loco Arietis" (Vat. Lat. 3098, 48vb).

19 "Set inter loca stellarum fixarum tempore experientiarum et Timocrati et Albeteni non sunt nisi 20° et minus" (Vat. Lat. 3098, 48va).

20 "Et eius uerus locus erat in Cancro 11;40,28°" (Vat. Lat. 3098, 65rb).

21 "Sit circumferentia ecliptice circulus AB, cuius centrum sit E. Et longitudo stellarum sit arcus AB. Et latitudo unius sit arcus AC et alterius arcus BD. Et C sit *meridionalis*, D septentrionalis. Et protrahamus lineas AE, BE, CD. Et est manifestum quod linea CD est corda equata. Et sinus arcus AC sit CF, et sinus arcus BD sit DG, qui sunt sciti; quia arcus eorum sunt sciti. Et sagite eorum, scilicet AF et BG, sunt scite. Sequitur quod linee FE et GE sunt scite, quia sunt residua duorum semidyametrorum super dictas sagitas. Protrahamus lineam GF, que est corda secunda, et protrahamus CF *uersus septentrionem* usque ad punctum H in quantitate linee GD. Deinde protrahamus lineam DH. Dico quod..." (Vat. Lat. 3098, 8va).

[22] "...in loco in quo erat sol tempore eclipsis istius, in qua distabat ab auge circa 125;25°" (Vat. Lat. 3098, 66ra). In chapter 109, dealing with the observation of Saturn on 13 October 1325, the Latin text gives the values for the mean argument of center and the mean anomaly (184;58° and 127;24°, respectively), which are omitted in the Hebrew text: "Et tunc distabat ab auge 184;58° et de motu diuersitatis erat in 127;24°" (Vat. Lat. 3098, 103rb). See the translation of the Hebrew text (H 109:35) and the values (185;0° and 127;25°) recomputed in Goldstein (1988, pp. 389 and 375, table 2, observation no. 4).

[23] "Capitulum 70. Motum autem capitis dragonis post longam inquisitionem, experientijs antiquorum eis nostras experientias adiungendo, inuenimus in una [die] retrocedendo per signa 0;3,10,37,41,14,17° et circa 4 septima; cuius motus in 30 diebus est 1;35,18,50,37,8° et circa 32 sexta. Et eius cursus in 31 diebus est 1;38,29,28,18,22,49° et circa 4 septima. Est eius motus in 365 diebus 19;19,39, 15,51,53,49° et circa 20 septima. Et motus eius in 366 diebus est 19;22,49,53, 33,8,6,24°. Et eius motus in 365 diebus et quarta diei est 19;20,26,55,17,12, 23,36°. Et residuum sui motus super reuolutiones completas in 60 annis Christi est 80;26,55,17,12,23,36°. Et superfluum motus in 1800 annis est 253;27,38,36, 11,48°. Et ordinabimus tabulas istas modo quo ordinauimus alias tabulas medij motus solis..." (Vat. Lat. 3098, 59r).

The tables 5 and 6 in Goldstein's edition (1974, pp. 161-2) should also be different in the Latin version. While in the Hebrew text these tables have 7 and 2 columns, respectively, in the translation they would have had 13 and 3 columns since, according to the Latin text of chapter 62, they should have given not only the values of the arcs, but also the values corresponding to the sines of these arcs. See the description of these tables in the Latin version:

"Et faciemus tabulas isto modo, quia diuidemus latitudinem tabule in 7 spatia. In quorum primo scribetur numerus graduum ecliptice de uno gradu in gradum usque in 30 gradus. Et in capitibus 6 residuorum spatiorum scribentur 6 septentrionalia signa per ordinem incipiendo ab Ariete, et supra dicta 6 signa scribentur 6 alia meridionalia signa per ordinem incipiendo a Libra. Et sub signis in directo cuiuslibet gradus ecliptice in quolibet spatio, in duas partes diuiso, scribetur dictus defectus uel excessus competens gradui: *et in prima parte scribetur arcus, et sinus in secunda*. Et si gradus est signi septentrionalis, erit excessus; si meridionalis, erit defectus. Et est notum quod modo superius declarato potest sciri arcus et sinus medietatis dicti excessus uel defectus in quolibet oriçonte. Et ad hoc ordinabimus tabulas ex quibus quilibet poterit se iuuare in quolibet oriçonte latitudinis unius gradus et supra usque in 66 gradus et 27 minuta, ubi terra habitabilis terminatur, scilicet in fine Alamanie magne. Quas tabulas faciemus hoc modo. Quia diuidemus latitudinem tabule in 3 spatia, in primo scribetur numerus graduum de uno gradu usque in 66 gradus et 27 minuta, que sunt complementum 90 graduum supra maiorem latitudinem; et ideo ibi inuenietur quolibet die semel polus ecliptice in cenith, et tunc circumferentie ecliptice et oriçontis sunt una et eadem. Ex quo sequitur quod statim cum polus recedit de puncto cenith, ascendunt 6 signa. *Et in spatio secundo in directo cuiuslibet gradus scribetur arcus medietatis predicte. Et in tertio spatio scribetur sinus arcuj correspondens*" (Vat. Lat. 3098, 51ra-b).

[24] "Et istud est unum ex principijs ad probationem noue creationis istorum non modicum utile, sicut patebit in sexta parte libri istius" (Vat. Lat. 3098, 3rb).

[25] Two extensive additions worthy of mention are found, for example, in chapter 20. The first one is placed immediately after sentence 117 of the Hebrew text, in which Levi asserts that a special property of the model where the center of the mean motion lies between the center of the sphere and the center of the earth is that if the correction for 90° of apparent motion in this model is set equal to the correction for 90° of apparent motion in the simple eccentric model, "the excess of the

apparent size of the planet at perigee over its amount at apogee is greater than it was in any of the previous models, for the excess of the apogee over the perigee is greater in this model, and this is self-evident to the careful reader'' (Goldstein, 1985, p. 125). The Latin version goes on with a demonstration of sentence 117 by a double *reductio ad absurdum*, as follows:

''Ad cuius probationem supponamus ABC circumferentiam spere. Et punctus D sit centrum spere et punctus E centrum terre et punctus F centrum motus equalis. Et protrahamus lineam EB et sit angulus AEB rectus. Et protrahamus lineam FB. Et est notum quod angulus FBE est equatio ad 90° motus uisi. Et ponatur

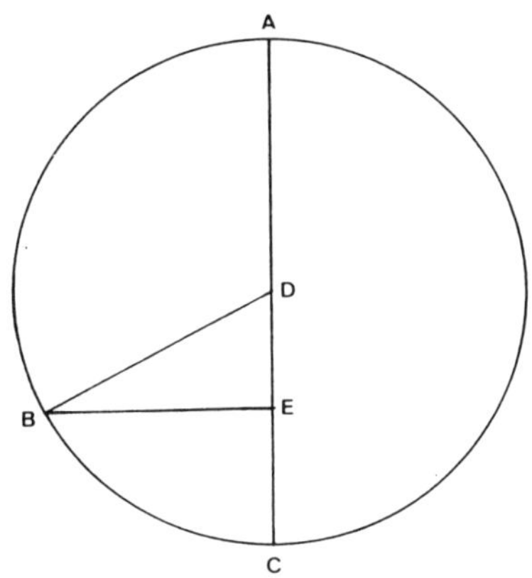

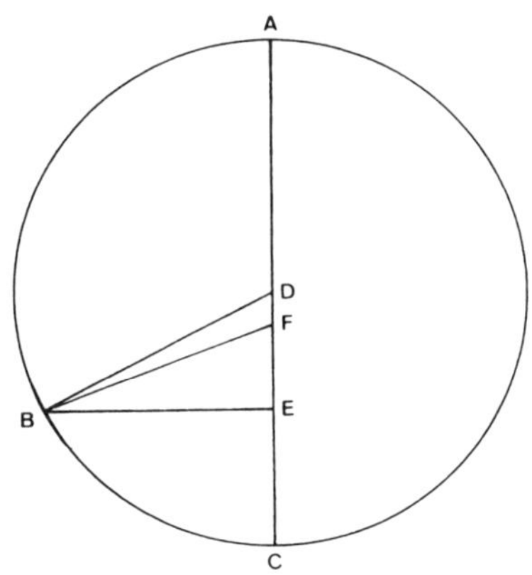

Figures 2 and 3: Vat. Lat. 3098, 15r; Vat. Lat. 3380, 103v.

ABC circumferentia spere excentrice equalis predicte. Et sit punctus D centrum spere et punctus E centrum terre. Et protrahamus lineam EB et sit angulus AEB rectus. Et protrahamus DB. Et est notum quod angulus DBE est equatio ad 90°

motus uisi. Et ponamus quod angulus DBE in secunda figura sit equalis angulo FBE in prima. Dico quod linea DE in prima est maior quam linea DE in secunda, quod, si hoc non esset, esset equalis uel minor. Et primo dicamus quod sit equalis. Et protrahamus lineam DB in prima figura. Et quia linea DE in prima figura supponitur equalis linee DE in secunda, est notum quod linea EB in prima figura est equalis linee EB in secunda [*mg.*: quia sic sunt in equali distantia a centro circumferentie sue]. Et angulus DEB in prima est equalis angulo DEB in secunda, quia in utraque est rectus. Sequitur quod angulus DBE in prima sit equalis angulo DBE [*ms.*: DEB] in secunda. Set angulus FBE in prima est equalis DBE in secunda. Sequitur quod angulus FBE in prima sit equalis angulo DBE in eadem; quod est falsum, quia pars non est toti equalis. Dico etiam quod non est minor. Quia si esset minor ponamus DG in prima figura equalem linee DE in secunda. Et protrahamus

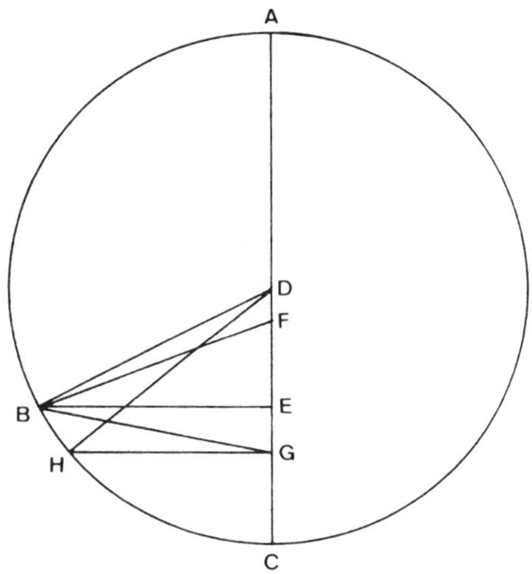

Figure 4: Vat. Lat. 3098, 15v; Vat. Lat. 3380, 103v: BE is not drawn perpendicular to AC.

lineas GH, DH, GB. Et sit angulus DGH rectus. Et erit notum, ut supra, quod angulus DBG in prima figura est equalis angulo DBE in secunda. Set angulus DBG in prima est minor angulo DHG in eadem. [*mg.*: Non uideo quomodo probetur angulum DBG esse minorem angulo DHG. Sed bene probare potest quod angulus DBE est minor angulo DHG cum auxilio 32^{e} primi Euclidis habito quod angulus [D]G[H] est equalis angulo [D]E[B], quia ambo sunt recti, et quod angulus DHG est maior [*ms.*: minor] angulo DBE, quia pars minor toto. Quo habito et deducto quod DHG angulus est equalis angulo FBE ex suppositione et prehabitis, manifeste concluditur totum esse minus parte.] Sequitur quod angulus DBG est minor angulo FBE; quod est falsum, quia maius toto esse minus parte. Sequitur quod linea DE in prima est maior linea DE in secunda. Set linea DE in secunda figura est maior linea DE in alijs dispositionibus supradictis in speris excentricis. Sequitur quod linea DE in prima est maior linea DE in alijs dispositionibus supradictis in speris excentricis. Et hoc erat probandum'' (Vat. Lat. 3098, 15rb-va).

The second addition occurs at the end of the chapter where Levi describes a planetary model with the equant located away from the diameter passing through the centers of the sphere and the earth. Between sentences 154 and 155 of the

Hebrew text (Goldstein, 1985, pp. 129 and 218), the Latin version adds a passage explaining that a property of this model is that the equation of center is not symmetric with respect to the line which passes through the earth and the equant. The Latin text reads as follows (see fig. 5): "Item distinguitur quilibet modus istius dispositionis ab omnibus dispositionibus spere excentrice quia in quolibet modo istius dispositionis, diuisa spera per diametrum transeuntem per centra terre et motus, qualibet equatio ex una parte diuisionis est diuersa a qualibet equationi sibi similis alterius partis. Cuius demonstratio est hec. Sit ABCG circumferentia spere et sit punctus D centrum spere. Et punctus E sit centrum terre et punctus F centrum motus. Et AFDC sit diameter transiens per centra spere et motus. Et BFEG sit linea transiens per centra terre et motus. Dico quod omnes equationes ex parte BCG sunt diuerse a singulis sibi similibus ex parte BAG. Ad cuius probationem protrahamus lineas FH, FI. Et sit angulus BFH equalis angulo BFI. Et protrahamus lineas EH,

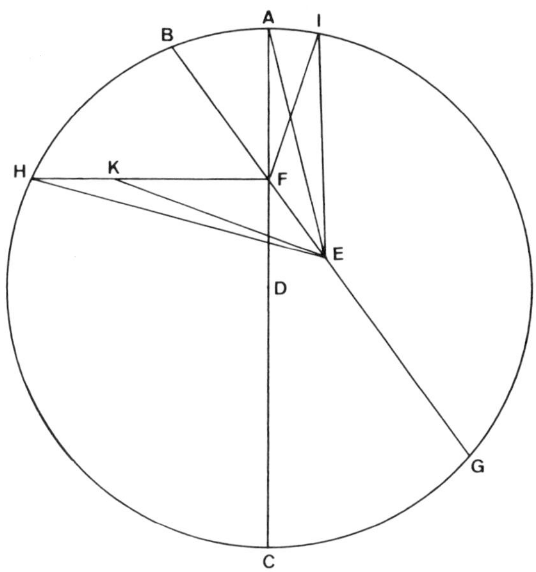

Figure 5: Vat. Lat. 3098, 16r; Vat. Lat. 3380, 104r.

EI. Dico quod linea FH est maior linea FI, quia angulus AFH est multo maior angulo AFI. Ideo diuidemus de linea FH maiori lineam FK equalem linee FI. Et protrahemus lineam EK. Et est notum quod angulus IFE est equalis angulo KFE. Sequitur quod triangulus IFE est equalis triangulo KFE et angulus quilibet angulo sibi simili. Sequitur quod angulus FIE est equalis angulo FKE. Set angulus FHE est minor angulo FIE. Et isto modo demonstraretur quod omnes equationes ex parte arcus BCG sunt minores omnibus sibi similibus ex parte arcus BAG. Et eodem modo demonstraretur quod in omni differentia dispositionis istius equationes unius partis sunt diuerse ab equationibus partis alterius; quod uolebamus probare" (Vat. Lat. 3098, 15vb).

Chapter 80 can be cited as an example of reordering: in the Latin text the passages corresponding to the lunar eclipses of 19 April 1334 and 3 October 1335 are in chronological order, while in the Hebrew text the latter is incorrectly called the 'fourth' lunar eclipse and its description (H 80:132-153) is placed before that of the former (H 80:154-166), called the 'fifth'. *Cf.* Goldstein, 1979, pp. 116-7.

26 "...sicut nobis accidit in hospitio in quo experientias istas accepimus in ciuitate Auraica, in qua hunc librum cum magno labore et sudore edidimus" (Vat. Lat. 3098, 12vb).

27 "Et hoc modo ymaginamur quod causa non crementi eius diametri in Scorpione fuit uapor grossus generatus inter nos et ipsum; quod apparet quia tunc statim apparuit cometa sub polo septentrionali in signo Tauri, et inde processit ad polum et uenit usque ad Scorpionem, cuius processus per tres menses durauit et amplius. Ad generationem huiusmodi grossi uapores iuuit influentia Saturni, tunc in Scorpione coniuncti cum Marte" (Vat. Lat. 3098, 13va).

28 "...post equalem meridiem circa 9^a hora completa secundum nostram extimationem instrumento carendo..." (Vat. Lat. 3098, 65rb; *cf.* H 80:17; Goldstein 1979, p. 110).

29 "...circa $3;28^h$ post uisam meridiem ut apparuit per astrolabium..." (Vat. Lat. 3098, 65va; *cf.* H 80:69; Goldstein, 1979, pp. 112-3).

30 "...taliter quod nobis secundum extimationem apparuit quod luna esset circa lineam meridianam in fine eclipsis, lineam meridianam non habendo in hospitio in quo eramus experientie tempore" (Vat. Lat. 3098, 66ra; *cf.* H 80:154; Goldstein, 1979, p. 117).

31 "Set tempore istius eclipsis non habebamus instrumentum ad capiendum horam..." (Vat. Lat. 3098, 90ra; *cf.* H 100:7; Goldstein, 1979, p. 118).

32 "...ei quod nobis uidebatur quadam extimationem sensibili sine aliquo instrumento..." (Vat. Lat. 3098, 90va; *cf.* H 100:71; Goldstein, 1979, p. 122).

33 "...eclipsatus sol fuit circa 5 digitos secundum extimationem nostram habitam per radium solis per fenestram intrantem non tamen cum circino radium mensurando..." (Vat. Lat. 3098, 90va; *cf.* H 100:72; Goldstein, 1979, p. 122).

34 "Et scias quod de experientia ista non possumus nos iuuare pro eclipsis temporibus quia aer erat nubilosus, licet per aliquale tempus post finem eclipsis fuit clareficus et tunc accepimus experientiam supradictam" (Vat. Lat. 3098, 65va; *cf.* H 80:112; Goldstein, 1979, p. 114).

35 "Et scias quod aer fuit nubilosus tempore istius eclipsis. Set in tempore intermedio inter principium et finem eclipsis accepimus experientias aliquas de altitudine Cordis Leonis, tempore quo de corpore lune erat eclipsata aliqua quantitas nobis scita, que dabant sententiam aliquam discordantem in aliquo a predicta. Tamen nos magis fundamus in hanc primam predictam quam in eas, quia oppinamur aliqua aeris spissitudo fuerit causa quod dicte experientie non concordarent cum prima" (Vat. Lat. 3098, 66ra; *cf.* H 80:155-56; Goldstein, 1979, p. 117).

36 I am grateful to Prof. Bernard R. Goldstein for his collation of my transcription of the Latin text of this passage with the Hebrew manuscripts (Paris, Bibliothèque Nationale, 724 and 725).

37 "Et remansit de solis diametro non eclipsata ex parte septentrionis circa 0;32 digiti, et hoc multum consentit ei quod tunc per experientiam uidimus. Nam ante dixeramus quod in experientia ista nostri computus ueritas probaretur, quia secundum computum nostrum pars [non] remanens lucida de solis diametro meridionalis esse debebat et fuit, et septentrionalis secundum alios, quod non fuit" (Vat. Lat. 3098, 65va; *cf.* Goldstein, 1979, p. 113).

38 The words of Avendauth describing his collaboration with Dominicus Gundissalinus are as follow: "Habes ergo librum, vobis praecipiente, et me singula verba vulgariter proferente, et Dominico archidiacono singula in latinum convertente, ex arabico translatum". Those corresponding of Jacob ben Makhir are: "Profatio gentis hebreorum vulgarizante et Johanne Brixiensi in latinum reducente" (*cf.* Romano, 1977, p. 382).

39 "...Petrus de Alexandria, ordinis fratrum heremitarum Sancti Augustini, qui ad propalandum sacramentum baculi prelibati tetigit labia mea, et aperiens in eum locutus sum et dixi ad eum qui stabat coram me: scribe. Et me sibi referente omnia uerba mysterij huius conscripsit, que exordiuntur ut sequitur..." (Klagenfurt, B.B., MS XXX.b.7, 23r; Vienna, Nationalbibliothek, MS 5277, 41r; Munich, CLM 8089, 84r).

40 A close examination of chapter 110, the last one of the Latin translation, suggests that the work of Petrus of Alexandria was also interrupted some time after Levi's death, since there are two lexically and stylistically very different parts in this chapter. The beginning of the second part coincides with the intervention of a second hand in the oldest copy of the text (MS Vat. Lat. 3098, 103va, lin. 49: "Et ecce apparet que sit equacio declinationis in 90° ab auge [et] in 180° motus diuersitatis..."). In the following table, the left column contains some examples of terms and sentences repeatedly used by Petrus without variations in chapters 1 through 103, 106, 109 and the first part of chapter 110 (ff. 1ra-103va), and the right column contains those which replace them in the last pages of chapter 110 (ff. 103va-107ra).

Petrus' translation	*Second translator*
sed	verum
motus spere	incessus spere
latitudo diametrorum	declinatio/dilatatio diametrorum
duorum	duum
medius motus	motus longitudinis medie
planeta	stella
que equatio	quenam equatio
ad duas equationes simul	ad duas equationes compositas
equatio subtrahenda, addenda	equatio ad minuendum, ad addendum
sequitur quod linea ED sit maior in sephel quam in auge...	et hoc addit super quantitatem linee ED in auge...
et est notum quod in quantitate in qua linea EG est 60, est linea DE...	et clarum est quod in mensura qua est quantitas linee EG 60, est quantitas linee...
et hoc sedato inquiremus que equatio prouenit in auge et sephel...	postquam itaque firmatum est hoc speculabimur quodnam signum peruenit in auge et in sephel...
et quia linea ND est in potentia maior ea in quantitate quadrati linee NI, sequitur quod linea...	et secundum quod quantitas linee TD addit super eam potentialiter (in potentia quemadmodum) quadratum linee BD, erit quantitas linee...
et ideo est notum quod in quantitate in qua linea EG est 47;52,10, que est sinus anguli EDG, est linea ED 35;40,7, que est sinus anguli EGD...	et ideo clarum est quod in mensura qua fuerit quantitas linee ET tanquam (quemadmodum/sicut quantitas) sinus anguli EDT, qui est 59;33,31, in ea erit quantitas linee ED tanquam sinus anguli ETD, qui est 6;53,35...
et expedit quod inquiramus quanto erit maior angulus EDH in sephel quam in auge propter quantitatem linee...	et conuenit ut inquiramus id quod addit in sephel in angulo EDC propter quantitatem linee...

References

Carlebach, J. 1910. *Lewi ben Gerson als Mathematiker*. Berlin.

Curtze, M. 1898. "Die Abhandlungen des Levi ben Gerson über Trigonometrie und den Jacobstab", *Bibliotheca Mathematica*, 12:97-112.

Curtze, M. 1901. "Die Dunkelkammer", *Himmel und Erde*, 13:225-236.

Goldstein, B. R. 1972. "Theory and Observation in Medieval Astronomy", *Isis*, 63:39-47.

Goldstein, B. R. 1974a. *The Astronomical Tables of Levi ben Gerson*. Hamden, Connecticut.

Goldstein, B. R. 1974b. "Levi ben Gerson's Preliminary Lunar Model", *Centaurus*, 18:275-288.

Goldstein, B. R. 1975. "Levi ben Gerson's Analysis of Precession", *Journal for History of Astronomy*, 6:31-41.

Goldstein, B. R. 1979. "Medieval Observations of Solar and Lunar Eclipses", *Archives Internationales d'Histoire des Sciences*, 29:101-156.

Goldstein, B. R. 1985. *The Astronomy of Levi ben Gerson (1288-1344)*. Berlin-New York.

Goldstein, B. R. 1988. "A New Set of Fourteenth Century Planetary Observations", *Proceedings of the American Philosophical Society*, 132:371-399.

Goldstein, B. R. and Pingree, D. 1990. "Levi ben Gerson's Prognostication for the Conjunction of 1345", *Transactions of the American Philosophical Society*, vol. 80, part. 6. Philadelphia.

Grant, E. 1965. "Part I of Nicole Oresme's *Algorismus proportionum*", *Isis*, 56: 327-341.

Günther, S. 1890. "Die erste Anwendung des Jacobsstabes zur geographischen Ortsbestimmung", *Bibliotheca Mathematica*, 4:73-80.

Mancha, J. L. 1989. "Egidius of Baisiu's Theory of Pinhole Images", *Archive for History of Exact Sciences*, 40:1-35.

Manekin, C. 1984. *The Logic of Gersonides: An Analysis of Selected Doctrines, with a Partial Edition and Translation of the "Book of the Correct Syllogism"* (unpublished dissertation). Columbia University.

Manekin, C. 1985. "Preliminary Observations on Gersonides' Logical Writings", *Proceedings of The American Academy for Jewish Research*, 52:85-113.

Pedersen, O. 1976. "Petrus Philomena, a Problem of Identity, with a Survey of the Manuscripts", *Cahiers de l'Institut du Moyen Age grec et latin*, Université de Copenhague, 19:1-54.

Pedersen, F. S. 1984. *Petri Philomenae de Dacia et Petri de S. Audomaro Opera quadrivialia. Pars II: Opera Petri de Sancto Audomaro*. Edidit Friedericus Saaby Pedersen. Corpus Philosophorum Danicorum Medii Aevi, X.2. Hauniae.

Poulle, E. 1980. *Les instruments de la théorie des planètes selon Ptolémée. Equatoires et horlogerie planétaire du XIIIe au XVIe siècle*. Genève-Paris.

Renan, E. and Neubauer, A. 1893. "Les Ecrivains Juifs Français du XIVe siècle", *Histoire littéraire de la France*, 31:351-789.

Roche, J. J. 1981. "The Radius Astronomicus in England", *Annals of Science*, 38: 1-32.

Romano, D. 1977. "La transmission des sciences arabes par les juifs en Languedoc", in: M. H. Vicaire and B. Blumenkranz (eds.), *Juifs et judaïsme de Languedoc*. Toulouse, 363-386.

Steinschneider, M. 1893. *Die hebräischen Übersetzungen des Mittelalters*. Berlin.

Steinschneider, M. 1964. *Mathematik bei den Juden* (2nd ed.). Hildesheim.

Thorndike, L. 1950. *Latin Treatises on Comets. A.D. 1238-1368*. Chicago.

Touati, C. 1973. *La pensée philosophique et théologique de Gersonide*. Paris.

Tuckerman, B. 1964. *Planetary, Lunar and Solar Positions at Five-day and Ten-day Intervals. I: A.D. 2 to A.D. 1649*. Philadelphia.

L'INFLUENCE DE L'ASTRONOMIE DE LÉVI BEN GERSHOM SUR JACOB BEN DAVID BONJORN

José Chabás

Jacob ben David Bonjorn était un astronome dont l'activité s'est développée à Perpignan au début de la deuxième moitié du XIVe siècle. Il est nommé Po'el ou Yomtob dans la littérature hébraïque, mais on rencontre souvent le nom Bonet Bonjorn ou d'autres variantes dans les manuscrits latins ou catalans qui recueillent son œuvre astronomique. Bien plus jeune que Lévi ben Gershom (1288-1344), Jacob naquit vers 1333 dans une famille cultivée de médecins juifs, en rapport avec la Couronne catalano-aragonaise, où figurent un astronome (son père, David Bonjorn del Barri) et un facteur d'instruments astronomiques (Naçan del Barri). Un document conservé dans les Archives de la Couronne d'Aragon (Barcelone) nous informe que Jacob ben David Bonjorn entra, au cours de l'été 1356, au service du roi de Catalogne et d'Aragon, Pierre le Cérémonieux, dont la cour se trouvait à ce moment-là à Perpignan[1].

Jacob dressa, pour la latitude de sa ville, des tables astronomiques dont l'année radix est 1361. C'est la seule œuvre de Bonjorn qui nous soit parvenue[2]. Les tables permettent de déterminer les conjonctions et les oppositions du Soleil et de la Lune, ainsi que les circonstances des éclipses. Or ces thèmes sont très superficiellement abordés dans les autres œuvres astronomiques élaborées sous le patronage du roi Pierre (1336-1387): les *Tables et almanach*, dues à Pere Gilbert et Dalmau Ses Planes, et les *Tables de Barcelone*, dressées

---

[1] J.M. Millás-Vallicrosa, "Una traducción catalana de las tablas astronómicas (1361) de Jacob ben David Yomtob, de Perpiñán", *Sefarad* 19 (1959), p. 365-371; José Chabás, "Une période de récurrence de syzygies au XIVe siècle: le cycle de Jacob ben David Bonjorn", *Archives internationales d'histoire des sciences* 38 (1988), p. 243-251; J. Chabás, A. Roca, X. Rodríguez, "Recalculació de taules de parallaxi de finals de l'Edat Mitjana", *Actes de les III Trobades Científiques de la Mediterrània* (Barcelone, 1988), p. 237-248.

[2] Le ms. 1181/5 de la Bibliothèque Palatine de Parme contient une "note géométrique" attribuée à Jacob Po'el. Voir à ce sujet: Tony Lévy, "L'étude des sections coniques dans la tradition médiévale hébraïque. Ses relations avec les traditions arabe et latine", *Revue d'histoire des sciences* 42 (1989), p. 222-225.

avec le concours de l'astronome de Séville, Jacob Corsuno[3]. Les tables de Bonjorn s'avèrent complémentaires de ces dernières et c'est donc dans la tradition astronomique de la Catalogne du XIVe siècle qu'il faut situer l'œuvre de Jacob ben David Bonjorn. Mais elle relève également d'une autre tradition: celle du groupe d'astronomes juifs du sud de la France, dont la figure la plus célèbre est Lévi ben Gershom[4].

Les tables de Jacob ben David Bonjorn, ainsi que les canons qui les précèdent, furent l'objet d'une grande diffusion. Originellement écrits en hébreu, semble-t-il, les canons et les tables apparaissent dans plus d'une cinquantaine de manuscrits, notamment du XVe siècle, en hébreu, latin, catalan et grec. Avec le concours de Tzvi Langermann nous avons dressé une liste de plus de quarante manuscrits en hébreu, éparpillés dans le monde entier; huit manuscrits en latin, dont trois à Paris et les autres à Barcelone, Dijon, Madrid, Oxford et Rome; trois manuscits en catalan (Barcelone, Chicago et Saragosse, ce dernier introuvable); deux copies en grec, dans un même recueil de manuscrits actuellement au Vatican.

Dans les manuscrits qui contiennent la totalité des tables, celles-ci sont réparties en cinq ensembles distincts:

I. Table des vraies syzygies. Elle se compose d'un ensemble de 31 tables qui suivent le calendrier chrétien et précisent les instants de toutes les syzygies entre 1361 et 1391, en indiquant le mois, le jour, l'heure et la minute. A chacune de ces syzygies est associée une correction appelée "equatio sustraenda", ainsi que le vrai lieu du Soleil (exprimé en signes de 30°, degrés et minutes) et l'argument de latitude de la Lune sur l'écliptique (mêmes unités).

II. Table des corrections des positions des deux astres, permettant de calculer les vrais lieux du Soleil et de la Lune aux instants des syzygies antérieures à 1361 ou postérieures à 1391.

III. Table des parallaxes, calculée pour la latitude de Perpignan. Dans les tables consultées, le nom de la ville n'est pas mentionné explicitement, mais on trouve toujours la valeur 42;30°, qui est celle de la latitude géographique habituellement attribuée à Perpignan dans la littérature astronomique de l'époque. Cette table est con-

---

[3] J.M. Millás-Vallicrosa, *Las Tablas Astronómicas del Rey Don Pedro el Ceremonioso* (Madrid-Barcelone, 1962).

[4] Bernard R. Goldstein, *The Astronomy of Levi ben Gerson (1288-1344)* (Berlin-New York, 1985).

stituée de 12 tables qui correspondent aux entrées du Soleil dans les différents signes zodiacaux et qui fournissent les composantes en longitude et latitude de la parallaxe pour chaque heure. Le temps est compté à partir du passage du Soleil par le méridien local.

IV. Table des éclipses solaires à la distance moyenne. Elle permet de connaître, pour toute valeur de l'argument de latitude de la Lune, la fraction du diamètre solaire éclipsé (exprimée en doigts, un diamètre solaire équivalant à 12 doigts) et la demi-durée de l'éclipse (exprimée en minutes de temps). Les valeurs portées sur cette table ont été calculées pour chaque instant où la Lune est en conjonction avec le Soleil et où celui-ci se trouve à une distance moyenne entre son apogée et son périgée.

V. Table des éclipses lunaires à la distance moyenne. Comme dans la table précédente, pour toute valeur de l'argument de latitude de la Lune, on peut connaître la fraction du diamètre lunaire éclipsé (l'unité utilisée est aussi le doigt, mais il est ici tel que 12 doigts = diamètre lunaire), la demi-durée de l'éclipse (exprimée en heures et minutes) et la demi-durée de la totalité de l'éclipse (exprimée en minutes).

Quant aux canons, ils se composent d'une introduction et de deux chapitres où sont données des explications sur le mode d'emploi des tables, ainsi que quelques valeurs des variables qui y interviennent. Par contre, on n'y trouve aucune indication explicite sur les paramètres de base utilisés, ni sur leur provenance, ni sur les modèles cinématiques des deux astres, ni sur la façon de dresser les tables. Cependant, on trouve dans le texte des références explicites à certains astronomes, dont Bonjorn invoque l'autorité: Jābir ibn Aflaḥ, Abraham bar Ḥiyya, Maïmonide, le roi Alphonse X et Gersonide. La reconstruction des tables de Jacob ben David Bonjorn et l'analyse de leur contenu astronomique est l'objet spécifique d'un travail en cours[5].

Pour pouvoir disposer d'un ensemble fiable de données de base, nous avons comparé 9 séries de tables de Bonjorn; nous avons donc examiné plus de 100.000 chiffres, ce qui nous a permis de déceler plus de 1.200 erreurs dues aux copistes[6]. Notons au passage que

[5] Ce travail a été publié récemment: J. Chabás, "The Astronomical Tables of Jacob ben David Bonjorn", *Archive for History of Exact Sciences* 42 (1991), p. 279-314.

[6] Je tiens à remercier Antoni Roca et Xavier Rodríguez de leur collaboration dans cette entreprise.

certains des manuscrits qui contiennent les tables de Bonjorn on été très soigneusement copiés, puisque leur taux d'erreur n'atteint même pas 1%. Il en résulte un matériel tabulaire n'ayant que très peu d'erreurs et qui permet d'aborder l'analyse de l'astronomie contenue dans les tables.

Les tables de Jacob ben David Bonjorn reposent sur une période de récurrence de syzygies qui contient 767 mois synodiques. Cette période n'est attestée, ni dans la littérature astronomique hébraïque, ni dans la littérature astronomique chrétienne ou islamique. Elle s'étale sur un nombre entier de lunaisons; mais, pour la présentation de ses tables, Jacob ben David Bonjorn a préféré utiliser un cycle équivalent à la moitié de cette période, soit 383,5 révolutions synodiques. C'est-à-dire que le premier cycle commence à une conjonction (nouvelle lune), tandis que le cycle suivant commence à une opposition (pleine lune). Le cycle a une durée de 31 ans environ. Il est cependant donné à la seconde près dans les différents manuscrits.

Le cycle de Bonjorn a l'avantage de se rapprocher d'un nombre entier de jours, puisqu'il a une durée de 11.324,982072 jours, la différence n'étant que de 26 minutes environ, ce qui permet d'établir plus facilement un almanach perpétuel et d'exprimer aisément la date d'une syzygie après le passage d'un cycle de 31 ans: il suffit d'ajouter 31 ans de 365 jours (soit 11.315 jours) plus 10 jours encore à la date de la syzygie initiale donnée. En ce qui concerne l'instant de cette nouvelle syzygie, il suffit de soustraire à l'instant de la syzygie correspondante du cycle précédent une petite quantité, comprise entre 20 et 32 minutes, qui est donnée pour chaque cas dans la table des vraies syzygies: l'"equatio sustraenda", déjà mentionnée.

Cette correction est exprimée en minutes de temps et en sous-multiples. Ceux-ci sont très particuliers: dix-septièmes de minute. Cela tient au fait qu'après 17 cycles de 31 ans, il convient d'introduire de nouvelles corrections, qui sont aussi indiquées dans le texte des canons. Par ailleurs, les paragraphes qui concernent ce sujet sont assez confus et bien difficiles à déchiffrer.

Le cycle de 31 ans de Jacob ben David Bonjorn reproduit avec une grande précision, en tout cas bien supérieure à celle que permettait l'observation, la géométrie du système Soleil-Terre-Lune et constitue un apport original à l'astronomie mathématique.

Du nombre de lunaisons comprises dans un cycle de 31 ans et de la durée de celui-ci, il résulte un mois synodique moyen de 29j 12h

44min 3,16s. Si l'on compare la durée du cycle de Bonjorn avec celle que l'on obtiendrait à partir des mois synodiques moyens utilisés par différents astronomes, tels que Ptolémée, Abraham bar Ḥiyya, Maïmonide, Azarquiel, al-Battānī et les astronomes du roi de Castille Alphonse X, les écarts par rapport à la durée donnée par Bonjorn sont de l'ordre d'une minute. Lorsque le même calcul est fait avec la valeur de la révolution synodique de Lévi ben Gershom, la différence n'est que d'une seconde environ et elle est probablement due à l'utilisation de valeurs arrondies en cours de calcul.

Par conséquent, lorsque Jacob ben David Bonjorn établit une période de récurrence des positions de la Lune et du Soleil à partir de laquelle il dressa ses tables de vraies syzygies, il utilisa la valeur de la révolution synodique moyenne de Lévi ben Gershom. Ce premier résultat nous a encouragé à utiliser les paramètres de base de Gersonide pour reconstruire les tables de Bonjorn. Le résultat obtenu est tout à fait satisfaisant: les mouvements moyens du Soleil, ceux de la Lune en longitude et en anomalie et celui du nœud de l'orbite lunaire sont des données empruntées à Gersonide. Si, en outre, on utilise, comme l'aurait fait un astronome contemporain, les tables élaborées par Lévi ben Gershom[7], on peut reproduire dans la plupart des cas les colonnes de chiffres des tables de Bonjorn.

Jacob ben David Bonjorn emprunta donc à Gersonide des paramètres de base, mais pas ses modèles lunaires puisque, chez Bonjorn, ils relèvent directement de la tradition ptolémaïque. L'astronomie de Gersonide ne suffit pas à expliquer tous les paramètres utilisés par Bonjorn: ainsi, la valeur de l'obliquité de l'écliptique dans les tables des parallaxes de Bonjorn n'est pas celle de Gersonide, mais plutôt celle de Ptolémée, ce qui est bien surprenant. En revanche, la valeur de la parallaxe horizontale totale semble provenir des tables de Gersonide.

Bonjorn ne se contente pas d'emprunter à Gersonide certains paramètres, il utilise aussi les tables elles-mêmes. Prenons, par exemple, la table de Bonjorn relative aux éclipses lunaires, que nous avons déjà décrite succinctement. Il s'agit d'une seule table calculée pour la distance moyenne. Dans l'œuvre de Gersonide elle se présente sous forme de deux tables, l'une pour le Soleil à son périgée et l'autre pour le Soleil à l'apogée, la variable utilisée

---

[7] Bernard R. Goldstein, *The Astronomical Tables of Levi ben Gerson* (New Haven, Conn., 1974).

étant la latitude lunaire. Pour sa part, Bonjorn dresse une nouvelle table à partir des deux tables de Lévi, mais il utilise comme variable l'argument de latitude de la Lune. Pour assurer le passage de la latitude à l'argument de latitude, il faut se servir encore d'une table, qui figure aussi dans l'œuvre de Gersonide, et dans laquelle intervient, évidemment, l'inclinaison de l'orbite lunaire par rapport à l'écliptique. Or cette dernière table est très particulière chez Gersonide, puisqu'elle fait appel à une valeur de l'inclinaison de l'orbite lunaire très peu fréquente à son époque (4;30°) et à une méthode propre de résolution d'un triangle rectangle sphérique. Ce sont justement cette valeur et cette méthode qui permettent de reproduire avec la plus grande précision les valeurs calculées par Bonjorn et figurant sur sa table d'éclipses lunaires.

Il s'agit là d'un exemple parmi d'autres qui vise à établir que l'œuvre astronomique de Lévi ben Gershom contenue dans les *Guerres du Seigneur* se prolonge partiellement dans celle de Jacob ben David Bonjorn, en ce qui concerne les mouvements du Soleil et de la Lune. Bonjorn ne se borne pas à faire un simple commentaire mais il procède à une utilisation systématique des tables de Gersonide afin d'élaborer un modèle mathématique sous forme de tables qui permette de déterminer les instants des vraies syzygies, donc des éclipses, ainsi que les caractéristiques de celles-ci.

Pour avoir une idée précise de l'influence de l'astronomie de Lévi ben Gershom, il est nécessaire de savoir comment se transmettait celle-ci à partir du travail de réélaboration fait par Bonjorn. Bien que nous n'ayons pas étudié les manuscrits où est mentionnée l'œuvre de Jacob ben David Bonjorn, les répertoires bibliographiques permettent d'ores et déjà d'établir une première liste de commentateurs et utilisateurs de ses tables astronomiques, et par conséquent, de l'œuvre de Gersonide.

Le nasi Samuel d'Escola, l'astronome provençal de la fin du XIVe siècle, est l'auteur d'un commentaire explicatif et critique des tables de Bonjorn[8]. Ce commentaire est conservé dans trois manuscrits hébreux, dont l'un (ms. Munich 343) contient aussi les tables de Jacob ben David Bonjorn et celles d'Immanuel Bonfils de Tarascon.

Isaac al-Ḥadib est l'auteur d'un autre commentaire critique. On

---

[8] Henri Gross, *Gallia Judaica* (Paris, 1897), p. 147.

retrouve cet astronome hispano-juif en Castille vers 1391, puis en Aragon en 1396. De là il se rend à Syracuse et finalement à Palerme. Il fut disciple de Judah ben Asher et composa lui-même des tables astronomiques pour les mouvements du Soleil et de la Lune, intitulées *Orah Selula*, dont l'année radix est 1381, et dans lesquelles il critique aussi bien Bonjorn que Bonfils[9].

La traduction grecque des canons de Bonjorn, déjà mentionnée auparavant, est due à Marc Eugenikos (vers 1444). Elle est conservée dans en un seul manuscrit, à la Biblioteca Apostolica du Vatican, qui contient aussi plusieurs exemples d'utilisation des tables de Bonjorn pour d'autres dates[10].

Nous devons à Samuel Foto un autre commentaire sur l'œuvre de Bonjorn. Samuel Foto aurait étudié à Constantinople, sous la direction de Mordecai Comtino, dans la deuxième moitié du XVe siècle. Son commentaire se trouve dans un manuscrit actuellement au Jewish Theological Seminary of America et contient une référence à une éclipse solaire qui eut lieu en 1465[11].

Abraham Gascon (Le Caire, XVIe siècle) est l'auteur de divers commentaires au sujet de tables astronomiques. Tout semble indiquer que sa famille était établie au sud de la France, d'où elle passa en Espagne et que, lors de l'expulsion définitive des juifs, elle s'achemina vers l'Orient. Dans un manuscrit actuellement à Cambridge, Abraham Gascon affirme avoir calculé des éclipses solaires à partir des tables de Bonjorn, d'al-Ḥadib et d'Abraham Zacut[12].

Mais peut-être l'utilisateur le plus remarquable des tables astronomiques de Jacob ben David Bonjorn est Abraham Zacut. Né en Espagne en 1452, Zacut avait composé plusieurs séries de tables astronomiques. Les plus connues sont celles qu'il dressa en 1473 pour la latitude de la ville de Salamanque. Elles connurent un grand succès sous la forme d'un *Almanach perpetuum* édité à Leiria (Portugal) par un autre juif, le portugais José Vicinho. Outre ces tables,

---

[9] Bernard R. Goldstein, "Scientific Traditions in Late Medieval Jewish Communities", *Les Juifs au regard de l'histoire. Mélanges en l'honneur de Bernhard Blumenkranz* (Paris, 1985), p. 235-247.

[10] Peter Solon, "The *Six Wings* of Immanuel Bonfils and Michael Chrysokokkes", *Centaurus* 15 (1970), p. 1-20.

[11] Alexander Marx, *Bibliographical Studies and Notes on Rare Books and Manuscripts in the Library of the Jewish Theological Seminary of America* (New York, 1977), p. 142-143.

[12] Bernard R. Goldstein, "The Hebrew Astronomical Tradition: New Sources", *Isis* 72 (1981), p. 237-251.

il en aurait élaboré d'autres, pour les années 1501 et 1513, ces dernières pour la latitude de Jérusalem.

Les tables d'Abraham Zacut, du moins celles qu'il dressa à Salamanque, retiennent l'essentiel de l'œuvre de Bonjorn: le cycle de 31 ans pour le mouvement de la Lune et la structure des tables des vraies syzygies. A ce propos, Zacut lui-même rend hommage à Jacob ben David Bonjorn (qu'il nomme Po'el) dans un passage de son *Almanach perpetuum*, lorsqu'il explique qu'il a voulu "hacer un almanaque de la Luna que vuelve periódicamente (...) y no he encontrado tiempo más aproximado y exacto que el que encontró R. Jacob Po'el, de bendita memoria, al cual doy gracias, pues ha alumbrado mis ojos en este camino"[13].

Dans l'*Almanach perpetuum* on trouve d'autres références à Jacob ben David Bonjorn; l'une d'elles apparaît dans un paragraphe où Zacut s'oppose à la critique faite par al-Ḥadib sur les tables de Bonjorn et défend l'œuvre de celui-ci. Dans le texte de Zacut, on trouve souvent des transcriptions littérales de paragraphes extraits des canons de Bonjorn. Il en est de même pour les tables; par exemple, la table des éclipses lunaires qui apparaît dans l'*Almanach perpetuum* est une réproduction fidèle de celle de Bonjorn, que celui-ci élabora, comme on l'a déjà vu précédemment, à partir des tables d'éclipses de Lévi ben Gershom.

Lévi ben Gershom est aussi mentionné dans l'*Almanach perpetuum* de Zacut, mais la présence de son œuvre se manifeste surtout grâce au travail réalisé par Bonjorn.

Pour en revenir à Gersonide, qui est l'objet de cet ouvrage, on peut affirmer que son œuvre astronomique connut une diffusion bien plus vaste qu'on ne l'avait pensé jusqu'à présent. En effet, elle se prolonge dans le temps, du moins en ce qui concerne la Lune et les éclipses, à travers les travaux de l'astronome catalan Jacob ben David Bonjorn.

---

[13] Francisco Cantera Burgos, *Abraham Zacut* (Madrid, 1935), p. 105.

PROBLÈMES MÉTHODOLOGIQUES DANS L'ASTRONOMIE AU DÉBUT DU XIVe SIÈCLE

Henri Hugonnard-Roche

Le début du XIVe siècle est l'époque où sont constituées les fameuses Tables alphonsines dans leur version latine. Remplaçant les Tables de Tolède qui ont dominé l'astronomie au XIIIe siècle, les tables nouvelles, mises au point à Paris, entre 1321 et 1327, représentent dès lors la forme canonique de l'astronomie mathématique médiévale jusqu'à la réforme copernicienne[1]. Dans ces tables et les canons qui les accompagnent se fixent les traits définitifs de l'astronomie planétaire médiévale, c'est-à-dire les paramètres des constructions géométriques, et les vitesses de révolution de leurs parties mobiles. Les éléments de la théorie astronomique, d'autre part, sont traditionnellement réunis, depuis le XIIIe siècle, dans des suites organisées d'énoncés et d'axiomes appropriés à la description des phénomènes et à leur interprétation: ces ensembles sont nommés *Theoricae planetarum*, et l'un des exemples les plus remarquables de ces traités, par la rigueur de la présentation, est la *Theorica* composée en 1335 par Jean de Lignères.

Constituée en un corps organisé de doctrine et pourvue d'un langage technique parfaitement maîtrisé, l'astronomie alphonsine doit répondre à deux questions principales qui se posent à toute théorie astronomique, l'une portant sur la légitimité des hypothèses qu'elle utilise, l'autre portant sur sa capacité à fournir des énoncés vrais concernant les apparences des mouvements célestes.

Afin de montrer quelques aspects des réponses apportées au début du XIVe siècle à ces deux questions, il nous faut faire retour en arrière à la source de l'astronomie médiévale, à savoir l'œuvre de Ptolémée.

---

[1] Sur l'apparition de ces tables latines, dont les principaux artisans sont Jean de Murs, Jean de Lignères et Jean de Saxe, voir E. Poulle, ''The Alphonsine tables and Alfonso X of Castille'', *Journal for the History of Astronomy*, 19 (1988), p. 97-113. Sur ces trois astronomes, voir les notices de E. Poulle, ''John of Lignères'', ''John of Murs'', ''John of Saxony'', dans *Dictionary of Scientific Biography* (*DSB*), éd. Ch.C. Gillispie, t. 7 (1973), p. 122-128, 128-133, et 139-141 respectivement.

L'Astronomie ptoléméenne face à deux défis

Dans le livre IX de sa *Syntaxe mathématique*, au moment d'aborder l'étude des mouvements planétaires après avoir traité déjà du Soleil, de la Lune et des étoiles, Ptolémée s'interroge sur la méthodologie de la science astronomique. Il assigne alors à la théorie astronomique la tâche de "démontrer toutes les anomalies apparentes des cinq planètes, en les représentant par des mouvements circulaires et uniformes, qui sont propres à la nature des êtres divins 〈...〉"[2]. Dans cette courte formule sont conjoints deux aspects fondamentaux de l'entreprise mathématique de la *Syntaxe*: c'est d'abord la recherche d'une démonstration rigoureuse (*apodeixis*) des phénomènes par des moyens géométriques, c'est-à-dire la constitution d'un ensemble de concepts, d'axiomes et d'hypothèses mathématiques, à partir desquels se déduisent des énoncés d'observation qui puissent être confrontés aux phénomènes et trouvés vrais au terme de cette confrontation; c'est d'autre part l'exigence que les hypothèses mises en œuvre satisfassent à un réquisit minimal, celui du mouvement circulaire et uniforme, qui seul appartient à la substance céleste de nature divine.

Sur ces deux points, à savoir les fondements des hypothèses, et l'accord de la théorie avec l'observation, l'astronomie ptoléméenne a dû faire face à deux défis: celui de la Physique dès l'Antiquité, celui de l'astronomie arabe à partir du IXe siècle. Et le poids de ces deux défis s'est fait sentir tout au long du Moyen Age.

Le conflit entre les schémas cinématiques de la *Syntaxe* (excentriques, épicycles, équants) d'un côté, qui violent les principes d'uniformité et d'homocentricité des mouvements, et les exigences de la Physique aristotélicienne d'un autre côté, ne pouvait que ranimer le débat qui avait donné lieu à un exposé fameux de Geminus, rapportant l'opinion de Posidonius, et conservé dans le commentaire de Simplicius sur la *Physique* d'Aristote[3]. La solution

---

[2] Ptolémée, *Syntaxe mathématique* (*Almageste*), IX, 2, p. 208 Heiberg (éd. Halma, [Paris, 1816], t. 2, p. 116). La traduction est la nôtre. On peut aussi consulter la traduction anglaise de G.J. Toomer, *Ptolemy's Almagest* (Londres, 1984), p. 420.

[3] Cf. Simplicius, *In Phys.* 291.21 sq. Ce texte est cité par P. Duhem, *Sôzein ta phainomena. Essai sur la notion de théorie physique de Platon à Galilée* (Paris, 1908), p. 9-10, où il est présenté comme la plus claire description des rôles respectifs de l'astronome et du physicien qui ait été donnée dans l'Antiquité: le physicien "seul, écrit Duhem, est apte à poser les principes à l'aide desquels l'astronome discernera l'hypothèse vraie parmi plusieurs suppositions également propres à sauver les

au conflit proposée dans ce texte, qui est de type pragmatique, consiste à distinguer les méthodes et les fins des deux disciplines: à l'astronomie de rendre compte des mouvements célestes, par des procédés géométriques qu'il n'est pas en son pouvoir de justifier; à la physique de raisonner sur les causes. Bien que l'astronomie reste conçue comme une science subordonnée, quant à ses principes, à la physique, conformément à la classification aristotélicienne des sciences, cette séparation méthodologique des deux disciplines a pour conséquence que l'astronomie est contrainte de procéder selon une méthode propre, comme l'exposera Proclus: les astronomes "ne déduisent pas les conclusions à partir des hypothèses, comme l'on fait dans les autres sciences, mais ils entreprennent de forger à partir des conclusions les hypothèses desquelles ces conclusions doivent résulter"[4]. L'opposition entre la physique d'Aristote et l'astronomie de Ptolémée n'est donc pas l'opposition de deux théories visant à expliquer une même réalité. Pour saisir leurs rapports conflictuels, il faut distinguer trois parties dans la connaissance du ciel: les principes, les hypothèses et les phénomènes[5]. Les hypothèses astronomiques ont pour fonction de "démontrer les phénomènes", comme le dit Ptolémée, et les savants de l'Antiquité admettent qu'elles y réussissent. Mais, d'un autre côté, les hypothèses devraient être déduites de principes physiques: puisque une telle déduction est précisément impossible à partir de la physique aristotélicienne, les astronomes sont conduits à forger les hypothèses à partir des phénomènes, comme le dit Proclus.

Le second défi rencontré par l'astronomie ptoléméenne est apparu au IXe siècle, lorsque les astronomes travaillant dans l'entourage des califes de Bagdad reconnurent que les hypothèses de Ptolémée ne permettaient pas de "démontrer" les mouvements ap-

---

phénomènes" (*ibid.*, p. 8-9). Contre la conception "instrumentaliste" de la théorie astronomique attribuée par Duhem aux savants grecs, voir les critiques de G.E.R. Lloyd, "Saving the appearances", *The Classical Quarterly*, 28 (1978), p. 202-222, où est défendue l'idée que les astronomes grecs ont une conception réaliste des hypothèses astronomiques. Chacune de ces deux interprétations nous paraît discutable et nous voyons plutôt, dans le texte de Geminus, une solution de type pragmatique au conflit entre physique et astronomie.

[4] Cf. Proclus, *Hypotyposis astronomicarum positionum*, éd. C. Manitius (Leipzig, 1909), p. 238; cp. Duhem, *Sôzein*, p. 21.

[5] Nous nous inspirons ici de la tripartition de la théorie astronomique selon J. Kepler, *Epitome Astronomiae Copernicanae*, éd. M. Caspar (Munich, 1953; Johannes Kepler, *Gesammelte Werke*, Bd. VII), p. 23.

parents du Soleil, ou, plus précisément, que plusieurs des paramètres admis par Ptolémée pour son schéma du mouvement du Soleil ne pouvaient pas être conservés[6]. En particulier, des observations répétées indiquèrent que l'obliquité de l'écliptique avait une valeur voisine de 23;33° au lieu des 23;51,20° donnés dans l'*Almageste*. Quant aux longitudes stellaires (comptées en coordonnées tropiques), elles ne pouvaient pas avoir augmenté d'un degré par siècle depuis l'époque de Ptolémée, comme le stipulait l'*Almageste*, mais elles avaient augmenté d'une quantité voisine de 1° en 66 ans et deux tiers ou 1° en 70 ans selon les auteurs. L'apogée du Soleil, d'autre part, que Ptolémée avait estimé fixe par rapport à l'équinoxe de printemps, et situé à 5;30° dans les Gémeaux, était trouvé, sous al-Ma'mūn († 833), à 22° environ dans les Gémeaux. Dans ces circonstances, deux attitudes étaient possibles qui ont été toutes deux défendues. La première, qui fut celle d'al-Battānī, consistait à rejeter comme inexacts les paramètres ptoléméens, et à adopter les valeurs nouvellement déterminées (23;35° pour l'obliquité de l'écliptique et 1° en 66 ans pour la précession), tout en conservant les schémas ptoléméens de mouvement, c'est-à-dire notamment un mouvement continu de précession[7]. L'autre attitude, qui fut celle de l'auteur inconnu du *De motu octavae sphaerae* (attribué à tort à Thābit b. Qurra, † 901, par le Moyen Age latin), consistait à recevoir comme valables tout à la fois les résultats anciens de Ptolémée et les résultats obtenus au IXe siècle, en modifiant convenablement les schémas ptoléméens[8]. Le Pseudo-Thābit proposait alors d'interpréter les variations constatées comme le résultat d'un mouvement de va-et-vient des équinoxes, appelé mouvement d'accès et de recès, qui produisait une variation de la vitesse de précession et, au terme d'une longue période, son changement de signe. Ce même schéma était utilisé pour rendre compte également de la variation de l'obliquité de l'écliptique. Cette modification de

---

[6] On trouvera un exposé clair et succinct de l'astronomie arabe au IXe siècle dans B.R. Goldstein, "The making of astronomy in early Islam", *Nuncius. Annali di storia della scienza*, 1 (1986), p. 79-92.

[7] Cf. W. Hartner, "Al-Battānī", *DSB*, t. 1, 1970, p. 507-516.

[8] Cf. l'édition de J.M. Millás-Vallicrosa, dans ses *Estudios sobre Azarquiel* (Madrid-Granada, 1943-1950), p. 487-509; repr. dans ses *Nuevos estudios sobre historia de la ciencia española* (Barcelone, 1960), p. 191-209. L'étude la plus approfondie de ce traité du Pseudo-Thâbit se trouve dans O. Neugebauer, "Thâbit ben Qurra «On the solar year» and «On the motion of the eighth sphere»", *Proceedings of the American Philosophical Society,* 106 (1962), p. 264-299, aux p. 290-299.

la structure mathématique de la théorie ptoléméenne ne touche nullement, on le voit, à la question du statut des hypothèses. L'une des nouvelles hypothèses reçues, pourtant, n'était pas sans conséquence implicite sur la conception d'ensemble du ciel: en soumettant l'apogée du Soleil, comme les autres apogées planétaires, au mouvement de précession, l'astronomie arabe adoptait désormais la sphère des étoiles fixes comme système de référence pour l'ensemble des mouvements célestes, ce qui aboutissait à renforcer son rôle cosmologique.

L'Astronomie médiévale latine et la question du statut des hypothèses

Héritière de Ptolémée et de ses continuateurs arabes, l'astronomie latine médiévale a naturellement rencontré les deux types de difficultés que nous avons mentionnés. Du point de vue chronologique, c'est la première difficulté, relative au statut des hypothèses, qui a d'abord retenu l'attention des savants latins. L'opposition entre l'astronomie ptoléméenne et la physique est généralement conçue, au XIIIe siècle, dans les termes d'une opposition entre mouvements mathématiques et mouvements naturels[9]. Elle est nourrie de la sévère critique des excentriques et des épicycles faite par Averroès qui, en se réclamant d'une conception réaliste de la science, refuse toute valeur (excepté pour le calcul) aux schémas géométriques ptoléméens[10]. Sur la base d'une même exigence réaliste, al-Biṭrūjī (*fl. ca.* 1200) avait essayé de formuler des hypothèses astronomiques qui satisfissent le réquisit de stricte homocentricité des sphères célestes, en plaçant les schémas ptoléméens de mouvements au voisinage du pôle de l'équateur céleste, et non plus dans le plan de l'écliptique: dans ce système, le mouvement de chaque sphère planétaire était gouverné par celui de son pôle décrivant un

---

9 Cette opposition est, par exemple, explicitement utilisée par Guillaume l'Anglais dans son *Astrologia* (*ca.* 1220) pour caractériser l'œuvre astronomique d'al-Biṭrūjī: "Alpetragius, plus attentif aux mouvements naturels qu'aux mouvements mathématiques 〈. . .〉"; cf. P. Duhem, *Le Système du Monde*, 10 vol. (Paris, 1913-1959), au t. 3, p. 290. Sur Guillaume, voir E. Poulle, "William the Englishman", *DSB*, t. 14 (1976), p. 399-402.

10 Cf. Averroès, Grand commentaire sur le *De caelo*, II, c. 35, et Grand commentaire sur la *Métaphysique*, XII, c. 45 (la numérotation renvoie à l'édition suivante: *Aristotelis opera cum Averrois commentariis* [Venise, 1562-1574]; repr. Frankfurt a. M., 1962).

petit épicycle au voisinage du pôle de l'équateur[11]. Un vif débat s'était alors engagé qui mettait en balance la théorie ptoléméenne et les hypothèses d'al-Biṭrūjī, en instituant une double opposition entre *ratio* et *sensus*, et entre physique et mathématique. La conception réaliste de l'astronomie voulait qu'une déduction s'effectue de l'ordre de la nature vers l'ordre des sens, autrement dit que les principes de la philosophie naturelle commandent la constitution de la structure mathématique permettant de former les énoncés décrivant les phénomènes. Tel était le but visé par l'astronomie d'al-Biṭrūjī.

L'objection constamment élevée contre cette astronomie était son inachèvement. Albert le Grand, par exemple, marque clairement la différence entre al-Biṭrūjī et Ptolémée, en disant à propos du premier que son "astronomie n'a pas été complétée par l'observation des grandeurs des mouvements", contrairement à celle de Ptolémée, "qui l'a complétée en démontrant les équations"[12]. Autrement dit, l'astronomie d'al-Biṭrūjī ne peut être tenue pour une théorie véritable, puisque on ne saurait en déduire des énoncés qui puissent être testés par observation. Ce que l'on peut encore exprimer en disant que l'astronomie d'al-Biṭrūjī était incapable de produire des tables.

Placés devant l'impossibilité de maintenir intacte la chaîne qui devait lier les principes physiques aristotéliciens à la structure mathématique de l'astronomie ptoléméenne, et celle-ci aux phénomènes, les médiévaux ont hésité, au XIIIe siècle, entre deux partis. Les uns ont choisi le parti rationaliste, comme Roger Bacon, qui maintient dans la stricte dépendance des principes naturels une astronomie de sphères homocentriques, et ne conserve que la part des phénomènes sauvés par ce système, en rejetant les autres comme simples "sophismes des sens"[13]. Les autres, comme Albert le Grand et Thomas d'Aquin, maintiennent l'exigence de validation empirique de la théorie astronomique. La défense qu'ils présentent

---

[11] Voir la description de ces hypothèses dans al-Biṭrūjī, *On the Principles of Astronomy*, ed. of the Arabic and Hebrew versions with transl. and analysis by B.R. Goldstein, 2 vol. (New Haven-London, 1971).

[12] Albert le Grand, *Metaphysicorum libri XIII*, *lib.* XI, *tract.* II, *cap.* 24; cf. éd. Lyon, 1651, p. 389, col. 1: *opinio* ⟨. . .⟩ *Ptolemaei qui complevit eam per demonstrationes equationum*; et *ibid.*, col. 2: ⟨*Alpetragii*⟩ *astrologia per observationem quantitatum motuum non est completa*; cp. Duhem, *op. cit.* (note 9), t. 3, p. 332. La même critique se trouve, par exemple, dans Isaac Israeli (*fl. ca.* 1320), comme l'a noté Goldstein, *op. cit.* (note 11), t. 1, p. 43-44.

[13] Cf. les analyses consacrées à R. Bacon dans Duhem, *op. cit.* (note 9), t. 3, p. 420-442.

en faveur de Ptolémée peut être comprise comme un instrumentalisme modéré, en ce sens que la théorie ptoléméenne (à la différence de la théorie "vraie" dont ils attendent la constitution future) n'est pas conçue comme un ensemble d'énoncés vrais, mais plutôt comme un ensemble de règles de construction des énoncés d'observation. C'est ainsi que l'on peut comprendre, nous semble-t-il, ce que Thomas d'Aquin dit des hypothèses de la façon suivante[14]:

> "Les suppositions que les astronomes ont imaginées ne sont pas nécessairement vraies; bien que ces hypothèses paraissent sauver les phénomènes, il ne faut pas affirmer qu'elles sont vraies, car on pourrait peut-être expliquer les mouvements apparents des étoiles par quelque autre procédé que les hommes n'ont pas encore conçu".

Quant à la méthode revendiquée, qui rappelle clairement ce qu'en disait Proclus, elle s'oppose à celle de la physique[15]:

> "On peut de deux manières différentes rendre raison d'une chose. Une première manière consiste à établir par une démonstration suffisante l'exactitude d'un principe dont cette chose découle; ainsi, en Physique, on donne une raison qui suffit à prouver l'uniformité du mouvement du ciel. Une seconde manière de rendre raison d'une chose consiste à n'en point démontrer le principe par preuve suffisante, mais à faire voir que des effets s'accordent avec un principe posé d'avance; ainsi, en Astrologie, on rend compte des excentriques et des épicycles par le fait qu'au moyen de cette hypothèse, on peut sauver les apparences sensibles touchant les mouvements célestes; mais ce n'est pas là un motif suffisamment probant, car ces mouvements apparents se pourraient peut-être sauver au moyen d'une autre hypothèse".

---

[14] Thomas d'Aquin, *Expositio in libros de caelo et mundo*, *lib.* I, *lect.* XVII; éd. R.M. Spiazzi (Turin-Rome, 1952), p. 226, col. 1: *Illorum tamen suppositiones quas adinvenerunt, non est necessarium esse veras: licet enim, talibus suppositionibus factis, apparentia salvarentur, non tamen oportet dicere has suppositiones esse veras; quia forte secundum aliquem alium modum, nondum ab hominibus comprehensum, apparentia circa stellas salvantur*; cité dans la traduction de Duhem, *op. cit.* (note 9), t. 3, p. 354.

[15] *Summa theologica*, *pars* I, *q.* 32, *art.* 1; cf. *Opera omnia iussu* ⟨. . .⟩ *Leonis XIII edita*, t. 4, Rome, 1888, p. 350, col.2: ⟨*dicendum quod*⟩ *ad aliquam rem dupliciter inducitur ratio. Uno modo, ad probandum sufficienter aliquam radicem: sicut in scientia naturali inducitur ratio sufficiens ad probandum quod motus caeli semper sit uniformis velocitatis. Alio modo inducitur ratio, quae non sufficienter probet radicem, sed quae radici jam positae ostendat congruere consequentes effectus: sicuti in astrologia ponitur ratio excentricorum et epicyclorum ex hoc quod, hac positione facta, possunt salvari apparentia sensibilia circa motus caelestes: non tamen ratio hec est sufficienter probans, quia etiam forte alia positione facta salvari possent*; cité dans la libre traduction de Duhem, *op. cit.* (note 9), t. 3, p. 355 (par "Astrologie", calque du latin *astrologia*, dans la version de Duhem, il faut évidemment entendre l'Astronomie).

L'*IMAGINATIO MODERNORUM*

Les médiévaux font ainsi l'apprentissage d'une science, l'astronomie, dont la constitution ne se déduit pas des principes de la science qui lui est architectoniquement supérieure, la physique, comme le voudrait la conception qu'ils ont héritée d'Aristote. Le moyen de réconcilier, en quelque sorte, ces deux sciences l'une avec l'autre, s'est alors offert aux savants et philosophes, dans la seconde moitié du XIIIe siècle, selon une démarche radicalement nouvelle. Il ne s'agit plus de déduire *a priori* des axiomes de la physique les hypothèses géométriques de l'astronomie, mais, au rebours, de trouver *a posteriori* un "modèle physique", c'est-à-dire une interprétation physique, des schémas mathématiques ptoléméens, qui soit compatible avec les principes reçus de la doctrine aristotélicienne. Les modèles bien connus permettant cette réconciliation sont ceux des sphères célestes emboîtées que Ptolémée avait décrites dans ses *Hypothèses des planètes*, et que les médiévaux ont redécouvertes par l'intermédiaire des traductions latines de la *Configuration du monde* d'Ibn al-Haytham († *ca.* 1041)[16]. Schématiquement, la sphère de chaque planète est composée d'un orbe concentrique avec la terre, dans lequel est enchâssé un orbe excentrique qui contient le déférent et l'épicycle. Présentée par Roger Bacon († 1294), dans son *Opus tertium*, comme une invention récente, *ymaginatio modernorum*[17], cette "modélisation" de l'astronomie ptoléméenne est la méthode couramment utilisée, dès la fin du XIIIe siècle, par tous les savants, pour rendre compte des apparences, en conformité avec la philosophie naturelle. Ainsi, l'un des premiers représentants de l'école astronomique parisienne, Jean de Sicile, écrit dans son *Expositio supra canonem Arzachelis* (commentaire, composé en 1291, sur la traduction par Gérard de Crémone des canons des tables d'al-Zarqalluh)[18]:

---

[16] Trois traductions latines anonymes de ce traité sont conservées, dont l'une a été éditée par J.M. Millás-Vallicrosa, *Las traducciones orientales en los manuscritos de la Biblioteca catedral de Toledo*, Madrid, 1942, p. 285-312. Pour les conceptions astronomiques d'Ibn al-Haytham, voir A.I. Sabra, "An eleventh-century refutation of Ptolemy's planetary theory", dans *Science and History. Studies in Honor of Edward Rosen* (Wroclaw, 1978; Studia Copernicana, XVI), p. 117-131. Voir aussi le texte récemment édité: *Ibn al-Haytham's On the Configuration of the World*, ed. and transl. by Y.Tzvi Langermann (New York-London, 1990).

[17] Cf. Duhem, *op. cit.* (note 9), t. 3, p. 432-434.

[18] Cf. F.S. Pedersen (éd.), "Scriptum Johannis de Sicilia super canones Azarchelis de Tabulis Toletanis", *Cahiers de l'Institut du Moyen Age Grec et Latin*

"⟨...⟩ il faut savoir que les philosophes ont distingué neuf sphères dans le ciel, dont la différenciation a été tirée des mouvements eux-mêmes. Puisque, en effet, les corps célestes font apparaître des mouvements différents, qui se ramènent à des moteurs et à des mobiles différents, les philosophes ont posé des sphères différentes ⟨...⟩".

Il est clair, d'après ce texte, que la connaissance des sphères est postérieure à celle des mouvements, et ce qui vaut pour les sphères vaut aussi pour les orbes multiples dont chaque sphère planétaire est composée, comme le montre encore le passage suivant de Jean de Sicile[19]:

"J'imagine cela ainsi: j'appelle sphère d'une planète non point un corps sphérique unique, sur lequel la planète se trouve fixée, mais plusieurs orbes spécialement ordonnés au mouvement de la planète ⟨...⟩. Il faut alors, pour que les apparences soient sauves et qu'il ne s'ensuive pas de désaccords avec la philosophie naturelle, assigner à chacune des planètes au moins trois orbes sphériques, dont chacun est situé dans la concavité d'un autre ⟨...⟩".

Cette connaissance nouvelle des représentations physiques développées à partir de schémas géométriques, Jean de Sicile précise, en outre, qu'elle a sa place dans un type particulier de traité, appelé *Theorica planetarum*[20]:

"Cette nouvelle imagination, que d'autres ont pu apercevoir, sans qu'aucun toutefois ne l'explicite précisément en détail, j'omets d'en défendre la supposition contre les objections qui pourraient lui être faites, car toutes peuvent être aisément résolues et elles ont tout particulièrement leur place en un autre lieu, à savoir dans la théorie des planètes".

51-52 (1986), au t. 52, p. 133: ⟨...⟩ *sciendum est quod 9 sphaerae caelestes a philosophis sunt distinctae, quarum distinctio ex ipsis motibus est accepta. Eo enim quod diversi motus in corporibus caelestibus visi sunt, qui in diversos motores et mobilia reducuntur, diversas sphaeras philosophi posuerunt* ⟨...⟩. Sur cet astronome, voir E. Poulle, "John of Sicily", *DSB*, t. 7 (1973), p. 141-142.

[19] Cf. *ibid.*, p. 134: *Hoc autem sic imaginor: appello sphaeram planetae non unum solum corpus sphaericum, in quo planeta fixus existat, sed plures orbes ad motum planetae specialiter ordinatos* ⟨...⟩. *Oportet autem ad hoc ut apparentia salventur et contra naturalem philosophiam inconvenientia non sequantur, in unoquoque planetarum ad minus 3 orbes sphaericos assignare, quorum unus in concavitate alterius situatur* ⟨...⟩.

[20] Cf. *ibid.*, p. 135: *Huius vero novae positionis imaginationis* (corr. ex *imaginationem*), *quae etsi forsan ab aliis visa est, a nullo tamen dearticulate particulariter explicata, defensionem ab hiis, quae possent obici, praetermitto, quia leviter omnia solvi possunt et alibi, videlicet in theorica planetarum, praecipue locum habent* (nous avons modifié la ponctuation de l'éditeur et introduit la correction signalée dans le texte).

Ainsi, dans la *Theorica planetarum* de Jean de Lignères, on trouve à la fois une présentation complète, et rigoureusement ordonnée, des éléments géométriques et cinématiques des schémas de mouvements permettant de représenter les phénomènes (et de produire des tables), et l'exposé d'une interprétation physique conforme à la doctrine aristotélicienne, et susceptible de procurer un modèle de la réalité céleste. En particulier, la nouvelle conception du ciel suggérée par cette méthode s'accorde avec les présupposés aristotéliciens touchant l'inaltérabilité de la substance céleste et l'impossibilité du vide, d'après Jean de Lignères[21]:

> "Par la dite imagination sont sauvées toutes les apparences des mouvements dans le ciel, pour ce qui touche les inégalités des mouvements du soleil, de la lune et des cinq planètes. Et il ne s'ensuit pas qu'une condensation ou une raréfaction se produise dans le ciel, ni qu'un quelconque mouvement apparent de ces corps y laisse du vide ⟨. . .⟩".

A vrai dire, toutes les difficultés ne sont pas aplanies par cette nouvelle procédure, qui ne permet pas d'interpréter selon une *ymaginatio* physique toutes les caractéristiques cinématiques des schémas de mouvements. En particulier, le cercle équant, à la différence des excentriques et des épicycles, se prête mal à l'intégration dans un modèle physique. Cette situation paraît d'ailleurs subtilement suggérée dans la terminologie utilisée par Jean de Sicile, qui, à propos de la lune, qualifie le cercle équant, et lui seul, par l'adjectif *ymaginarius*, alors que les autres cercles sont dits *ymaginati*[22]. Une autre difficulté majeure à laquelle se heurtent les auteurs de *theoricae*, et les astronomes dans leur ensemble, se rapporte à la détermination du mouvement de précession, c'est-à-dire aux mouvements relatifs des huitième et neuvième sphères. Ce qui nous ramène au second défi, signalé plus haut, qu'a rencontré l'astronomie de Ptolémée à partir du IXe siècle.

Le problème de la précession et les hypothèses

Depuis la découverte, par les savants arabes, que le mouvement ptoléméen de précession était inexact, c'est généralement la solution

---

[21] Cf. le ms. Paris BN lat. 7281, fol. 164 r: *Per dictam ymaginationem salvantur omnes apparentie motuum in celo quoad diversitates motuum solis et lune et 5 erraticarum. Nec sequitur condensationem vel rarefactionem ibi fieri, nec relinqui vacuum ex aliquo motu illorum corporum apparente* ⟨. . .⟩.

[22] Cf. Pedersen, *loc. cit.*, p. 156.

attribuée à Thābit (que l'on prenait pour l'auteur du *De motu octavae sphaerae*) qui avait été adoptée. Sommairement décrite, cette solution consistait à concevoir deux écliptiques, un écliptique fixe incliné à 23;33° sur l'équateur, et un écliptique mobile entraîné dans un mouvement de va-et-vient par la rotation de deux petits cercles centrés sur les points d'intersection de l'équateur et de l'écliptique fixe. Les paramètres du système (longueur du rayon des petits cercles, et vitesse de révolution de ces cercles) avaient été déterminés de telle manière qu'ils produisissent un mouvement d'oscillation de ± 10;45° autour de l'équinoxe fixe, avec une période de 4163,3 années arabes (ou 4039,2 années chrétiennes). Ce système de trépidation des équinoxes était, notamment, à la base des Tables de Tolède, et donc de toutes les tables latines qui en dérivèrent jusqu'au tournant des XIIIe et XIVe siècles. Or, à cette époque, la solution du Pseudo-Thābit va se révéler inadmissible. L'observation décisive fut faite par Guillaume de Saint-Cloud en 1290. Observant cette année-là l'entrée du soleil dans le Bélier, Guillaume avait constaté un net désaccord entre le résultat de son observation et ce que l'on pouvait tirer des Tables de Tolède: sur la base de son observation, il évaluait, en effet, à 10;13° la distance entre le début du Bélier du zodiaque mobile et l'intersection de ce zodiaque mobile avec l'équateur, au lieu des 9;23° qu'indiquaient les tables[23].

A la suite de cette mise en échec de la théorie de la trépidation, dans sa forme tolédane, les astronomes de l'école parisienne se trouvent donc, en quelque sorte, ramenés au problème qu'avaient dû affronter les astronomes de Bagdad, cinq siècles auparavant: faut-il revenir au système ptoléméen ou modifier celui des Tables de Tolède? Guillaume de Saint-Cloud lui-même choisit la première option, estimant plus raisonnable la solution du mouvement continu et uniforme. Mais c'est la seconde option qui prévaudra dans les Tables alphonsines[24]. La solution retenue par Jean de Murs et Jean de Lignères se présente d'ailleurs comme une combinaison des deux mouvements de Ptolémée et du Pseudo-Thābit. Dans ce système, en effet, les auges planétaires, solidaires des étoiles fixes, reçoivent un

---

[23] Le rôle décisif de Guillaume de Saint-Cloud dans la critique du Pseudo-Thābit a été signalé par E. Poulle, "William of Saint-Cloud", *DSB*, t. 14 (1976), p. 389-391. Voir aussi Duhem, *op. cit.* (note 9), t. 4, p. 16-19.

[24] Voir l'édition et la traduction française de ces tables par E. Poulle, *Les tables alphonsines avec les canons de Jean de Saxe*, Paris, 1984.

double mouvement: un mouvement de précession continu et uniforme de 1° en 136 ans environ, et un mouvement d'accès et de recès de 1° en 19,5 ans avec une équation maximale de 9°.

La constitution de ce nouveau double mouvement (de précession et de trépidation) des auges planétaires et des étoiles, et son intégration dans les tables, s'accompagnent de conséquences importantes dans le domaine cosmologique. En effet, dans les Tables de Tolède, les positions des planètes étaient calculées en coordonnées sidérales, c'est-à-dire par rapport à la sphère des fixes, et c'est en fin de calcul seulement que l'on prenait en compte le mouvement d'accès et de recès des auges pour évaluer les positions des astres en coordonnées tropiques. Autrement dit, c'est la huitième sphère qui était la sphère de référence de l'astronomie tolédane. Dans l'astronomie alphonsine, en revanche, c'est en coordonnées tropiques que les racines sont fournies, et que les mouvements moyens des planètes sont calculés, cependant que le mouvement des auges et des étoiles nécessite un traitement particulier, comme l'indique Jean de Murs dans son *Expositio intentionis regis Alfonsii circa tabulas ejus*[25]:

> "Alphonse détermine, comme on l'a vu, les moyens mouvements des planètes au moyen de la révolution, c'est-à-dire du retour, ⟨de l'astre⟩ d'un point quelconque à ce même point relativement à la neuvième sphère; en revanche, le mouvement de l'auge des planètes et des étoiles fixes, il ne put le déterminer au moyen de la révolution relativement à la neuvième sphère, parce que c'est un mouvement inégal relativement à cette sphère, comme on le verra".

Selon Jean de Murs, le mouvement continu de précession est attribué en propre aux auges et aux étoiles, tandis que le mouvement d'accès et de recès est désigné comme le mouvement de la huitième sphère, dont l'équation s'ajoute ou se retranche au mouvement continu (ou moyen) susdit[26]:

---

[25] Cf. l'édition commentée de ce traité par E. Poulle, "Jean de Murs et les tables alphonsines", *Archives d'histoire doctrinale et littéraire du Moyen Age* 47 (1980), p. 241-271, à la p. 257: *Ponit autem Alfonsius ut visum est medios motus planetarum per revolutionem hoc est reditionem ab aliquo puncto ad eundem ad 9^am^ speram, sed motum augis planetarum et stellarum fixarum per revolutionem ad 9^am^ speram ponere non potuit quia inequaliter moveatur secundum illam ut videbitur.*

[26] Cf. *ibid.*, p. 258: *Ymaginatur Alfonsius motum duplicem in 8^a^ spera, unum continuum equalem secundum successionem signorum quem attribuit stellis fixis in 8^a^ et augibus ecentricorum planetarum, secundum per accessum et recessum ad intersectionem zodiaci et equinoctialis ⟨...⟩; igitur hunc motum vocat Alfonsius motum 8e spere non quod stelle fixe sunt extra 8^am^ speram sed ratione distinctionis et diversitatis motuum predictorum ⟨...⟩.*

> "Alphonse imagine un mouvement double dans la huitième sphère: l'un, continu et uniforme selon l'ordre des signes, qu'il attribue aux étoiles fixes dans la huitième sphère et aux auges des excentriques des planètes; le second, par accès et recès relativement à l'intersection du zodiaque et de l'équateur ⟨...⟩; ce mouvement, Alphonse l'appelle donc mouvement de la huitième sphère, non parce que les étoiles fixes sont en dehors de la huitième sphère, mais en raison de la différence et de l'opposition entre les mouvements susdits ⟨...⟩".

Dans l'astronomie alphonsine, c'est donc la neuvième sphère, celle qui indique la direction du début du Bélier, qui est la sphère de référence, et qui sert pour la détermination des mouvements en coordonnées tropiques. La préférence ainsi donnée par les astronomes parisiens au temps tropique sur le temps sidéral pour l'évaluation des mouvements célestes, en même temps qu'elle marque un retour à la conception ptoléméenne, signifie implicitement qu'est ôté aux étoiles fixes et restitué à la Terre le rôle de système fondamental de référence.

Comme dans le cas du débat sur les excentriques et les épicycles, ce sont ici encore les analyses mathématiques, celles du mouvement de précession, qui conduisent la réflexion sur les propriétés et fonctions des sphères célestes, et même sur leur existence. A la différence, pourtant, des sphères planétaires, sur lesquelles un accord général s'est fait parmi les auteurs de *theoricae*, les huitième et neuvième sphères n'ont pas vu leur statut convenablement réglé. Un auteur comme Buridan, par exemple, dans ses Questions sur la *Métaphysique*, refuse de supposer l'existence de la neuvième sphère, pour la raison que c'est le ciel tout entier qui serait, selon lui, le mobile propre du premier moteur[27]. Nicole Oresme, au contraire, admet que l'existence d'une neuvième sphère sans astre est requise par le fait que la huitième est pourvue de deux mouvements[28]. Sans doute ces auteurs ne font-ils pas preuve d'une connaissance approfondie de l'astronomie alphonsine: il reste qu'ils témoignent assez que sur la question des huitième et neuvième sphères, les *theoricae* ne fournissent pas de solution assurée. Encore dans les plus achevées des *theoricae* médiévales, celles de Peurbach († 1461), on verra que sont présentés successivement les deux systèmes proposés pour rendre compte du mouvement de précession, celui de l'astronomie

---

[27] *In Metaph.* XII, *q.* 9; cf. Duhem, *op. cit.* (note 9), t. 4, p. 137-138.
[28] *Traité de la sphère*, chap. 3; cf. Duhem, *loc. cit.*, p. 160-161.

alphonsine et celui qu'on attribuait à Thābit. En outre, l'interprétation physique de ces systèmes, en termes de sphères, n'y est pas clairement exposée[29]. En somme, la solution mathématique du problème reste incertaine pour Peurbach et, par conséquent, la structure physique des parties correspondantes du cosmos n'est pas élucidée. La méthode qui avait permis de réconcilier l'astronomie ptoléméenne avec les principes de la philosophie naturelle, dans le cas des mouvements planétaires, grâce à l'*ymaginatio modernorum* acceptée par tous les astronomes au XIVe siècle,—cette méthode se révèle inopérante dans le cas des mouvements des auges et des équinoxes, en raison de l'insuffisance de l'analyse des mouvements relatifs qui sont en jeu.

Conclusion

L'usage de méthodes mathématiques dans l'étude du ciel est déjà présent chez Aristote. C'est par des méthodes de cette sorte que le Stagirite entend montrer, par exemple, dans le *De caelo*, que le ciel n'est pas infini, ou qu'il est sphérique[30]. Mais il s'agit là de traits qui se rapportent à la "figure" du ciel, et non à sa constitution matérielle. Quant à la discussion astronomique qui se trouve dans la *Métaphysique*, elle touche seulement au décompte des sphères célestes, sans que soit prise en considération la complexité des mouvements planétaires[31]. Avec les *Hypothèses des planètes* de Ptolémée, en revanche, et la *Configuration du monde* d'Ibn al-Haytham, une nouvelle possibilité s'offre aux astronomes de traiter la physique céleste *more geometrico*. La substance céleste n'est pas connaissable directement, mais l'analyse mathématique des mouvements apparents suggère un modèle physique du système des sphères célestes. Cette procédure, qui consiste à interpréter *a posteriori*, en termes de philosophie naturelle, la théorie mathématique ptoléméenne qui sert à "sauver les phénomènes", est contraire à la méthode scientifique alors ordinairement reçue, en ce qu'elle ne conclut pas à l'existence des sphères par une démonstration suffisante, c'est-à-dire à partir de principes physiques, mais fait voir seulement que ces sphères

---

29 G. Peurbach, *Theoricae novae planetarum*, Nuremberg, *ca.* 1472; repr. dans Regiomontanus, *Opera collectanea* (Osnabrück, 1972) (voir *in fine* le dernier chapitre "De motu octavae spherae").

30 *De caelo*, I, 5-7 et II, 4 (*passim*).

31 *Metaph.*, XII, 8.

s'accordent avec les schémas mathématiques explicatifs des mouvements apparents. Cette procédure est pourtant celle qui est adoptée par la quasi-totalité des astronomes au début du XIVe siècle et, à leur suite, par la plupart des philosophes de la nature. Il est clair, pourtant, que le formalisme mathématique des astronomes ne peut recevoir qu'une interprétation partielle en termes de physique: on a vu que la description des mouvements des auges, des étoiles et des équinoxes, n'a pas abouti à une caractérisation claire et distincte des sphères correspondantes; on pourrait y ajouter divers désaccords entre la théorie mathématique et l'observation, notamment, des variations des grandeurs apparentes des planètes.

A côté de l'attitude "instrumentaliste" modérée des astronomes et des philosophes qui admettent tacitement ces divergences (pour ne rien dire de ceux auxquels elles échappent), deux autres attitudes se rencontrent. L'une, radicale, est représentée par Jean Buridan, qui déclare licite à l'astronome d'imaginer toutes les hypothèses qu'il lui plaît, mais lui dénie toute capacité à connaître la réalité des choses[32]. Quoi qu'il en soit du bien fondé logique de cette position, selon Duhem, ce n'est pas elle qui conduira au renouvellement futur de l'astronomie, mais c'est l'attitude opposée, qui cherche à concilier, non pas *a posteriori*, mais dès les prémisses mêmes de la théorie, les principes de la philosophie naturelle avec le traitement mathématique des phénomènes. Cette attitude, défendue avec éclat par Kepler contre les sceptiques à la manière d'Ursus ou d'Osiander[33], est exprimée de façon particulièrement nette, dès le début du XIVe siècle, par Levi ben Gerson, au chapitre premier de son astronomie[34]:

> "We found that [the ancient] mathematicians decided it was sufficient to produce a model [for planetary motion] from which there would follow that which is in close agreement with what is perceived by the senses, but they did not attempt to explain the model according to true prin-

---

[32] Cf. Buridan, *In Metaph.*, XII, *q*. 9: voir les passages cités par Duhem, *op. cit.*, t. 4, p. 138-139.

[33] Pour un exposé détaillé de la position de Kepler sur ce sujet, cf. N. Jardine, *The Birth of History and Philosophy of Science. Kepler's* A Defence of Tycho against Ursus *with Essays on its Provenance and Significance* (Cambridge, 1984).

[34] Traduction empruntée à B.R. Goldstein, "The role of science in the Jewish community in fourteenth-century France", *Annals of the New York Academy of Sciences* 314 (1978), p. 39-49, aux p. 45-46 (art. repr. dans B.R. Goldstein, *Theory and Observation in Ancient and Medieval astronomy* [London, 1985], XX).

> ciples [of natural philosophy] ... In its perfection this investigation belongs to both sciences: to mathematics because of the geometric proofs, and to natural philosophy because of the physical and philosophical proofs. Since this is so, this investigation cannot be split in such a way that part of it would belong to a master of one science and the remainder to a master of the other ...''.

Pour Levi ben Gerson, ''aucun argument ne peut annuler la réalité perçue par les sens''[35] et, par exemple, les fausses variations de la grandeur apparente des planètes qu'entraînent les schémas ptoléméens imposent que ces schémas soient corrigés. Inversement, la prise en compte de la réalité des sphères célestes a des conséquences sur la forme de la théorie mathématique: si, en effet, les planètes sont mues par le mouvement des sphères auxquelles elles sont attachées (et non par elles-mêmes), comme le suppose la cosmologie médiévale, il est impossible d'expliquer le mouvement de la Lune par un épicycle (car le schéma épicyclique interdit que l'on voit toujours la même face de la planète). Levi a précisément voulu satisfaire cette double exigence de l'observation et de la physique: c'est ce qui l'a conduit à élaborer, avec succès, un nouveau schéma de mouvement pour la Lune, qui ne comporte qu'un excentrique conformément au réquisit physique, mais qui rend compte des apparences, aussi bien pour les distances que pour les positions en longitude[36]. A notre connaissance, Levi ben Gerson est le seul astronome médiéval qui ait ainsi tenté de tirer rigoureusement les conséquences de sa position réaliste, en voulant soumettre la production des schémas de mouvements planétaires à ses propres observations et aux principes reçus de la philosophie naturelle. C'est seulement à l'époque de la révolution astronomique, et particulièrement avec Kepler, que se manifestera à nouveau une telle volonté de réunir la physique et l'astronomie d'observation en une seule discipline.

---

[35] Cf. B.R. Goldstein, ''Theory and observation in medieval astronomy'', *Isis* 63 (1972), p. 39-47, à la p. 47 (art. repr. dans B.R. Goldstein, *Theory and Observation*, V).

[36] Cf. B.R. Goldstein, *The Astronomical Tables of Levi ben Gerson* (Hamden CT, 1974), p. 53-74.

LES ORIENTATIONS DE LA SCIENCE LATINE AU DEBUT DU XIVe SIÈCLE

Guy Beaujouan

Si cette brève évocation m'a été demandée ici, c'est sans doute avec l'idée d'introduire une réflexion mettant en parallèle, face à la science, l'attitude de la scolastique chrétienne et celle de la pensée juive.

Les sciences chrétienne et juive ont évolué, au XIIIe siècle, selon des courbes assez différentes.

Du fait de sa symbiose avec la science arabe, la science juive médiévale a atteint son apogée bien avant la science chrétienne qui, jusq'au milieu du XIIIe siècle, ne se sentait pas au niveau de savants comme Maïmonide, Savasorda (Abraham bar Ḥiyya) ou Abraham ibn Ezra.

Ce retard chrétien a, pour contrepartie bénéfique, un phénomène que n'a pas connu la science juive: c'est, au milieu du XIIIe siècle, la soudaine prise de conscience de l'aptitude à innover. Je ne vais pas longuement développer ici ce thème dont j'ai déjà traité ailleurs[1].

Si l'on met à part l'extraordinaire milieu pluriculturel de la cour de l'empereur Frédéric II[2], on peut dire que l'aptitude consciente à faire des découvertes scientifiques s'est assez soudainement manifestée, parmi les chrétiens, aux alentours de 1260. Rappelons-nous:

- Peu avant 1260, la statique du continuateur de Jordanus, avec son concept de gravité positionnelle d'où il tire les lois du levier coudé et du plan incliné.
- Entre 1260 et 1264, les apports d'Albert le Grand à la zoologie.
- Entre 1261 et 1264, l'équatoire de Campanus.

---

[1] G. Beaujouan, "La prise de conscience de l'aptitude à innover (le tournant du milieu du XIIIe siècle)", *Le Moyen Age et la science*: Actes du colloque "Sciences au Moyen Age", Orléans-Avril 1988 (Paris, Klincksieck, 1991), p. 5-14. Voir aussi mon rapport sur "L'émergence médiévale de l'idée de progrès", *Bulletin de philosophie médiévale* 30 (1988), p. 20-36.

[2] Du 18 au 24 septembre 1990, s'est tenu à Erice (Sicile) un important colloque international sur *Frédéric II et les savoirs*.

– Vers 1266, Teodorico Borgognoni avec la semi-asepsie et le serpentin permettant une distillation plus poussée de l'alcool[3].

– 1269, Pierre de Maricourt et son admirable lettre sur le magnétisme.

– 1271, le texte de Robertus Anglicus laissant pressentir la prochaine invention de l'horloge mécanique régulée à poids[4].

Roger Bacon est le bouillant porte-parole de cette génération innovatrice des années 1260 encore que, comme beaucoup de penseurs juifs, il croie que la plénitude de la philosophie a été, de toute antiquité, révélée par Dieu aux Patriarches et aux Prophètes.

A partir du troisième quart du XIIIe siècle, le vocabulaire de la nouveauté semble prendre une coloration affective moins négative qu'auparavant. Guillaume de Tocco fait de la nouveauté l'un des grands mérites de Thomas d'Aquin. Raymond Lulle affiche ostensiblement le mot "nouveau" dans le titre d'au moins neuf de ses traités. Le quadrant-astrolabe (dit "quadrant d'Israël") de Jacob ben Makhir ibn Tibbon (Profatius) est bien accueilli comme "quadrant nouveau". L'engouement pour ce qui est *novus* ou *modernus* va croître au XIVe siècle.

Notons, au passage, que le progrès des sciences inspirera à Gersonide des réflexions qui, pour son époque, sont exceptionnellement profondes et intéressantes[5].

Les destins non-parallèles de la science latine et de la science juive apparaîtraient comme quantifiés, si je présentais la statistique des traductions de l'hébreu au latin et du latin à l'hébreu. Au XIVe siècle, le solde évolue brutalement en faveur d'une prédominance de la science latine et l'on est même surpris du complexe d'infériorité que semblent manifester certains médecins juifs à l'égard de leurs concurrents chrétiens: je pense, par exemple, à Léon Joseph de Carcassonne, le traducteur de Gérard de Solo. Encore faut-il tenir

---

[3] R. Halleux, "Les ouvrages alchimiques de Jean de Rupescissa", *Histoire littéraire de la France*, t. 41 (Paris, 1981), p. 241-284, plus particulièrement p. 246-250.

[4] Texte dans L. Thorndike, *The "Sphere" of Sacrobosco and its Commentators* (Chicago, 1949), p. 180 (latin) et 230 (trad. anglaise).

[5] La constatation du progrès scientifique est utilisée par Gersonide comme un argument contre l'idée d'un Monde et d'une Humanité existant de toute éternité. Il montre que le progrès des sciences est inégal selon les disciplines et, du reste, loin d'être terminé (*Guerres du Seigneur*, Livre VI, éd. de 1560, fol. 48 b). Je ne puis citer ici cet assez long passage dont Mme Sirat a eu la gentillesse de me donner la traduction.

compte du fait que, à cette époque, pour avoir le droit d'exercer leur art, les médecins juifs devaient subir un examen devant un jury chrétien.

*

Tout ceci conduit à s'interroger sur l'impact scientifique du système universitaire dont, quoi qu'on ait dit de Montpellier, les Juifs étaient exclus.

Bien que les universités fussent l'une des grandes nouveautés du XIIIe siècle, les découvertes scientifiques de cette époque ont surgi relativement en marge du système universitaire: pensons à la cour de Frédéric II, à Albert le Grand s'intéressant à la zoologie après son départ de Paris, à Pierre de Maricourt qui était sans doute un ingénieur militaire, à Lulle assez marginal, aux chirurgiens plus inventifs que les médecins liés à la scolastique.

Au XIVe siècle, surtout à partir de 1320, les choses vont, semble-t-il, changer. La scolastique va davantage marquer son emprise sur la pensée scientifique: la logique interne des problèmes va prévaloir sur la personnalité de ceux qui s'en occupent.

Je n'insisterai pas sur le fait que la dispute scolastique a le mérite de mettre sur le tapis les hypothèses les plus audacieuses pour s'offrir le plaisir de jouer à les réfuter: l'idée du mouvement diurne de la Terre offre un bon exemple de cela.

Je m'attacherai un peu plus aux effets induits par les condamnations de 1277 et par l'évolution même de la logique.

Les condamnations prononcées, le 7 mars 1277, par l'évêque de Paris, Etienne Tempier, sont essentiellement dirigées contre l'aristotélisme radical, contre l'astrologie et contre l'amoralité prétendument imputable aux excès de telles doctrines.

Deux propositions condamnées sont particulièrement intéressantes:

– celle qui dénie à Dieu le pouvoir de créer plusieurs mondes.

– celle qui refuse à Dieu la possibilité de soumettre le ciel à un mouvement "droit" (disons "rectiligne", sans oublier que deux interprétations sont possibles), car alors serait laissé du vide.

Duhem, on le sait, voyait dans ces censures l'acte de naissance de la science moderne, dans la mesure où la conception théologique d'un Dieu infiniment puissant aurait encouragé la scolastique à se libérer du carcan de la cosmologie aristotélicienne et à envisager certaines des notions qui sont à la base de la science moderne.

Alexandre Koyré s'est insurgé contre cette opinion de Duhem et il a nié que les condamnations de 1277 eussent exercé, en matière scientifique, une influence importante[6].

Lorsque, en 1949, Koyré a ainsi pris position, il ne connaissait pas encore les tomes 6 à 10 du *Système du Monde* de Duhem. A la lecture de ces cinq derniers volumes, comme à la lumière des recherches d'Edward Grant, on se convainc que les condamnations de 1277 ont fait sérieusement réfléchir des penseurs aussi éminents que Thomas Bradwardine, Walter Burley, Jean de Ripa, Jean Buridan, Nicole Oresme, Marsile d'Inghen, Gaétan de Thiene, etc. On s'explique difficilement que, dans son magnifique livre *Du Monde clos à l'Univers infini*, Koyré ait pris le parti de faire l'impasse sur le XIVe siècle et de commencer avec Nicolas de Cues.

Ainsi l'historiographie récente semble, sur ce point, donner raison à Duhem plus qu'à Koyré; mais elle reconnaît aussi que les expériences de pensée *secundum imaginationem* n'ont pas seulement été suscitées par l'évocation de la toute-puissance de Dieu: elles résultaient aussi de l'évolution de la logique depuis le milieu du XIIIe siècle[7].

Il s'agit d'une double orientation que l'on pourrait dire *sémantique* et *modale*.

Une plus grande attention est alors portée à la propriété des termes, aux questions de sémantique, aux préoccupations voisines de la grammaire spéculatives sur les manières de signifier.

Le particulier intérêt dont font l'objet les *syncategoremata* est lié au succès croissant des *Sophismes* et des exercises universitaires qui s'y rattachent. Ces sophismes d'abord essentiellement logiques vont, à Oxford, à partir de 1320, s'ouvrir assez largement à la philosophie naturelle.

C'est ici qu'intervient la seconde orientation ci-dessus évoquée, c'est-à-dire le développement de la logique modale subordonnant toute affirmation aux *modes* de possibilité ou d'impossibilité, de nécessité ou de contingence. Ceci conduit à examiner, dans les disputes scolastiques, toutes sortes de *cas* logiquement possibles, indépendamment de leur possibilité réelle.

---

[6] G. Beaujouan, "Alexandre Koyré, l'évêque Tempier et les censures de 1277", *History and Technology* 4 (1987), p. 425-429.

[7] Très utiles orientations dans *Later Medieval Philosophy*, ed. by N. Kretzmann, A. Kenny, J. Pinborg (Cambridge, Cambridge University Press, 1982); J. Biard, *Logique et théorie du signe au XIVe siècle* (Paris, Vrin, 1989). Nous renvoyons plus particulièrement aux traveux d'Alain de Libera (cf. note suivante).

La nouvelle logique de la modalité, des *sophismata* et du probabilisme dialectique rejoint ainsi les condamnations de 1277 et l'évocation de la toute-puissance divine, pour inciter à des expériences de pensée (*secundum imaginationem*) souvent sans rapport avec la réalité observable.

Comme le dit fort bien Alain de Libera dont j'utilise un remarquable rapport présenté à Helsinki, en 1987, au huitième Congrès international de philosophie médiévale[8]: "Les lois de la Nature que la philosophie naturelle du XIVe siècle semble énoncer, sont essentiellement conventionnelles. Ce qui semble une logique de la découverte est, en fait, une *rhétorique de l'argumentation scientifique.*"

C'est ce que dit aussi John Murdoch, lorsqu'il parle de ces "outils conceptuels", de ces "langages analytiques" qui, au XIVe siècle, vont s'appliquer, le plus souvent *a priori*, à toutes sortes de domaines: outils et langages d'abord logiques, mais ensuite mathématiques:

– variation uniformément difforme correspondant à son degré moyen.

– parallélisme entre l'échelle arithmétique des degrés et l'échelle géométrique des rapports des causes opposées: c'est le langage prélogarithmique des rapports de rapports, avec l'emploi des exposants fractionnaires.

– décomposition d'un tout selon la progression géométrique de raison 1/2 et, plus généralement, sophismes faisant appel à des séries géométriques convergentes.

– argumentations faisant intervenir l'infini, etc.

Ce genre de recherches a d'abord fleuri chez les *calculatores* anglais à partir de 1320; c'est seulement au milieu du XIVe siècle que les *subtilitates anglicanae* ont exercé leur influence à Paris. L'un des grands torts de Duhem est d'avoir mésestimé la nature et l'importance de cette antériorité anglaise dont un savant comme Nicole Oresme est, malgré tout, assez largement tributaire. Au XIVe siècle, la quantification de la philosophie naturelle n'est pas le recours expérimental à la mesure.

Il faut bien mentionner ici Guillaume d'Ockham qui, rappelons-

---

[8] A. de Libera, "Le développement de nouveaux instruments conceptuels et leur utilisation dans la philosophie de la nature", *Knowledge and the Sciences in Medieval Philosophy. Proceedings of the Eighth International Congress of Medieval Philosophy* (S.I.E.P.M.), Helsinki 24-29 August 1987, (Helsinki, 1990), Vol. I, p. 158-197.

le, habitait à Avignon, en 1325, l'année donc où, dans cette même ville, Gersonide écrivait son *Commentaire sur Job*[9]. On peut rêver d'une rencontre entre ces deux génies, mais rien dans l'œuvre ni de l'un, ni de l'autre, ne vient étayer cette hypothèse toute gratuite.

On ne peut encore évaluer qu'imparfaitement l'influence réellement exercée par l'ockhamisme sur la pensée scientifique du XIVe siècle[10]. Il y a, bien sûr, un lien entre le nominalisme de Buridan et la finesse de ses observations de détail lorsqu'il traite de l'*impetus*. Encore ne faut-il pas tirer des conséquences trop hâtives de l'étiquette "nominaliste" traditionnellement collée sur certains savants du XIVe siècle: pensons, par exemple, à Nicole Oresme[11].

*

Pensant à la célèbre pièce de Jean Giraudoux *La guerre de Troie n'aura pas lieu*, on pourrait dire, de même, que la révolution scientifique du XIVe siècle n'a pas eu lieu. Si remarquable que soit la manière dont Buridan explique par l'*impetus* le mouvement des projectiles, Anneliese Maier et Alexandre Koyré ont montré combien cette théorie de l'*impetus* restait, malgré tout, acceptable pour un aristotélicien et donc bien éloignée du concept d'inertie.

Comme Buridan et Thémon Juif, Oresme envisage le mouvement diurne de la Terre mais, après avoir donné en sa faveur d'excellentes raisons, il ne s'y rallie pas: tout ceci n'était qu'amusement (*esbatement*, comme il dit).

Je ne veux pas m'attarder sur l'astronomie latine du XIVe siècle, celle-ci faisant ici l'objet d'un article d'Henri Hugonnard-Roche. On reviendra sans doute sur les parallélismes et peut-être les relations entre Jean de Murs et Gersonide.

L'astrologie n'était pas alors la seule application pratique de l'astronomie. Depuis Robert Grosseteste et Roger Bacon, l'étude des mouvements du Soleil et de la Lune était liée à la nécessité de réformer le calendrier. On sait, du reste, que Lévi ben Gerson a, sur cette question, été consulté par des amis chrétiens[12]. Toute sa vie, Jean

---

9 Ch. Touati, *La Pensée philosophique et théologique de Gersonide* (Paris, 1973), p. 44, n. 91.

10 Voir, par exemple, A. Goddu, *The Physics of William of Ockham* (Leiden, 1984); cf. le compte rendu de ce livre dans *Isis* 78 (1987), p. 121-122.

11 Je pense aux actuelles recherches de deux collegues québécois, Claude Panaccio et Claude Gagnon. Dans un article à paraître, C. Gagnon s'interroge sur le nominalisme d'Oresme en étudiant, chez cet auteur, la notion de *species*.

12 Voir J. Shatzmiller, "Gersonide et la société juive de son temps", *in*

de Murs s'était préoccupé de ce problème. Cependant lorsque, en 1344; il est, avec Firmin de Belleval, officiellement consulté à ce sujet par le Pape, le remède proposé est d'une extrême timidité (application d'un léger correctif au nombre d'or).

Pourtant les données chiffrées retenues dès 1332 étaient pratiquement les mêmes que celles mises en œuvre, deux siècles et demi plus tard, en 1582, lors de la réforme grégorienne du calendrier. L'obstacle, au XIVe siècle, n'était donc pas scientifique, mais lié à une mentalité fondamentalement encline à s'exagérer les risques de tout changement radical.

L'anatomie humaine fournit un autre exemple d'occasion manquée faute d'audace.

Il n'y avait plus eu de dissections de cadavres humains depuis le IIIe siècle avant Jésus-Christ. La reprise des dissections de corps humains devant des élèves, au début du XIVe siècle, pouvait être une belle occasion de s'affranchir du systématisme de Galien.

Bien qu'il soit l'auteur d'un remarquable manuel de dissection basé sur des expériences personnelles (Bologne, 1316), Mondino dei Luzzi continue à croire voir ce qu'il a lu: l'utérus à sept cellules (mâles à droite, femelles à gauche, hermaphrodites au centre); le foie à cinq lobes, comme celui du chien; la veine splénique déversant la bile noire dans l'estomac; une communication entre les deux ventricules du coeur (comme l'exige le système de Galien).

Les structures universitaires peuvent encourager à chercher, elles dissuadent souvent d'être trop audacieux.

*

On pourrait comparer les censures prononcées à Paris, en 1277, par l'évêque Etienne Tempier et les interdictions décrétées à Barcelone, en 1305, par Salomon ben Adret pour prohiber les études philosophiques aux Juifs de moins de 25 ans.

Dans les deux cas, il s'agit d'une réaction religieuse contre le rationalisme philosophique. C'est seulement obliquement que, à Paris, est visé Thomas d'Aquin, tout comme, en 1305, Salomon ben Adret traite de façon ambiguë l'œuvre de Maïmonide. Mais, tandis que les théologiens catholiques privilégiaient l'idée de la toute-puissance divine, les responsables juifs semblent surtout préoccupés par l'allégorisation de certains thèmes bibliques.

G. Dahan (éd.), *Gersonide en son temps. Science et philosophie médiévales* (Louvain, Peeters, 1991), p. 33-43, notamment p. 39-40.

Même si l'interdiction de 1306 n'a pas eu un effet comparable à celui que Duhem attribue aux condamnations de 1277, on retrouvera, chez Hasdaï Crescas, des thèmes analogues à ceux prétendument suscités par la théologie chrétienne assouplissant le carcan de l'aristotélisme (univers infini, pluralité des mondes, vide spatial, etc.)[13].

Doit toujours être envisagé, avec prudence et finesse, le délicat problème des contacts de bouche à oreille, directs ou indirects, entre juifs et chrétiens.

Ces contacts apparaissent officiellement encouragés (et donc bien reflétés par les documents) en ce qui concerne les domaines de la Couronne d'Aragon, (y compris Montpellier jusqu'en 1349), et ceci surtout sous les règnes de Pierre le Cérémonieux (1336-1387) et de Jean Ier (1387-1396).

Au moins jusqu'aux massacres de 1391, se produit là une féconde symbiose pour ce qui touche aux instruments astronomiques, aux cartes géographiques, à l'astrologie et à la médecine[14]. Ainsi cette science catalane judéo-chrétienne se caractérise par des préoccupations courtisanes, pratiques et parfois superstitieuses qui sont assez éloignées de la scolastique universitaire.

Mais même dans le milieu universitaire parisien (dont les Juifs se trouvent exclus), des contacts personnels avec des savants juifs peuvent exister. Par exemple, dans ses canons astronomiques de 1322 (récemment étudiés par Mme Saby), Jean de Lignères, à propos des éclipses, se réfère à un certain Abraham Benthegar dont il ne connaît les canons astronomiques que par oui-dire, puisqu'ils n'étaient pas traduits de l'hébreu[15].

Une dernière réflexion pourrait porter sur les conditionnements sociaux de la science juive au début du XIVe siècle.

---

[13] Tony Lévy, *Figures de l'infini: les mathématiques au miroir des cultures* (Paris, Seuil, 1987). Ḥasdaï Crescas est, en réalité, le personnage central de ce livre.

[14] G. Beaujouan, *La Science en Espagne aux XIVe et XVe siècles* (Paris, Palais de la Découverte, 1967).

[15] Marie-Madeleine Saby-Rousset, *Les Canons de Jean de Lignères sur les tables astronomiques de 1321* (résumé dans *Ecole nationale des chartes, Positions des thèses 1987*, p. 183-190, particulièrement p. 186). L'examen des variantes laisse un doute quant à l'appellation "Benthegar" retenue pour désigner cet Abraham. Son introduction aux tables astronomiques, alors non traduite, pourrait être, selon moi, le *Ḥeshbon mahlekhot ha-kokhavim* d'Abraham bar Ḥiyya. Mais ce qui importe ici, c'est que Jean de Lignères connaissait par ouï-dire (*per ea que audivi*) le contenu d'un tel texte en hébreu.

Il y a un lien, en Italie, entre le développement des techniques commerciales (lettre de change, comptabilité en partie double) et la vitalité de l'intérêt pour l'arithmétique et l'algèbre. Comment se pose le problème pour les Juifs, dont il semble que les techniques financières aient été plus rudimentaires que celles des Florentins et des "Lombards"?

Une semblable interrogation se présente à propos de l'alchimie. A la charnière des XIIIe et XIVe siècles, apparaît tout un courant alchimique latin placé sous le nom de Geber (Jābir ibn Ḥayyān). Les récents travaux de William Newman ont montré que le texte de base de cette nouvelle tradition est, en réalité, l'œuvre d'un franciscain nommé Paul de Tarente.

Colette Sirat a attiré l'attention sur un fait singulier. Mis à part Jacob Anaṭoli qui, à la cour de Frédéric II, fournit une recette alchimique à Michel Scot, on ne connaît pratiquement pas d'alchimiste juif des XIIIe et XIVe siècles. Certes, dans le milieu scientifique très particulier de la Couronne aragonaise, on pourrait aussi citer, en 1346, l'*experimentator* Menaḥem protégé par Pierre le Cérémonieux[16] et, en 1396, Samuel Caracosa qui obtient de Jean Ier une autorisation spéciale[17].

Mais, répétons-le, il s'agit là d'exceptions, sous la protection de souverains personnellement intéressés par ce genre de recherche. Cette quasi-absence de juifs alchimistes n'empêche évidemment pas que, ultérieurement, la kabbale soit l'une des sources du courant spéculatif et mystique de l'alchimie[18].

---

[16] Fritz (Yitzhak) Baer, *Die Juden im christlichen Spanien: Urkunden und Regesten*, vol. 1: *Aragonien* (Berlin, 1929), p. 310-311. Le document ne se réfère pas nommément à l'alchimie; ce Menaḥem n'apparaît donc pas explicitement comme cherchant à produire artificiellement de l'or. Cependant, sans être aussi catégorique que Baer, on peut considérer comme vraisemblable qu'il s'agit là d'un alchimiste.

[17] A. Rubio y Lluch, *Documents per l'historia de la cultura catalana mig-eval*, vol. 2 (Barcelona, 1921), p. 346.

[18] On ne peut pas, non plus, prendre en compte le fameux Abraham le Juif, dont le manuscrit illustré est décrit dans le *Livre des figures hiéroglyphiques* attribué à Nicolas Flamel (mort en 1418). Or on sait désormais, surtout grâce aux travaux de Claude Gagnon, que le *Livre des figures* est un apocryphe du début du XVIIe siècle (dû, peut-être, à François Béroalde de Verville). Lorsque, comme dans le manuscrit 3047 de l'Arsenal, les talismans alchimiques d'Abraham le Juif bénéficient d'une transmission indépendante, c'est, semble-t-il, d'après le pseudo-Flamel. Cf. Claude Gagnon, *Edition annotée du "Livre des figures hiéroglyphiques" attribué à Nicolas Flamel* (actuellement sous presse à Montréal); R. Halleux, "Le mythe de Nicolas Flamel ou les mécanismes de la pseudépigraphie alchimique" *Archives internationales d'histoire des sciences* 33 (1983), p. 234-255, notamment p. 252-254 sur les figures d'Abraham.

On oublie trop souvent que, par exemple, dans la célèbre décrétale de Jean XXII (généralement datée de 1317), l'hostilité à l'alchimie est d'abord liée au problème de la fausse monnaie. Dans les communautés juives, les courtiers en métaux précieux n'auraient sans doute guère apprécié les scandales imputables à des coreligionnaires alchimistes.

*

Au terme de cette trop hâtive évocation du XIVe siècle et des particularités relatives des science chrétienne et juive, surgit l'une des interrogations de ce colloque: dans quelle mesure Gersonide est-il un homme de son époque ou, au contraire, une sorte de génie exceptionnel un peu en dehors de certains courants culturels de son temps?

PART TWO
GERSONIDES' WORK IN MATHEMATICS

GERSONIDE, COMMENTATEUR D'EUCLIDE: TRADUCTION ANNOTÉE DE SES GLOSES SUR LES *ÉLÉMENTS*

Tony Lévy

INTRODUCTION

Gersonide (première moitié du XIVe s) appartient à cette génération des mathématiciens d'expression hébraïque qui, ayant assimilé une part importante des traditions mathématiques gréco-arabes, furent en mesure de produire des œuvres originales[1]. On sait qu'il a consacré des travaux[2] à l'arithmétique et la théorie des nombres[3], la trigonométrie[4], et enfin la géométrie.

Nous présentons ici une traduction annotée des deux écrits géométriques connus de Gersonide: il s'agit d'un commentaire sur les livres I-V des *Éléments* d'Euclide, d'une part et d'un résumé des définitions et prémisses nécessaires à la "démonstration" du cinquième postulat du livre I (le postulat des parallèles), d'autre part.

Nous nous proposons, dans cette introduction, de décrire et caractériser le contenu des textes traduits, d'inventorier les sources

---

[1] L'inventaire bio-bibliographique dressé il y a près d'un siècle par M. Steinschneider reste encore la référence pour qui veut avoir une image d'ensemble de la littérature mathématique d'expression hébraïque: *Mathematik bei den Juden* (1893-1901; rééd., Hildesheim, 1964); "Mathematik bei den Juden (1551-1840)", *Monatsschrift für Geschichte und Wissenschaft des Judentums* 13 (N.F) (1905), p. 78-95, 193-204, 300-14, 490-98, 581-605, 722-43.

[2] On en trouvera une présentation d'ensemble dans J. Carlebach, *Lewi ben Gerson als Mathematiker* (Berlin, 1910), p. 49-81; A. Marx, "The Scientific Work of Some Outstanding Mediaeval Jewish Scholars", in: *Essays and Studies in Memory of Linda R. Miller*, New-York, 1938, pp. 154-60; G. B. Ṣarfatti, *Mathematical Terminology in Hebrew Scientific Literature of the Middle Ages* (en hébreu) (Jérusalem, 1968), § 274-81.

[3] Son grand ouvrage en la matière, *Sefer ma^cassé ḥoshev* (Livre de l'œuvre du dénombreur), a été édité et traduit en allemand par G. Lange: *Sefer Maassei Choscheb. Die Praxis des Rechners* (Frankfurt am Main, 1909); son opuscule sur les nombres harmoniques, composé à la demande de Philippe de Vitry, évêque de Meaux, ne nous est connu que dans sa version latine, voir Carlebach, op. cit.(n.2), pp. 125-41.

[4] Les développements que Gersonide a consacrés à la trigonométrie plane, dans son grand ouvrage d'astronomie, ont été étudiés séparément. Voir P. H. Espenshade, "A Text on Trigonometry by Levi Ben Gerson (1288-1344)", *The Mathematics Teacher* 60 (1967), p. 629-37.

identifiables ou plausibles, et enfin de préciser les méthodes adoptées pour la mise au point des textes gersonidiens et pour leur traduction.

I- L'œuvre géométrique de Gersonide: son contenu, sa portée

Les deux textes dont nous disposons ne relèvent pas du même genre, tant dans la forme que dans l'objectif qui leur est fixé.

1. Le commentaire des livres I-V des Éléments

L'ensemble des gloses consacrées aux *Éléments* (appelons-les: le Commentaire) ressortissent à un genre, classique dans la littérature arabe: ils traitent des aspects difficiles ou controversés du texte euclidien. Dans sa forme, le Commentaire de Gersonide est composé de la même manière que ses commentaires ou supercommentaires philosophiques. Gersonide introduit son propos par les mots "Il [Euclide] a dit", suivis par la formulation, souvent partielle, de l'énoncé à commenter, ensuite il annonce son propre commentaire par les mots "Lévi a dit". Du reste, on rencontre dans le Commentaire des arguments philosophiques qui apparaissent dans d'autres textes gersonidiens, qu'il s'agisse de la critique de la théorie aristotélicienne de l'infini ou de références à l'*Organon*.

C'est néanmoins l'aspect proprement mathématique de ces développements qui retiendra l'attention de l'historien. Deux développements nous paraissent plus particulièrement constituer des contributions précieuses à l'histoire des mathématiques au Moyen Age: la tentative de démonstration du postulat euclidien des parallèles, d'une part et la remise en cause des fondements de la théorie euclidienne des rapports, telle qu'elle est exposée au début du livre V des *Éléments*, d'autre part.

L'analyse de Gersonide suit, on l'a dit, l'ordre du texte euclidien, tel qu'il devait figurer dans la ou les versions hébraïques à sa disposition. Lecteur attentif et scrupuleux, Gersonide ne recule pas devant la critique textuelle, quand elle lui semble opportune: cela nous vaut, à propos de la proposition IV,10, une précieuse comparaison entre les textes hébreux et "un" texte arabe. Les développements les plus consistants portent sur les énoncés précédant les theorèmes euclidiens proprement dits: définitions, postulats, axiomes, aussi bien que le nombre, l'ordre, voire le statut de ces "prémisses"[5]. Le détail, livre par livre, est le suivant:

- LIVRE I: définitions du point, de la ligne droite et de la surface plane; "démonstration" de la propriété du diamètre (Définition 17). Commentaires des postulats 1 et 2, mettant l'accent sur la distinction entre corps physique et corps mathématique. "Démonstration" du postulat 4 (l'égalité de tous les angles droits). Long commentaire portant sur la nécessité de "démontrer" le postulat 5, et de placer cette nouvelle proposition après la proposition 28. Formulation de deux "prémisses bien connues", préparant le terrain à la démonstration dudit postulat. Là s'achève, selon les termes de l'auteur, "le commentaire de l'introduction au livre [I des *Éléments*]".

A part le postulat des parallèles, devenu proposition, une seule proposition du livre I est "complétée": Prop.24[6].

Tout le reste du commentaire du livre I (la majeure partie) est consacré à la tentative de démonstration du postulat des parallèles. Elle comporte neuf lemmes, suivis d'une démonstration finale.

- LIVRE II: Prop.13.
- LIVRE III: Prop. 7, 20, 25, 32, 33, 35, 36.
- LIVRE IV: Prop. 10.
- LIVRE V: définition du rapport (V. Def.3), de la proportion, des grandeurs ayant un rapport (V. Déf.4). La définition euclidienne de l'égalité de deux rapports est d'abord énoncée, puis considérée comme trop complexe pour servir de point de départ (donc de définition), et la propriété qu'elle décrit est renvoyée à une preuve partant de prémisses "plus simples".

L'objectif de Gersonide est d'obtenir la définition euclidienne de l'égalité et de l'inégalité des rapports comme une propriété, déductible à partir d'autres prémisses qu'il détaille (sept lemmes). Toutefois, il ne formule jamais une autre définition explicite de l'égalité ou de l'inégalité, même si on peut faire apparaître la définition implicite qui y est à l'œuvre. Enfin, la distinction, capitale au regard

---

[5] Si les énoncés particuliers relatifs aux prémisses sont désignés par le terme *haqdamot* (traduisant l'arabe, *muqaddamāt*)—les termes plus techniques, tels axiome ou postulat, étant rendus par diverses périphrases—, leur ensemble est souvent désigné en hébreu par le terme *ptiḥa*, ayant le sens général de "introduction".

[6] Le numérotation que nous donnons ici est celle du texte grec (de l'édition Heiberg), adoptée par T. Heath dans sa traduction anglaise; dans les versions médiévales du livre III apparaît en effet un décalage, à partir de Prop. III,12, qui n'est pas énoncée séparément.

des enjeux du livre V, entre grandeurs commensurables et incommensurables, n'est jamais formulée en tant que telle.

Par son intérêt propre, par les liens qu'on peut y déceler avec les traditions mathématiques arabe et latine (voir plus loin), par la stature même de son auteur, le Commentaire représente sans aucun doute un texte important de la littérature mathématique médiévale d'expression hébraïque.

2. *Le Traité de géométrie*

Intitulé "traité" ou "composition" (on l'appellera le Traité), ce court résumé de définitions et de propositions géométriques issues du livre I, nous est présenté par son auteur. Selon les termes de Gersonide, le Traité vise à établir sur des bases irréfutables le postulat des parallèles. Refusant de lui assigner le statut d'un postulat, et réaffirmant son importance fondamentale pour les fondements de la géométrie, Gersonide entend fournir dans cet opuscule, l'ensemble des outils géométriques (en partant des plus élémentaires) nécessaires à la démonstration dudit postulat.

Le Traité se présente donc comme un ouvrage complet; le souci pédagogique y est manifeste. Plusieurs fois, l'auteur se contente d'en appeler à l'intuition visuelle. Bien entendu, on retrouve des développements figurant (parfois littéralement) dans le Commentaire. Malheureusement, le seul manuscrit de ce texte qui nous soit parvenu (comportant 24 énoncés) s'interrompt après l'énoncé du principe de continuité (axiome d'Eudoxe-Archimède), c'est-à-dire, avant la démonstration proprement dite du postulat. L'historien déplorera cet état de choses, d'autant que Gersonide annonce, dans ses préliminaires, qu'il citera les auteurs consultés, par leur nom propre. On risque peu de se tromper en supposant que la démonstration exposée dans le Traité recouvrait celle qui figure dans le Commentaire.

La datation. Les premières lignes du Traité nous offrent une possibilité de datation: Gersonide y fait référence à son ouvrage d'astronomie (c'est-à-dire la première partie du cinquième livre de son ouvrage philosophique *Les guerres du Seigneur*). Or cet énorme ouvrage d'astronomie a été achevé en 1328 (même s'il ne cessera d'être complété jusque vers 1340)[7]. Nous pouvons

---

[7] Voir C. Touati, *La pensée philosophique et théologique de Gersonide* (Paris, 1973), p. 54.

donc avancer que le Traité est postérieur à 1328[8].

Qu'en est-il, dès lors, de la datation du Commentaire? Il nous semble que les raisons invoquées par Gersonide pour la rédaction du Traité—doutes sur le postulat des parallèles, absence de preuves irrécusables—valent *a fortiori* pour le long développement qu'il consacre à ce postulat dans le Commentaire: parmi les fondements géométriques mobilisés par ses travaux astronomiques, il lui est apparu que le problème du postulat des parallèles demandait à être élucidé. Il nous paraît donc possible d'avancer que la rédaction du Commentaire est aussi postérieure à 1328.

II- Le problème des sources

Dans toute enquête sur les sources, nous restons tributaires du caractère fragmentaire des études concernant le corpus euclidien en arabe, en hébreu et, dans une moinde mesure, en latin. D'autre part, le problème des compétences linguistiques de Gersonide reste encore ouvert[9]: quelle maîtrise réelle avait-il de l'arabe et du latin?

S'agissant de l'arabe, M. C. Touati estime que Gersonide possédait "quelques rudiments" de langue arabe, mais était sans doute incapable de "lire seul un ouvrage écrit en arabe"[10]. Nous versons à ce dossier, difficile à clore, un élément nouveau: pour corroborer une remarque textuelle relative aux versions hébraïque à sa disposition,, à propos de la démonstration de la proposition IV,10 des *Éléments*, Gersonide invoque la caution "d'un ouvrage arabe". Il y a donc là une référence explicite à un ouvrage rédigé en arabe; ce type de références se retrouve dans certains écrits logiques de Gersonide[11]. Quel qu'en fût le mode, il ne paraît pas possible d'ex-

---

[8] A condition d'admettre que Gersonide a bien rédigé ce petit traité après avoir achevé l'ouvrage d'astronomie, et non pas seulement après en avoir conçu le plan et maîtrisé le contenu; dans ce dernier cas, la datation ne pourrait être précisée.

[9] Sur cette question, cf. C. Touati, ibid., p. 38-9.

[10] A l'appui de sa conclusion, M. C. Touati indique que Gersonide ne cite que des ouvrages traduits en hébreu à son époque. Il ne nous semble pas toutefois que la distinction entre "des rudiments" et la connaissance suffisante pour "lire seul" des ouvrages rédigés en arabe soit toujours évidente, en particulier pour des écrits mathématiques: une connaissance rudimentaire (!) de l'arabe peut suffire pour prendre connaissance d'une argumentation relative à des notions et des problèmes connus d'autre part.

[11] Dans le texte qui nous occupe, il s'agit d'une correction de la traduction hébraïque ("une faute de copiste", dira Gersonide) proposée par Gersonide, et

clure que Gersonide ait pu recourir à des textes mathématiques arabes non traduits en hébreu.

S'agissant du latin, sans être aussi affirmatif que M. Touati, pour qui, "... il est certain que Gersonide ne lisait pas le latin"[12], nous soulignerons avec lui l'importance qu'ont pu avoir pour Gersonide ses contacts avec des savants et des philosophes chrétiens. En effet, par sa situation géographique, par son époque[13], par les contacts avérés qu'il a entretenus avec des savants d'expression latine (tout particulièrement avec Pierre d'Alexandrie)[14], Gersonide a pu prendre connaissance du contenu de textes mathématiques latins largement diffusés, qu'il maîtrisât ou non le latin.

On conviendra dès lors de la difficulté d'avancer des conclusions définitives sur les sources de Gersonide. Celles que nous suggérons résultent d'une double démarche: l'inventaire des textes qui pouvaient être accessibles à Gersonide d'une part, l'analyse interne de ses écrits géométriques d'autre part. Nous présentons ici la liste des textes susceptibles d'avoir été consultés par Gersonide, en renvoyant aux notes accompagnant nos traductions pour le détail.

1. Commentaires originaux en hébreu

Un petit nombre de textes commentant les *Éléments* ont été recensés par Steinschneider[15]. Aucun d'entre eux ne nous paraît

---

confirmée par une référence à un texte arabe. La démarche ressemble à celle que décrit M. C. Touati, à propos des commentaires d'Averroès sur l'*Organon*, dont Gersonide corrige parfois la traduction hébraïque en se fondant sur l'original arabe. M. Touati écrit, à ce propos: "Mais, dans ce cas, il a dû se faire aider par des arabisants". Nous ne pouvons souscrire à une affirmation aussi péremptoire.

[12] Ibid., p. 38.

[13] Gersonide a passé la majeure partie de son existence à Orange, et avait suffisamment de contacts avec la cour pontificale en Avignon pour que certains de ses textes fussent traduits en latin à la requête du pape.

[14] A part ses relations avec Phippe de Vitry, il faut souligner les relations de Gersonide avec le moine augustinien Pierre d'Alexandrie qui a traduit le texte de trigonométrie *De sinibus et chordis*, dédié à Clément VI; ce même Pierre d'Alexandrie est également le traducteur en latin de l'astronomie de Gersonide, traduction réalisée avec le concours de l'auteur lui-même (voir l'article de J. L. Mancha dans ce volume). Ajoutons que le nom du parisien Jean de Murs, un des mathématiciens marquants du XIVe s, est associé à celui de Gersonide dans une chronique datant de 1350 (C. Touati, op. cit.[n.7], p. 43).

[15] M. Steinschneider, *Die Hebräischen Übersetzungen des Mittelalters* (Berlin, 1893; réimp., Graz, 1956), p. 507-9. Ces textes, qui sont tous sous forme manuscrite, n'ont pas encore été analysés, du point de vue de leur contenu mathématique.

constituer une source des analyses gersonidiennes. Relevons toutefois, dans un commentaire anonyme des *Éléments*[16], de brèves remarques sur le postulat des parallèles dont certaines recoupent celles qu'on lit dans le commentaire de Gersonide.

2. *Commentaires rédigés en arabe, traduits ou non en hébreu*

Dans les notes accompagnant la traduction, nous avons indiqué les parallèles constatés entre les remarques de Gersonide et celles que nous avons pu relever chez les auteurs arabes suivants:

Al-Nayrīzī (m. 922/3). On sait l'importance du commentaire qui nous est parvenu sous son nom. Plusieurs remarques de Gersonide, dans le Commentaire, peuvent avoir leur source ultime dans le commentaire d'al-Nayrīzī: c'est le cas de la propriété du diamètre d'un cercle, de la "démonstration" du postulat I,4 ainsi que du complément à Prop.I, 24. Nous n'avons cependant aucune trace d'une version hébraïque de ce commentaire, qui nous est connu par un original arabe, incomplet (livres I-VI et quelques lignes du livre VII)[17], et une version latine[18] plus complète (livres I-X).

Al-Fārābī (870-950). Le commentaire consacré par cet auteur aux définitions des livres I et V[19] était vraisemblablement connu de Gersonide, au moins dans sa version hébraïque, due à Moïse ibn Tibbon: les remarques relatives à la définition du point, dans les deux textes, sont fort proches, ainsi que le souci des deux auteurs de répondre à l'accusation de redondance visant la définition euclidienne des grandeurs ayant un rapport entre elles (*Éléments*, V, Déf.4).

---

[16] Ms Paris, Bibliothèque Nationale (BN), Héb. 1050, fols. 55a-56b. Ce commentaire, qui couvre les livres I-V, s'interrompt au milieu d'une phrase.

[17] *Codex Leidensis 399, 1. Euclidis Elementa ex interpretatione al-Hadschdschadschii cum commentariis al-Nairīzīi* ..., 3 parties (en 6 fascicules), édité par R. O. Besthorn, J. L. Heiberg, G. Junge, J. Raeder, et W. Thompson (Copenhagen, 1893-1932).

[18] *Anaritii in decem libros priores Elementorum Euclidis Commentarii*, ex interpretatione Gherardi Cremonensis ... Edidit M. Curtze; in: *Euclidis Opera Omnia. Supplementum* (Leipzig 1899). S'agissant du livre I, nous disposons d'une nouvelle édition critique, tenant compte de sources manuscrites inutilisées par Curtze, in: P. M. J. E. Tummers, *Albertus (Magnus)' Commentaar op Euclides' Elementen der Geometrie* (Nijmegen, 1984), Deel II, Appendix I, p. 103-90.

[19] On dispose désormais d'éditions critiques des textes arabe et hébreu, accompagnées d'une traduction française et d'un commentaire dans l'étude de G. Freudenthal, "La philosophie de la géométrie d'al-Fārābī", *Jerusalem Studies in Arabic and Islam* 11 (1988), p. 104-219.

IBN AL-HAYTHAM (965-1041). Par plus d'un aspect, la démarche suivie par Gersonide à propos des définitions du livre V recoupe celle d'Ibn al-Haytham dans son *Explication des muṣādarāt d'Euclide dans les Éléments*. Cet ouvrage a fait l'objet de deux traductions (partielles) distinctes en hébreu: Moïse ibn Tibbon a traduit en 1270 les parties consacrées aux livres V, VI, VII, X, XI[20]; et Qalonymos ben Qalonymos, en 1314, en a traduit la partie consacrée au livre X[21]. S'agissant du livre I, et donc du postulat des parallèles, nous n'en connaissons pas de traduction en hébreu.

PSEUDO-ṬŪSĪ (XIIIe s). Il s'agit de l'auteur du *Livre exposant les Éléments d'Euclide*, ouvage qui fut longtemps attribué à Naṣīr al-Dīn al-Ṭūsī (1201-1274)[22]. Nous n'en connaissons pas de traduction en hébreu. Nous avons relevé plusieurs remarques de Gersonide qui ont leur exact pendant dans le texte du Pseudo-Ṭūsī: même argument démonstratif, mêmes figures, le lettrage étant alors généralement identique (au passage près de l'arabe à l'hébreu)[23]. De plus,

---

[20] Mss Londres *Beyt ha-Midrash* 138/19, Munich 36 (fragments), Munich 290/2, signalés par M. Steinschneider, op. cit. (n.15), p. 510.

[21] Ms Berlin Heb. 204, signalé par M. Steinschneider, op. cit. (n.1a), p. 125. Incipit et explicit sont reproduits dans: M. Steinschneider, *Verzeichnis der Hebräischen Handschriften der K. Bibliothek zu Berlin* (Berlin, 1878-1897), 2. Abt., p. 56. Une autre copie de cette version se trouve à la Staats- und Universitätsbibliothek Hamburg, Ms Levy 113; cf. E. Roth und H. Striedl, *Verzeichnis der Orientalischen Handschriften in Deutschland*, Band VI, 3: *Hebräische Handschriften, Hamburg Staats- und Universität Bibliothek* (Wiesbaden, 1984), n° 168, p. 315-20.

[22] Voir J. Murdoch, "Euclid: Transmission of the *Elements*", *Dictionary of Scientific Biography*, Ch. C. Gillispie (ed.), Vol. 4 (New-York, 1971), p. 432-59. Les deux manuscrits connus, ainsi que l'édition de Rome (1594), désignent le savant arabe comme auteur du texte. Comme al-Ṭūsī est effectivement l'auteur d'un autre ouvrage du même type, *Le livre d'Euclide exposé par Naṣīr al-Dīn al-Ṭūsī*, très diffusé aussi parmi les savants arabes, l'existence de ses deux versions ne posait pas problème. Toutefois l' attribution à al-Ṭūsī du premier ouvrage a été remise en cause récemment, de façon convaincante; sur cette question, voir: A. Sabra, "Simplicius's Proof of Euclid's Parallels Postulate", *Journal of the Warburg and Courtauld Institutes* 32 (1969), p. 18.

[23] C'est le cas des Prop. I, 24; II, 13; III, 20; III, 35; III, 36 (voir nos notes *ad loc.*). Il nous faut souligner que certaines des remarques du Pseudo-Ṭūsī, qui ont leurs parallèles chez Gersonide, figurent déjà dans l'ouvrage authentique d'al-Ṭūsī sur les *Éléments*. Précisons toutefois, qu'à une exception près (voir notre commentaire de la proposition III,20, où nous relevons une remarque commune à al-Ṭūsī et à Gersonide, qui ne se retrouve pas dans le texte du Pseudo-Ṭūsī), quand elles figurent dans les deux textes arabes, c'est la formulation du Pseudo-Ṭūsī, figures et lettrage compris, qui est la plus proche de celle de Gersonide. Mais surtout, les développements du Pseudo-Ṭūsī relatifs aux postulats des parallèles qui se retrouvent chez Gersonide ne figurent pas dans l'ouvrage d' al-Ṭūsī. Pour autant, nous ne savons pas sous quelle forme ces développements ont été accessibles à Gersonide.

deux éléments importants de la démarche de Gersonide relative au postulat des parallèles nous conduisent à la rapprocher de celle du Pseudo-Ṭūsī. D'abord, les prémisses qu'il adopte avant de procéder à la démonstration proprement dite: nous montrons en effet que la deuxième prémisse gersonidienne doit être rapprochée de la première prémisse adoptée par le Pseudo-Ṭūsī. Ensuite l'énoncé et la démonstration d'un lemme destiné à établir, sans le recours au postulat problématique, que la somme des angles d'un triangle rectiligne est égale à deux droits[24]. Parmi tous les textes arabes qui nous sont connus[25], celui du Pseudo-Ṭūsī est le seul à insérer cet énoncé.

3. Commentaires en latin

*Le commentaire d'*ANARITIUS, soit la version latine du commentaire d'al-Nayrīzī, due à Gérard de Crémone, largement diffusée dans le monde savant latin. Nous avons relevé dans le commentaire de Prop. I, 24 une similitude frappante avec le texte latin. Mais il est évident que toute référence avérée à ce commentaire peut renvoyer aussi bien au texte arabe original.

La rédaction des *Éléments* due à CAMPANUS DE NOVARE[26] (XIIIe s), comporte souvent des formulations ou des compléments propres au texte latin (*annotationes Campani*). Nous avons relevé des similitudes avec les remarques de Gersonide relatives à Prop. II, 13[27]. Plus important, dans son analyse de l'inégalité entre rapport de

---

S'agit-il du texte, tel qu'il nous est parvenu? S'agit-il d'extraits en arabe? en hébreu? Ajoutons enfin qu'on ne peut exclure que Gersonide ait pu avoir accès aux sources mêmes de certaines remarques du Pseudo-Ṭūsī, à savoir le premier traducteur en arabe des *Éléments*, al-Ḥajjāj. Les recherches que nous menons actuellement sur le corpus euclidien en hébreu nous donnent en effet à penser que, sous une forme ou une autre, la (ou les) version arabe d'al-Ḥajjāj, a fait l'objet d'une traduction en hébreu.

24 Voir notre commentaire du lemme 7 précédant la démonstration du postulat des parallèles.

25 Cette réserve n'est pas de pure forme. Plusieurs auteurs arabes (al-Khayyām, al-Ṭūsī, al-Ḥanafī) mentionnent des démonstrations du postulat qui ne nous sont pas parvenues, ou qui dorment dans la poussière des bibliothèques.

26 Ce texte, maintes fois édité depuis 1482, est en fait une adaptation du texte euclidien, issue pour une large part de sources arabes. Voir T. Heath, *Euclid. The Thirteen Books of the Elements* (Rééd. New York, 1956), vol.1, p. 78-79.

27 Il convient toutefois de souligner que ces remarques apparaissent aussi chez le Pseudo-Ṭūsī.

grandeurs (livre V), Gersonide semble tenir comme une donnée première l'existence d'une quatrième grandeur proportionnelle. Or, cet énoncé est considéré comme un postulat par Campanus, et il est utilisé comme tel par la tradition latine. On ne peut toutefois pas exclure que Gersonide ait emprunté cette idée à des auteurs arabes qui ont reformulé les analyses euclidiennes du livre V.

III- Les textes, leur traduction

Les deux textes, celui du Commentaire, et celui du Traité, ont été signalés, pour la première fois, par M. Steinschneider[28].

Les sources manuscrites aujourd'hui recensées sont les suivantes[29]:

- pour le Traité, un seul manuscrit connu, à la Bayerische Staatsbibliothek, Munich Heb. 36 (1166), fols. 263a-b.

- pour le Commentaire, le texte le plus complet est celui du manuscrit 138 (4799), fols. 99b-118a du Beyt ha-midrash du Beyt-Din de Londres. C'est ce manuscrit qui a servi à l'édition de J. Carlebach. Nous le désignerons par le sigle B. Le manuscrit Ebr. 297 (352), fols 112a-114b, de la bibliothèque du Vatican (la foliotation est désordonnée, et il faut exclure le 112b qui appartient manifestement au texte précédent, dans le codex) contient un texte qui s'interrompt au début de la démonstration finale du postulat des parallèles. Les leçons offertes par cette copie nous ont souvent été utiles pour corriger ou éclairer certaines erreurs contenues dans B. Dans l'ensemble, B et V sont fort proches. Le manuscrit Moscou-Günzburg 340, signalé par Steinschneider, nous a été inaccessible jusqu'à ce jour. Le manuscrit Budapest-Kaufmann A 506 (14 991)/3, (non folioté), pp.132-3, ne comporte que de brefs extraits du début du commentaire; enfin le manuscrit Rome, Bib. Naz., OR 78 (415), contient une copie des *Éléments* d'Euclide, comportant sur ses marges quelques gloses attribuées à Gersonide.

---

28 Voir: op. cit.(n. 1a), p. 129-30.

29 Tous les manuscrits cités, à l'exception des manuscrits parisiens, ont été consultés à l'Institut des microfilms de manuscrits hébreux, Bibliothèque Nationale et Universitaire, Université Hébraïque de Jérusalem; les numéros indiqués entre parenthèses désignent les cotes des microfilms dans le catalogue de l'institut. Je remercie les responsables de cet institut, en particulier M. B. Richler, pour les conditions de travail qui m'y ont été offertes; ainsi que M.T.Y. Langermann, collaborateur de cet institut, pour les multiples informations et suggestions qu'il m'a fournies.

EDITION DE CES TEXTES. C'est à J. Carlebach que revient le mérite de la seule édition réalisée à ce jour[30]. Nous avons utilisé cette édition, dans l'ensemble satisfaisante. Nous en avons toutefois vérifié le texte et corrigé quelques erreurs de lecture ou d'impression, à l'aide de l'ensemble des sources manuscrites disponibles. Toutes les corrections proposées, qu'il s'agisse de l'édition imprimée ou des manuscrits, sont signalées en note.

Le manuscrit B, et lui seul, comporte des figures, que nous avons reproduites ici[31]. Nous avons jugé utile d'en ajouter quelques autres, pour faciliter la compréhension des démonstrations; ces figures sont alors signalées par un astérisque. Les erreurs de lettrage—absence de correspondance entre texte et figure, ou bien incohérence—ne sont pas rares; lorsqu'elles engagent l'intelligibilité du texte, nous les avons rectifiées en le signalant en note; quand ce n'est pas le cas, nous les avons corrigées sans le signaler.

Les termes ou expressions ajoutés de notre fait sont signalés par des crochets droits[32]. Quand cela nous a semblé nécessaire, nous avons indiqué les mots hébreux en note, soit pour en souligner la singularité, soit pour en justifier la traduction proposée. Les numéros de page de l'édition de Carlebach apparaissent dans le corps du texte entre des barres obliques doubles.

LA TRADUCTION. S'il n'existe aucune traduction de l'intégralité des deux textes, des traductions partielles ont toutefois vu le jour.

---

[30] J. Carlebach, "Extraits des écrits de Rabbi Lévi b. Gershom" (en hébreu), in: *Festschrift zum vierzigjährigen Amstjubiläum des Herrn Rabbiners Dr. S. Carlebach in Lübeck* (Berlin, 1910), p. 151-78. Pour les commentaires sur Euclide, Carlebach a utilisé le manuscrit du Beyt ha-Midrash de Londres (à l'époque catalogué n°19), qu'il n'a d'ailleurs pas consulté directement: le texte lui en a été recopié par les soins de A. Berliner. Pour le *Traité de géométrie*, Carlebach a utilisé l'unique manuscrit connu, Munich, Heb. 36.

[31] Dans la partie du Commentaire consacrée au livre V, en bonne tradition classique, des diagrammes représentant les grandeurs considérées (des segments de droites) sont insérés dans le corps du texte (ms B). Ces diagrammes ne figurent pas dans l'édition de Carlebach; nous les avons insérés dans notre traduction.

[32] Il peut s'agir de compléments qui nous paraissent nécessaires, de l'indication des propositions euclidiennes avec la numérotation adoptée par Heath dans sa traduction anglaise des *Éléments*, ou bien de la fin de l'énoncé de la définition (ou de la proposition) commentée, puisqu'il arrive à Gersonide de n'en donner que le début; dans ce dernier cas, comme il est pratiquement impossible d'identifier la source précise des références de Gersonide au texte hébreu des *Éléments*, nous avons complété à partir d'un des meilleurs manuscrits à notre disposition: Paris BN Héb. 1014; à cet égard, nous n'avons pas suivi le texte imprimé, Carlebach ne précisant pas ses sources.

J. Carlebach en a traduit de brefs extraits en allemand[33], accompagnés de quelques commentaires qui ne sont pas toujours pertinents[34]. Plus récemment, la partie du Commentaire consacrée au postulat des parallèles a été traduite et commentée en russe[35].

Un mot enfin concernant notre propre traduction. Le principe qui y a présidé est celui de la fidélité maximale au texte hébreu, à son rythme, dont on ne peut séparer lourdeurs et redondances, aux hésitations apparaissant parfois dans sa terminologie, mais aussi au souci de systématicité et du détail qui anime son auteur. La limite de cette "fidélité" au texte, c'est évidemment la lisibilité requise par la langue française.

---

[33] J. Carlebach, op. cit. (n.2), p. 70-80.

[34] Parler d'un projet de "géométrie sans axiome" ("eine axiomenfreie Geometrie", ibid., p. 71) paraît tout à fait hors de propos, comme l'a d'ailleurs relevé M. G. Ṣarfatti, op. cit. (n.2), p. 226.

[35] "Léon Gersonide. Commentaires sur les introductions aux *Éléments* d'Euclide", trad. I. G. Polskii, *Istoriko-Matematicheskie Issledovaniia* XI (1958), p. 763-82 (le traducteur a utilisé le manuscrit B; il semble ne pas connaître l'existence de l'édition de Carlebach); B. A. Rosenfeld, "Les démonstrations du 5e postulat par les mathématiciens Ibn al-Haytham et Léon Gersonide", ibid., p. 743-62. J'ai pu prendre connaissance du contenu de ces textes russes grâce à la courtoisie de S. Diener (CNRS), que je remercie vivement.

[COMMENTAIRES DE LÉVI BEN GERSHOM SUR LES LIVRES I-V DES *ÉLÉMENTS* D'EUCLIDE][36]

// *154* // *Lévi ben Gershom dit*: il nous a paru bon de compléter ce qui demandait à l'être dans le *Livre des Éléments*, car ce livre est du plus grand profit pour la géométrie, dont il fournit les principes fondamentaux.

[LIVRE I]

Il [Euclide] dit: le point est une chose qui n'a aucune partie.

Lévi dit: les [commentateurs] modernes ont déjà complété cette définition en déclarant qu'il s'agit d'un objet sans partie relevant [de la catégorie] de la position[37], afin de le distinguer de l'unité numérique.

Il [Euclide] dit: la ligne droite est celle qui est placée en face [de n'importe lesquels des points qui sont sur elle, les uns relativement aux autres][38].

Lévi dit: il est clair que si la ligne n'est pas droite dans sa totalité, comme [dans le cas de] AB [fig. 1], alors elle ne sera pas placée en face de n'importe lesquels des points tracés sur elle; en effet si l'on fixe trois points GDE de cette ligne et que l'on mène la ligne droite GE, celle-ci ne tombera pas sur le point D. C'est de la même manière qu'on éclaire ce qu'il a dit à propos de la surface plane, à savoir, si elle comportait quelque courbure, la surface ne serait pas placée en face de toutes les lignes [droites] qu'on peut y mener, les unes par rapport aux autres; en effet, si on trace trois lignes [droites] de cette surface et que l'on mène la surface plane passant d'une ligne [droite] à une ligne [droite], alors elle ne tomberait pas sur la ligne [droite] intermédiaire.

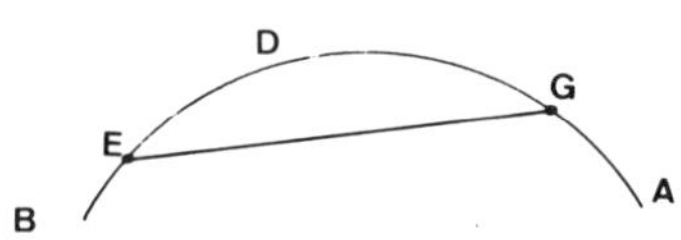

Figure 1

[36] Les manuscrits ne comportent aucun titre. Le texte imprimé de Carlebach indique: "Gloses sur le livre d'Euclide". Ce titre est vraisemblablement emprunté à l'expression utilisée par le savant juif italien Joseph Delmedigo, qui notait, au début du XVIIe s, que "... Ralbag [= Gersonide] a composé des ouvrages de géométrie et des gloses sur le livre d'Euclide" (Voir *Melo Ḥofnayim* [A pleines mains]; texte hébreu édité et adapté en allemand par A. Geiger, [Berlin, 1840]: héb., p. 12; all., p. 13).

[37] Lit. un objet positionnel, *davar maṣṣavi*, du substantif *maṣṣav*, qui désigne la catégorie aristotélicienne de la position. Au rang de ces commentateurs "modernes", il faut compter al-Fārābī, qui fait une remarque semblable: "Le point est une certaine chose indivisible, et elle relève de la position; ce complément est adéquatement destiné à le [le point] distinguer de l'unité numérique" (l'épithète "numérique" ne figure que dans la version hébraïque de Moïse ibn Tibbon); cf. G. Freudenthal, op. cit.(n. 19), lignes 100-1 du texte d'al-Fārābī: arabe, p.190; héb., p.198; fr. (légèrement modifié), p.180.

[38] A la suite des traditions arabes, la définition de la ligne droite n'épouse pas ici exactement celle du texte grec. Ajoutons que la version arabe (et hébraïque) n'en est pas moins problématique, voire obscure. Nous avons pris le parti de traduire le texte sans privilégier une interprétation. Voir, plus loin, nos remarques sur la définition proposée par Gersonide dans le Traité.

Il [Euclide] dit: le diamètre du cercle [est une ligne droite issue du centre du cercle, et qui se termine, des deux côtés, sur la ligne entourant ce dernier]; et il [le cercle] est coupé en deux moitiés etc....

Lévi dit: dans la mesure où il ne s'agit là ni d'une définition, ni d'une figure bien déterminée[39], mais d'une proposition vraie, et qu'il ne s'agit pas non plus d'une chose évidente par elle-même, il nous a paru bon de l'établir par une preuve.

Nous disons donc que la droite qui passe par le centre du cercle et s'achève des deux côtés sur la circonférence, cette droite que l'on appelle diamètre du cercle, coupe la surface du cercle en deux moitiés[40]. Exemple [fig. 2]: soit le cercle ADE, de centre G, la droite passant par son centre étant la ligne AGB; nous disons que la surface ABD est égale à la surface ABE.

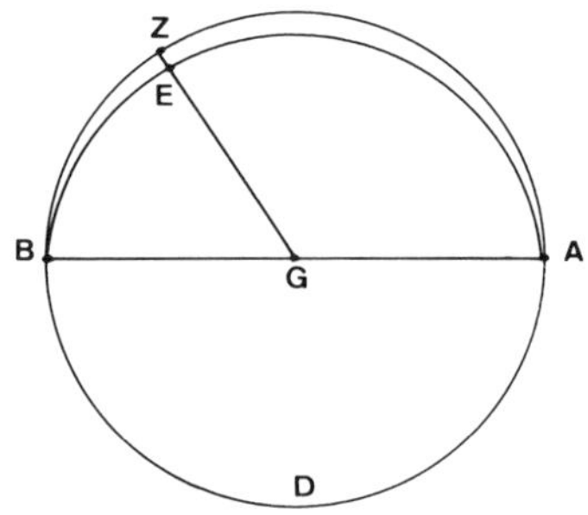

Figure 2

// 155 // La preuve: superposons le segment [circulaire] ABD sur le segment ABE, c'est-à-dire plaçons la ligne droite AB d'un segment [circulaire] sur la ligne [droite] AB de l'autre segment; il ne fait aucun doute que le point G d'un segment coïncide avec le point G de l'autre segment. Nous affirmons que l'arc BDA coïncide avec l'arc BEA. S'il était possible qu'il n'en fût pas ainsi, il [l'arc BDA] viendrait se placer comme l'arc BZA; joignons[41] la droite ZEG. Comme le point[42] G est le centre du cercle, toutes les droites qui sont menées à partir de lui jusqu'à la circonférence sont égales. Toutes les lignes [droites] menées de G jusqu'à la périphérie du segment ADB sont donc aussi égales aux lignes [droites] menées de G

---

[39] Gersonide utilise le terme *roshem*: une marque ou un signe; le terme arabe *ʿalam*, que rend ici fidèlement l'hébreu, traduit le mot grec *gnomon*, par exemple dans II, Déf.2. Cf. G. Ṣarfatti, op. cit. (n. 2), § 248 et 262. On sait que, dans cette définition, le *gnomon* est la figure construite à partir d'un diamètre (c'est-à-dire une diagonale) de parallélogramme et complétant ce dernier en en faisant un autre parallélogramme. Apparemment, Gersonide entend souligner ici que la propriété du diamètre, bien qu'apparaissant dans une définition, ne relève pas du traitement d'une définition ou d'une construction déterminée associée à une définition.

[40] B et V comportent tous deux le mot, manifestement incorrect, "côtés" [*ṣedadim*], au lieu de "moitiés" [*ḥaṣaʾim*]. Carlebach a rectifié (sans le signaler).

[41] Carlebach croit devoir rectifier *we-yaggiaʿ* en *we-naggiaʿ*. En fait, B et V offrent la bonne leçon.

[42] B et V comportent la même erreur en donnant ici le mot *qaw*, ligne.

jusqu'à la périphérie du segment AEB; or le segment AZB est égal au segment ADB, par conséquent la ligne [droite] ZG est égale à la ligne [droite] EG, la [plus] petite [étant alors] égale à la [plus] grande, c'est impossible[43]. Par conséquent[44], la périphérie du segment ADB ne peut que coïncider avec la périphérie du segment AEB; les deux segments AEB ADB sont donc égaux. CQFD[45].

Il [Euclide] dit: les choses pour lesquelles un accord est requis[46] sont au nombre de cinq.

Lévi dit: on entend par là qu'il n'y a pas moyen, pour qui pratique cette science[47], d'en fournir une démonstration.

Il [Euclide] dit: l'un d'entre eux [des postulats] est: [on demande] que soit menée une ligne droite de tout point à tout point.

Lévi dit: c'est là quelque chose dont la vérité a été établie en dehors de cette science. Il a été démontré en effet: dès lors que les extrémités existent, l'intervalle situé entre elles est nécessairement limité et fini[48]. Cela étant acquis, comme toute grandeur est toujours susceptible d'accroissement[49] —c'est-à-dire toute ligne que l'on se représente peut aussi être supposée plus grande, et ainsi indéfiniment—, il est ainsi clair qu'on peut augmenter la ligne [issue d'un point en direction d'un autre point], grandeur après grandeur, jusqu'à atteindre le point en question. En revanche, si l'on ne pose pas que l'intervalle entre des extrémités est nécessairement limité et fini, comme il résulte de la notion même de ligne qu'elle reste toujours finie, quelque augmentation qu'elle reçoive, alors il ne nous serait pas possible d'atteindre le point en question, quand bien même on prolongerait la ligne [droite] indéfiniment, puisque, nécessairement, elle est toujours finie.

Il [Euclide] dit: [on demande] que soit prolongée en ligne droite une droite finie, continûment, sans limite.

---

43 L'expression correcte, que Carlebach présente comme une rectification, figure bien dans les manuscrits.

44 Il faut lire avec V *hinneh im ken*, au lieu de *hinneh gam ken*, dans B, leçon retenue par Carlebach.

45 On aura reconnu l'argument mathématique proposé par Proclus, qui fait remonter la démonstration de cette propriété du diamètre à Thalès (T. Heath, op. cit. [n. 26], vol.1, p. 185). On le retrouve dans le commentaire d'al-Nayrīzī (dans sa version latine), qui le rapporte au nom de Simplicius: op. cit. (n.28a), pp. 20-21 (dans l'unique manuscrit arabe, manquent les folios qui devaient comporter les définitions du livre I). Cet argument est également rapporté par le Pseudo-Ṭūsī. Voir *Euclidis Elementorum Geometricorum Libri tredecim. Ex Traditione Doctissimi Nasiridini Ṭūsīni. Nunc Primum Arabice Impressi. Romae. In Typographia Medicea. M.D.XCIV.* p. 4. Dans le détail, la formulation de Gersonide est plus proche de celle du Pseudo-Ṭūsī que de celle d'al-Nayrīzī.

46 Autrement dit, les postulats.

47 Lit. cet art, *melakha*.

48 Vraisemblablement, Gersonide se réfère ici aux analyses aristotéliciennes de la finitude des corps. Cf., par exemple, *Physique*, III,5, 204b 4-6.

49 Lit.: la grandeur peut toujours être ajoutée à [une grandeur qui est] augmentable, *ha-shiʿur yitwassef el mah she-yitwassef.*

Lévi dit: comme cette proposition contredit ce que dit Aristote dans son livre bien connu *la Physique*[50], et qu'il s'agit d'une prémisse absolument nécessaire à la science dont il est question[51], comme tu le verras, il convient d'analyser les doutes que suscite cette prémisse; si elle se révèle fausse, nous l'abandonnerons et renoncerons à bâtir la science des objets mathématiques, et [toute] la puissance démonstrative qui s'y attache, sur une prémisse fausse: un renard parvenu à un telle construction suffirait à la renverser[52].

L'aspect sous lequel Aristote contredit cette prémisse réside en ceci: le corps est nécessairement fini, comme cela a été démontré dans cet ouvrage; or la ligne ne peut se trouver que dans un corps, la mesure de la ligne est donc nécessairement limitée: elle ne peut être plus grande que la [plus grande] ligne droite contenue dans le corps universel, c'est-à-dire le monde entier[53]. Cela étant, il nous faut examiner sous quel aspect s'impose la nécessité que le corps soit fini.

Nous affirmons que l'aspect sous lequel s'impose la nécessité pour le corps d'être // *156* // une grandeur limitée concerne le corps en tant qu'il est corps physique, comme cela a été démontré dans l'ouvrage en question. Mais le géomètre suppose la ligne [droite] infinie en ce qu'elle est toujours susceptible d'être augmentée: [il la considère] non en tant qu'elle est contenue dans un corps physique, mais en tant qu'elle est contenue dans un corps mathématique. Sous cet aspect, il n'a pas été démontré qu'un corps, parce qu'il est toujours fini, ne peut pas être [considéré comme] privé de limite. Le géomètre postule donc cette proposition comme relevant du possible, et non de l'impossible. C'est pourquoi, il n'en résulte pour lui aucune contradiction. Cette hypothèse posée, nous admettons qu'il est impossible pour une grandeur d'être infinie en tant qu'elle existe en acte, et en ce sens elle est nécessairement limitée. Toutefois nous affirmons que cela ne contredit pas l'hypothèse posée par le géomètre: qu'il est [possible de] mener une ligne droite finie dans son prolongement droit, continûment, sans limite, bien qu'elle soit [alors] plus grande que la [plus grande] ligne qu'on peut tracer dans l'univers. En effet, ce qui s'impose à la grandeur, en tant qu'elle est grandeur—et c'est bien l'aspect sous lequel l'analyse le géomètre—, c'est qu'elle n'est pas infinie, non pas qu'elle ne peut être plus grande que l'univers. Si nous admettons que la ligne [droite] peut toujours être augmentée, à l'infini, pour autant il n'en résulte pas que la ligne est infinie selon la quantité: quelque augmentation que reçoive la ligne, elle reste toujours finie; en revanche la privation de limite que nous postulons à son propos concerne l'acte d'augmentation, elle n'exprime pas le fait qu'une ligne est infinie selon la quantité[54].

---

50 *Phys.* III,7, 207b 19-20: "... il ne peut y avoir de grandeur qui dépasse toute grandeur déterminée, car ce serait une chose plus grande que le ciel".

51 Lit., cet art.

52 Allusion à Nehémie 3, 35.

53 Lequel est fini, pour Aristote: "... le corps de l'univers n'est pas infini", *De Caelo* I, 7, 276a18.

54 Cette conception de l'infini, selon laquelle la quantité est étrangère à toute

Il [Euclide] dit: [on demande] que tous les [angles] droits soient égaux etc.
Lévi dit: cela est clair, du fait que l'angle droit est une mesure[55]. Toutefois, il nous est possible de démontrer cette proposition par une preuve. Nous disons que tous les angles droits sont égaux les uns aux autres. Exemple [fig. 3]: soit la ligne [droite] BA élevée sur la ligne [droite] GD selon un angle droit, et la ligne EZ sur la ligne HT selon un angle droit. Nous affirmons que l'angle BAG est égal à l'angle EZH. La preuve: superposons la droite HT sur la droite GD et faisons coïncider le point Z avec le point A. Comme les lignes GD, HT sont droites, la direction droite de l'une coïncidera avec celle de de l'autre[56], et nous affirmons que la droite ZE coïncidera nécessairement avec la droite AB.

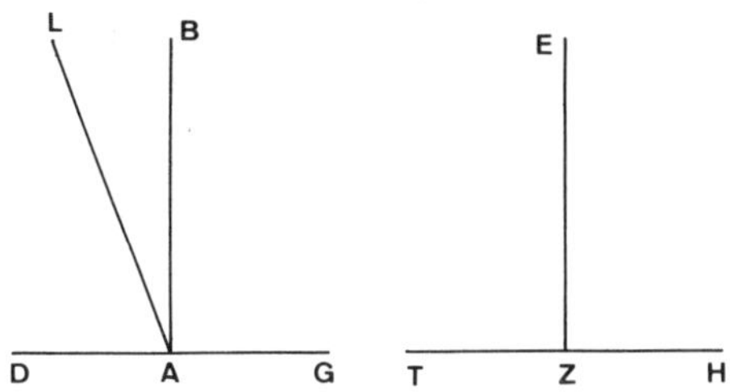

Figure 3

S'il est possible qu'il n'en soit pas ainsi, alors elle [ZE] se retrouvera comme la ligne [droite] AL; or la ligne ZE est élevée sur la ligne HT selon un angle droit, les deux angles EZH, EZT sont donc égaux [Def. I,10] et les deux angles BAG, BAD ont été aussi supposés égaux; de plus, l'angle LAG est comme [l'angle] EZH et l'angle LAD est comme l'angle EZT, les deux angles LAG, LAD sont donc égaux; or l'angle BAD est plus grand que l'angle LAD, lequel est égal à l'angle LAG, alors l'angle BAD serait bien plus grand que l'angle BAG; or ils avaient été supposés égaux, c'est absurde. Dès lors, la ligne [droite] ZE ne peut coïncider avec une ligne [droite] différente de la ligne [droite] AB; nécessairement, elle coïncidera avec la ligne [droite] AB. C'est pourquoi il en résulte que les angles [droits] BAG, EZH sont égaux: aucun d'entre eux n'excède l'autre quand on les superpose l'un sur l'autre. CQFD[57].

---

espèce d'infini, en acte comme en puissance, est évidemment différente de celle d'Aristote. Elle joue un rôle important dans diverses analyses gersonidiennes; cf. C. Touati, op. cit. (n.7), p. 221-238.

55 *Midda*. Le commentateur veut sans doute rappeler les définitions euclidiennes de l'angle aigu (plus petit qu'un droit) et obtus (plus grand qu'un droit).

56 Lit.: "et celle-ci tombera en rectitude sur celle-là".

57 Comme pour la propriété du diamètre, on reconnaît ici l'argument mathématique déjà proposé par Proclus, dans son commentaire du postulat I,4 (T. Heath; op. cit. (n. 26), vol.1, p. 200). Dans ce cas aussi, l'argument est cité par al-Nayrīzī au nom de Simplicius. (arabe: op. cit. [n. 17], I (1), p. 20-24; latin: op. cit.[n.18], p. 32-34). On le retrouve également chez le Pseudo-Ṭūsī, op. cit. (n. 45), p. 7-8. La formulation de Gersonide est beaucoup plus proche de celle du

Il [Euclide] dit: si une ligne droite tombe sur deux lignes droites, formant [d'un côté] deux angles intérieurs inférieurs [ensemble] à deux droits, alors, lorsqu'on les prolonge de ce même côté, elles se rencontrent.

Lévi dit: cette proposition est très profonde; elle ne se laisse pas valider aisément. En effet, il n'est pas évident pour le commun que si les deux angles intérieurs sont inférieurs à deux droits, l'un étant obtus et l'autre aigu[58], ces deux droites se rencontreront. De même[59], on ne peut considérer comme un des intelligibles // *157* // premiers[60] l'énoncé suivant: si une ligne [droite] tombe sur deux lignes droites, formant sur l'un des deux côtés deux angles intérieurs inférieurs à deux droits, alors n'importe quelle [autre] ligne droite tombant sur elles formera [aussi] de ce même côté deux angles intérieurs inférieurs à deux droits. Bien au contraire, cela engendre le doute [même] chez un homme d'intelligence subtile affrontant la complexité réelle de cette science; à plus forte raison, chez celui qui y débute, la compréhension [de cette difficulté] n'est pas aisée. D'autant plus qu'on a démontré dans cette science ceci: [il est possible de] mener deux lignes ayant entre elles, au début, une certaine distance, lesquelles se rapprochent [l'une de l'autre] à mesure qu'elles s'éloignent [du point de départ], et qui ne peuvent jamais se rencontrer, quand bien même on les prolongerait à l'infini[61]. S'il fallait tenir pour acquis que de telles lignes se rapprochent de cette manière, il y aurait là aussi de quoi susciter le doute quant à cette prémisse.

Pseudo-Ṭūsī que de celle d'al-Nayrīzī, sans lui être identique comme dans d'autres cas, que nous analyserons plus loin. La comparaison des figures et des lettrages dans les trois textes révèle toutefois une situation intéressante: al-Nayrīzī applique l'angle droit ABG sur l'angle droit EZH; Gersonide l'angle droit EZH sur l'angle droit BAG (ABG dans le Traité!); et le Pseudo-Ṭūsī, l'angle droit DEZ sur l'angle droit ABG. Autrement dit, figures et lettrage sont, au départ, presque identiques chez Gersonide et chez al-Nayrīzī (identiques dans le cas du Traité); tandis que les démonstrations de Gersonide et du Pseudo-Ṭūsī sont beaucoup plus proches entre elles qu'elles ne le sont de celle d'al-Nayrīzī.

[58] Les manuscrits B et V comportent tous deux, précédant l'adjectif "aigu", le terme *yishrat*, qui, ainsi isolé, n'a pas de sens; peut-être faut-il compléter en *yishrat ha-qawim*, "rectiligne". L'auteur aurait alors voulu souligner la différence entre ce cas et le cas où la deuxième ligne serait courbe, l'angle n'étant plus alors rectiligne.

[59] Lire avec B *gam ken*, et non, comme Carlebach, *im ken*.

[60] Autrement dit une notion commune, ou un axiome, au sens euclidien.

[61] Il s'agit de la propriété asymptotique de l'hyperbole. Démontrée par Apollonius (*Sections coniques* II,14), cette propriété géométrique a été traitée de manière autonome dans des textes arabes, latins et hébreux. Evoquée par Maimonide dans son *Guide des égarés* (I,73), elle a suscité une floraison de textes hébreux ou de remarques sur le sujet; cf. notre étude "L'étude des sections coniques dans la tradition médiévale hébraïque. Ses relations avec les traditions arabe et latine", *Revue d'histoire des sciences* 42 (1989), p. 193-239; ainsi que G. Freudenthal, "Maimonides' *Guide of the Perplexed* and the Transmission of the Mathematical Tract 'On Two Asymptotic Lines' in the Arabic, Latin and Hebrew Medieval Traditions", *Vivarium* 26 (1988), p. 113-40; G. Freudenthal relève que Gersonide se réfère sans doute à Maimonide, lorsqu'il mentionne cette propriété, qu'il évoque également dans d'autres contextes (p.136, n.71).

La prémisse en question étant particulièrement nécessaire à cette science, comme tu le verras avec la proposition 29 du premier livre de cet ouvrage et les suivantes—à partir d'elle, on déduit les propriétés des lignes parallèles, l'égalité [de la somme] des trois angles de tout triangle à deux droits—, au point que si elle devait tomber, c'est la géométrie dans sa totalité, ou [du moins] dans sa majeure partie, qui tomberait, dès lors il nous a paru opportun de l'établir par une preuve. Cette démonstration prendra place après les vingt-huit premières propositions de ce livre, puisqu' Euclide n'a pas eu recours à cette prémisse pour l'une quelconque de ces propositions[62].

Nous poserons donc au préalable deux prémisses bien connues. La première est celle qu'a mentionnée Euclide dans le cinquième livre: de façon approximative, elle énonce qu'il est possible de multiplier n'importe quelle ligne jusqu'à obtenir une ligne plus grande qu'une certaine ligne donnée. Cette prémisse est bien claire; encore plus quand elle s'accompagne des notions qui la précèdent[63].

La deuxième [prémisse]: la ligne [droite] qui est inclinée [sur une autre droite] se rapproche [de la deuxième] du côté où se forme l'angle aigu[64]. Cela est établi à partir du sens de la définition: en effet, la notion d'inclinaison n'exprime rien d'autre que le fait que [la ligne] se rapproche [de l'autre] dans la direction vers laquelle elle s'incline.

Il en résulte que les [deux] lignes [droites] menées à partir de deux angles aigus [qu' elles forment avec une même droite] se rapprochent l'une de l'autre dans cette direction là [où se forment les angles aigus], puisque cha-

---

62 Remarque qui se retrouve chez la plupart des auteurs qui ont proposé de "démontrer" le postulat des parallèles. En effet, c'est seulement à la proposition 29 qu'Euclide est amené à utiliser le postulat en question.

63 On aura reconnu le principe aujourd'hui désigné comme "axiome d'Eudoxe-Archimède".

64 Tel quel, l'énoncé de cette prémisse ne laisse pas d'être énigmatique; pour comprendre de quel angle aigu il s'agit, il conviendrait d'ajouter: "... déterminé par une sécante commune, qui peut être une perpendiculaire menée de la première droite à la seconde". Ce complément peut s'autoriser de deux arguments: 1- la définition 10 du Traité (voir plus loin) fait intervenir explicitement une sécante commune, et l'angle aigu y est bien l'angle que fait cette sécante avec l'une ou (et) l'autre des deux droites; 2- c'est bien en ce sens que la prémisse est utilisée dans la démonstration du lemme 1.

La formulation de Gersonide nous paraît devoir être rapprochée de la prémisse énoncée par le Pseudo-Ṭūsī dans le même contexte: pour ce dernier, les perpendiculaires menées d'une droite à l'autre engendrent, toujours du même côté, des angles aigus; et c'est de ce côté que les deux droites se rapprochent. Soulignons que le Pseudo-Ṭūsī est le seul auteur arabe, à notre connaissance, qui associe explicitement le rapprochement des deux droites à l'angle aigu que ferait avec la première droite n'importe quelle perpendiculaire menée de celle-ci à la deuxième. Les prémisses du Pseudo-Ṭūsī sont résumées dans T. Heath, op. cit.(n.26), vol.1, p. 81-82. Le texte arabe est dans *Euclidis Elementorum* ..., op. cit.(n. 45), p 28. Une traduction française figure dans K. Jaouiche, *La théorie des parallèles en pays d'Islam* (Paris, 1986), p. 233-34; une traduction anglaise (à partir du russe) figure dans B. Rosenfeld, *A History of Non-Euclidean Geometry*, New-York/Paris, 1988, pp. 81-2.

cune d'elles est inclinée sur l'autre, la notion d'angle aigu exprimant le fait que la ligne [un des côtés dudit angle aigu] s'incline dans cette direction là [où se trouve l'autre côté de l'angle][65]. Il en résulte qu'elles s'éloignent [l'une de l'autre] dans l'autre direction, dès lors qu'elles se rapprochent dans la première direction; et aussi parce que, de ce deuxième côté, elles sont menées à partir de deux angles obtus[66] et que chacune d'elles est inclinée du côté opposé à celui [sur lequel est inclinée] son homologue. Voilà qui est clair et qui ne souffre aucun doute quant à sa vérité.

Le commentaire de la partie introductive du livre [premier] est achevé.

Complément à la proposition[67] *24 du premier livre d'Euclide*[68]: après avoir placé sur la droite DE, à partir du point D, un angle rectiligne égal à l'angle BAG, à savoir l'angle EDH, traçons la ligne [droite] EH comme l'a mentionné Euclide. La seule alternative est la suivante: ou bien elle [la droite EH] recouvre exactement la ligne [droite] EZ, ou bien elle ne recouvre pas exactement la ligne [droite] EZ[69]. Si elle recouvre exactement la ligne [droite] EZ, comme c'est le cas sur la première figure [fig. 4a], il est clair que la ligne [droite] EZ est plus petite que la ligne [droite] EH, puisqu'elle en est une partie[70].

Si elle [la droite EH] ne recouvre pas exactement la ligne [droite] EZ, alors [supposons] qu'elle soit au-dessous[71] de la ligne [droite] EZ, comme c'est le cas sur la deuxième figure [fig. 4b]. Nous affirmons que la ligne *// 158 //* [droite] EZ est plus petite que la ligne [droite] EH. En effet, les deux lignes [droites] DZ, ZE sont [,prises ensemble,] plus petites que les

---

[65] On verra que dans le Traité, Gersonide ne retient pas la définition euclidienne de l'angle aigu et obtus (plus petit ou plus grand qu'un droit), mais la suivante: si une ligne droite est élevée sur une deuxième et qu'elle "s'incline" d'un côté, elle engendre de ce côté un angle aigu; et avec le côté dont elle "s'éloigne", elle forme un angle obtus.

[66] Les angles déterminés par la sécante commune.

[67] *Ṣura*, terme qui, comme le terme arabe correspondant *shakl*, désigne aussi bien une figure qu'une proposition. On trouve dans le manuscrit V à cet endroit, le terme *temuna*, usuellement utilisé par Gersonide pour désigner une proposition.

[68] "Si deux triangles ont deux de leurs côtés respectivement égaux, mais que l'un des [deux] angles entourés par ces droites [respectivement] égales est plus grand que l'autre, alors la base [du premier] [= le côté opposé à cet angle du premier triangle] est plus grande que la base [du second]".

[69] Le texte euclidien ne distinguant pas entre segment de droite et droite, il nous faut évidemment comprendre que les segments EH et EZ ont, ou n'ont pas, leurs supports respectifs confondus, les segments ne pouvant de toute façon coïncider puisque les angles EDH et EDZ sont différents.

[70] Dans la démonstration euclidienne, que Gersonide ne fait ici que compléter, l'angle BAG est supposé plus grand que l'angle EDZ; dans le cas, non examiné par Euclide, où EH et EZ sont supportés par la même droite, la conclusion est alors immédiate: EZ est plus petit que EH, c'est-à-dire que BG. Si EZ et EH ne sont pas supportés par la même droite, Euclide n'examine que le cas de figure où DE est plus petit que DZ, EH étant alors situé "au-dessus" de EZ. Le complément apporté par Gersonide concernera donc le cas où DE est plus grand que DZ.

[71] On lit dans B et V: *she-yaḥtokh*, qu'il faut rectifier en *she-yihyeh tokh*.

deux lignes [droites] DH, HE [prises ensemble], comme cela est démontré dans la proposition 21 de ce livre. Mais la ligne DZ est égale à la ligne DH, il en résulte donc que la ligne EH est plus grande que la ligne EZ [CQFD][72].

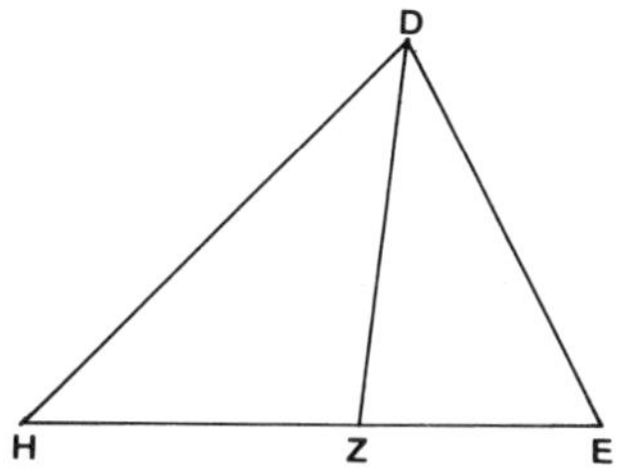

Figure 4a

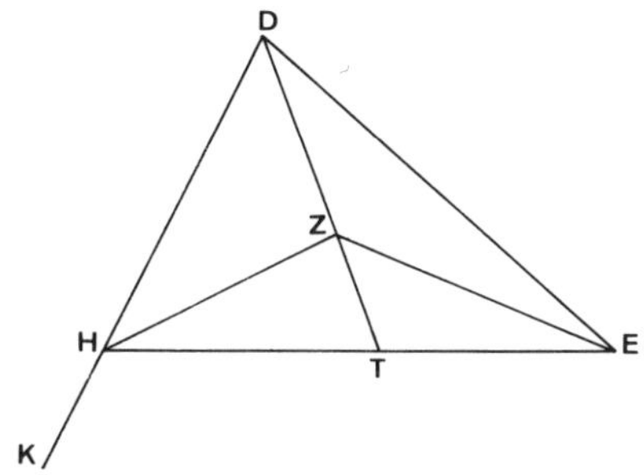

Figure 4b

Toutefois, il est possible d'établir cela d'une autre manière que dans cette preuve. Prolongeons la ligne droite DZ jusqu'en T et la ligne droite DH jusqu'en K; puisque le triangle DZH est isocèle, les deux angles qui sont sous la base, à savoir les deux angles ZHK et HZT, sont égaux. Or il est clair que l'angle ZHE est plus petit que l'angle ZHK, donc l'angle ZHE est plus petit que l'angle HZT, qui est égal à l'angle ZHK; et l'angle EZH est plus grand que l'angle TZH, l'angle EZH est donc bien plus grand que l'angle ZHE. Cela étant, il résulte de ce qui a été établi dans la proposition 19 de ce livre que la ligne [droite] EH est plus grande que la ligne [droite] EZ. Il a donc été démontré que, quelle que soit la position de la ligne [droite] EH, elle est plus grande que la ligne [droite] EZ. CQFD[73].

---

72 On retrouve ici la même démonstration que celle qui est proposée par Proclus (Voir T. Heath, op. cit.[n. 26], vol.1, p. 297). L'argument se retrouve aussi dans le commentaire d'al-Nayrīzī. Dans ce cas, soulignons-le, la formulation de Gersonide est tout à fait semblable à celle d'al-Nayrīzī, figure et lettrage compris. On le mesurera, par exemple, à ce passage de la version latine, qui, ici, traduit fidèlement l'arabe: "... conjunctio duorum laterum EZ, DZ minor conjunctione duarum linearum DH, HE in linea una positarum, quasi linea una. Sed latus DH est equale lateri DZ ...." (op. cit. [n. 18], p. 61-62); texte arabe in: op. cit. (n. 17), I(2), p. 102-104. Cette démonstration ne figure pas dans le texte du Pseudo-Ṭūsī; ce dernier en propose une autre qui, justement, est citée par Gersonide comme une deuxième possibilité! Voir note suivante.

73 Cette démonstration reproduit exactement celle qui apparaît chez le Pseudo-Ṭūsī, avec la même figure et le même lettrage: "Cette proposition offre différents cas [*ikhtilāf wuqūᶜ*], selon que la base HE tombe au-dessus de la base ZE, ou se superpose à elle, ou bien tombe au-dessous d'elle. S'agissant du premier [cas], il [Euclide] l'a expliqué; quant au deuxième [cas], il est clair; quant au troisième [la preuve est]: prolongeons les côtés DZ, DH en ligne droite, indéfiniment, en direction de Z, vers les points T, K. Joignons les points E, H par une ligne droite. Comme l'angle TZH, qui est plus petit que l'angle EZH, est plus grand que l'angle EHZ en vertu de la proposition 5 [du livre I, laquelle permet d'affirmer que les

Voici[74] les propositions [qui sont nécessaires] pour démontrer que: si une ligne droite tombe sur deux lignes droites, et que se forment, sur l'un des côtés, deux angles intérieurs inférieurs [ensemble] à deux[75] droits, alors ces lignes, lorqu'on les prolonge de ce même côté, se rencontrent. Ces propositions ont leur place après les 28 premières propositions de ce premier livre.

[LEMME 1] Il n'existe pas de figure quadrilatère ayant ces angles tous obtus ou bien tous aigus.

Exemple: soit le quadrilatère ABGD; nous affirmons qu'il est impossible que tous ses angles soient aigus ou bien [qu'ils soient] tous obtus. Preuve de cette impossibilité: supposons que cela soit possible et considérons d'abord que les angles sont [tous] aigus [fig. 5]. Prolongeons en ligne droite la ligne AB dans les deux directions jusqu'aux points H et T; et de même prolongeons la ligne GD dans les deux directions jusqu'aux points Z et E. Comme chacun des deux angles TAG et AGE sont aigus et que [par conséquent] les angles HAG et AGZ sont obtus, les deux lignes ZE, HT s'éloignent [l'une de l'autre] dans la direction des deux points H et Z et se rapprochent [l'une de l'autre] dans la direction des deux points T et E. De même, comme chacun des deux angles ABD, BDG est aigu, chacun des deux angles TBD, BDE est obtus, et alors, les deux lignes HT, ZE s'éloignent dans la direction des points T et E, et se rapprochent dans la direction des points H et Z. Elles s'éloignent donc du côté des deux points E et T, tout en se rapprochant du côté des deux points E et T. C'est contradictoire et impossible. Donc chacun des quatre angles de la figure ABGD ne peut être aigu. De la même manière, on démontre qu'il est impossible que chacun des quatre angles de la figure ABDG soit obtus. Par conséquent, il n'y a pas de figure quadrilatère dont les angles soient tous obtus ou bien tous aigus. CQFD[76].

---

angles TZH et ZHK sont égaux, et donc que EZH est bien plus grand que EHZ], alors la base HE, laquelle est égale à la base BG [dans le triangle BAG égal, par superposition au triangle EDH], est plus grande que la base ZE en vertu de la proposition 19 . . .'', op. cit.(n. 45), p. 25. Signalons que l'argument développé ici se trouve aussi dans le texte de Ṭūsī, mais sous une forme plus concise, sans référence à la proposition 19, et avec un lettrage quelque peu différent (l'édition consultée ne comporte pas de figure); cf. *Voici le livre d'Euclide exposé par le sage . . . , Naṣīr al-Dīn al-Ṭūsī* (Istanbul, 1801), p. 14-15.

[74] Lire avec B et V *ellu ha-temunot*, et non *el ha-temunot*, comme l'indique le texte imprimé.

[75] Le mot ''deux'', *shtey*, absent de B et du texte imprimé, figure dans V.

[76] Relevons que la démonstration tient pour une évidence le fait que deux droites ne peuvent se rapprocher et s'éloigner dans la même direction, du moins tant qu'elles ne se sont pas rencontrées. On sait qu'un tel énoncé équivaut au postulat des parallèles. Pour sa part, Ṭūsī, dans son exposé des postulats, propose de substituer cet énoncé au postulat des parallèles, qu'il refuse de considérer comme un axiome ou comme un postulat, et qu'il propose de démontrer à sa manière; cf. op. cit.(n. 73), p. 4.

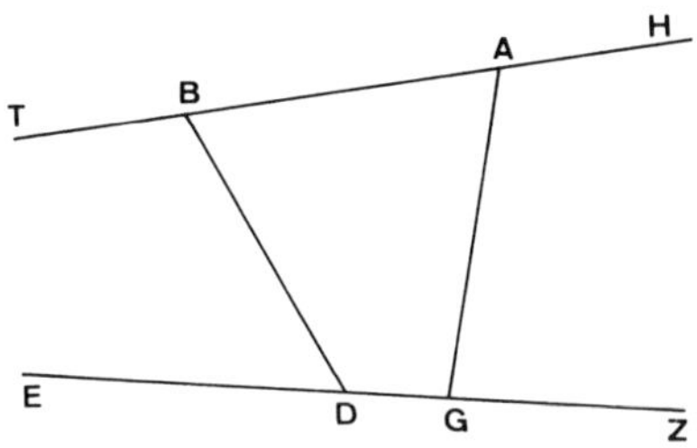

Figure 5

[LEMME 2] Nous voulons construire une figure quadrilatère dont les côtés opposés, pris deux à deux, soient égaux les uns aux autres.

Prenons donc deux lignes [droites] [fig. 6a] DG, GE, d'une longueur quelconque, entourant l'angle DGE, et menons la ligne droite DE; construisons sur la ligne DE un triangle EZD, à partir des trois lignes du triangle // *159* // DGE, chacune d'elles [étant égale] à son homologue[77], la ligne EZ à la ligne GD, et la ligne ZD à la ligne GE. La figure GDEZ est alors un quadrilatère dont les côtés opposés, pris deux à deux, sont égaux les uns aux autres. Nous avons ainsi construit une figure dont les côtés opposés, pris deux à deux, sont égaux les uns aux autres. CQFD.

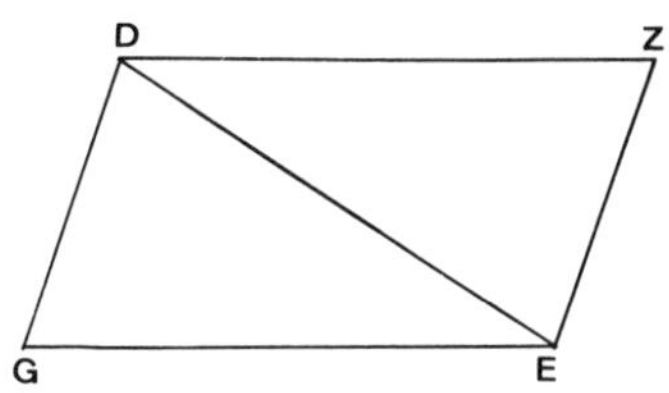

Figure 6a

[LEMME 3] Toute figure quadrilatère dont les côtés se faisant face deux à deux sont égaux, a [aussi] ses angles se faisant face égaux.

Exemple: soit le quadrilatère ABGD [fig. 6b*] avec la ligne AB égale à la ligne GD et la ligne AG égale à la ligne BD; je dis que les deux angles opposés GAB, GDB sont égaux et les angles opposés ABD, AGD sont aussi égaux. La preuve: menons les deux lignes droites AD, BG. Comme les deux lignes AB, BD sont égales aux deux lignes GD, AG, chacune à son homologue et que la base AD est commune [aux deux triangles ABD, AGD], alors l'angle AGD est égal à l'angle ABD [Prop.I,8], qui lui est opposé [dans le quadrilatère]. De même, puisque les lignes AG, AB sont

---

[77] Le terme *gilo*, pris ici au sens de "son semblable", est peu usité. Au sens courant, dans l'expression *ben gilo*, il désigne "celui qui a le même âge". Dans la littérature rabbinique, le mot prend parfois le sens de "celui qui a le même caractère". Voir M. Jastrow, *A Dictionary of the Targumim, the Talmud* ... (Philadelphia, 1903; Rééd., New York, 1975), s.v. *gil*.

G. Ṣarfatti a relevé la présence de cette expression dans deux manuscrits des *Éléments* (op. cit.[n. 2], § 256).

égales aux lignes BD, DG, chacune à son homologue, et que la base BG est commune [aux deux triangles BAG, BDG], alors l'angle GAB est égal à l'angle GDB, qui lui est opposé. Il est donc établi que la figure quadrilatère ABGD a ses angles opposés égaux. Donc, toute figure quadrilatère dont les côtés opposés deux à deux sont égaux a ses angles opposés égaux. CQFD.

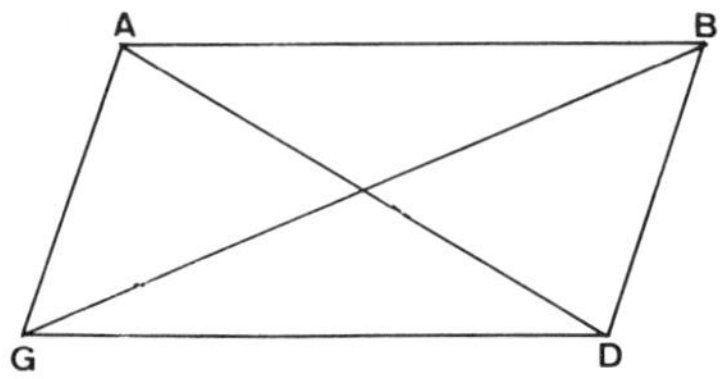

Figure 6b*

[LEMME 4] Etant donné un triangle isocèle, si on prolonge en ligne droite un de ses [deux] côtés [égaux] à partir de leur point de rencontre, d'une longueur qui leur soit égale, et qu'on trace la base [du triangle ainsi considéré], alors cette dernière, avec la première base, entoure un angle droit.

Par exemple, soit le triangle isocèle ABG [fig. 7], les lignes AB, BG étant égales entre elles, on prolonge la ligne droite AB jusqu'à Z de façon que BZ soit égale à l'une des deux lignes AB, BG; et on mène la ligne [droite] GZ. Je dis qu'alors l'angle AGZ est droit.

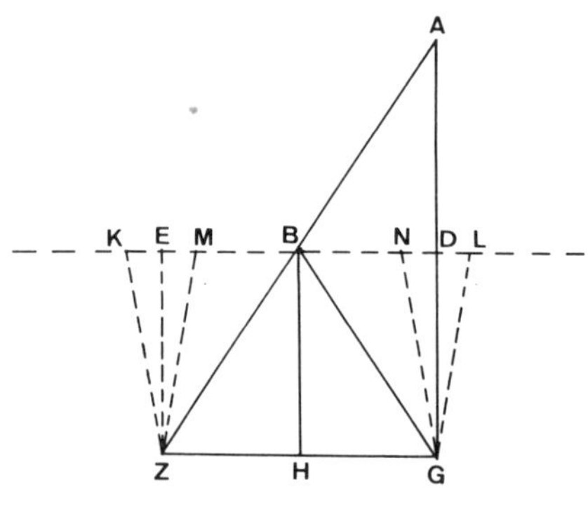

Figure 7

La preuve: divisons la ligne AG en deux moitiés au point D et menons la ligne [droite] DB; il résulte de la onzième [proposition] du premier [livre des *Éléments*] que l'angle ADB est droit[78], et de même l'angle GDB. Prolongeons en ligne droite la ligne DB jusqu'à E, de façon que la ligne

[78] Il ne s'agit pas à proprement parler d'une conséquence de la proposition I,11 (laquelle permet d'élever une perpendiculaire à une droite, à partir d'un point de cette dernière); en réalité, en s'inspirant de la démonstration de cette proposition, on montre très aisément que les deux angles adjacents ADB, GDB sont égaux, donc droits.

BE soit [égale] à la ligne DB et menons la ligne [droite] EZ. Comme les deux lignes EB, BZ sont toujours égales aux deux lignes DB, BA, chacune à son homologue, soit la ligne DB à la ligne BE, et la ligne AB à la ligne BZ, et que les deux angles opposés [par le sommet] DBA, EBZ sont égaux [Prop.I,15], alors la base EZ [du triangle EBZ] est égale à la base [du triangle ABD, congruent au précédent], et les angles restants [du premier triangle] sont [donc] égaux aux angles restants [du second triangle], chacun égal à son homologue. Par conséquent, l'angle BEZ est comme l'angle ADB, et l'angle ADB est droit, donc l'angle BEZ est droit; comme la ligne EZ est égale à la ligne DA, qui est égale à la ligne GD, alors la ligne EZ est égale à la ligne GD.

Je dis que la ligne GZ est [aussi] égale à la ligne DE. La preuve qu'il ne peut en être autrement: s'il pouvait en être autrement, la ligne GZ serait soit plus grande que la ligne DE, soit plus petite que cette dernière. Considérons, pour commencer, la ligne GZ plus grande—si cela est possible—, et divisons la ligne GZ en deux moitiés au point H. Comme la ligne GZ est plus grande que la ligne DE, la ligne GH, moitié de la ligne GZ, est plus grande que la ligne DB, moitié de la ligne DE. De même, il est clair que la ligne HZ est plus grande que la ligne BE. Prolongeons BD en ligne droite jusqu'à L de manière que BL soit comme GH, et prolongeons BE en ligne droite // *160* // jusqu'à K de manière que la ligne BK soit égale à la ligne HZ. Puisque les deux lignes GH, HZ sont égales l'une à l'autre, les deux lignes LB, BK sont égales l'une à l'autre. De même, puisque la ligne LB est comme la ligne GH, et que la ligne BK est comme la ligne HZ, alors la ligne LK tout entière est égale à la ligne GZ tout entière; et comme la ligne BL est égale à la ligne BK, et que la ligne BD est égale à la ligne BE, il reste que la ligne DL est égale à la ligne EK. Les deux lignes LD, DG sont donc égales aux lignes KE, EZ, chacune à son homologue, soit la ligne LD à la ligne KE, et la ligne DG à la ligne EZ; et l'angle droit LDG est égal à l'angle droit KEZ; par conséquent la base GL [du triangle GLD] est égale à la base ZK [du triangle ZKE]. S'il en est ainsi, la figure LGZK est un quadrilatère dont les côtés opposés sont égaux deux à deux; alors ses angles opposés seront égaux, l'angle KLG étant égal à l'angle KZG, et l'angle LKZ étant égal à l'angle LGZ. Comme l'angle GDB, extérieur au triangle GLD, est droit, chacun des angles intérieurs [de ce triangle] est plus petit qu'un droit [Prop. I, 16]; de la même façon, on montre que l'angle ZKE est plus petit qu'un droit. Puisque les deux angles GLK, LKZ sont aigus, les deux angles qui leur sont opposés [dans la quadrilatère] sont [aussi] aigus. Ainsi, le quadrilatère GLKZ aurait tous ses angles aigus, et c'est faux. Par conséquent la ligne GZ n'est pas plus longue que la ligne DE.

Je dis qu'elle n'est pas plus petite non plus. La preuve procède de la même démarche. Considérons NB comme GH et MB comme HZ; de ce fait, NM sera comme GZ. Comme la ligne BD est égale à la ligne BE, et la ligne BN est égale à la ligne BM, il résulte que la ligne DN est égale à la ligne EM et la ligne GD est égale à la ligne EZ [comme cela a été établi précédemment]. On a donc les deux lignes GD, DN égales [respectivement] aux deux lignes ZE, EM, l'angle droit GDN égal à l'angle droit

ZEM; par conséquent, la base GN [du triangle GDN] est égale à la base ZM [du triangle ZEM]. Le quadrilatère NGZM a donc ses côtés opposés égaux; dès lors ses angles opposés sont [aussi] égaux, l'angle GNB à l'angle GZM, l'angle NMZ à l'angle NGZ. Or l'angle NMZ est extérieur au triangle MEZ, et l'angle intérieur MEZ est droit, donc l'angle NMZ est plus grand qu'un droit [Prop. I, 16], c'est-à-dire il est obtus. On établit de même que l'angle MNG est obtus; dès lors il en est de même des angles qui leur sont opposés [dans le quadrilatère NMZG]. La figure NMZG serait donc un quadrilatère ayant ses angles tous obtus. C'est faux. La ligne GZ n'est donc pas plus courte que la ligne DE. Il a été déjà démontré qu'elle n'est pas plus longue que cette dernière. Par conséquent, la ligne GZ est égale à la ligne DE; la ligne GD étant déjà égale à la ligne ZE. La figure DEZG est donc un quadrilatère dont les côtés opposés, pris deux à deux, sont égaux; les angles opposés sont donc [aussi] égaux; or l'angle DEZ est droit, donc l'angle DGZ est droit. CQFD.

[Lemme 5] Dans tout triangle rectangle, si l'on divise en deux moitiés le côté qui est opposé à l'angle droit et que l'on mène une ligne [droite] à partir du lieu de la division jusqu'à l'angle droit, alors la ligne [droite] qui en résulte est égale à chacune des parties de la ligne divisée.

Soit le triangle rectangle ADB, dont l'angle ADB est droit [fig. 8a]. On divise la ligne AB en deux moitiés au point G et on mène la ligne droite GD. Je dis qu'alors la ligne GD est égale à chacune des deux lignes AG, GB.

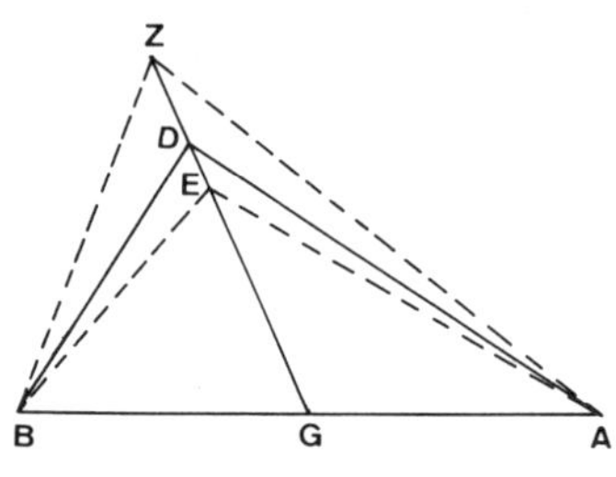

Figure 8a

La preuve qu'il ne peut en être autrement. Supposons que la ligne GD soit, ou bien plus grande que chacune des deux lignes AG, GB ou bien plus petite. Pour commencer, supposons qu'elle soit plus grande, si cela est possible. Séparons alors // *161* // de la ligne GD une ligne égale à chacune des deux lignes AG, GB, soit GE, et formons les deux lignes droites AE, EB. Comme le triangle AGE est isocèle, que l'un des deux côtés, à savoir la ligne AG, est prolongé à partir de l'intersection des deux côtés [supposés égaux GE, GA] d'une longueur égale, à savoir la ligne GB, et qu'on a mené la ligne droite EB, alors l'angle AEB est droit; or l'angle ADB est [aussi] droit. On aura donc construit sur l'un des côtés du triangle ADB, à savoir la ligne AB, deux lignes droites menées à partir de ses extrémités, tombant à l'intérieur du triangle et entourant un angle égal à l'angle entouré par les deux autres côtés [du triangle ADB]—l'angle droit ADB étant égal à l'angle droit AEB—, c'est faux[79]. Par conséquent la ligne GD n'est pas plus grande que chacune des deux lignes AG, GB.

Je dis aussi que la ligne GD n'est pas plus petite que chacune des deux lignes AG, GB. [Supposons qu'il en est ainsi et] menons deux lignes droites AZ, ZB [Z étant sur le prolongement de GD, de façon que GZ soit égale à GA ou GB]. Le triangle AGZ est isocèle, l'un de ses deux côtés égaux, AG, a été prolongé à partir de leur intersection d'une longueur égale, à savoir GB, et on a mené la ligne droite ZB: l'angle AZB est donc droit. Or l'angle ADB est [aussi] droit. On aura ainsi sur l'un des côtés du triangle AZB, à savoir la ligne AB, deux lignes droites menées à partir des extrémités de cette dernière [AD et BD] tombant à l'intérieur du triangle [AZB] et entourant un angle égal à l'angle qu'entourent les deux autres côtés [AZ, BZ], l'angle droit ADB étant égal à l'angle droit AZB, c'est faux. Par conséquent, la ligne GD n'est pas plus petite[80] que chacune des lignes AG, GB. Or il a été démontré qu'elle n'est pas plus longue que chacune d'entre elles; la ligne GD est donc égale à chacune des lignes AG, GB. CQFD.

[Lemme 6] Dans tout triangle rectangle, les angles non droits[81] sont égaux [ensemble] à un droit.

Soit le triangle ABG, dont l'angle ABG est droit [fig. 8b*]. Je dis que les deux angles BAG, BGA, ensemble, sont égaux à l'angle ABG, qui est droit.

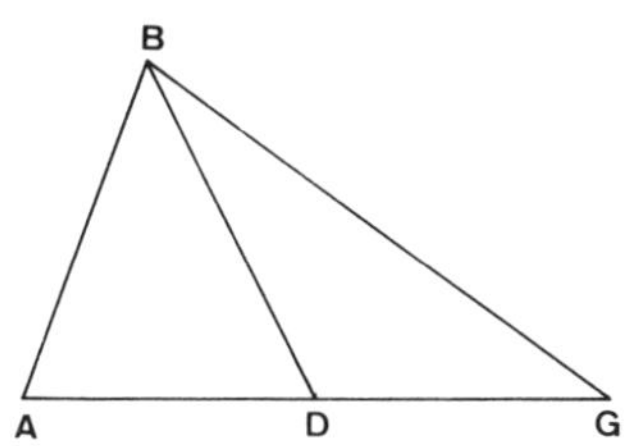

Figure 8b*

La preuve. Divisons AG en deux moitiés au point D, et menons la ligne droite DB; alors la ligne DB est égale à chacune des deux lignes DA, DG; le triangle ADB est donc isocèle. On établit de même que le triangle BDG est isocèle. S'il en est ainsi, l'angle DBG est égal à l'angle DGB, et l'angle DBA est égal à l'angle DAB. Dès lors, les deux angles DAB, DGB, pris ensemble, sont égaux à l'angle ABG, qui est droit. CQFD.

---

79 Vraisemblablement, Gersonide fait appel ici à Prop.I,21; toutefois, il ne l'appliquerait pas sous la forme où elle apparaît dans le texte euclidien (si deux droites menées des extrémités de la base se coupent à l'intérieur du triangle, alors la somme des segments ainsi construits est plus petite que la somme des côtés et l'angle ainsi obtenu est plus grand que l'angle au sommet), mais sous la forme de la proposition contraposée: puisque le conséquent est nié, alors l'antécédent est nié (les droites ne se coupent pas à l'intérieur), ce qui contredit l'hypothèse.

80 Les manuscrits indiquent, de manière erronée, "long", *arokh*.

81 *nishʾarot*, lit. restants.

[LEMME 7] Dans tout triangle rectiligne, les trois angles [ensemble] sont égaux à deux droits[82].

La preuve. Il [le triangle] ne peut échapper à l'alternative: être rectangle, ou ne pas être rectangle. S'il est rectangle, la propriété est établie en vertu de la proposition précédente. De même, qu'il ne soit pas rectangle, et j'affirme que les trois angles sont égaux à deux droits. Exemple: soit le triangle non rectangle ABG. Menons du point A la perpendiculaire à la base BG, supposée infinie[83], soit la perpendiculaire AD.

Si la perpendiculaire tombe sur la ligne BG quelque part entre les points B et G, ce qui est le cas [illustré par] la première figure [fig. 9a*], il est clair que les trois angles du triangle BAG sont égaux [ensemble] à deux angles droits. La preuve: comme[84] le triangle ADG est rectangle, les deux angles DAG, DGA sont, ensemble, égaux à un angle droit; de même, il a été établi que les deux angles DAB, DBA sont [ensemble] égaux à un angle droit. Les trois angles du triangle BAG [ensemble] sont dès lors égaux à deux angles droits.

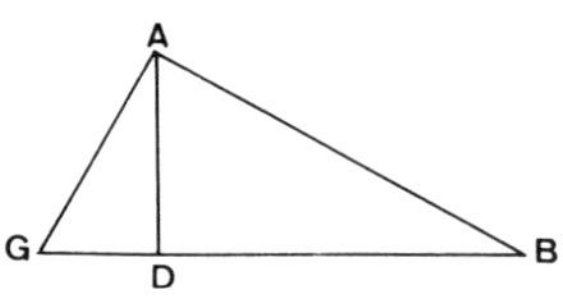

Figure 9a*

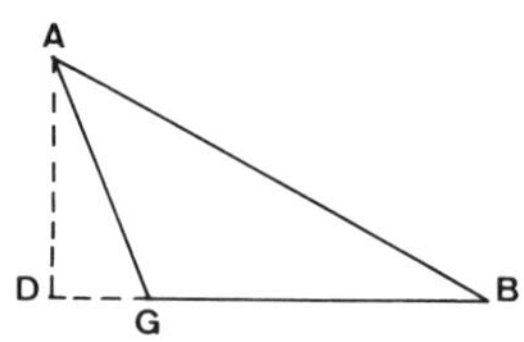

Figure 9b*

// 162 // Et de même, que vienne à tomber la perpendiculaire AD à l'extérieur du triangle ABG, ce qui est le cas [illustré par] la deuxième figure [fig. 9b*], j'affirme que les trois angles du triangle BGA sont [ensemble] égaux à deux angles droits. La preuve. Comme le triangle ADB est rectangle, les deux angles DAB, DBA sont égaux [ensemble] à un droit; l'angle DAB[85] est, lui-même, égal à [la somme des] deux angles DAG,

---

82 Soulignons la présence dans cet énoncé de la précision relative au triangle: il est rectiligne. Précision importante à plus d'un titre: elle témoigne que l'auteur est conscient que pour les triangles non rectilignes (sphériques), la propriété n'est plus vraie. Pour un astronome, familier des principaux résultats relatifs aux triangles sphériques, cela n'est pas étonnant.

Comme nous l'avons indiqué dans l'introduction, cette précision sur la nature du triangle ne figure que dans un seul texte arabe consacré aux parallèles, celui du Pseudo-Ṭūsī. Cf. op. cit.(n. 45), p. 29; il s'agit de la troisième prémisse: "Tout triangle aux côtés droits a ses trois angles comme deux droits".

83 Pour permettre, au cas où l'un des deux angles B ou G est obtus, de mener une perpendiculaire ne tombant pas sur le segment BG, mais sur son prolongement. On reconnaît ici la référence à la proposition I,12, référence qui est explicite dans le texte du Pseudo-Ṭūsī.

84 Les manuscrits indiquent *ken mi-pney*, qu'il faut rectifier en *ki mi-pney*.

85 Lire DAB avec le manuscrit B, et non DBA comme l'indique le texte imprimé.

GAB, et les trois angles DAG, GAB, DBA sont donc égaux [ensemble] à un angle droit. De même, comme le triangle ADG est rectangle, les deux angles DAG, AGD sont égaux à un angle droit. Les trois angles DAG, GAB, ABG [soit DBA] étant égaux [ensemble] aux deux angles DAG, AGD [ensemble][86], soustrayons l'angle DAG commun [aux deux sommes]; les angles GAB, ABG, qui restent [après soustraction] sont égaux [ensemble] à l'angle AGD restant. Ajoutons [aux deux termes de cette égalité] l'angle AGB[87]. Ainsi les deux angles AGB, AGD [ensemble] sont égaux aux trois angles AGB, GAB, ABG [ensemble]. Or les deux angles AGB, AGD [ensemble] sont égaux à deux droits [Prop. I,13]; les trois angles du triangle ABG sont donc bien égaux à deux angles droits[88].

Il a ainsi été démontré que les trois angles de tout triangle rectiligne sont égaux à deux droits, même si cette conclusion n'est pas indispensable à la recherche que nous avons entreprise[89].

[LEMME 8] Dans tout triangle rectangle, si on prolonge l'une des lignes entourant l'angle droit d'une longueur qui lui soit égale, qu'on prolonge aussi dans la même direction la ligne opposée à l'angle droit[90] d'une longueur qui lui soit égale, et qu'on mène encore une ligne droite entre les extrémités des lignes ainsi obtenues, alors cette ligne entoure un angle droit, avec la ligne issue [de l'une] des lignes entourant l'angle droit [du triangle initial].

Soit le triangle ABG, dont l'angle ABG est droit [fig. 10*]; on prolonge la ligne AB jusqu'à D, la ligne BD étant égale à la ligne AB; on prolonge la ligne AG en ligne droite jusqu'à E, la ligne GE étant égale à la ligne AG, et on mène la ligne [droite] DE. Je dis que l'angle ADE est droit.

---

86 puisque ces deux sommes valent chacune un droit.

87 Lit.: faisons que l'angle AGB soit commun.

88 Voici le passage correspondant de la fin de la démonstration du Pseudo-Ṭūsī: "... chacune des sommes des angles DAB, ABD et DAG, GAD est donc comme un droit; si nous ôtons l'angle DAB, commun, il reste l'angle ABD égal aux angles BAG, AGD. Mais les angles ABD, ABG sont comme deux droits en vertu de la proposition 13 [du livre I]; donc l'angle ABG plus les angles BAG, AGB [donne une somme qui] est comme deux droits ..." (le lettrage est le même que celui de notre figure 9b*, sauf que les points G et B y sont intervertis) (op. cit.[n. 45], p. 30). Le rapprochement de la démarche de Gersonide et de celle du géomètre arabe est d'autant pus frappant que le Pseudo-Ṭūsī est le premier auteur arabe qui utilise l'existence d'un rectangle pour établir la propriété des trois angles d'un triangle rectiligne quelconque, sans recourir, évidemment, au postulat des parallèles; cf. B. A. Rosenfeld, op. cit.(n. 64), p. 83.

89 Nous avons suivi la leçon de V: ... *we-im eyn zeh hekhraḥi la-zot ha-ḥaqira asher anaḥnu be-darkah*, plutôt que celle de B, reproduite par Carlebach, laquelle offre, à la place de *anaḥnu*, *raṣinu* qui n'est guère intelligible à cette place. Il nous semble que Gersonide entend souligner ainsi que ce résultat n'est pas absolument indispensable pour la suite—ce qui est effectivement le cas—mais qu'il l'a trouvé suffisamment important pour le signaler

90 Lit.: la ligne qui est la corde de l'angle droit.

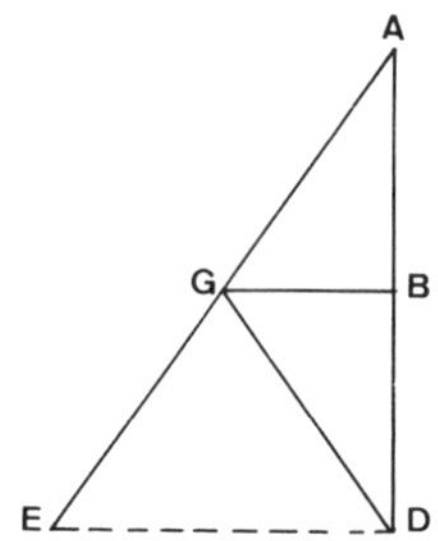

Figure 10*

La preuve. Menons la ligne droite GD. Comme l'angle droit ABG est égal à l'angle droit GBD, que la ligne AB est égale à la ligne BD et que la ligne BG est commune [aux deux triangles ABG, GBD], alors la base GD est égale à la base AG. Le triangle AGD est donc isocèle, l'un de ses côtés égaux, à savoir la ligne AG, [a été prolongé] d'une longueur égale à la sienne, à savoir GE, par conséquent l'angle ADE est droit. CQFD.

[Lemme 9] Si une ligne droite tombe entre deux lignes droites, formant sur l'un des côtés deux angles intérieurs plus petits que deux droits, et qu'on mène du sommet d'un des angles une perpendiculaire à la deuxième ligne, alors la perpendiculaire entourera, avec l'autre ligne, un angle aigu, du côté où sont situés les deux angles intérieurs plus petits que deux droits[91].

Soient deux lignes droites supposées infinies[92], les lignes AB, GE [fig. 11], et, tombant sur elles, une ligne droite ZD engendrant [avec ces dernières] deux angles BZD, ZDE, plus petits [ensemble] que deux droits. J'affirme qu'en menant, // *163* // à partir du point Z, une perpendiculaire ZH à la ligne GE, supposée infinie, on obtient un angle HZB aigu, lequel angle se trouve du côté où sont situés les deux angles intérieurs plus petits que deux droits. Et si l'on mène à partir du point D une perpendiculaire DT à la ligne AB, supposée infinie, l'angle TDE sera aigu.

---

91 L'objectif de ce dernier lemme paraît clair: il s'agit de montrer que, quel que soit le cas de figure du postulat des parallèles (soit les deux angles intérieurs sont aigus, soit l'un est aigu et l'autre est droit, soit l'un est aigu et l'autre est obtus), on peut toujours se ramener au cas où l'un des angles est aigu et l'autre est droit; la démonstration générale, peut alors s'adapter à ce dernier cas. La présentation y gagne en cohérence par rapport aux auteurs (par exemple, Ibn al-Haytham, al-Ṭūsī, le Pseudo-Ṭūsī) qui ont distingué ces trois cas de figure et les ont traités successivement, même si on se ramène toujours au cas où l'un des angles est droit (l'autre étant nécessairement aigu). Toutefois Gersonide n'étudie que le cas où un des angles est obtus, sans d'ailleurs le préciser: la preuve proposée n'est en effet intelligible que pour ce cas; de plus, la figure accompagnant le texte du manuscrit B semble bien indiquer que l'angle ZDE est obtus. La figure et le lettrage que reproduit le texte imprimé sont incorrects, rendant inintelligible la preuve proposée; nous avons suivi la leçon de B.

92 Condition d'application de la proposition I,12, assurant la possibilité de mener d'un point extérieur à une droite, une perpendiculaire à cette dernière.

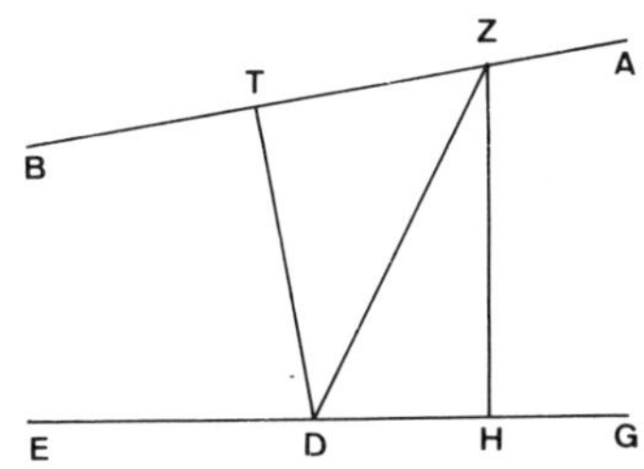

Figure 11

La preuve. Comme les trois angles du triangle ZHD sont égaux à deux droits[93], et que les deux angles ZDH, ZDE sont aussi égaux à deux angles droits [Prop.I, 13][94], l'angle ZDE est égal aux deux angles ZHD, HZD [pris ensemble]; ajoutons [aux deux termes de cette égalité] l'angle BZD; les deux angles BZD, ZDE sont donc égaux aux trois angles ZHD, HZD, BZD. Mais les deux angles ZDE, BZD sont plus petits que deux droits, donc les trois angles ZHD, HZD, BZD sont plus petits que deux droits; or l'angle ZHD est droit, il en résulte que les deux angles HZD, BZD [ensemble] sont plus petits qu'un droit, donc l'angle HZB est aigu[95].

De même, on établit que l'angle TDE est aigu. En effet, l'angle BTD, qui est droit, est égal aux deux angles TZD, TDZ, puisque ces derniers, pris ensemble, sont comme un angle droit. Ajoutons [aux deux termes de cette égalité] l'angle TDE: les deux angles BTD, TDE sont alors égaux aux trois angles TZD, ZDT, TDE; or les trois angles TZD, ZDT, TDE sont inférieurs à deux droits[96]; donc les deux angles BTD, TDE sont inférieurs à deux angles droits. Or l'angle BTD est droit, donc l'angle TDE restant est plus petit qu'un droit. CQFD

[*Démonstration du postulat des parallèles.*] Si une ligne droite tombe sur deux lignes droites, engendrant sur l'un des côtés deux angles intérieurs plus petits que deux droits, alors ces deux lignes droites, si on les prolonge à l'infini de ce même côté, se rencontreront.

Exemple: soient les deux lignes droites AB, GD et, tombant sur elles, la ligne droite AE, engendrant deux angles BAE, AED inférieurs [ensemble] à deux droits [fig. 12][97]. J'affirme que les deux lignes AB, GD,

---

93 Malgré les apparences, le lemme 7 n'est pas nécessaire ici: puisque le triangle ZHD est rectangle en H, le lemme 6 est suffisant. Voilà qui éclaire la remarque de Gersonide à la fin du lemme 7, selon laquelle ce dernier résultat n'était pas indispensable à la suite.

94 Cette assertion n'est valide que parce que H et E sont de part et d'autre du point D, autrement dit que la perpendiculaire menée de Z à EG "tombe" du côté de G, ce qui est le cas ici, puisque l'angle ZDE est obtus; il eût fallu le préciser.

95 Là aussi, HZB est bien égal à la somme des deux angles parce que DZ "coupe" l'angle BZH, en raison de la position de la perpendiculaire ZH.

96 Affirmation correcte, pour le cas de figure envisagé: en effet, si ZDT et TDE réunis représentent bien l'angle ZDE, c'est parce que la droite DT "coupe" l'angle ZDE du fait que TZD est aigu.

97 La figure accompagnant le texte indique que BAE est aigu, et AED obtus;

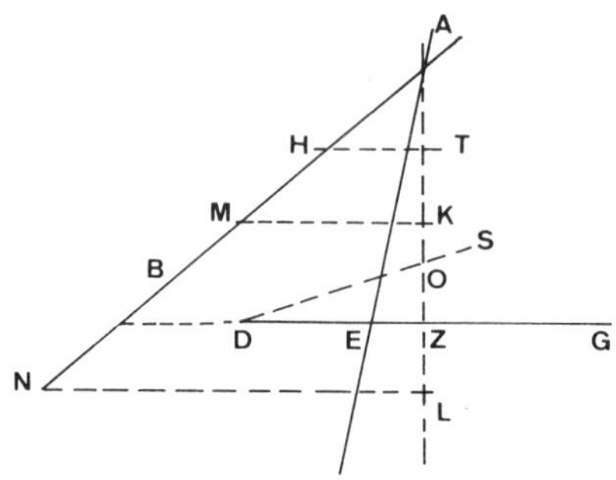

Figure 12

si on les prolonge sans fin dans la direction de B, D, se rencontreront.

La preuve. Menons du point A la perpendiculaire[98] à la ligne GD, supposée infinie: c'est la ligne AZ. Il est clair de ce qui précède que l'angle ZAB est aigu. Marquons un point sur la ligne droite AB, n'importe où, soit le point H, et menons de ce point la perpendiculaire à la ligne droite AZ, à savoir la ligne HT. Puisque l'angle ZAB est aigu, il est clair que le point T tombe sur la ligne AZ, prolongée du côté de Z. Il a été établi que la ligne AT, multipliée plusieurs fois devient plus grande que la ligne AZ[99]: délimitons la ligne TK de même longueur que la ligne AT, et la ligne KL de même longueur que la ligne AK; ayant réalisé cela plusieurs fois, elle [la ligne droite ainsi construite] devient plus grande que la ligne AZ.

Supposons que c'est la ligne [droite] AL qui est plus grande que la ligne AZ. Comme l'angle ATH est droit, il est clair que, si on prolonge la ligne droite AH d'une longueur égale, à savoir HM, et de la même manière la ligne droite AT [obtenant ainsi] la ligne TK, alors la ligne qui joint le point K et le point M, à savoir la ligne KM, croise la ligne AK selon un angle droit, comme cela a été prouvé [lemme 8]. De même, il est clair que, si on prolonge la ligne droite AM d'une longueur égale, à savoir MN, et qu'on mène aussi la ligne droite NL, alors l'angle ALN est droit.

Or, l'angle AZD est droit, l'angle LZD est donc [aussi] droit; les deux lignes ZD, LN sont alors disposées parallélement [Prop.I,28] sur les côtés [du triangle ALN]; comme la ligne droite ZD est à l'intérieur du triangle ALN, que le triangle ALN est fini, il est donc possible de prolonger en ligne droite, continûment, la ligne droite ZD, de façon qu'elle sorte du triangle ALN[100]; or, il n'est pas // *164* // possible que la ligne droite ZD, prolongée

---

toutefois, grâce au lemme précédent, Gersonide pourra se ramener au seul cas où l'un des angles est aigu et l'autre droit. Il évite ainsi de distinguer trois cas dans la démonstration finale.

98 Le manuscrit V s'interrompt ici.

99 Application de l'axiome d'Eudoxe-Archimède, que Gersonide a adopté ici comme sa première prémisse.

100 Proposition désignée aujourd'hui sous le nom d'"axiome de Pasch". Gersonide, comme les autres auteurs médiévaux, la considère comme allant de soi.

à l'infini, sorte [du triangle ALN en un point situé] entre les deux points L et N, car alors les deux lignes ZD, LN, qui sont parallèles, se rencontreraient, c'est faux [I, Def.23]. Je dis aussi que la ligne droite ZE ne peut sortir [en un point situé] entre les deux points L et A; si cela était possible, ce serait alors à la manière de la ligne ZDS, coupant la ligne AL en O, et [dans ce cas] les deux lignes [droites] ZO, ZDS[101] entoureraient une surface, ce qui est faux[102]. Cela étant acquis, la ligne droite ZD ne peut sortir du triangle ALN, lorsqu'elle est prolongée à l'infini, qu'entre les deux points A et N. Par conséquent, la ligne droite ZD rencontrera la ligne AN. CQFD.

[Livre II]

Complément à la proposition 13 du deuxième livre d'Euclide[103].

Lévi dit: ainsi, ou bien la perpendiculaire AD tombe entre les deux points B et G,—et c'est la proposition telle qu'elle figure dans les textes[104]—, ou bien elle tombe à l'extérieur de la ligne BG, ce qui est le

---

[101] Nous avons rectifié le texte qui porte ici ZD, ZDO.

[102] Cette impossibilité, on le sait, est invoquée dans la preuve de la proposition I,4 des *Éléments*. Elle n'apparaît toutefois comme un postulat ou un axiome que postérieurement à Euclide. (T. Heath, op. cit.[n. 26], vol.1, p. 232 et 249). Al-Nayrīzī, citant Simplicius, indique que cette propriété ne figure pas comme un postulat dans les "versions anciennes [des *Éléments*]" (op. cit.[n. 17], I (1), p. 24). Chez le Pseudo-Ṭūsī, elle apparaît comme une propriété des lignes droites, insérée dans la liste des définitions commentées: "... deux lignes droites n'entourent pas une surface" (op. cit.[n. 45], p. 5). Chez Ṭūsī, elle est citée comme un postulat, et insérée avant l'énoncé substitué au postulat des parallèles (op. cit. [n. 73], p. 3).

[103] Cette proposition compare le carré d'un côté opposé à un angle aigu, dans un triangle, aux carrés des deux autres côtés: "Dans les triangles acutangles, le carré sur le côté sous-tendant l'angle aigu est plus petit que [la somme des] carrés sur les côtés entourant l'angle aigu, d'une quantité égale au double du rectangle entouré par l'un des côtés de l'angle aigu, celui sur lequel tombe la perpendiculaire, et par la ligne droite déterminée [sur ce côté] par la perpendiculaire en direction de l'angle aigu".

[104] Entendons le (ou les) texte des *Éléments* qu'il a consulté. Il est clair, en effet, que cette propriété vaut pour tous les triangles, puisqu'ils comportent tous au moins deux angles aigus; on peut donc se demander pourquoi l'énoncé euclidien se restreint aux seuls triangles acutangles. Gersonide va étendre la démonstration d'Euclide à tous les types de triangles: dans le cas où le triangle est rectangle, on est ramené au théorème "de Pythagore", soit la proposition I,47; dans le cas d'un triangle obtusangle, il est facile d'adapter la preuve euclidienne: c'est ce que fait Gersonide. Comme il ne cite pas le texte commenté, rappelons qu'on considère un triangle ABG, dont l'angle B est aigu, et qu'on mène à partir de A la perpendiculaire AD au côté BG. Comme on le verra plus loin, Gersonide n'ignore pas le caractère restrictif de la formulation initiale d'Euclide.

Le Pseudo-Ṭūsī, qui énonce la proposition sans la restreindre aux triangles acutangles, distingue les trois cas signalés par Gersonide et les traite dans l'ordre suivant: l'angle ABG étant supposé aigu, l'angle AGB est alors soit aigu (unique cas traité par le texte grec), soit droit, soit obtus. Si on compare son développement à celui de Gersonide, on constate que l'argument démonstratif est le même (la

cas de cette figure [fig. 13a], ou bien la ligne [droite] AG elle-même est la perpendiculaire menée de A à BG. Et il est clair qu'il est impossible qu'elle tombe à l'extérieur de la ligne BG du côté de B: car s'il était possible qu'elle tombe comme la ligne AE sur cette figure [fig. 13b], alors l'angle AEG serait droit et il est clair que l'angle ABG est plus grand que l'angle AEG, puisqu'il est extérieur au triangle AEB [Prop. I,16]; or l'angle ABG est [supposé] aigu, par conséquent l'aigu serait plus grand que le droit, ce qui est faux. Donc, la perpendiculaire ne tombe pas à l'extérieur de la ligne BG du côté de B.

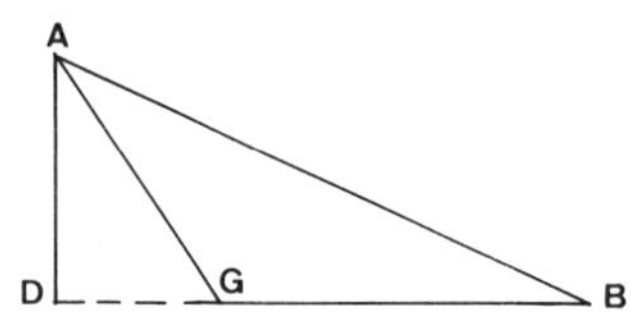

Figure 13a

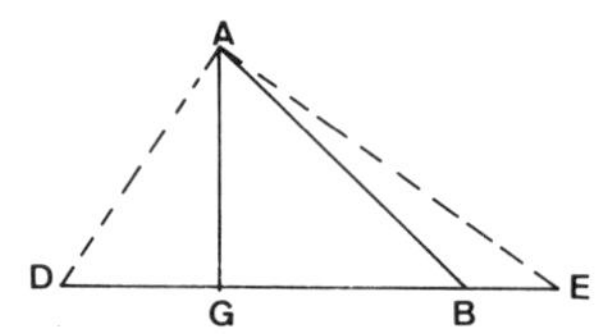

Figure 13b

Supposons qu'elle tombe à l'extérieur de cette ligne du côté de G; soit AD la perpendiculaire; prolongeons la ligne BG jusqu'à D. Il résulte de ce qu'a démontré Euclide que le carré [de côté] AG[105] est plus petit que les [la somme des] deux carrés AB, BG d'une quantité égale au double du rectangle entouré par les lignes DB, BG. En effet, le carré AG est égal [à la somme des] deux carrés AD et DG [Prop.I,47]; les deux carrés AB et BG sont égaux [ensemble] aux trois carrés AD, DB, BG[106]; en soustrayant [du carré AG et des deux carrés AB, BG] le carré AD, qui leur est commun, il reste alors, dans le cas de AG, le carré DG, et dans le cas de AB et BG, il reste les deux carrés DB et BG. Or, puisqu'on a divisé la ligne DB en un point G, n'importe où, le carré DB avec le carré BG est égal au carré DG et au double du rectangle entouré par les lignes DB, BG [Prop. II,7]. Ainsi, le carré AG est plus petit que les deux carrés AB, BG, d'une quantité égale au rectangle entouré par les deux lignes DB, BG[107].

Supposons enfin que la ligne AG est elle-même la perpendiculaire qui va du point A à la base BG. Il est prouvé que les [deux] carrés AB, BG sont égaux aux trois carrés BG, AG, BG; quand nous retranchons [des deux termes de cette égalité] le carré AG, il reste [dans le deuxième terme] le double du rectangle entouré par BG et BG [CQFD], soit le double du carré BG. Tout cela est conforme à ce que dit Euclide[108], et ainsi est établi de façon complète ce qu'il avait en vue.

---

rédaction en diffère dans quelques détails) et que les figures et leur lettrage sont identiques (op. cit. [n. 45], p. 61).

105 Le terme *merubbaᶜ*, carré, suivi de l'indication de son côté (ici AG), sera traduit désormais par "carré AG" (en abrégé: car AG), et non "carré de AG" qui serait une lecture trop "algébrique".

106 Car le carré AB est égal aux carrés AD et DB.

107 Puisqu'on a établi les égalités suivantes: $car\ AG - car\ AD = car\ DG$ et $car\ AB + car\ BG - car\ AD = car\ DB + car\ BG = car\ DG + 2\ rect$ (DB,BG).

108 Entendons par là: à l'esprit du texte euclidien.

Si quelqu'un objecte qu'Euclide n'a parlé ici que d'un triangle acutangle[109], c'est-à-dire un triangle dont les trois angles sont aigus, au sens où il l'a indiqué dans l'introduction du premier livre [I Déf.21], et que la perpendiculaire ne peut donc tomber qu'entre les deux points B et G, nous lui dirons que la charge de la réponse revient à Euclide: comment a-t-il [pu] poser en prémisse [de son raisonnement] ce qui n'est pas une [donnée] première[110], alors que ce n'est pas . . .[111]? En effet, la propriété qu'il énonce n'est pas valide dans un triangle acutangle du fait que tous les angles en sont aigus, mais bien parce que tel de ses angles est aigu; c'est ce qui a été établi dans ce qui précède.

[Livre III]

// 165 // A propos de la proposition 7 du troisième livre[112].

Lévi dit: on démontre [dans cette proposition] qu' à partir d'un point du cercle qui n'est pas le centre du cercle, on ne peut mener à la circonférence du cercle plus de deux lignes [droites] égales; s'agissant de la plus courte [des droites menées de ce point], aucune [autre] ne lui est semblable; il en est de même pour la plus longue; et des deux côtés [du diamètre passant par ce point], on ne peut mener que deux lignes [droites] égales. Ainsi, nécessairement, on ne peut mener à partir de ce point, jusqu'à la circonférence du cercle, plus de deux lignes égales. De là résulte la proposition 9 du troisième [livre] sans autre démonstration[113].

---

109 Tous les manuscrits hébreux des *Éléments* que nous avons pu examiner donnent la formulation restrictive de la proposition II,13, comme dans le texte grec.

110 *eykh ʿasa haqdama bilti rishona* . . .

111 Les deux mots suivants ne sont pas facilement lisibles; Carlebach propose de les supprimer ainsi que la négation qui les précède. Peut-être peut-on lire: *we-lo ha-derekh hu*, et ce n'est pas la voie correcte.

112 Il ne s'agit pas ici de complément à proprement parler, mais, comme on le verra, d'une remarque logique relative à la dernière partie de l'énoncé de la proposition III,7, remarque qui permet à Gersonide de faire l'économie de la preuve de la proposition III, 9.

113 Cette proposition énonce en effet: "si dans un cercle, on prend un point et si plus de deux droites menées à partir de ce point à la circonférence du cercle sont égales, alors le point qu'on aura pris est le centre du cercle". Gersonide semble bien formuler une inférence logique que nous pourrions formuler ainsi: appelons P la propriété, pour un point du cercle (c'est-à-dire, en termes euclidiens, intérieur au cercle) de "ne pas être le centre"; et appelons Q la propriété, pour ce point, de "ne pas être l'extrémité commune de plus de deux droites égales menées à la circonférence", la proposition III,7 énonce alors: "si P, alors Q"; par contraposition, on a donc "si non-Q, alors non-P", qui est bien la proposition III,9.

Remarquons que les diverses traditions manuscrites rapportent deux démonstrations de la proposition III,9: la preuve retenue dans l'édition grecque de Heiberg ne se refère aucunement à Prop. III,7; mais la preuve retenue dans l'édition de Simson (Heath, op. cit. [n.26], vol. 2, p. 22) y recourt, pour montrer, par l'absurde, qu'il est impossible qu'un tel point ne soit pas le centre. Cette deuxième démonstration est mentionnée, à titre de complément, dans plusieurs manuscrits hébreux, par exemple Paris BN Héb. 1014, fol. 18a, en ces termes: "Thābit [ibn Qurra] a

Complément à la proposition 19 du troisième livre[114]

Lévi dit: on ne peut échapper à l'alternative suivante: ou bien les deux lignes [droites] BD, DG pénètrent [tout entières] à l'intérieur du triangle ABG[115], ou bien elles ne pénètrent pas [tout entières] à l'intérieur du triangle ABG. Et si elles pénètrent [tout entières] à l'intérieur du triangle ABG, on ne peut échapper à l'alternative suivante: ou bien la ligne AD, lorsqu'on la prolonge, atteint la circonférence entre les points B et G, comme c'est le cas pour la proposition, telle qu'elle figure dans les textes, ou bien elle [la ligne AD] se prolonge en ligne droite jusqu'à l'un des points B, G[116].

---

dit: nous avons trouvé dans certaines versions grecques une autre démonstration de cette proposition . . .".

[114] Il s'agit la proposition III, 20 dans l'édition classique (Heiberg) du texte grec. En effet la proposition III,12 ne figure pas comme telle dans les versions médiévales arabes, hébraïques, ou latines. La proposition à compléter énonce: "dans un cercle, l'angle au centre est double de l'angle sur la circonférence, quand ces angles ont pour base la même circonférence". Rappelons qu'un angle est "sur la circonférence" quand son sommet appartient à la circonférence, les extrémités de ses côtés appartenant aussi à la circonférence (III Def.9); l'arc de cercle (la "base") ainsi associé est aussi appelé circonférence ou périphérie.

[115] D est le centre du cercle, A le sommet de l'angle à la circonférence, et l'arc BG est la base de ce dernier.

[116] Il y aurait donc trois cas à distinguer selon que le diamètre AE est intérieur au triangle ABG, qu'il coïncide avec AG (ou AB), ou qu'il est extérieur au triangle. Le premier cas est bien traité par Euclide; le deuxième ne l'est effectivement pas; quant au troisième cas, il est clair que Gersonide ne l'a pas trouvé dans le texte à sa disposition, alors qu'il figure bien dans le texte grec classique. De même, dans la tradition arabe du texte euclidien, le troisième cas n'est pas traité, qu'il s'agisse de la version transmise par al-Nayrīzī ou par celle qu'utilisent Ṭūsī et le Pseudo-Ṭūsī. Chez ces auteurs, comme chez Gersonide, les deuxième et troisième cas sont traités comme des compléments. Al-Nayrīzī cite au nom de Héron d'Alexandrie l'analyse et la démonstration du troisième cas (op. cit.[n. 17], II (2), p. 80); al-Ṭūsī, après avoir donné la démonstration du premier cas, ajoute qu'il faut distinguer trois cas, selon la position de la droite AD (même lettrage que celui des figures 14a et 14b), mais il ne donne pas de démonstration des deux cas non traités, se contentant d'affirmer laconiquement: ". . . et le tout est clair à partir de ce qu'il [Euclide] a mentionné" (op. cit. [n. 73], p. 57). Quant au Pseudo-Ṭūsī, après avoir, comme al-Ṭūsī, démontré le premier cas, il ajoute qu'il faut distinguer trois cas: ". . . la ligne AE peut tomber entre les lignes BD, DG; elle peut s'appliquer sur l'une d'entre elles; et elle peut tomber à l'extérieur d'elles" (op. cit. [n. 45], pp. 78-79). Toutefois, le Pseudo-Ṭūsī, contrairement à Ṭūsī, donne une démonstration des deuxième et troisième cas. Relevons la similitude entre ces démonstrations et celles de Gersonide, les différences ne portant que sur les détails de rédaction ou les références explicites aux propositions euclidiennes invoquées. Citons, par exemple, la preuve du deuxième cas telle qu'elle apparaît chez le géomètre arabe, pour la comparer à celle de Gersonide: ". . . s'agissant du deuxième cas: comme les côtés BD, DA sont égaux, alors les angles ABD, DAB sont égaux; or ils sont [ensemble] le double de l'angle BAD, et l'angle BDE, extérieur au triangle ABD, est égal aux angles ABD, DAB, d'après la proposition 32 du premier [livre]; il est donc le double de l'angle BAD . . ." (ibid., p.78).

Si elle se prolonge en ligne droite jusqu'à l'un des points B, G, ce qui est le cas sur cette figure [fig. 14a], il est clair, à partir de ce qu'a énoncé Euclide, que l'angle BDG est double de l'angle BAG [Prop. I,32]; en effet, il est extérieur au triangle BAD, et l'angle BAG est égal à l'angle DBA.

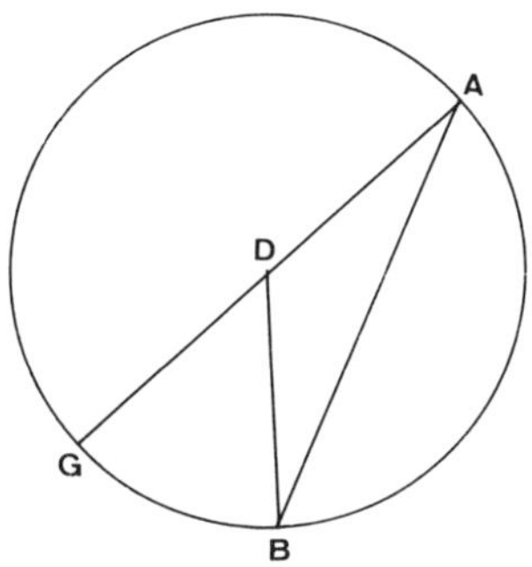

Figure 14a

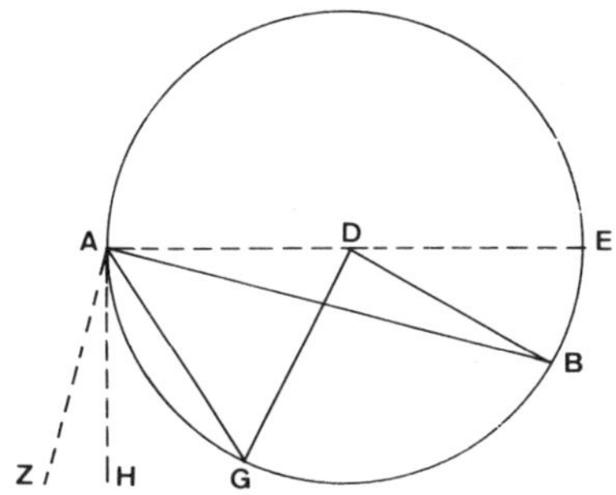

Figure 14b

Si les lignes BD, DG ne pénètrent pas tout entières dans le triangle ABG, comme c'est le cas sur cette figure [fig. 14b], on démontre, à partir de ce qu'a indiqué Euclide, en complétant un peu la preuve, que l'angle BDG est double de l'angle BAG. En effet, il a été déjà établi, comme l'a indiqué Euclide, que l'angle EDG tout entier est double de l'angle DAG tout entier, puisqu'il est extérieur au triangle DAG, lequel est isocèle; de la même façon, il est établi que l'angle EDB est double de l'angle EAB; ainsi, puisque l'angle EDB est double de l'angle DAB, l'angle EDG tout entier étant d'autre part double de l'angle DAG tout entier, l'angle BDG qui est la différence [entre EDG et EDB] est double de l'angle BAG qui est la différence [entre DAG et DAB].

Si quelqu'un nous objecte que cette propriété[117] n'est pas démontrée

---

Il nous faut toutefois éviter de conclure trop hâtivement que l'ouvrage du Pseudo-Ṭūsī est nécessairement la source de Gersonide. En effet, le manuscrit Paris BN Héb. 1014, déjà cité, donne deux figures complémentaires, manifestement ajoutées par un deuxième copiste et correspondant aux deuxième et troisième cas; ces figures, que n'accompagne aucune démonstration, portent la mention suivante: "autre figure [apparaissant] dans l'arabe". Il s'agit vraisemblablement d'une autre version arabe des *Éléments*. Celle d'al-Ḥajjāj? Ajoutons enfin que les trois cas sont traités par Avicenne (deux siècles avant Ṭūsī ou Pseudo-Ṭūsī!), dans l'adaptation des *Éléments* figurant dans son encyclopédie, *al-Shifā*ʾ, sous le titre *Fondements de la géométrie* (*Uṣūl al-Handasa*), éd. A. Sabra et A. Lotfi (Le Caire, 1976); la proposition concernée est numérotée III,18.

Pour être complet, il convient d'évoquer la tradition latine: si les versions latines récemment éditées par H. L. L. Busard (Adelard de Bath, Hermann de Carinthie, Gérard de Crémone) n'indiquent que le premier cas de figure, la version de Campanus analyse les trois cas de figure; cf. *Euclidis . . . Geometricorum Lib. XV*, *cum expositione Theonis in XIII priores . . .*, *Campani in omnes . . .*, (Bâle, J. Hervagius, 1537), p. 70.

117 A savoir: la différence entre les doubles de deux grandeurs est le double de la différence entre ces deux grandeurs.

avant la proposition 5 du cinquième livre[118], et que ce qui est établi [jusque là] c'est [seulement] que la soustraction des égaux donne des différences égales [Axiome I,3], nous lui démontrerons cette propriété de la manière suivante: construisons à partir du point A, sur la ligne DA, un angle égal à l'angle EDG [Prop. I,23], soit l'angle DAZ; l'angle DAZ est donc double de l'angle DAG; dès lors les deux angles DAG, GAZ sont égaux. Construisons sur la ligne GA, à partir de son point A, un angle égal à l'angle GAB, soit l'angle GAH; la différence [entre GAZ et GAH], l'angle HAZ, est égale à l'angle BAD [lui-même, différence entre DAG et GAB]; puisque l'angle EDB est double de l'angle DAB, l'angle EDB sera donc égal aux deux angles DAB, HAZ [pris ensemble], et la différence BDG [entre EDG et EDB] sera égale à l'angle BAH, qui est la différence [entre DAZ et la somme de DAB et HAZ]; mais l'angle BAH est double de l'angle BAG; dès lors l'angle BDG est bien double de l'angle BAG. CQFD.

Complément à la proposition 24 du troisième livre[119]

Lévi dit: Il est clair que l'angle GAD peut être égal à l'angle AGD [fig. 15*]; D est alors nécessairement le centre du cercle. En effet, puisque les deux angles AGD, GAD sont égaux, les deux lignes [droites] DA, DG sont égales entre elles; ainsi, à partir du point D, sont menées, jusqu'à la circon-

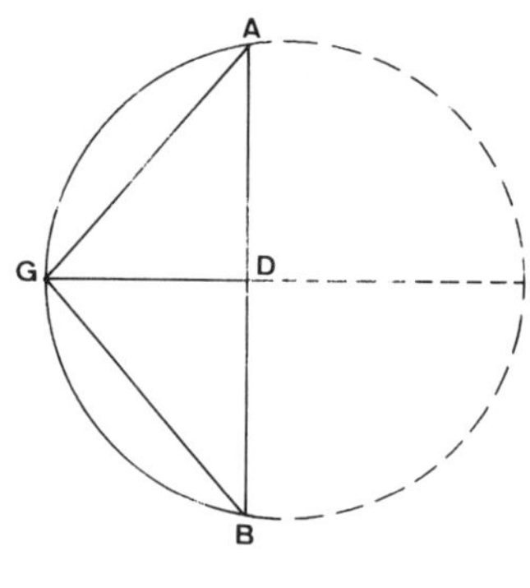

Figure 15*

[118] La proposition V, 5 énonce la propriété pour un multiple quelconque. Cette remarque, et la démonstration qui suit, ne figurent pas dans le texte arabe du Pseudo-Ṭūsī; en revanche—et ceci est tout à fait intéressant pour notre propos—, la remarque apparaît chez al-Ṭūsī; immédiatement après le passage cité précédemment, al-Ṭūsī indique: "... et on se sert à cette fin d'une prémisse [*muqaddama*] établie dans une des propositions, la cinquième, du cinquième livre". C'est ici la seule fois où nous relevons un parallèle entre al-Ṭūsī et Gersonide, qui n'ait pas son pendant avec le texte du Pseudo-Ṭūsī. Voilà qui rend encore plus complexe la question des textes que Gersonide a pu consulter à ce propos.

[119] Prop. III, 25 du texte grec: "Un segment de cercle étant donné, décrire le cercle complet dont il est un segment". Ici le segment a pour base la corde AB, de milieu D; G appartient à l'arc AB, de façon que GD soit perpendiculaire à AB. Euclide, dans le texte grec classique, distingue trois cas de figure, selon que l'angle AGD est plus grand que, égal à, ou plus petit que l'angle GAD; autrement dit, selon que le segment donné est plus petit que, égal à, ou plus grand qu'un demi-cercle.

férence du cercle, trois lignes [droites] [DB, DA, DG]; dès lors le point D est le centre du cercle [Prop. III,9][120].

Si les deux angles AGD, GAD ne sont pas égaux, on établit, à partir des propos // *166* // d'Euclide, où se situe le centre, selon que l'angle GAD est plus petit que l'angle AGD, ou qu'il s'agit du contraire; et on construit les deux figures; cela s'éclaire grâce à ce qu'il dit à cet endroit[121].

[*Proposition III, 31*][122]

Lévi dit: ce qui est dit dans la proposition 31, "et ne passant pas par le centre"[123], ne constitue pas une condition [de validité]; car, même si elle [la droite menée à partir du point de contact] passe par le centre, son propos reste valide. En effet, les angles qu'elle forme [alors] avec les deux côtés de la tangente sont tous droits, et les angles placés dans les deux segments de cercle sont aussi droits, puisque cette ligne est [alors] le diamètre du cercle [Prop. III, 31 du texte grec; III, 30 de la version hébraïque]. Les choses étant ainsi, les angles [dans les segments] alternes sont égaux, car ils sont tous droits[124]. Quant à l'expression "et [la droite] ne passant pas

---

[120] Manifestement le texte hébreu utilisé par Gersonide ne comporte pas l'analyse de ce deuxième cas. De même, le Pseudo-Ṭūsī ne cite au nom d'Euclide que le premier cas, dont il donne la démonstration, et il signale les deux autres cas sans les développer; cf. op. cit. (n. 45), p. 81.

[121] Le Pseudo-Ṭūsī se contente d'écrire ceci, qu'on comparera aux derniers mots de Gersonide: "... quant au deuxième et au troisième [cas], leur démonstration s'éclaire à partir de ce que nous avons mentionné" (ibid.).

Il est intéressant de signaler ici que d'autres sources arabes, explicitement rapportées à al-Ḥajjāj, proposent une démonstration pour chacun des trois cas, en distinguant selon que le segment de cercle est égal à, plus grand que, ou plus petit que, un demi-cercle: c'est ainsi qu'une copie de la version arabe dite de Isḥāq/Thābit, telle qu'elle figure, en caractères hébraïques, dans le manuscrit Paris BN Héb. 1381, fol. 32b, comporte les lignes suivantes, à la suite de la démonstration de Prop. III, 24: "... Isḥāq n'a mentionné que le cas [du segment] plus petit qu'un demi-cercle; mais al-Ḥajjāj a mentionné trois cas ..."; suit l'exposé des trois cas. Al-Nayrīzī, qui, on le sait, a utilisé pour son commentaire une version d'al-Ḥajjāj (sans qu'on perçoive nettement comment il l'a adaptée, ni même s'il s'y réfère toujours), mentionne aussi ses trois cas, dans le même ordre et avec la même formulation (op. cit.[n. 17], II (2), p. 92). Dans cette proposition, le rapprochement entre le commentaire de Gersonide et celui du Pseudo-Ṭūsī est donc plus net.

[122] Prop. III, 32 du texte grec: "Si une droite est tangente à un cercle, et si du point de contact on mène une droite qui coupe le cercle, les angles que cette droite fait avec la tangente seront égaux aux angles placés dans les segments alternes du cercle".

[123] Tous les manuscrits hébreux des *Éléments* que nous avons consultés (par exemple, Paris BN Héb. 1014, fol. 22a) insèrent, dans l'énoncé de la proposition, cette expression (laquelle ne figure pas dans le texte grec) qui suscite la remarque de Gersonide. L'expression apparaît dans la version arabe dite de Isḥāq/Thābit transmise par Paris BN Héb. 1381, fol. 34a; et dans l'énoncé de Prop. III,31 que donne al-Nayrīzī (op. cit.[n. 17], II (2), p. 108). En revanche, l'expression n'apparaît plus dans les versions arabes "adaptées" d'al-Ṭūsī (op. cit.[n. 73], p. 60) et du Pseudo-Ṭūsī (op. cit. [n. 45], p. 85).

[124] Lire à la place de *shawot*, *niṣṣavot*.

par le centre'', il nous semble qu'il faut plutôt l'entendre [ainsi]: ''et même si elle ne passe pas par le centre''.

Complément à la proposition 32 du troisième livre[125]

Lévi dit: si l'angle donné était droit, il est clair que l'angle BAZ serait droit, et il résulte alors de la proposition précédente que la ligne AB serait un diamètre du cercle [cherché], et on obtiendrait alors [dans le demicercle de diamètre AB] un angle comme l'angle BAZ qui serait droit.

Si l'angle donné n'était pas droit, alors il serait, ou bien plus petit qu'un droit, ou bien plus grand. S'il était plus grand qu'un droit, ce qui est le cas sur cette figure [fig. 16], comme la ligne BAZ[126] n'est pas droite, on pourrait mener une [ligne perpendiculaire à la] ligne AZ [en A] du côté de B. Il est clair que l'angle HAZ[127] est droit, donc l'angle HAB est aigu. De ce fait, il résulte nécessairement que les deux lignes AH, BH se rencontrent, car elles sont issues de deux angles qui sont inférieurs [pris ensemble] à deux droits[128]. CQFD.

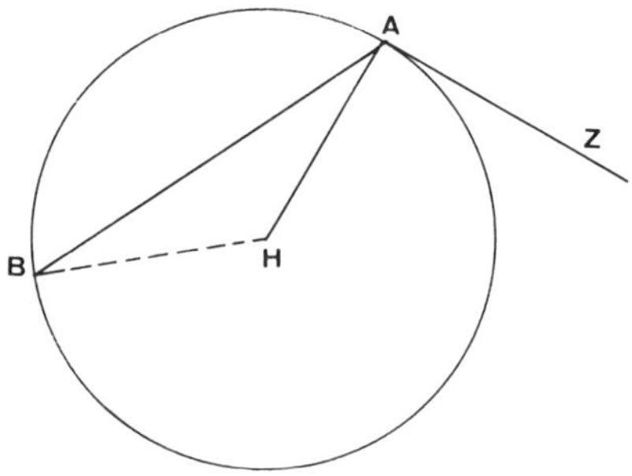

Figure 16

[125] Prop. III, 33 du texte grec: ''Sur une ligne droite donnée, construire un segment de cercle admettant un angle rectiligne donné''. Ici, AB est la droite donnée, et BAZ est l'angle construit sur elle, et égal à l'angle donné. Il s'agit donc de construire le centre H du cercle recherché, passant par A et B. Dans le texte grec de Heiberg, Euclide examine successivement les cas d'un angle donné aigu, puis droit, puis obtus. Une fois construit l'angle (DAB, dans le texte grec) égal à l'angle donné, on obtient le centre en menant, d'une part sur la perpendiculaire en A à AD, d'autre part la perpendiculaire à la droite AB passant par le milieu de celle-ci.

Le texte hébreu consulté par Gersonide ne devait comporter que le cas d'un angle aigu (comme l'attestent plusieurs manuscrits consultés, par exemple Paris BN Héb. 1014, fol. 22b).

[126] Et non BAG, leçon du manuscrit reprise par Carlebach.

[127] Et non HAG.

[128] Postulat I,5, ''démontré'' précédemment. Dans le cas de l'angle aigu, la version rapportée par plusieurs manuscrits hébreux (et donc la version arabe dont elle dérive) détermine le centre, à l'intersection de la perpendiculaire à AZ en A (fig. 16) d'une part, et de la ligne droite BH, deuxième côté d'un angle ABH égal à l'angle constitué par AB et ladite perpendiculaire. Pour justifier que les deux droites se rencontrent effectivement, on recourt au postulat I,5. Gersonide se contente de souligner que, dans le cas de l'angle obtus, les conditions d'application du postulat sont toujours réunies.

Complément à la proposition 34 du troisième livre[129]

Lévi dit: On ne peut échapper aux possibilités suivantes: ou bien aucune des [deux] cordes n'est divisée en deux moitiés [au point d'intersection] et le centre du cercle n'est placé sur aucune d'elles, ce qui est le cas de figure qu'on trouve dans les textes[130].

Ou bien elles sont toutes deux divisées en deux moitiés [au point d'intersection], et alors le centre du cercle est le lieu de leur intersection, comme cela résulte de [l'application de] la proposition 4 de ce livre[131]. Il est clair que [alors] les quatre lignes [droites] sont toutes égales entre elles, d'où il résulte nécessairement que le rectangle [produit][132] de telle [d'entre les quatre lignes] par telle [autre] est comme le rectangle [produit] de telle par telle.

Ou bien, aucune d'entre elles n'est divisée en deux moitiés, et le centre [du cercle] est placé sur l'une d'elles seulement. Ou bien l'une d'entre elles est divisée en deux moitiés [au point d'intersection], et le centre est placé sur l'une seulement[133]. Ou bien l'une d'entre elles est divisée en deux moitiés, et le centre n'est placé sur aucune d'entre elles[134].

---

[129] Prop.III, 35 du texte grec: "Si dans un cercle deux lignes droites se coupent mutuellement, alors le rectangle entouré par les segments de l'une est égal au rectangle entouré par les segments de l'autre". Le texte euclidien grec ne comporte que deux cas de figure: le plus "simple", quand les deux lignes sont deux diamètres; et le plus général, quand les deux lignes ne sont pas des diamètres et que leur point d'intersection n'est le milieu d'aucune d'elles.

[130] Le (ou les) texte hébreu consulté par Gersonide ne comportait manifestement que ce seul cas général; c'est ce que confirment plusieurs manuscrits hébreux (par exemple, Paris BN Héb. 1014, fol. 23a), en accord avec la version arabe transmise par Paris BN Heb. 1381 (fol. 35b).

[131] En fait, cette conclusion résulte non pas de la proposition III,4, telle que l'énonce le texte euclidien, mais de son équivalent logique. Toutefois, on peut aisément obtenir la conclusion en restant "euclidien": il suffit d'appliquer Prop.III,3 et Prop.III,1, porisme.

[132] *sheṭaḥ*, la surface [rectangulaire], désigne ici, en bonne tradition euclidienne, l'aire du rectangle, donc le produit des deux dimensions.

[133] C'est nécessairement l'autre, sinon il s'agirait de deux diamètres, cas déjà envisagé.

[134] Dans l'ordre, les cinq cas recensés par Gersonide sont donc les suivants: 1- Aucune des cordes n'est un diamètre et aucune ne coupe l'autre en son milieu; 2- Les deux cordes sont des diamètres; 3- une des cordes est un diamètre et elle ne coupe pas l'autre en son milieu; 4- une des cordes est un diamètre et elle coupe l'autre en son milieu [à angle droit, nécessairement]; 5- Aucune des cordes n'est un diamètre, et l'une coupe l'autre en son milieu.

Le texte grec de Heiberg traite (1) et (2). Le texte hébreu consulté par Gersonide, manifestement, traite seulement (1); et il en est de même dans plusieurs manuscrits. Gersonide propose donc, en complément, l'examen de (2), (3), (4) et (5). Qu'en est-il dans les autres sources à notre disposition?

Dans le manuscrit hébreu Munich 36, qui comporte un texte des *Éléments* traduit à partir de l'arabe par Moïse ibn Tibbon, on trouve, au folio 18a, indépendamment du texte d'Euclide, la démonstration des cas (2), (3), (4), laquelle est attribuée à Jacob ben Makhir (le deuxième traducteur connu des *Éléments*!) par ces mots: "Selon le sage Rabbi Yaᶜqov bar Makhir, preuves pour démontrer la proposition 34 dans tous les cas".

Soit d'abord le cas où l'une d'entre elles est divisée en deux moitiés, et le centre n'est placé sur aucune d'elles. Soit AB la corde divisée en deux au point E [fig. 17a], la corde GED étant divisée au point E en deux parties inégales, et au point T en deux parties égales, et le centre du cercle étant le point Z. Menons les lignes [droites] ZB, ZG, ZT, ZE. Puisque la ligne GD est divisée en deux parties égales au point T et en deux parties inégales au point E, alors le rectangle [produit] de GE par ED, avec le carré TE est égal au carré de la ligne TG [Prop.II, 5]; dès lors le rectangle [produit] de GE par ED avec les carrés des deux lignes ZT, TE est comme le carré ZG [somme des carrés ZT et TG][135]. D'autre part, le produit de AE par EB est comme le carré AE; dès lors le produit de AE par EB avec le carré ZE [soit le carré AZ] est comme le produit de GE par ED avec le carré ZE [soit le carré ZG]. Soustrayons le carré ZE qui est commun; alors le produit AE par EB est comme le produit GE par ED. CQFD.

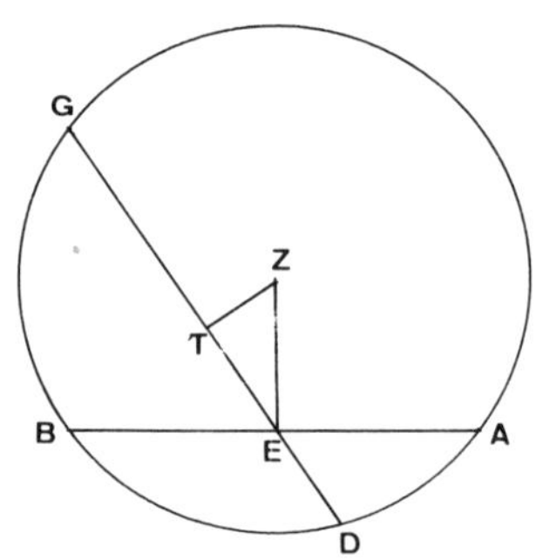

Figure 17a

Selon le témoignage du texte arabe déjà cité, qui transmet une version Isḥāq/ Thābit comportant le seul cas général, al-Ḥajjāj avait bien inventorié et démontré 6 cas de figure, dans l'ordre: (2), (4), (3), (5), (1a), (1b), ces deux derniers cas offrant deux variantes dans les diagrammes, sans conséquence pour la démonstration (ms Paris BN Héb. 1381, fols. 36a-38a). Ce témoignage est corroboré par le commentaire d' al-Nayrīzī, qui offre les mêmes six cas (op. cit. [n. 17], II (2), p. 121-135). Il en de même dans le texte du Pseudo-Ṭūsī (op. cit. [n. 45], p. 87-89).

La tradition latine offre le même mélange des deux types de présentation, celle d'Isḥāq/Thābit et celle d'al-Ḥajjāj. Plus précisément, c'est la "version" d'al-Ḥajjāj qui est donnée dans le texte attribué à Adélard (*The First Translation of Euclid's Elements commonly ascribed to Adelard of Bath*, ed. by H.L.L. Busard [Toronto, 1983], p. 118-23), dans celui attribué à Hermann (*The Translation of the Elements from the Arabic into Latin by Hermann of Carinthia* (?), ed. by H.L.L. Busard, *Janus*, LIV [1967], p. 77-81), tandis que la version latine attribuée à Gérard de Crémone offre les six cas d'al-Ḥajjāj, puis l'unique cas d'Isḥāq (*The Latin Translation of the Arabic Version of Euclid's Elements commonly ascribed to Gerard of Cremona*, ed. by H.L.L. Busard [Leiden, 1984], cols. 86-91); enfin Campanus offre la "version" d'al-Ḥajjāj, réduite à cinq cas, comme chez Gersonide (op. cit.[n. 116], p. 81-2). Soulignons qu'aucun de ces auteurs latins ne citent le nom d'Isḥāq ou celui d'al-Ḥajjāj.

[135] Le passage est rendu incompréhensible ici par l'inversion de deux lignes et plusieurs erreurs de lettrage. Nous avons rectifié.

Considérons aussi le cas où le centre du cercle est placé sur la ligne non divisée en deux [moitiés, au point d'intersection], sur cette même figure. Le centre [du cercle] sera donc T. Alors, puisque la ligne GD est divisée en deux parties[136] égales // *167* // au point T, et en deux parties inégales au point E, alors le rectangle [produit] GE par ED avec le carré ET est égal au carré TG [Prop.II, 5], laquelle ligne est la moitié du diamètre. D'autre part, le rectangle [produit] AE par EB [soit le carré EB] avec le carré ET est égal au carré TB, laquelle ligne est la moitié du diamètre. Donc le rectangle [produit] AE par EB avec le carré ET est égal au produit GE par ED avec le carré ET. Si l'on en soustrait le carré ET qui est commun, la différence, soit le rectangle [produit] AE par EB est comme la différence, soit le rectangle [produit] GE par ED. CQFD.

Considérons le cas où le centre est placé sur l'une d'entre les cordes, aucune d'entre elles n'étant divisée en deux moitiés [au point d'intersection]—c'est-à-dire que les deux cordes AB, GD, dans cet exemple, sont divisées au point E en deux parties inégales—, et où le centre du cercle est placé sur la ligne GD, au point T [fig. 17b*]. Divisons AB en deux moitiés au point H, et formons la ligne TH. Puisque la ligne GD est divisée en deux moitiés au point T, et en deux parties inégales au point E, alors le produit GE par ED avec le carré ET est égal au carré TG, laquelle ligne est la moitié du diamètre. De la même façon, le produit AE par EB avec le carré EH est égal au carré HB. Ajoutons en commun [à chacun des termes de cette égalité] le carré TH[137]. Il résulte de ce qu'on a expliqué précédemment que le produit DE par EG avec le carré ET est égal au carré TB, laquelle ligne est la moitié du diamètre [comme TG]. Par conséquent, le produit AE par EB avec le carré ET est égal au produit DE par EG avec le carré ET. Soustrayons le carré ET, qui est commun, alors le produit DE par EG est comme le produit AE par EB. CQFD. C'est ainsi qu'est complété ce qu'Euclide avait voulu démontrer.

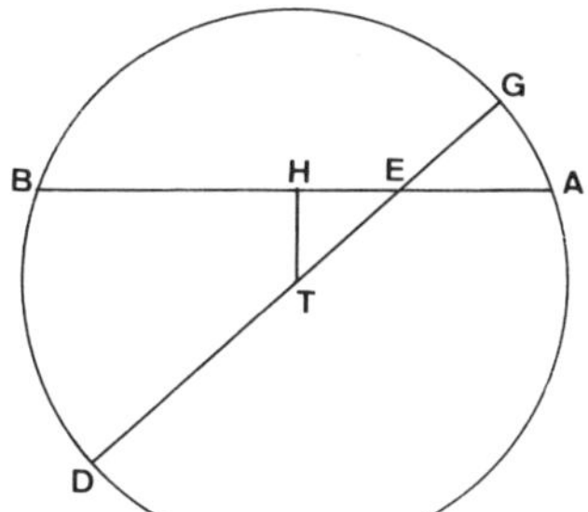

Figure 17b*

[136] Il faut sans doute remplacer *ḥaṣa'im*, moitiés, qui figure dans le manuscrit, par *ḥalaqim*, parties.

[137] On obtiendra, d'une part le produit AE par EB avec les carrés EH et TH, soit avec le carré ET, d'autre part le carré HB avec le carré HT, soit le carré TB.

Complément à la proposition 35 [du livre III][138]

Lévi dit: La ligne DB [fig. 18], ou bien ne passe pas par le centre du cercle, comme dans l'exemple indiqué par Euclide, ou bien elle passe par le centre du cercle[139]. Si elle passe par le centre du cercle, comme sur cette figure, posons que le centre est le point Z, et menons la ligne [droite] ZA; l'angle ZAD est alors droit [Prop. III, 18 du texte grec]; le carré ZD est donc égal aux carrés ZA, AD [pris ensemble: Prop. I, 47]. D'autre part, puisque la ligne BG est divisée en deux moitiés au point Z, et qu'on lui a ajouté la ligne GD, alors le produit BD par DG avec le carré ZG est égal au carré ZD [Prop. II, 6]; et comme le carré ZG est égal au carré ZA, le produit BD par DG avec le carré ZA est égal au carré ZD; or le carré ZA avec le carré AD est égal aussi au carré ZD; en soustrayant le carré ZA, qui est commun, il reste que le produit BD par DG est égal au carré AD[140].

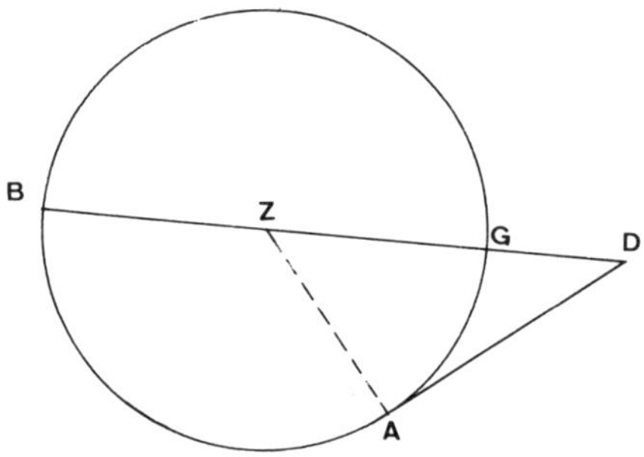

Figure 18

[138] Prop. III, 36 du texte grec: "Si l'on prend un point hors du cercle, et si de ce point on mène deux lignes droites dont l'une coupe le cercle et l'autre lui est tangente, alors le rectangle entouré par la ligne droite coupant le cercle tout entière et la ligne droite interceptée à l'extérieur entre le point et la circonférence convexe est égal au carré sur la tangente".

[139] Dans le texte grec de Heiberg, on distingue le cas où la sécante passe par le centre, et celui où elle ne passe pas par le centre. Manifestement la version hébraïque utilisée par Gersonide n'offrait que le seul cas d'une sécante ne passant pas par le centre; ce que confirment plusieurs manuscrits hébreux.

[140] Qu'en est-il des autres sources? La version arabe déjà citée mentionne au nom d'Isḥāq un seul cas, celui où la sécante passe entre le centre et le point de contact; toutefois, on lit ensuite: "Isḥāq n'a mentionné dans son ouvrage que cette unique proposition; mais nous (?) avons trouvé dans d'autres versions trois cas, l'un d'entre eux étant celui qui précède; quant aux deux autres nous les avons ajoutés à la version d'Isḥāq . . ." (ms Paris BN Héb. 1381, fol. 38b). Sont alors énoncés les trois cas: 1- la sécante DGB passe par le centre du cercle; 2- elle passe à l'extérieur du centre et du point de contact; 3- elle passe entre ces deux points. Les cas (1) et (2) sont démontrées et (3) est désigné comme le cas déjà traité par Isḥāq. Dans le commentaire d'al-Nayrīzī, sont démontrés, dans l'ordre (1), (3), (2), ces mêmes trois cas (op. cit. [n. 17], II(2), p. 135-41). Dans la rédaction d'al-Ṭūsī, les trois cas sont traités, dans l'ordre (1), (2), (3); il est ensuite indiqué

Avec ce théorème, on démontre que pour toutes les lignes [droites] issues d'un point extérieur au cercle et coupant ce dernier, le rectangle entouré par l'une des lignes et par la ligne [droite] interceptée sur cette dernière à l'extérieur du cercle est égal au rectangle entouré par n'importe laquelle des autres lignes et par la ligne [droite] interceptée sur elle à l'extérieur du cercle: en effet, ils [les rectangles] sont tous égaux au carré de la ligne [droite] issue de ce même point et tangente au cercle; or les choses égales à une même chose sont égales entre elles [Axiome I, 1][141].

[Livre IV]

Proposition 10 du quatrième [livre] [142]

Lévi dit: Ce qu'on trouve dans les ouvrages [à savoir:][143], "et elle [la ligne DG, fig. 19*] coupe le cercle sans passer par le centre [du cercle GDA]", nous paraît être une faute de copiste, même si cela correspond à la vérité; il n'y a, en effet, pas de raison[144] que les angles [dans les segments] alternes // *168* // soient égaux[145]. Quant à la manière d'établir que

---

que Thābit a réduit les trois figures à la dernière d'entre elles (op. cit.[n. 73], p. 63). Le Pseudo-Ṭūsī traite les trois cas, dans l'ordre (1), (3), (2) (op. cit. [n. 45], p. 89-90).

Ces trois cas se retrouvent dans les trois versions latines éditées: chez Adelard, dans l'ordre (1), (3), (2) (op. cit. [n. 134], p. 123-6); chez Hermann, dans l'ordre (1), (2), (3) (op. cit. [n. 134], p. 82-3); chez Gérard, dans l'ordre (1), (3), (2), avec, en plus, la répétition du cas (3), mentionné comme l'unique cas figurant "dans un autre ouvrage" (op. cit. [n. 134], cols. 91-5). Seule la rédaction de Campanus offre deux cas: "aut enim *adc* [la sécante] transit per centrum, aut non ..." (op. cit. [n. 116], p. 83).

141 Ce corollaire, absent du texte grec, figure aussi bien dans le texte latin de Campanus (ibid.), que dans le texte arabe du Pseudo-Ṭūsī (op. cit. [n.45], p. 91). Toutefois le Pseudo-Ṭūsī et Gersonide sont les seuls à invoquer l'axiome I,1.

142 "Construire un triangle isocèle qui ait chacun des angles à la base égal au double de l'angle restant". Le commentaire proposé par Gersonide n' apporte pas vraiment de complément à la démonstration. En revanche, il est tout à fait précieux en raison de la mention d'un texte arabe que Gersonide dit avoir consulté.

Rappelons l'intérêt particulier qui s'attache à cette proposition IV,10: elle s'appuie sur la division d'un segment en extrême et moyenne raison (la section "dorée"), et elle prépare la construction du pentagone régulier.

143 Les versions hébraïques des *Éléments*. Voici le passage, dans la version transmise par le ms Munich Heb. 36, fol. 30b, l. 19: "... la ligne BD est donc tangente au cercle AGD, et l'on mène à partir du lieu où elle le touche la ligne DG, qui coupe le cercle sans passer par le centre; alors ....". Sur tous les manuscrits que nous avons consultés, on constate la présence effective de l'expression incriminée, à une exception près, qui ne paraît pas significative (Paris BN Héb. 1007, fol. 50b, l. 37). Soulignons l'absence de cette expression dans le texte grec de Heiberg.

144 *eyn zeh sibba lihyot ha-zawiyyot ha-mumarot shawot*, qu'on traduirait littéralement ainsi: "car ce n'est pas là [à savoir, l'absence de l'expression interpolée] une raison pour que etc ...", et c'est bien ce que Gersonide établit aussitôt après.

145 Gersonide a précisément commenté ce cas de figure, dans le cadre de la proposition III, 31, et montré qu'il correspondait à une sécante au cercle passant par le centre.

la ligne DG ne passe pas par le centre, voici ce que l'on peut faire: l'angle ADB est aigu du fait que le triangle ADB est isocèle, l'angle D étant égal à l'angle B, d'où il résulte que chacun d'entre eux est inférieur à un droit. Cela étant, l'angle GDB est sans aucun doute [lui aussi] aigu[146]. Puisqu'il [l'angle GDB] est aigu, le centre [du cercle GDA] n'est pas placé sur GD, car si le centre était placée sur elle, l'angle GDB serait droit[147]. Du reste, nous avons constaté dans un livre arabe[148] qu'il n'était pas écrit "sans passer par le centre"; et c'est bien là ce qui nous semble correct.

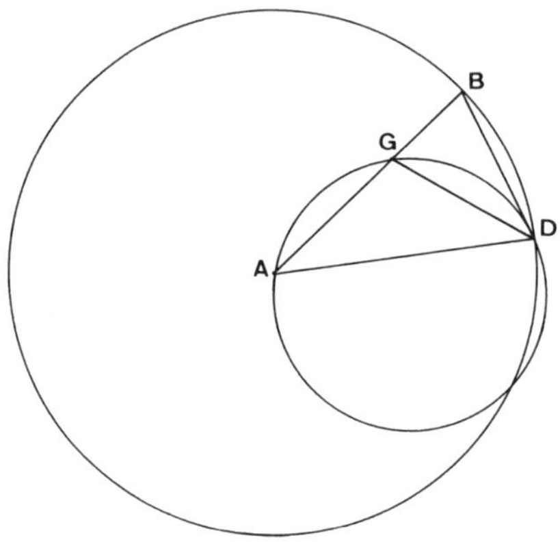

Figure 19*

LE CINQUIÈME LIVRE.

Le *rapport* est une certaine relation de grandeur entre deux grandeurs [de même genre][149].

Lévi dit: On entend par là que, si la première grandeur est une ligne, la deuxième est [aussi] une ligne; si la première grandeur est une surface, la deuxième est une surface, et ainsi de suite. Et il existe un rapport entre de telles grandeurs quand bien même elles seraient différentes selon l'espèce, par exemple un rapport entre une ligne courbe et une ligne droite, un rapport entre un triangle et un quadrilatère ou un cercle.

---

146 Par construction, cet angle est plus petit que l'angle BDA.

147 Cf. le commentaire de Prop.III, 31.

148 *be-sefer ha-ᶜarav*. Que peut-on savoir du texte arabe consulté? La version arabe des *Éléments*, transmise par le manuscrit déjà cité, comporte l'expresion incriminée: "... la ligne BD est donc tangente au cercle AGD; et l'on mène, à partir du lieu où elle le touche, la ligne GD coupant le cercle et ne passant pas par le centre, alors ..." (ms Paris, BN Heb. 1381, fol. 44b, l.12). En revanche, cette expression est absente du commentaire d'al-Nayrīzī (op. cit. [n. 17], III(1), p. 48), ainsi que des rédactions d'al-Ṭūsī (op. cit. [n. 73], p. 70) et du Pseudo-Ṭūsī (op. cit.[n. 45], p. 102).

149 *ha-yaḥas hu hiṣṭarfut ma be-shiᶜur beyn shney shiᶜurim mi-sug eḥad*. Traduction littérale du texte arabe, tel qu'il figure, par exemple, dans le ms Paris BN Héb. 1381, fol. 48a: *al-nisbatu hiya iḍāfatun mā fī l-qudri bayn muqdarayni min jinsin wāḥidin ...*

La *proportionalité* est la similitude des rapports[150].

Levi dit: il [Euclide] entend par là que le rapport d'une grandeur à une grandeur est comme le rapport d'une autre grandeur à une autre grandeur. Il convient que tu saches que les quatre grandeurs ne sont pas nécessairement du même genre: il peut y avoir le rapport d'une ligne à une ligne qui soit comme le rapport d'une surface à une surface.

Les grandeurs qui sont dites [*avoir entre elles un rapport*, sont telles qu'on peut, en multipliant certaines d'entre elles, dépasser certaines autres]

Lévi dit: Nous avons vu d'aucuns estimant qu'il s'agit [là] d'une répétition, puisqu'il [Euclide] a déjà mentionné que le rapport est une certaine relation de grandeur entre deux grandeurs du même genre[151]. Toutefois, selon nous, il ne s'agit pas d'une répétition: en effet, il vient de définir la proportionalité et il revient maintenant sur la définition des grandeurs qui ont un rapport entre elles. Tu constateras qu'Aristote a procédé de la même façon dans le livre des *Catégories*, à propos de la catégorie du "comment" [*eykh*], à savoir: il a défini [d'abord] la qualité [*eykhut*], ensuite il a recommencé en définissant les choses auxquelles est attribuée la qualité[152]. De même, Porphyre, dans son résumé [des *Catégories* aristotéliciennes][153], a [d'abord] défini la relation, puis il a recommencé en définissant les choses qui sont en relation.

En fait, l'utilité de cette définition d'Euclide est ailleurs: les grandeurs différentes qui sont d'un même genre sont telles qu'on peut multiplier la grandeur la plus petite de façon qu'un de ses multiples dépasse la grandeur la plus grande. Nous nous servons de cette prémisse pour [établir] la deuxième[154] proposition de ce livre. Et il [Euclide] a posé cette prémisse

---

150 Les traductions médiévales (arabes, latines, hébraïques) ont inséré cette définition immédiatement après celle du rapport. Dans la tradition grecque, cet énoncé est, selon Heiberg, une interpolation tardive, qui apparaît après la définition 7 dans quelques manuscrits (Heath, op. cit. [n. 26], vol.2, p. 119). En réalité, les différences qu'offrent ces versions médiévales par rapport au texte grec, à propos du livre V, sont autrement plus importantes et significatives que celles qu'on rencontre dans les livres précédents; en effet, elles concernent l'intelligence qu'on a pu avoir de la théorie euclidienne des proportions. Il n'entre pas dans notre propos d'aborder ici ce problème. Nous nous contenterons de souligner ces différences, quand elles engagent l'interprétation de Gersonide relative aux concepts euclidiens.

151 Et deux grandeurs de même genre ont effectivement cette propriété, si l'on tient pour allant de soi la propriété qu'exprime l'axiome d'Eudoxe-Archimède. On a vu que Gersonide adoptait cette propriété comme une prémisse à la "démonstration" du postulat I,5. Relevons qu'al-Fārābī, commentant cette définition d'Euclide, fait état aussi du reproche de "redondance" qu'on pourrait formuler à cet égard; mais il le rejette d'une tout autre manière. Voir G. Freudenthal, op. cit. (n. 19), texte arabe, p. 206, l. 20.

152 *Catégories*, VIII; rappelons que Gersonide a glosé presque tous les commentaires moyens d'Averroès sur l'*Organon*.

153 Il s'agit de l'*Isagogé*; le supercommentaire de Gersonide a été récemment édité par S. Rosenberg, in: *Da ʿat* 22 (1989), p. 85-99.

154 Dans le manuscrit B, au-dessus de "deuxième", une main différente de

car elle va de soi; en effet, s'il est possible qu'il n'en soit pas ainsi, la grandeur la plus grande contiendrait la grandeur la plus petite multipliée un nombre illimité de fois, et s'il en était ainsi, la plus grande serait infinie. Or nous parlons ici de grandeurs limitées, cela est donc faux et impossible.

On dit que *des grandeurs ont le même rapport* [la première à la deuxième comme la troisième à la quatrième, si des équimultiples quelconques de la première et de la troisième ou bien dépassent en même temps des équimultiples quelconques de la deuxième et la quatrième, ou bien leur sont égaux en même temps, ou bien leur sont inférieurs en même temps, si on les compare dans l'ordre les uns aux autres. A l'inverse, lorsque des grandeurs, prises en ordre, sont dans un seul et même rapport, alors les multiples de la première et de la troisième, ou bien dépasseront en même temps les multiples de la deuxième et de la quatrième, ou bien leur seront inférieurs en même temps, ou bien leur seront égaux en même temps][155]

Lévi dit: comme ce qui est supposé dans ces énoncés est obscur, et que ces prémisses[156] sont tout à fait indispensables pour établir de nombreuses propriétés relatives à la proportionalité, il nous a paru bon d'établir ces prémisses par une preuve; en effet, par leur nature, // *169* // elles requièrent, pour être établies, une étape intermédiaire[157], comme tu le verras. Et il est étonnant de la part d'Euclide qu'il ait démontré, à partir de ces prémisses, des choses comportant moins d'obscurité que n'en comportent ces prémisses elles-mêmes, comme tu le saisiras dans ses propos.

Nous en commençons ici la démonstration. Enonçons une notion générale, communément acceptée: des choses égales, multipliées un nombre égal de fois, restent égales[158].

[Lemme 1] Toute grandeur se divise en moitiés, et ses moitiés en moitiés, et il en est ainsi pour [tout] ce qu'on obtient par la division [en deux]. Je dis donc que la grandeur dans sa totalité est un multiple de la petite partie, la dernière [produite par une division donnée].

Soit AB la grandeur A H Z T G K D E B. Divisons [-la] en moitiés

---

celle du copiste a inscrit "quatrième". En réalité, c'est bien la deuxième des propriétés établie par Gersonide (nous l'avons appelée lemme 2) qui fait appel à cet axiome désigné aujourd'hui comme l' axiome d'Eudoxe-Archimède.

155 Pour compléter le texte cité par Gersonide, comme nous l'avons indiqué précédemment, nous utilisons le texte hébreu de ms Paris BN Héb. 1014 (fol.28a). Les leçons en sont confirmées par la majorité des autres manuscrits consultés. On relèvera les différences entre cette formulation (qu'on retrouve en arabe) et celle du texte grec, en particulier, la présence, insolite, d'une sorte de réciproque, qui confère à cet énoncé les allures d'une proposition plus que celles d'une définition. On verra que Gersonide, précédé sur ce point par plusieurs commentateurs arabes, va précisèment tenter de "déduire" la définition euclidienne à partir de prémisses tenues pour plus "simples".

156 Comme la suite le montre, Gersonide a en vue ici les définitions, et tout particulièrement celle de l'égalité de deux rapports.

157 *Gevul emṣaʿi*. Dans la terminologie logique, cette expression désigne le terme moyen d'un syllogisme.

158 Il s'agit de l'application répétée de l'axiome I, 2.

au point G; la grandeur GB est ensuite divisée en deux moitiés au point D; ensuite la grandeur DB est divisée en moitiés au point E. Je dis qu'alors la grandeur AB est multiple de la dernière grandeur [produite], EB.

La preuve. Divisons AG en deux moitiés au point Z. Comme la grandeur AG est égale à la grandeur GB, et qu'elles ont été [toutes deux] divisées en deux moitiés [respectivement] aux points Z, D, alors les quatre grandeurs AZ, ZG, GD, DB sont égales. De la même façon, divisons aussi en deux moitiés les grandeurs AZ, ZG, GD [respectivement] aux points H, T, K. Il est clair que les huit grandeurs AH, HZ, ZT, TG, GK, KD, DE, EB sont égales; on peut donc bien mesurer la grandeur AB, la plus grande, par la grandeur EB, la plus petite. Dès lors la grandeur AB est un multiple de la grandeur EB, la plus petite. CQFD.

[LEMME 2] Etant données deux grandeurs, la première plus grande que la seconde, je dis que la grandeur la plus grande est multiple d'une grandeur plus petite que la grandeur la plus petite [des deux].

Soient deux grandeurs inégales AB, GD; la plus petite étant la grandeur GD A Z H ET B, G D. Je dis que la grandeur AB est multiple d'une grandeur plus petite que la grandeur GD.

La preuve. Déterminons la grandeur BE [sur AB] égale à la grandeur GD, et divisons AB en moitiés au point Z; puis divisons ZB en moitiés au point H. Il est clair, quand nous aurons ainsi procédé à la division plusieurs fois, qu'on atteindra une grandeur plus petite que la grandeur BE. S'il était possible qu'il n'en fût pas ainsi, alors la grandeur BE serait contenue un nombre illimité de fois dans la grandeur AB, laquelle est supposée finie; c'est faux. Par conséquent, on arrive nécessairement [par ces dichotomies successives] à une grandeur plus petite que la grandeur EB, soit la grandeur TB. Puisque la grandeur AB a été divisée en moitiés, et sa moitié en moitiés, et que la division s'est poursuivie continûment jusqu'à TB, il s'ensuit que la grandeur AB est multiple de la grandeur TB; mais la grandeur TB est plus petite que la grandeur EB, laquelle est égale à la grandeur GD. Ainsi la grandeur AB est bien multiple d'une grandeur plus petite que la grandeur donnée GD. CQFD.

[LEMME 3] Le rapport d'une grandeur [donnée] à deux grandeurs inégales n'est pas le même: son rapport à la grandeur la plus grande est plus petit que son rapport à la plus petite; de même, le rapport de la grandeur la plus grande à cette grandeur est plus grand que le rapport de la plus petite grandeur à cette dernière.

Soient les deux grandeurs inégales AB, GD, la grandeur AB étant la plus grande; et soit EZ la troisième grandeur. Je dis que le rapport de la grandeur AB à la grandeur EZ est plus grand que le rapport de la grandeur GD à la grandeur EZ.

G D A H B E T K L Z.

La preuve. Déterminons la grandeur AH [sur AB] égale à la grandeur GD. Il est évident que la grandeur EZ peut être [considérée comme] un multiple d'une grandeur plus petite que la grandeur HB; divisons la grandeur EZ selon lesdits multiples, les parties étant ET, TK, KL, LZ, égales entre elles et chacune d'entre elles étant // *170* // plus petite que la grandeur HB. Il est clair que si la grandeur AH est un multiple de la grandeur ET, alors la grandeur GD est un multiple de la grandeur ET; et si la grandeur AH n'est pas un multiple de la grandeur ET, la grandeur GD n'est pas un multiple de la grandeur ET, puisque les deux grandeurs AH, GD sont égales.

Soit, pour commencer, ET [considérée comme] une part[159] de la grandeur AH; divisons la grandeur AH en parties semblables à la grandeur ET jusqu'à ce que le reste soit plus petit que ET, les parties égales à la grandeur ET étant AM, MN, et le reste NH étant plus petit que la grandeur ET. Et divisons aussi GD en parties semblables à la grandeur ET jusqu'à ce que le reste soit plus petit que la grandeur ET. Soit DS la grandeur égale à la grandeur AM, SO la grandeur égale à la grandeur MN, le reste OG étant égal à la grandeur NH, puisque les deux grandeurs AH, DG sont égales et qu'en retranchant de choses égales des choses égales, on obtient des restes égaux. Comme la grandeur HB est plus grande que la grandeur ET, alors la grandeur NB est bien plus grande que la grandeur ET. Ainsi la grandeur AB est supérieure [dans l'exemple choisi] aux trois quarts de la grandeur EZ[160], et la grandeur DG est inférieure aux trois quarts de la grandeur EZ[161]. Ainsi le rapport de la grandeur AB à la grandeur EZ est plus grand que le rapport de la grandeur DG à la grandeur EZ[162]. CQFD.

---

[159] Le terme *qṣat*, "part" ou "portion", traduit l'arabe *baᶜḍ*. Pour évaluer correctement la distinction part/partie (arabe: *juzʾ*, hébreu: *ḥeleq*), posée ici par Gersonide, il faut savoir que la définition V,1 en hébreu (comme en arabe) élargit la définition du texte grec. On lit dans la majorité des manuscrits hébreux: "La grandeur [la plus] petite est une partie de la grandeur [la plus] grande, si la plus grande est mesurée par elle. La part est ce qui n'épuise pas en totalité [*lo yikhlol*] la grandeur [la plus] grande, quand elle la mesure" (ms Paris BN Héb. 1010, fol. 55a). La partie a donc ici le sens restreint de "partie aliquote", la "part" étant toute partie, au sens général, dont la réplication ne permet pas d'obtenir le tout. La part peut donc être aussi bien commensurable que incommensurable au tout; l'incommensurabilité n'est réalisée que si aucune partie (aliquote) de la part n'est, en même temps, partie (aliquote) du tout. Soulignons que Gersonide n'explicite jamais cette dernière distinction.

[160] ET représente un quart de EZ. AH contient déjà deux fois une grandeur égale à ET et HB contient au moins une fois une grandeur égale à ET.

[161] Car DG est égale à AH, qui ne contient pas plus que deux fois une grandeur égale à ET, et qui est donc inférieure à trois fois une telle grandeur.

[162] Bien entendu, l'argument ne dépend pas du rapport numérique concret entre ET et EZ. Il suffit à l'auteur de montrer que, comparées à une mesure commune—une partie (ou une part) donnée de EZ—, les grandeurs AB et GD sont respectivement plus grande et plus petite que ladite mesure. A partir de là, il étend cette relation d'ordre, comme si une telle extension allait de soi, aux rapports de ces grandeurs à la grandeur EZ. Or, nous ne savons toujours pas explicitement ce qu'est cette relation d'ordre entre rapports, laquelle fait l'objet de la définition euclidienne (V,Déf.7). La démonstration euclidienne (ou eudoxéenne) de la propriété ici établie (Prop.V, 8) requiert évidemment cette définition. Comme certains de ses prédecesseurs arabes (Ibn al-Haytham, par exemple), Gersonide semble tenir pour intuitivement évidente la relation d'ordre entre les rapports ici considérés. Rappelons que pour Euclide, même la transitivité de l'égalité des grandeurs (Axiome I, 1) ne peut s'appliquer aux rapports, puisqu'il y consacre une démonstration (Prop.V,11).

De même, soit AH [considérée comme] multiple de la grandeur ET; on la divise en parties semblables à la grandeur ET, ses parties étant AM, MN, NH; et on divise de même DG en parties semblables à ET qui sont dans DG est comme le nombre de parties semblables à ET qui sont dans AH, puisque les grandeurs AH, DG sont égales. On montre, comme on l'a montré précédemment, que la grandeur AB est supérieure aux trois quarts de la grandeur EZ[163], tandis que la grandeur DG est comme les trois quarts de la grandeur EZ. Ainsi, le rapport de AB à EZ est plus grand que le rapport de DG à EZ. CQFD.

Je dis aussi que le rapport de EZ à AB est plus petit que son rapport à DG.

La preuve. Conservons la figure telle quelle et déterminons KF [sur EZ] égale à NB. Comme la grandeur NB est plus grande que la grandeur KL[164], la grandeur KF sera plus grande que la grandeur KL.

Soit, pour commencer, la grandeur AH [considérée comme] un multiple de la grandeur ET[165]. Dès lors la grandeur EZ est comme la grandeur DG augmentée de son tiers; comme la grandeur FZ est plus petite que la grandeur LZ et que la grandeur LZ est plus petite que le tiers de la grandeur EF[166], dès lors la grandeur FZ est bien plus petite que le tiers de la grandeur EF. Mais la grandeur EF est comme la grandeur AB[167], donc la grandeur EZ est plus petite que la grandeur AB augmentée de son tiers. Par conséquent, le rapport de EZ à DG est plus grand que le rapport de EZ à AB[168].

De même, soit la grandeur ET [considérée comme] une part de AH. Dé-

---

[163] Puisqu'elle contient plus que trois fois une grandeur semblable à ET, laquelle représente un quart de EZ.

[164] KL est une des parties, égales entre elles et inférieures à HB, en lesquelles on a divisé précédemment EZ.

[165] Soit, comme dans l'exemple choisi précédemment, le triple, alors que EZ est le quadruple de ET.

[166] Cette dernière étant plus grande que trois fois une grandeur semblable à LZ.

[167] Dans le cas, ici examiné, où AH est un multiple de ET.

[168] Complétons les étapes que l'auteur n'a pas explicitées: EZ rapportée à DG est plus grand que le rapport numérique 1et 1/3 (rapporté à 1), tandis que EZ rapportée à AB est plus petit que le rapport numérique 1 et 1/3; d'où la conclusion! Les rapports de grandeurs sont ici pratiquement traités comme des rapports numériques, munis d'une relation d'ordre. On sait qu'une telle identification (qui n'est certes pas invoquée dans toute sa généralité) n'est légitime, dans la perspective euclidienne, que pour les grandeurs commensurables (Prop. X,5 et 6).

Ajoutons toutefois ceci: le point de départ de l'analyse gersonidienne est plus subtil que ne le laisse penser l'absence du cas des grandeurs incommensurables; il consiste à "insérer" entre deux grandeurs (elles pourraient être incommensurables) une grandeur commensurable à une troisième, autrement dit à "insérer" entre deux rapports quelconques un rapport numérique, relativement auquel l'un des rapports est, *de facto*, plus petit, et l'autre plus grand. Des auteurs arabes (Ibn al-Haytham, al-Djayyānī) avaient exploité cette idée: cf., à ce sujet: E. B. Plooij, *Euclid's Conception of Ratio and his Definition of Proportional Magnitudes as criticized by Arabian Commentators* (thèse, 1950) (Rotterdam, s.d.), p. 61-63.

terminons KC égale à la grandeur NH. La grandeur EC est alors égale à la grandeur AH et [à la grandeur] DG. Comme la grandeur LZ est égale au tiers de la grandeur EL et que la grandeur EL est plus grande que la grandeur EC, la grandeur LZ sera plus grande que le tiers de la grandeur EC et la grandeur LZ sera bien plus grande que le tiers de EC; mais la grandeur EC est égale à la grandeur DG; dès lors la grandeur EZ est plus [grande] que un et un tiers de la grandeur GD. Or, on montre, comme on vient de le montrer, que la grandeur EZ est plus petite que un et un tiers de la grandeur AB. Par conséquent, le rapport de EZ à DG est plus grand que le rapport de EZ à AB. Et la même démonstration vaudrait si la grandeur NB[169] était égale à la grandeur KZ ou bien plus grande qu'elle. Mais il est clair qu'elle est plus petite. CQFD.

[Lemme 4] Les grandeurs égales ont le même rapport à une grandeur donnée; et le rapport de celle-ci à celles-là est le même.

// 171 // Soient AB, GD les grandeurs égales A B G D, et soit EZ la troisième grandeur E Z. Je dis que le rapport de AB à EZ est comme le rapport de GD à EZ, et que le rapport de EZ à AB est comme le rapport de EZ à GD.

J'affirme d'abord que le rapport de AB à EZ est comme le rapport de GD à EZ. La preuve. Il ne peut en être autrement; car s'il pouvait en être autrement, le rapport de AB à EZ ne serait pas alors comme le rapport de GD à EZ: le rapport de AB à EZ serait, soit comme le rapport d'une grandeur plus grande que GD à EZ, soit comme le rapport d'une grandeur plus petite que GD à EZ. Supposons d'abord que le rapport de AB à EZ est comme le rapport d'une grandeur plus grande que GD à EZ. Mais le rapport d'une grandeur plus grande que GD à EZ est plus grand que le rapport de AB à EZ [lemme 3], puisque la grandeur plus grande que GD est [aussi] plus grande que AB; or nous avons supposé qu'il [le rapport de cette autre grandeur à EZ] lui est égal [au rapport de AB à EZ]. C'est faux. De la même façon, on montre que le rapport de AB à EZ n'est pas comme le rapport d'une grandeur plus petite que GD à EZ. Dès lors, le rapport de AB à EZ ne peut être que comme le rapport de GD à EZ[170].

J'affirme aussi que le rapport de EZ à AB est comme le rapport de EZ à GD. S'il était possible qu'il en fût autrement, le rapport de EZ à AB serait

[169] Qu'on a représentée sur EZ par la partie KF.

[170] Ce lemme entend établir la proposition V,7 du texte euclidien sans recourir, bien sûr, à la définition euclidienne de l'égalité des rapports. On est toutefois étonné de relever dans le raisonnement une faiblesse. En effet, supposer le contraire de l'égalité des deux rapports conduit à envisager que l'un est plus grand que l'autre; or, nous ne disposons encore d'aucune définition explicite de la relation d'ordre entre rapports (le lemme suivant en fournira une propriété), sauf à considérer que la propriété invoquée par l'auteur en tient lieu: il existe une grandeur plus grande que GD, soit HF, telle que AB/EZ soit comme HF/EZ. Mais il faudrait alors en tirer toutes les conséquences explicitement. Euclide, pour sa part, consacre une démonstration spécifique (Prop.V, 10) à la propriété tenue apparemment pour évidente par Gersonide: de deux grandeurs rapportées à une même troisième, celle qui a le plus grand rapport est la plus grande.

comme le rapport de EZ à une grandeur plus grande ou plus petite. Commençons par supposer, si c'est possible, que le rapport de EZ à AB est comme le rapport de EZ à une grandeur plus grande que GD. Mais le rapport de EZ à une grandeur plus grande que GD est plus petit que le rapport de EZ à AB, puisque la grandeur plus grande que GD est [aussi] plus grande que AB, alors que nous l'avons supposé égal [à ce dernier rapport]. C'est faux. De la même façon, on montre que le rapport de EZ à AB ne peut être comme le rapport de EZ à une grandeur plus petite que GD. Par conséquent, le rapport de EZ à AB ne peut être différent du rapport de EZ à GD[171]. CQFD.

[LEMME 5] Si l'on considère un multiple quelconque d'une grandeur donnée, le rapport du multiple considéré à une troisième grandeur est plus grand que le rapport de la grandeur donnée à la troisième grandeur, à la mesure du nombre de fois [associé au multiple].

Soit AB la grandeur A B, et soit AD la grandeur qui est son multiple A B G D, et soit EZ la troisième grandeur E Z. Je dis que le rapport de AD à EZ est plus grand que le rapport de AB à EZ, à la mesure du nombre de fois [par lequel AD est multiple de AB].

La preuve. Divisons AD en parties semblables à AB, les parties égales à AB étant AB, BG, GD, égales les unes aux autres. Le rapport de AB à EZ est comme le rapport de BG à EZ et [aussi], comme le rapport de GD à EZ [lemme 4]. Par conséquent, le rapport de AD à EZ est comme trois fois le rapport de AB à EZ.[172] CQFD.

[LEMME 6] Etant données quatre grandeurs proportionnelles, le rapport de la première à la deuxième étant comme le rapport de la troisième à la quatrième, si l'on considère des équimultiples de la première et de la troisième, et des équimultiples de la deuxième et de la quatrième, quels qu'ils soient, je dis que le rapport du multiple de la première au multiple de la deuxième est comme le rapport du multiple de la troisième au multiple de la quatrième[173].

Soient A, B, G, D les quatre grandeurs A G, le rapport de A à B étant comme le rapport de G à D B D. On prend des équimultiples des deux grandeurs A et G, à savoir les multiples EZ E S O Z et HT H F C T, et on prend des équimultiples des deux grandeurs B et D, à savoir les multiples KL K Q L et MN M R N. Je dis que le rapport de EZ à KL est comme le rapport de HT à MN.

// 172 // La preuve. Divisons EZ en parties semblables à A, et divisons HT en parties semblables à G. Les parties semblables à A contenues dans EZ sont les grandeurs ES, SO, OZ; les parties semblables à G contenues

---

171 On constate que, comme précédemment, Gersonide n'a pas recours à une définition explicite de l'égalité des rapports: il montre seulement que les rapports ne peuvent pas être différents.

172 Voici encore un exemple où les rapports sont traités comme des fractions numériques: on les additionne, on parle du multiple (!) d'un rapport par un entier. Certes, l'exemple est élémentaire, il n'en est pas moins significatif: on nous suggère de traiter les rapports de grandeurs comme des fractions numériques.

173 Il s'agit de la proposition V, 4 des *Éléments*.

dans HT sont HF, FC, CT: le nombre de parties semblables à A contenues dans EZ est comme le nombre de parties semblables à G contenues dans HT. Le rapport de EZ à B est plus grand que le rapport de A à B, à la mesure du nombre de fois par lequel on multiplie [A dans EZ]; de même le rapport de HT à D est plus grand que le rapport de G à D, à la mesure du nombre de fois par lequel on multiplie [G dans HT]. Or le rapport de A à B est comme le rapport de G à D[174]; dès lors trois fois le rapport de A à B[175] est comme trois fois le rapport de G à D, puisque les choses égales, multipliées un même nombre de fois restent égales[176]. Le rapport de EZ à B est donc comme le rapport de HT à D. De ce fait, le rapport de B à EZ est comme le rapport de D à HT[177]. Divisons la grandeur KL en parties semblables à B, les parties égales à B étant KQ et QL; divisons aussi MN en parties semblables à D, les parties égales à D étant MR et RN: le nombre de parties semblables à B contenues dans KL est comme le nombre des parties semblables à D contenues dans MN. Et de même, le rapport de KL à EZ est plus grand que le rapport de B à EZ, à la mesure du nombre de fois par lequel on a multiplié [B dans KL], et le rapport de MN à HT est plus grand que le rapport de D à HT, à la mesure du nombre de fois par lequel on a multiplié [D dans MN]. Or le nombre de fois [dans l'un] est comme le nombre de fois [dans l'autre], et le rapport de B à EZ est comme le rapport de D à HT, donc le rapport de KL à EZ [double du premier] est comme le rapport de MN à HT [double du second]; d'où le

---

174 Rappelons-le: aucune définition explicite de l'égalité de deux rapports n'a été donnée.

175 Qui représente le rapport de EZ à B, d'après le lemme précédent, comme le rapport HT à D correspondra à trois fois le rapport de G à D.

176 Gersonide applique donc à des rapports la prémisse énoncée plus haut: si on multiplie des choses égales un nombre égal de fois, elles restent égales, facilement dérivable de l'axiome I,2 des *Éléments* (''si des choses égales sont ajoutées à des choses égales, les touts sont égaux''). Observons le glissement sémantique qu'autorise le texte en hébreu: si le pluriel neutre *isa*, dans la formulation en grec, peut à bon droit être traduit par ''des choses égales'', il n'en reste pas moins que cet axiome ne peut concerner que l'objet spécifique de la géométrie, autrement dit, des grandeurs. Si les rapports peuvent bien être appelés ''des choses'', ils ne peuvent, pour autant être traités comme des grandeurs (ou des nombres!), du moins dans une perspective strictement euclidienne: Euclide n'a-t-il pas consacré toute une démonstration (Prop.V,11) à la transitivité de l'égalité de rapports, propriété qui est assurée dans le seul cas des grandeurs par l'axiome I,1?

177 Gersonide semble tenir pour acquise la proposition selon laquelle si un rapport est comme un autre rapport, il en est de même des rapports inverses. Dans les *Éléments*, cette propriété apparaît comme un porisme de la proposition V, 7, c'est-à-dire le lemme 4 de Gersonide. Mais la définition euclidienne de l'égalité (qui permet d'établir le résultat) n'ayant pas été retenue par Gersonide, où a-t-il pu emprunter ''l'évidence'' de cette propriété? Peut-être dans Aristote, lequel utilise l'inversion des rapports en relation avec le problème de la recherche de la troisième grandeur proportionnelle dans les *Météorologiques* III,5, 376a 14-16. On sait que Gersonide a commenté l'*Épitomé* de ce traité par Averroès.

rapport de EZ à KL est comme le rapport de HT à MN [par inversion]. CQFD.

[LEMME 7] Etant données quatre grandeurs telles que le rapport de la première à la seconde est plus grand que le rapport de la troisième à la quatrième, il se trouvera des équimultiples de la première et de la troisième et des équimultiples de la seconde et de la quatrième tels que le multiple de la première dépasse le multiple de la seconde sans que le multiple de la troisième ne dépasse le multiple de la quatrième[178].

Soient AB, G, D et E les quatre grandeurs A Z B G D E, le rapport de AB à G étant plus grand que le rapport de D à E. Je dis qu'il se trouve des équimultiples du premier et du troisième, et des équimultiples du second et du quatrième, tels que le multiple du premier dépasse le multiple du second sans que le multiple du troisième ne dépasse le multiple du quatrième.

La preuve. Comme le rapport de AB à G est plus grand que le rapport de D à E, le rapport de D à E est comme le rapport d'une grandeur plus petite que la grandeur AB [la grandeur AZ] à G[179], cela étant clair à partir de ce qui précède: le rapport de AZ à G est comme le rapport de D à E. Par multiplication répétée, ZB est rendue plus grande que G: soit HT ce multiple [de ZB] K H T. La grandeur HT est donc plus grande que la grandeur G.

Il résulte de la première proposition de ce livre [Prop.V,1][180] que le

---

[178] On reconnaît ici la definition 7 d'Euclide, que Gersonide entend établir comme une propriété de l'inégalite, déductible de sa propre définition, non explicitée, de l'inégalité des rapports. La démonstration qui est proposée est certainement la plus subtile, et la plus intéressante sur le plan historique, de celles qu' a développées Gersonide dans ses commentaires sur le livre V; malheureusement ni la définition de départ n'est explicitée en tant que telle, ni les prémisses du raisonnement ne sont désignées ou formulées en tant que telles. Il sera commode d'exprimer en notations modernes l'énoncé, tout en utilisant le lettrage de l'auteur: si $AB/G > D/E$, alors il existe deux entiers m et n tels que $mAB > nG$ et mD *non* $> nE$.

[179] Sur cette affirmation, on se reportera à notre commentaire du lemme 4. Mais cette fois-ci, les deux grandeurs ne sont plus rapportées à une même troisième. En somme, Gersonide admet que les grandeurs G, D, E étant données, il existe une quatrième grandeur, AZ, telles que $AZ/G = D/E$ (existence d'une quatrième grandeur proportionnelle établie, pour des droites, par Prop.VI,12), AZ étant plus petite que AB. Cette prémisse, non explicitée par Gersonide, est utilisée par plusieurs auteurs arabes: Ibn al-Haytham, al-Djayyānī (Plooij, op. cit. [n. 168] p.63) et al-Khayyām (A.P. Youschkevitch, *Les mathématiques arabes* [Paris,1976], p.84-88). L'existence de la quatrième grandeur proportionnelle est formulée comme un axiome supplémentaire par Campanus dans sa version latine des *Éléments* (op. cit. [n. 116], p. 3). Cf., sur ce point, J. Murdoch, "The Medieval Euclid: Salient Aspects of the Translations of the *Elements* by Adelard of Bath and Campanus of Novara", *Actes XIIe Cong. Int. d'Hist. des Sciences* (1968) (Paris, 1970), tome I-A, p. 76-77.

[180] Il s'agit des premières propositions du Livre V, relatives aux multiples de grandeurs. Comme ces propositions ne recourent pas aux définitions de l'egalité et de l'inégalité des rapports, Gersonide peut les utiliser.

multiple KH de la grandeur AZ [même multiple de AZ que HT l'est de ZB][181] est même multiple [de AZ] que KT l'est de la grandeur AB[182]. Soit LM L M même multiple de D que KT l'est de AB. Prenons N N égale au double de G, puis S S égale au triple de G et continuons ainsi sans nous arrêter avant d'atteindre la première grandeur multiple de G qui soit plus grande que KH, soit O cette grandeur. Puisque O est la première grandeur multiple de G à être plus grande que KH, il est clair que S est plus petite que KH tandis que O est plus grande que S, d'une grandeur [au moins égale à] G. Ainsi O est plus grande que KH d'une grandeur[183] plus petite que G, alors que HT est plus grande que G; dès lors KT est plus grande que O[184].

Prenons F F même multiple de E que O l'est de G. Comme le rapport de AZ à G est comme le rapport de D à E, et qu'on a pris des équimultiples de AZ, soit KH [et de D, soit] LM, et qu'on a pris des équimultiples des grandeurs G et E, *// 173 //* soient O et F, alors le rapport de KH à O est comme le rapport de LM à F [lemme 6]. Or KH est plus petite que O, donc LM est plus petite que F[185]; d'autre part KT est plus grande que O, donc un multiple de la première [grandeur] se trouve dépasser un multiple de la deuxième, et le [même] multiple de la troisième [que la première] ne dépasse pas le [même] multiple de la quatrième [que la seconde]. CQFD.

[*Egalité des rapports*] Lorsque quatre grandeurs sont telles[186] que n'importe quels équimultiples de la première et de la troisième dépassent en même temps, ou égalent en même temps, ou font défaut en même temps à, n'importe quels équimultiples de la deuxième et de la quatrième, alors le rapport de la première à la deuxième est comme le rapport de la troisième à la quatrième.

Soient A, B, G, D les quatre grandeurs A B G D telles que n'importe quels équimultiples des deux grandeurs A et G dépassent en même temps n'importe quels équimultiples que l'on considère des deux grandeurs B et D, ou bien leur sont égaux en même temps, ou bien leur font défaut en même temps. Alors je dis que le rapport de A à B est comme le rapport de G à D.

La preuve. Il est impossible qu'il en soit autrement. Si cela était possible, le rapport de A à B serait plus grand que le rapport de G à D, ou bien plus petit. Mais si le rapport de A à B est plus grand que le rapport de G à D, il se trouvera des équimultiples de A et G et des équimultiples de B et D, tels que le multiple de A dépasse le multiple de B et que le multiple de G

---

181 Le propos de Gersonide est incomplet, mais le sens ne fait pas problème.

182 Autrement dit: puisque $KT = mAZ + mZB$ alors $KT = m(AZ + ZB)$.

183 Lire avec B *be-shiᶜur*, et non *shiᶜur*, comme l'indique le texte imprimé.

184 *car* $KT = KH + HT$.

185 Gersonide considère comme acquise (ou comme allant de soi?) la proposition V,14 qui établit cette propriété. Aristote utilise cette proposition dans *Météorol.* III,5, 376a 11-14; cf. Heath, op. cit. (n. 26), 2, p 163.

186 Lire avec B, *we-hayu*, et non *yihyu* comme l'indique le texte imprimé.

ne dépasse pas le multiple de D. Or nous avons supposé qu'ils [les premiers équimultiples] dépassent en même temps [les autres]. C'est une absurdité impossible. Ainsi le rapport de A à B n'est pas plus grand que le rapport de G à D. De la même façon, on montre que le rapport de G à D n'est pas plus grand que le rapport de A à B. Par conséquent, le rapport de A à B est comme le rapport de G à D. CQFD.

[*Inégalité des rapports*] Si quatre grandeurs pour lesquelles on considère des équimultiples de la première et de la troisième et des équimultiples de la seconde et de la quatrième sont telles que le multiple de la première dépasse le multiple de la seconde et que le multiple de la troisième[187] ne dépasse pas le multiple de la quatrième, alors le rapport de la première à la deuxième est plus grand que le rapport de la troisième à la quatrième.

Soient A, B, G, D les grandeurs $\frac{A}{B}$ $\frac{G}{D}$; on considère, pour les deux grandeurs A et G, des équimultiples, à savoir les multiples [respectifs] EZ, HT, et, pour les deux grandeurs B et D, des équimultiples, à savoir les multiples [respectifs] KL, MN[188]. Ils sont tels que la grandeur EZ dépasse la grandeur KL et que la grandeur HT ne dépasse pas la grandeur MN. Alors je dis que le rapport de A à B est plus grand que le rapport de G à D.

La preuve. Il est impossible qu'il en soit autrement. Si cela était possible, alors le rapport de A à B serait comme le rapport de G à D, ou bien serait plus petit. On considère d'abord, si c'est possible, que le rapport de A à B est comme le rapport de G à D. Si tel était le cas, alors les multiples EZ, HT, ou bien dépassent en même temps les multiples KL, MN, ou bien ils leur sont égaux en même temps, ou bien ils leur font défaut en même temps[189]. Or on a supposé que le multiple EZ dépasse le multiple KL et que le multiple HT ne dépasse pas le multiple MN. C'est [donc] faux. Par conséquent, le rapport de A à B n'est pas comme le rapport de G à D.

Je dis aussi que le rapport de A à B n'est pas plus petit que le rapport de G à D. S'il était possible qu'il en soit autrement, il [le rapport de A à B] serait plus petit que lui [le rapport de G à D][190]. Augmentons alors la

---

[187] Il faut rectifier le manuscrit, qui indique ici "la deuxième". Carlebach le signale, mais sa correction a sans doute été mal reportée à l'impression, car les termes "deuxième" et "troisième" sont intervertis: p.173, l.19.

[188] On trouve sur la marge droite, rangés verticalement, des diagrammes représentant manifestement les multiples en question; les lettres situées le plus à droite en sont illisibles.

[189] On est surpris de relever que Gersonide utilise une implication qu'il n'a pas établie, à savoir: l'égalité (au sens "intuitif") implique l'égalité au sens euclidien; à moins qu'il ne considère la deuxième partie de la définition de l'égalité (telle qu'elle figure dans la version hébraïque citée plus haut) comme valide!

[190] Dans ces dernières lignes du texte, une quinzaine d'erreurs manifestes de lettrage se sont introduites: comme l'argument est parfaitement clair, nous avons rectifié le texte sans les signaler individuellement. Présentons en notations modernes la preuve adoptée par Gersonide. Par hypothèse, il existe un couple d'entiers m et n tels que $EZ = mA$, $HT = mG$, $KL = nB$, $MN = nD$ avec $mA > nB$ et mG *non* $> nD$. Puisqu'on suppose ici que $A/B < G/D$, prolongeons la grandeur A en une grandeur P telle que $P/B = G/D$. Le lemme 6 permet

d'affirmer grandeur A [en une grandeur P] jusqu'à ce que son rapport à B soit comme le rapport de G à D: le rapport de P à B sera comme le rapport de G à D. Faisons de la grandeur EO un multiple de P qui soit le même que EZ l'est de A. Alors le multiple EO de la grandeur P est le même multiple que HT l'est de la grandeur G; puisque // *174* // le rapport de P à B est comme le rapport de G à D et qu'on a considéré pour les deux grandeurs P et G des équimultiples EO, HT, et qu'on a considéré pour les deux grandeurs B, D des équimultiples KL, MN, alors le rapport de EO à KL est comme le rapport de HT à MN [lemme 6]. Or OE est bien plus grand que KL car EZ dépasse déjà KL, dès lors HT est bien plus grand que MN [propriété de l'égalité des rapports], mais il est [supposé] plus petit que ce dernier: c'est faux et impossible.

S'il en est ainsi, le rapport de A à B n'est pas plus petit que le rapport de G à D; on a déjà montré qu'il n'est pas non plus comme ce dernier. Dès lors, le rapport de A à B est plus grand que le rapport de G à D. CQFD.

On a expliqué ainsi tout ce qu'Euclide a indiqué à ce sujet[191]. // *174* //

*
**

Traité de géométrie par le savant, Rabbi Lévi ben Gershon.

Lévi ben Gershon a dit.

Après que nous sommes parvenu à la notion d'astronomie démonstrative pour les corps célestes, telle que nous l'avons exposée dans la première partie du cinquième livre de l'ouvrage *Les Guerres du Seigneur*, où nous avons recouru souvent, pour fonder nos preuves, à des prémisses dont la vérité est établie dans le livre bien connu d'Euclide sur les *Éléments*, et [comme] certains fondements s'appuient sur une prémisse suscitant le doute, prémisse où il [Euclide] pose ceci: chaque fois que deux lignes droites sur lesquelles tombe une ligne droite sont telles que les deux angles intérieurs situés sur l'un des deux côtés sont inférieurs à deux angles droits, alors ces deux lignes, lorsqu'on les prolonge de ce même côté, se rencontreront,—il a déclaré que, s'agissant de cette prémisse, le géomètre[192] est tenu de demander l'assentiment, indiquant par là qu'il n'a pas le moyen de la démontrer par une preuve, et qu'elle n'est pas non plus évidente par elle-même; or c'est une proposition tout à fait nécessaire au géomètre[193], au point que si elle se révélait caduque, bien des résultats parmi les plus précieux de cette science se révéleraient caducs—, de ce fait donc, nous avons voulu, dans cet ouvrage, établir par une preuve irréfutable ce que nous avons retenu comme fondements de cette science [géométrique] dans l'autre ouvrage. Il est clair que cette étude nous conduira à expliquer de nombreuses prémisses établies par Euclide, et par d'autres géomètres dont les propos nous sont parvenus; aussi ce que

---

d'affirmer que $mP/nB = mG/nD$; $P > A$ entraîne que $mP > mA > nB$; la propriété (euclidienne) de l'égalité des rapports implique alors qu'on ait simultanément $mG > nD$, ce qui contredirait l'hypothèse du théorème.

[191] Manuscrit B, fol. 118a, l. 17.

[192] Lit.: le praticien de cette science, *baʿal zot ha-ḥokhma*.

[193] Lit: le praticien de cet art: *baʿal zot ha-melakha*.

nous rapporterons de leurs propos, nous le rapporterons en leur nom[194].

A partir de là, nous commençons par définir les termes dont nous allons nous servir en premier lieu. Ce sont les suivants:

1- *Le point* est une chose positionnelle indivisible[195]. En disant "positionnelle", j'entends qu'on peut dire de lui qu'il est à gauche ou à droite, en haut ou en bas.

2- *La ligne* est une longueur sans largeur; ses extrémités sont deux points. // 175 //

3- *La ligne droite* est celle qui est placée dans le prolongement droit[196] de n'importe lesquels de [deux] points qui sont sur elle, les uns par rapport aux autres.

4- *La surface* est ce qui a longueur et largeur seulement; les extrémités de la surface sont une ligne ou des lignes.

5- *La surface plane* est celle qui est placée en face de[197] de n'importe lesquelles des lignes droites qui sont sur elle, les unes par rapport aux autres.

6- *L'angle* est un coin[198] qu'entourent deux lignes situées sur une surface plane, et ces deux lignes sont jointes sans se prolonger en ligne droite.

7- Et si ces deux lignes sont droites, on l'appelle *angle rectiligne*.

8- Si une ligne [droite] s'élève sur une deuxième ligne [droite], et que les deux angles situés des deux côtés sont égaux, alors cette ligne [droite] sera appelée *perpendiculaire* à la deuxième ligne [droite]. Ce que nous entendons par perpendiculaire: elle n'est pas inclinée sur un des côtés; et

---

194 Malheureusement, soit que le projet fût inachevé, soit qu'une partie seulement nous en soit parvenue, ces références à "d'autres géomètres" ne figurent pas dans le texte à notre disposition.

195 Comme nous l'avons indiqué dans l'introduction, on trouve dans ce traité des développements identiques aux commentaires sur les livres d'Euclide. Nous ne l'indiquerons pas systématiquement, sauf pour souligner, éventuellement, des différences significatives.

196 *ʿal yosher*, lit., en rectitude; si la leçon de cet unique manuscrit est la bonne, il convient de s'arrêter sur sa possible signification. Il est possible que Gersonide utilise cette formulation, différente de celle du Commentaire, afin de couper court aux difficultés suscitées par la définition euclidienne, faisant appel au "bon sens" ou à l'intuition visuelle. Nous comprendrions alors sa définition ainsi: tout couple de points étant associé à une droite (c-a-d un segment de droite), la ligne droite qui porte ces points a le même support que ce segment, et cela est vrai de tous les segments associables aux points portés par ladite ligne. Nous avons sollicité un peu cette interprétation en ajoutant entre crochets le terme "deux" qui ne figure pas dans le texte. On peut aussi estimer, évitant ainsi de forcer le sens, que Gersonide tient tout simplement l'expression *ʿal yosher* comme un synonyme de *ʿal nekhoḥut*, expression utilisée dans la version hébraïque de la définition de la droite. Sur les difficultés suscitées par la définition euclidienne, dans ses versions arabe(s) et hébraïque(s), cf. G. Freudenthal, op. cit. (n. 19), p. 154-56.

197 *ʿal nokheḥiyyut*. Où l'on retrouve l'énoncé habituel et sa troublante obscurité, qu'aucune traduction ne peut dissiper. Notre texte français s'en ressent évidemment.

198 Les deux mots, angle et coin, sont indiqués par le même terme hébreu *zawit*. Il est évident que la deuxième occurence renvoie au sens "concret", courant, du terme, à savoir "coin" ou "corne".

l'angle qu'elle engendre sera appelé *angle droit*. Si ladite ligne [droite] est inclinée sur l'un des côtés, alors l'angle qu'engendre le côté sur lequel elle s'incline sera appelé *angle aigu*, et l'angle qu'engendre le deuxième côté, celui dont elle s'éloigne, sera appelé *angle obtus*[199].

9- A partir de là, il convient d'établir que *tous les angles droits sont égaux* les uns aux autres. Exemple [fig. 20*]: soit la ligne [droite] AB élevée sur la ligne [droite] GBD selon un angle droit, et soit la ligne [droite] EZ élevée sur la ligne [droite] HZT selon un angle droit. Je dis que l'angle ABG est égal à l'angle EZH.

Figure 20*

La preuve. Posons la ligne HT sur la ligne GD, de façon que le point Z de la ligne HT soit sur le point B de la ligne GD, et que la ligne HT soit dans la direction droite de AB et qu'elle coïncide avec cette dernière. Nous affirmons que la ligne [droite] ZE tombera sur la ligne [droite] BA, coïncidant exactement avec elle[200]. S'il était possible qu'il en fût autrement, alors elle [la droite ZE] serait comme la ligne BL; mais puisque l'angle EZH est égal à l'angle EZT, alors l'angle LBG est égal à l'angle LBD, et il est clair que l'angle ABG est plus petit que l'angle LBG[201]; de plus, puisque l'angle ABG est égal à l'angle ABD, alors l'angle ABG est [comme ce dernier] plus grand que l'angle LBD; or il est nécessaire qu'il soit, aussi, plus petit que ce dernier: c'est faux. Il est donc établi que tous les angles droits sont égaux les uns aux autres.

A partir de cette proposition, il convient de démontrer que, *pour toute ligne [droite] élevée sur une [autre] ligne [droite], il se forme sur les deux côtés deux angles qui sont, ou bien droits, ou bien égaux [ensemble] à [deux] droits*[202]. En effet, la ligne [droite] en question, si elle est telle que les angles situés des deux côtés sont égaux, ce qui est le cas de la ligne AB par rap-

---

199 On comparera avec la définition du Pseudo-Ṭūsī; après avoir indiqué que la perpendiculaire est la ligne droite qui ne s'incline sur aucun des deux côtés de la ligne droite sur laquelle elle est élevée, le géomètre arabe ajoute: "... si la ligne [droite] s'incline [*māla*] sur un des deux côtés, elle engendre deux angles distincts: on appelle aigu celui qui est du côté de l'inclinaison [*fī jihati ʾl-mayli*], et obtus, l'autre; ce dernier est le plus grand des deux." (op. cit.[n. 45], p. 4).

200 ... *be-shiwwuy*.

201 Puisque l'angle ABG est supposé, dans ce cas de figure, plus petit que l'angle LBG.

202 *Éléments*, Prop 1,13.

port à la ligne GD sur l'exemple [ci-dessus], alors elle engendre deux droits, et si, sur elle [GD], tombe une ligne [droite] LB, [comme] sur la figure, alors elle engendre deux angles LBD, LBG égaux à deux angles droits[203]. CQFD.

A partir de là il convient d'établir *que deux lignes droites quelconques se coupant en un point forment deux angles opposés égaux*[204]. Exemple: soient les deux lignes droites ABG, DBE se coupant au point B [fig. 21*]. Je dis que l'angle ABE est égal à l'angle DBG. En effet, les deux angles ABE, ABD sont égaux [ensemble] à deux angles droits, et de même les angles ABD, DBG. Retranchons leur [à ces deux sommes] l'angle ABD, qui est commun, il restera l'angle ABE [d'une part] égal à l'angle DBG [d'autre part]. De la même façon, on démontre que l'angle ABD est égal à l'angle GBE. CQFD.

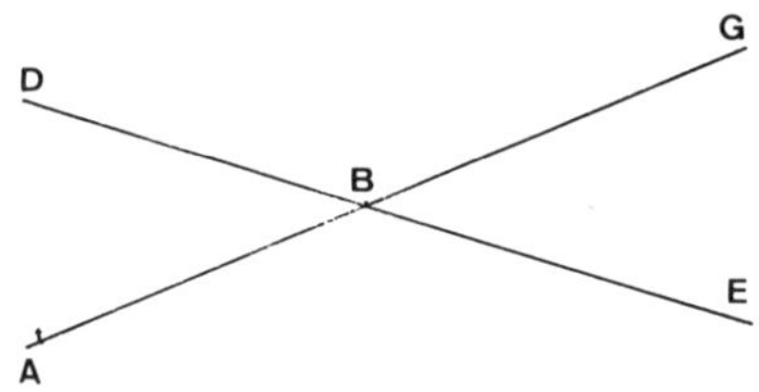

Figure 21*

10- Si deux lignes [droites] s'élèvent sur une ligne [droite] en formant des angles intérieurs aigus, elles se rapprochent l'une de l'autre, de ce côté là [où se forment les angles aigus]. En effet, chacune des lignes [droites] situées de ce côté s'incline en direction *// 176 //* de l'autre; ce que nous entendons par "s'incline" n'est rien d'autre que le fait, pour l'une, de se rapprocher de ce côté là [où est l'autre]. Dans la mesure où elles se rapprochent [l'une de l'autre] d'un côté, alors elles s'écartent [l'une de l'autre] du deuxième côté, car elles y engendrent des angles obtus. Chacune de ces [deux] lignes [droites] se rapproche donc de ce côté là qui est opposé au côté où est située son homologue.

11- *La figure plane* est celle qu'entourent des lignes[205], ou bien une ligne, s'il s'agit du cercle.

12- *Le cercle* est une figure plane, qu'entoure un seule ligne; elle contient un point, tel que toutes les lignes droites qui en sont issues et qui se termi nent sur la ligne en question sont égales les unes aux autres: en effet, chacune d'elles est égale à la ligne qui joint l'extrémité d'une branche du com-

---

203 Il n'y a là aucune démonstration. Il est clair que Gersonide se contente d'en appeller à l'intuition visuelle, qui identifiera la somme des angles LBG, LBD à la somme des angles ABD, ABG lesquels valent chacun un droit. On comparera avec la démonstration euclidienne, que Gersonide n'ignore évidemment pas.

204 Prop. I,15.

205 Le texte comporte l'expression "lignes droites", qui est évidemment erronée.

pas, avec lequel a été construit le cercle, à [l'extrémité de] la deuxième[206].

13- Le point en question est appelé *centre du cercle.*

14- *Le diamètre* du cercle est la ligne droite passant par le centre du cercle et se terminant, à ses deux extrémités, sur la périphérie du cercle.

Je dis qu'*elle coupe le cercle en deux moitiés*. Exemple: soit le cercle portant sur lui [les points] A, B, D, E, son centre étant le point G, et la ligne droite passant par son centre étant la ligne AGB; la ligne AGB est donc diamètre du cercle [fig. 22*]. Je dis que la surface ABD est égale à la surface ABE.

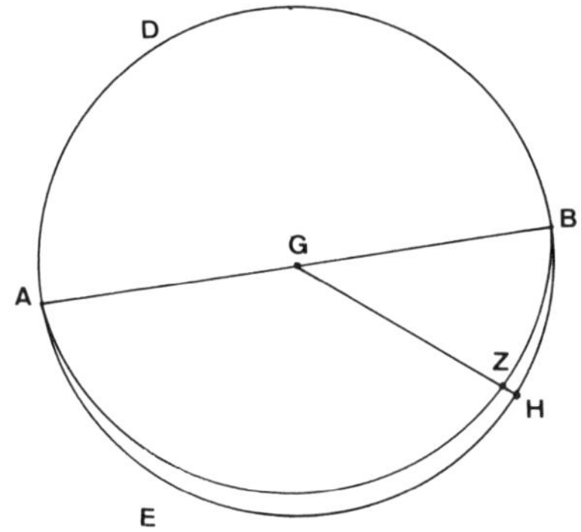

Figure 22*

La preuve. Superposons[207] le segment [de cercle] ABE sur le segment ABD; autrement dit: posons la ligne droite AB [de la périphérie] du premier segment sur la ligne droite AB [de la périphérie] du deuxième segment de sorte que [le point] A du premier tombe sur le point A du second, le point B du premier sur le point B du second, le point G du premier sur le point G du second. Je dis que l'arc AEB coïncidera exactement avec l'arc ADB. S'il était possible qu'il en fût autrement, il y aurait un endroit où ils ne coïncideraient pas; menons alors à partir du point G la ligne droite qui atteint la périphérie des deux segments à l'endroit où ils ne coïncident pas: la ligne GZH coupe une des périphéries au point Z, et l'autre au point H. Puisque toutes les lignes [droites] issues du centre et allant jusqu'aux périphéries sont égales, la ligne GZ sera égale à la ligne GH, la partie sera donc égale au tout: c'est faux. Il est donc établi que la surface ABE coïncidera exactement avec la surface ABD: elles sont donc nécessairement égales l'une à l'autre. A partir de cette proposition, il est clair que l'arc ADB est égal à l'arc AEB, puisqu'ils coïncident exactement l'un avec l'autre.

---

[206] Relevons qu'on trouve une référence aux deux branches du compas chez Simplicius, dans son commentaire de la définition du cercle, tel qu'il est cité par al-Nayrīzī, dans la version latin (op. cit. [n. 18], p. 18); le début du livre I manque, on l'a dit, dans le texte arabe conservé).

[207] Lire *narkiv*, au lieu de *narḥiv*.

15- *Le demi-cercle* est une surface qu'entourent le diamètre du cercle et la moitié de la ligne[208] entourant ce dernier.

16- *Le segment de cercle* est la section qu'entourent une ligne droite ne passant pas par le centre du cercle et la partie qu'elle [la ligne droite] intercepte de la ligne périphérique. Il est soit plus grand que le demi-cercle, soit plus petit que lui.

17- Parmi les figures qu'entourent des lignes droites, il y a *le triangle*: c'est celle qu'entourent trois lignes droites; et il en est qu'entourent quatre lignes droites; et il en est qui ont de nombreux côtés: ce sont celles qu'entourent plus de quatre lignes droites.

18- Et parmi les figures ayant trois côtés, il y a *le triangle équilatéral*: c'est celui dont les trois côtés sont égaux les uns aux autres; et il y a *le triangle isocèle*: c'est celui dont deux des côtés seulement sont égaux; et enfin celui dont les côtés sont différents: c'est celui dont les trois côtés sont de grandeurs différentes les uns par rapport aux autres. // 177 //

19- Parmi les figures ayant trois côtés, il y a celle qui a un angle droit, on l'appelle *triangle rectangle*; et il y a le [*triangle*] *obtusangle*: c'est celui qui a un angle obtus; et il y a le *triangle acutangle*: c'est celui dont chacun des angles est aigu.

20- Et parmi les figures ayant quatre côtés, il y a *le carré*: c'est celle qui a les côtés égaux et les angles droits; et il y a celle dont les deux longueurs sont différentes: les angles en sont droits sans que les côtés soient tous égaux[209]; et il y a *le losange*: c'est celle dont les côtés sont égaux sans que les angles soient droits; et il y a *le quasi-losange*: c'est celle dont tous les côtés, pris deux à deux et opposés, sont égaux, sans que ses côtés soient tous égaux et n'a pas ses angles droits[210]. Quant à celle des figures quadrilatères qui n'appartient pas à ce que nous avons énuméré, on l'appelle [quadrilatère] oblique[211].

21- *Les lignes droites parallèles* sont celles qui sont situées dans un même plan et qui, si on les prolonge à l'infini dans les deux directions, ne se rencontrent dans aucune de celles-ci.

22- Le point est l'extrémité de la ligne. Et ce qui est situé entre deux points déterminés est nécessairement limité; cela a été établi dans une autre science: en effet, quand les extrémités existent[212], ce qui est situé entre elles est nécessairement limité. A partir de là, il est clair qu'il est possible de mener une ligne droite de tout point à tout point. C'est à partir de là aussi, qu'on tire la possibilité de tracer un cercle en prenant [pour centre] n'importe quel point et [en prenant] pour longueur [du rayon] n'importe quelle distance donnée.

---

208 Lire *ha-qaw*, au lieu de *ha-qaf*.

209 C'est-à-dire le rectangle.

210 C'est-à-dire le parallélogramme.

211 Il s'agit du trapèze, au sens euclidien (I, Def.22), c'est-à-dire un quadrilatère sans aucune particularité quant aux côtés ou aux angles.

212 L'"autre science" est évidemment la physique ou la métaphysique, d'inspiration aristotélicienne.

23- Je dis aussi qu'il est possible de prolonger une ligne droite limitée, en ligne droite, continûment, sans aucune limite déterminée. Toutefois, la ligne est toujours augmentable tout en étant toujours limitée.

Cette hypothèse a déjà suscité le doute. En effet, le Philosophe l'a récusée dans son célèbre livre *la Physique*. Il y a expliqué l'impossibilité de supposer qu'une ligne soit plus grande que la ligne [la plus grande] que contient le corps universel, à savoir le monde dans sa totalité: en effet, la ligne n'a d'existence que dans un corps[213]. Comme cette prémisse[214] est absolument nécessaire au géomètre, il nous faut analyser le doute qui naît à son propos. Nous disons que l'aspect sous lequel le Philosophe a réfuté cette prémisse concerne la nécessité pour un corps d'être fini, comme cela a été expliqué à l'endroit mentionné; or dans la mesure où une ligne n'a d'existence que dans un corps, il est nécessaire que la grandeur de la ligne soit limitée, c'est-à-dire qu'il est impossible qu'elle soit plus grande que la ligne droite [la plus grande] contenue dans le corps universel, à savoir le monde dans sa totalité.

Cela étant acquis, il convient de se demander selon quel aspect s'impose au corps la nécessité d'être fini, limité, autrement dit, de ne pas être plus grand que le corps du monde. Nous disons qu'il est manifeste que cette nécessité s'impose au corps pour autant qu'il est un corps physique, comme cela a été démontré à l'endroit mentionné. Toutefois, le géomètre pose que la ligne est illimitée du point de vue de l'augmentation, en ce sens qu'on peut toujours ajouter à ce qui a été ajouté: cela ne concerne pas la ligne en tant qu'elle est dans un corps physique, mais bien en tant qu'elle est dans un corps mathématique. Sous cet aspect, on n'a pas démontré l'impossibilité de l'absence d'une limite déterminée dans un corps, du fait qu'il [le corps] est toujours fini. Aussi le géomètre pose-t-il cette hypothèse selon la perspective où elle est possible, et non selon la perspective où elle est impossible. Par conséquent, dans cette perspective, il ne résulte de cette hypothèse aucune contradiction.

Cette hypothèse posée, le géomètre reconnaîtra toutefois qu'il est impossible pour ce qui a une grandeur d'être infini, puisque // *178* // [le corps] existe en acte; d'où la nécessité qu'il soit limité. Et nous affirmons que cela ne contredit pas l' hypothèse que nous avons indiquée: en effet, la nécessité qui en résulte pour ce qui a une grandeur, pour autant qu'il a une grandeur—et c'est sous cet aspect que le géomètre le considère—, c'est qu'il n'est pas infini, non pas qu'il n'est pas plus grand que le monde. C'est que, si nous reconnaissons que la ligne est augmentable toujours, sans limite, il n'en résulte pas nécessairement que la ligne soit infinie en quantité: en fait, la ligne, quelqu'accroissement qu'elle reçoive, est finie, et cela toujours. Quant à l'absence de limite que nous postulons en elle, elle con-

---

[213] L'épistémologie aristotélicienne, on le sait, ne confère pas aux êtres mathématiques d'existence indépendante: ils sont "abstraits" des corps physiques par l'intellection (*De Anima* I,1, 403b 12-16; *Métaphysique* XI,3, 1061a 28-35). Une droite mathématique plus grande que le diamètre de l'univers, fini, devrait avoir son répondant "physique", d'où l'impossibilité.

[214] Celle qui postule le prolongement illimité d'une ligne droite.

cerne l'acte d'augmentation; pour autant, elle ne signifie pas que la ligne est infinie en quantité.

24- Je dis aussi qu'il est possible de multiplier une grandeur donnée, puis de multiplier son multiple, jusqu'à obtenir une grandeur plus grande qu'une deuxième grandeur quelconque, supposée finie[215]. Si cela n'était pas possible, la première grandeur serait contenue dans la deuxième grandeur un nombre infini de fois, et la deuxième grandeur, supposée finie, serait [alors] infinie[216] . . .

Je tiens à remercier Gad Freudenthal (Paris, CNRS) qui m'a suggéré d'entreprendre ce travail, et qui a bien voulu en lire la première forme. J'ai fait mon profit de bien de ses remarques.

[215] Dans cet énoncé, comme dans l'énoncé analogue qu'il formule comme une prémisse du postulat des parallèles, Gersonide omet de rappeler une contrainte essentielle, le fait que ces deux grandeurs doivent être homogènes. Toutefois, on a vu qu' il rappelait l'importance de cette condition d'homogénéité, en commentant lą définition du Livre V relative ''aux grandeurs ayant un rapport''.

[216] Le texte de Gersonide (que nous ne connaissons que par l' unique manuscrit de Munich) s'interrompt ici.

REMARQUES SUR LES OUVRAGES MATHÉMATIQUES DE GERSONIDE

Karine Chemla et Serge Pahaut

1. Introduction

A en croire le texte publié en 1910 par Joseph Carlebach[1], Gersonide considérait son œuvre mathématique comme achevée lorsqu'il accepta de rédiger une courte note pour démontrer une conjecture formulée par le théoricien de la musique Philippe de Vitry. Avant cette note, le *De numeris harmonicis*, datée de peu avant sa mort, il avait en effet écrit le *Sefer Ma^caseh Ḥoshev*, qu'il acheva en 1321, au cours de sa 33ième année[2].

Sans oublier ses travaux sur la géométrie[3] et la trigonométrie[4], le *Sefer Maᶜaseh Ḥoshev* et le *De numeris harmonicis* sont ses seuls écrits spécifiquement mathématiques. Il y traite des nombres, et Euclide est le seul auteur qu'il cite: dans le *Sefer Maᶜaseh Ḥoshev*, il suppose connus les livres arithmétiques des *Eléments*[5]; le *De numeris harmonicis* puise à la même source les outils nécessaires à la démonstration qu'il veut apporter. Mais le traitement, dans le *Sefer*

---

[1] [Carlebach 1910], p. 129-144. Klaus Stichweh s'occupe actuellement d'en reprendre l'édition. Le lecteur pourra consulter, en annexe, une paraphrase du texte et en trouvera, dans notre section 4, une analyse.

[2] Une édition de ce texte hébreu et sa traduction allemande furent publiées dans [Lange 1909]. La traduction a servi de support à notre commentaire, nous sommes donc tributaires d'éventuelles inexactitudes ou transformations qu'elle comporterait; nous aurons l'occasion de revenir sur ce point. Dans cet article, les références que nous ferons au *Sefer Mᶜaseh Ḥoshev* renverront à cet ouvrage. Carlebach [1910] publia, indépendamment de Lange une analyse mathématique du *Sefer Mᶜaseh Ḥoshev*, accompagnée de traductions d'extraits. Quand nous avons commenté des passages que les deux auteurs se trouvaient avoir traduits, nous avons travaillé simultanément sur les deux traductions pour atténuer les effets dus à notre méconnaissance de l'hébreu.

[3] Voir dans le même volume la traduction par Tony Lévy des commentaires de Gersonide sur les livres 1 à 5 d'Euclide.

[4] Travaux qui sont inclus dans ses écrits astronomiques (voir [Goldstein 1985], p. 31 sqq. pour le texte et p. 134 sqq. pour le commentaire).

[5] [Lange 1909], p. 2: "En ce qui concerne l'organisation de ce livre, il est certain que celui qui l'abordera doit s'être auparavant familiarisé avec les livres 7, 8 et 9 d'Euclide; en effet, il n'est pas dans notre intention de répéter ses mots dans ce livre." On peut consulter ces livres d'Euclide dans [Itard 1961].

Maᶜaseh Ḥoshev, de sujets comme l'arithmétique positionnelle ou la combinatoire, témoigne d'autres sources[6].

Il est impossible d'aborder ici tous les problèmes posés par ces textes mathématiques de Gersonide. Nous nous contenterons de montrer comment ce mathématicien s'inscrit dans la tradition euclidienne et, sur l'exemple de la combinatoire, comment il y introduit de nouveaux éléments. Dans ce cas, comme dans celui des connaissances en théorie des nombres qu'il développe dans son *De numeris harmonicis*, nous tenterons de le situer par rapport à certains de ses prédécesseurs.

Dans une autre perspective, nous montrerons que Nicole Oresme, dans un passage de son œuvre concernant la musique spéculative, tient pour vrai l'énoncé du théorème démontré par Lévi à la demande du maître parisien de la discipline musicale[7].

2. Présentation du *Sefer Maᶜaseh Ḥoshev*

2.a Cet ouvrage se compose de deux livres: comme le dit l'introduction, le premier fonde en théorie arithmétique les procédés élémentaires du calcul; le second présente et commente la conduite des opérations. Même si le lien peut être établi entre les deux, l'auteur ne les rapporte effectivement pas l'un à l'autre.

Les styles de ces deux parties diffèrent:

* La première est construite sur le mode euclidien, et ce à deux échelles:

- A l'échelle du texte: après des définitions préliminaires, les propositions s'enchaînent, dont la démonstration ne recourt qu'à des propositions précédemment établies ou à des propositions tirées d'Euclide.
- A l'échelle des propositions: la rédaction de chacune d'elles est strictement conforme à la norme euclidienne. Après l'énoncé général, l'auteur assigne à chaque grandeur mise en jeu un nom pour reformuler ensuite l'énoncé en ces nouveaux termes. Vient alors la démonstration, rédigée à l'aide de ces appellations.

---

[6] La situation est la même que celle décrite par [Goldstein 1985]. Rares sont les auteurs cités par Lévi, qui renvoie essentiellement à Euclide et à Ptolémée; pourtant, l'on peut établir des parallèles avec les théories d'astronomes arabes, qui ne sont pas mentionnés.

[7] Notons que Nicole Oresme dédicace l'un de ses premiers textes, l'*Algorismus Proportionum*, à Philippe de Vitry, voir ci-dessous.

De même que chez Euclide, les énoncés sont en général ceux de propositions ou de problèmes ("trouver trois nombres . . .").
* En revanche, la seconde partie est d'une facture plus proche de celle des manuels d'arithmétique médiévaux: des algorithmes y sont donnés pour effectuer des opérations; ils sont suivis dans chaque cas d'exemples numériques, et parfois d'explications rédigées dans un style assez libre. Son analyse pourrait certainement aider à préciser les traditions de travaux dont Gersonide a pu profiter en mathématiques. Cependant nous ne nous y arrêterons pas ici.

2.b Pour ce qui est du contenu, le livre est constitué pour une part d'un prolongement d'Euclide, pour une autre d'une présentation et d'une organisation euclidiennes de domaines qui sortent du cadre des domaines abordés par Euclide (parmi lesquels l'arithmétique, la sommation de séries et la combinatoire). Certains de ces thèmes, telle la sommation de séries, se rencontrent dans d'autres sources grecques, comme l'*Introduction arithmétique* de Nicomaque[8]; d'autres font penser à des auteurs arabes (c'est le cas de la combinatoire).

L'ensemble des propositions présentées dans la première partie peut se découper en plusieurs sections traitant de sujets spécifiques, auxquelles, pour plus de commodité, nous associons un numéro en chiffres romains:

I. identités concernant les produits et les sommes;

II. commutativité et associativité du produit;

III. proportions, changements possibles dans l'ordre des rapports composés;

IV. nombres premiers;

V. permutabilité d'un ensemble d'opérations;

VI. explorations combinatoires dans l'ensemble des entiers (successeurs, antécédents, nombre milieu . . .);

VII. (en liaison avec la section précédente) sommations de séries;

VIII. établissement d'égalités entre des expressions fonctions de trois nombres;

IX. (en liaison avec la section précédente) résolution de systèmes indéterminés d'équations linéaires;

---

[8] voir [Bertier 1978]. Une paraphrase de ce livre de Nicomaque fut traduite en hébreu par Kalonymos en 1317. Voir [Steinschneider 1893], p. 516-9. [Langermann 1983] présente de nouveaux matériaux se rapportant à la tradition de Nicomaque en hébreu.

X. identités sur les carrés et les cubes;

XI. combinatoire.

2.c L'influence d'Euclide est manifeste dans la structure de l'ouvrage, mais aussi dans le style. Nous en avons un premier indice dans le fait que, pour la démonstration de certaines propositions, les nombres sont représentés comme des lignes (jamais comme des nombres figurés). Mais on en rencontre d'autres manifestations, plus massives: les démonstrations sont effectuées de manière *synthétique*, sans que soit révélée l'analyse qui y a mené. En particulier, l'on ne trouve aucune trace de cet outil possible de l'analyse qu'est l'algèbre, même pour des problèmes qui en relèveraient. Cela amène à des résolutions particulièrement lourdes, comme on peut le voir sur l'exemple du problème 53 prélevé dans la section IX (nous citons d'après la traduction allemande de Lange, dont nous reprenons les notations littérales):

"PROBLÈME 53 : trouver trois nombres dont le premier, augmenté d'une partie donnée de la somme des deux autres, est égal au deuxième augmenté d'une partie plus petite, également donnée, des deux autres et au troisième augmenté d'une troisième partie donnée de la somme des deux restants, qui doit être plus petite que la seconde partie."

Avec des notations modernes, le problème se présente comme suit:

$$x + (y+z)/a = y + (x+z)/b = z + (x+y)/c, \text{ avec } a < b < c$$

La solution donnée par Lévi propose dans un premier temps des appellations littérales pour certaines grandeurs mises en oeuvre par le problème, puis introduit des nombres dont il affirme qu'ils sont solutions du problème cherché, ce qu'il s'emploie à démontrer.

"Soit d la différence entre b et a, s la différence entre c et b, g le prédécesseur de c et l le prédécesseur de b. a doit être égal ou plus grand que 2. Supposons dans un premier temps qu'il soit 2. Nous additionnons alors le dernier nombre c à d, la différence entre b et a, le résultat $(c+d)$ nous le posons égal à h. Ceci est le premier des nombres. Puis, nous additionnons h et le double produit du plus grand des nombres diminué de 1 et de la différence du moyen et du plus petit, c'est aussi le double produit $d{\cdot}g$. Nous désignons le résultat par t, c'est le second nombre. Puis nous additionnons t et le double produit du plus petit nombre diminué de 1 et de la différence entre le plus grand et le moyen, c'est aussi le double produit $s{\cdot}(a-1)$, nous désignons le résultat par k, c'est le troisième nombre. Affirmation: h, t, k sont les nombres cherchés.''[9]

Autrement dit,

$h = c + b - a,\ t = h + 2(c-1)(b-a),\ k = t + 2\,(a-1)(c-b)$
sont les solutions, dans le cas où $a = 2$; Remarquons que Lévi ne donne qu'une solution.

La démonstration qui suit fait usage d'identités qui font justement partie de celles-là mêmes qui se trouvent démontrées dans la section précédente, VIII. De même, pour le cas où a est supérieur à 2, d'autres solutions sont fournies, dont la démonstration vérifie l'exactitude à l'aide d'autres identités démontrées au cours de la section VIII. Cette remarque permet d'avancer des hypothèses sur la manière dont s'est organisé *a posteriori* l'ensemble des théorèmes et problèmes donnés ici selon une présentation déductive.

Ainsi, le problème posé en 53 recourt, pour la démonstration du cas général, aux théorèmes suivants:

THÉORÈME 50: soit trois nombres $c < a < b$. On pose $d = c-2$
$2(b-1)(a-c) + abd + (b-a)(c-1) + b + (a-c) = (a-1)(b-1)c$

THÉORÈME 51: soit trois nombres $a < b < c$
$(c-1)(b-a) + c + (b-a) = c(b-a+1)$

THÉORÈME 52: soit trois nombres $a < b < c$
$(c-1)(b-a) + (a-1)(c-b) + c + (b-a) = b(c-a+1)$

Des intermédiaires de calcul ont donc été coulés en forme de théorèmes et placés en amont. Cependant, ces mêmes intermédiaires se retrouvent utilisés à plusieurs reprises par la suite. Il est permis de penser qu'ils ont été choisis pour être communs à plusieurs calculs, ou qu'après les avoir établis pour la solution d'un problème, Gersonide a tenté de s'y ramener pour la solution d'autres problèmes.

L'abondance de notations littérales (chaque intermédiaire de calcul reçoit un nom) et le style du calcul, qui procède par réécriture d'énoncés, rendent la démonstration difficile à suivre. L'existence d'un grand nombre de pseudo-théorèmes qui consistent en autant d'identités remarquables *ad hoc*, elle aussi bien à la manière d'Euclide, contribue à alourdir l'ensemble.

---

[9] Notons que la lettre g, qui désigne le prédécesseur du nombre c, n'est pas celle qui précède c dans l'alphabet. La structure ordonnée de celui-ci n'est donc pas mise à profit dans les notations.

2.d En revanche, la seconde partie présente, sans négliger de renvoyer à la première, un savoir sous une forme algorithmique. Elle débute par l'introduction d'un système de numération—point sur lequel la première partie est muette—, marque supplémentaire d'un contact avec d'autres traditions que la tradition grecque. Ce système est positionnel; décimal pour la partie entière, sexagésimal pour la partie fractionnaire.

Les thèmes de la sommation des séries (les mêmes que celles proposées dans la première partie et d'autres, dérivées) et des calculs combinatoires (reprise stricte des résultats de la première partie) sont ici traités de manière algorithmique.

Lévi y traite de la sorte non pas seulement les thèmes abordés dans la première partie, mais aussi des sujets qu'Euclide traite dans ses livres arithmétiques. Ainsi, le livre I ne reprend pas l'étude des progressions géométriques, mais le livre II donne les règles pour calculer, les uns à partir des autres, les termes d'une telle progression et la règle générale pour en trouver la somme. Son énoncé reprend celui d'Euclide, à qui il renvoie pour la démonstration.

3. La combinatoire

Observons donc maintenant la manière dont Gersonide fait entrer, dans le canon euclidien, des disciplines mathématiques qui semblent ne pas avoir retenu l'attention des mathématiciens grecs, telle la combinatoire. Celle-ci sera l'objet, dans le *Sefer Maᶜaseh Ḥoshev*, d'un traitement particulier puisque Gersonide, en fin de première partie, lui consacre un court exposé.

3.a Le traitement de la combinatoire dans le Sefer Maᶜaseh Ḥoshev

1. Selon le patron euclidien, il doit tout d'abord en introduire l'objet, lequel sera représenté à l'aide de suites de lettres que nous appellerons "mots". Gersonide ouvre cette section en montrant comment l'opération de concaténation d'objets quelconques produit une nouvelle entité mathématique: l'ordre, que l'on sait étrangère aux *Éléments* d'Euclide. Il en donne un exemple en distinguant les deux arrangements possibles pour deux objets[10]. De là, Gersonide

[10] Le texte dit, en suivant la traduction de Lange: "Deux éléments peuvent se distinguer de deux manières dans l'arrangement de leur regroupement: soit c'est

procède à la définition de la différence, entre de tels arrangements, définition qui s'avèrera être la cheville ouvrière de ses raisonnements combinatoires[11].

(1) "Les dispositions d'objets peuvent différer de deux manières: soit elles se distinguent par leurs objets, tout en se correspondant quant au nombre de ceux-ci, soit elles se distinguent seulement par leur disposition".

Cependant, s'il importe de distinguer des arrangements impliquant des objets différents, Gersonide ajoute, à une autre échelle, que deux classes d'arrangements peuvent se correspondre, même si elles portent sur des ensembles d'objets distincts:

(2) "Le nombre de séquences d'une classe déterminée d'objets donnés est égal au nombre de séquences de *la même classe d'autres objets* si les séquences sont de la même sorte, c'est-à-dire si, quand les premières se distinguent par leurs objets, les autres doivent aussi se distinguer par leurs objets et, quand les premières se distinguent seulement par leur succession, les autres doivent aussi n'être différentes que par leur succession"[12].

Ainsi, la donnée comme suite d'objets d'une configuration combinatoire, prise individuellement, est indissociable de l'identité des objets qu'elle contient et qui entreront en ligne de compte dans les opérations visant à la comparer aux autres configurations[13]. En revanche, l'ensemble d'objets choisis pour permettre la définition d'une classe de séquences n'entre pas pour partie prenante dans l'identification de cette classe. Cette indifférence du nombre de séquences d'une classe donnée vis-à-vis des objets impliqués constituera l'autre point-clef mis en œuvre dans les démonstrations.

De fait, ce sont ces classes, et non les suites elles-mêmes qui seront les sujets des propositions combinatoires; ce sont elles qu'il s'agira de dénombrer, en les engendrant, en les dérivant les unes à partir des autres. Une suite de lettres, elle, ne renvoie d'elle-même à aucun

---

l'un qui est devant, soit c'est l'autre". Carlebach [1910] a eu les mêmes problèmes avec ce passage.

[11] Nous numérotons ici les énoncés pour faciliter le déroulement ultérieur de notre analyse.

[12] Souligné par nous.

[13] Cette configuration sera représentée par une suite de lettres qui servira de support dans les opérations de comparaison. Notons que la notation n'entretiendra pas le même rapport à l'objet mathématique que dans le cas d'un segment désigné par une lettre: la représentation a en effet une structure parallèle à celle de l'objet représenté et est susceptible de subir des opérations analogues.

objet combinatoire déterminé; elle ne deviendra arrangement, permutation, combinaison que relativement à une classe dans laquelle elle aura été prélevée. C'est en considérant le domaine de variation que constitue cette classe qu'on pourra établir l'identité combinatoire des séquences qu'elles contient: l'opération de comparaison intervient là de façon cruciale. La manière dont les séquences s'opposent les unes aux autres dans la classe, le réseau de relations qu'elles entretiennent, constituent l'objet combinatoire, d'où l'impossibilité de modifier une séquence seule sans défaire l'ensemble de relations et, partant, l'objet; d'où, aussi, la possibilité de changer dans leur ensemble les pièces constituantes, ce qui préservera le système d'oppositions, reproduira le même groupe de variations, la même classe[14].

2. Avant de mettre en œuvre ces objets combinatoires, Gersonide précise comment interagissent l'opération de concaténation et la comparaison entre configurations:

(3) ''Si l'on rattache un même objet à deux séquences d'objets qui diffèrent de quelque manière que ce soit, les nouvelles séquences diffèrent l'une de l'autre de la même manière''.

L'exemple qui suit l'explicite: si les configurations d'origine se distinguaient l'une de l'autre par leurs éléments, comme c'est le cas pour les mots ''*abc*'' et ''*bcd*'', il en va de même pour les configurations résultant du fait de préfixer ''*h*'': ''*habc*'' et ''*hbcd*'' sont différentes car constituées d'objets différents. De même, en préfixant *h* sur deux séquences différant l'une de l'autre par l'ordre de leurs objets ''*abc*'' et ''*bac*'', on obtient ''*habc*'' et ''*hbac*'', qui s'opposent l'une à l'autre de la même manière. Au contraire,

(4) ''si l'on rattache à une séquence donnée des objets différents, des suites prennent naissance, qui diffèrent par leurs objets.''

3. Dès lors qu'il dispose de ces êtres mathématiques, d'une définition de l'égalité entre eux et d'opérations sur eux, Gersonide énonce, sur les classes qu'ils forment, un ensemble de théorèmes articulés les uns aux autres et dont les démonstrations, construites pour la plupart sur le même modèle, sont tout à la fois élégantes et sobres. Avec des notations modernes, en voici la liste:

THÉORÈME 63: Nombre de permutations d'un nombre donné d'objets S_n:

---

[14] En ce sens, l'objet combinatoire n'est pas un ensemble d'opérations, telles les permutations, mais l'ensemble de leurs résultats.

$S_{n+1} = (n+1) \cdot S_n$
d'où il montre: $S_n = n \cdot (n-1)(n-2) \ldots 2 \cdot 1$
THÉORÈME 64: Nombre d'arrangements de 2 objets parmi n objets:
$A_n^2 = n(n-1)$
THÉORÈME 65: Nombre d'arrangements de p objets parmi n objets:
$A_n^p : A_n^{p+1} = (n-p)\, A_n^p$
d'où il montre: $A_n^p = n(n-1) \ldots (n-p+1)$
THÉORÈME 66: Nombre de combinaisons à p objets parmi n objets:
$C_n^p : p! \cdot C_n^p = A_n^p$
THÉORÈME 67: $C_n^p = A_n^p / p!$
THÉORÈME 68: $C_n^{(n-p)} = C_n^p$ (théorème dont deux démonstrations sont données).

4. Analysons la démonstration d'une de ces propositions, par exemple celle qui établit le nombre de permutations sur n objets et que Gersonide énonce comme suit:

"Si le nombre de permutations d'un nombre donné d'objets différents est égal à un nombre déterminé, alors le nombre de permutations d'un nombre plus grand de 1 d'objets différents est égal au produit du nombre précédent de permutations par le nombre suivant celui qui est donné".[15]

La démonstration construit en toute généralité l'articulation entre les permutations sur n objets et celles sur $(n+1)$ objets. Pour ce faire, une suite de $(n+1)$ lettres se voit décrite, structurée, en deux parties: son premier élément et les n lettres suivantes. La première lettre étant fixée (la "tête" de la suite), les n lettres qui restent (la "queue") sont susceptibles d'être permutées de S_n façons, avant que leur soit préfixée la première lettre. Si l'on fait maintenant varier la lettre de tête parmi les $n+1$ disponibles, les n autres lettres restantes ont toujours S_n façons d'être combinées (d'après (2)). Ainsi chacun des $(n+1)$ objets peut occuper la place de tête, et les n autres lettres se disposeront, à sa suite, de S_n manières différentes. D'où la relation $S_{n+1} = (n+1) \cdot S_n$.

C'est dans la seconde partie de la démonstration que la définition de l'égalité se combinera à la représentation en une structure bipartite des permutations pour assurer la conclusion: Gersonide y vérifie

---

[15] On peut comparer ce mode d'énonciation avec une expression moderne de la formule: $S_{n+1} = (n+1) \cdot S_n$.

en effet qu'aucune permutation n'a été comptée deux fois, qu'aucune non plus n'a été oubliée. Si deux permutations égales étaient produites, leurs deux premiers termes seraient les mêmes, ce faute de quoi elles seraient différentes; or l'on a procédé en n'accolant à ce même premier terme que des permutations différentes des mêmes lettres, ces permutations restent donc différentes lorsqu'on leur accole un même premier élément (3).

Que l'on obtienne ainsi toutes les suites parmi les permutations se voit immédiatement: toute permutation donnée se décompose en une tête et une queue, et est donc ainsi engendrée par le procédé donné. Ceci achève la démonstration.

Gersonide procède ensuite à la transformation de cette proposition en algorithme effectif de calcul des S_n; il en énonce la formule générale: "Par là, on a démontré que le nombre de permutations d'objets donnés est égal au nombre produit de tous les nombres de la suite naturelle depuis 1 jusqu'au nombre qui détermine le nombre d'objets donnés." Et il poursuit: " En effet le nombre de permutations de 2 est 2, et cela est égal à 1·2, le nombre de permutations de 3 est égal à 3·2, qui est égal à 1·2·3, et l'on montre cela plus loin sans fin."

Récapitulons le plan de cette démonstration, qui nous fournira celui de la majeure partie des autres:

- Lévi montre comment on peut construire les configurations dénombrées dans le membre de gauche à partir de celles du membre de droite.
- Il obtient le facteur multiplicatif qui les lie.
- Il démontre ensuite que, jamais, deux configurations produites ne sont identiques,
- et, enfin, qu'aucune configuration de celles qui sont dénombrées n'échappe à ce mode de construction.

5. En vue d'obtenir la formule que nous écrivons $A_g^{t+1} = (g\text{-}t)A_g^t$ (les lettres sont cependant ici les siennes, telles qu'on les trouve dans la traduction de Lange), il appliquera par exemple ce schéma de démonstration en structurant les arrangements à $(t+1)$ objets dans un ensemble à g objets, à partir des arrangements à t objets, ainsi:

Soit un ensemble d'objets a, b, c, d, h, f:

- A chaque arrangement *abc* à t objets, on associe un nouvel arrangement à $(t+1)$ objets en mettant l'un des $(g\text{-}t)$ objets restants devant *abc*. (Notons qu'ici la disposition à t objets reste fixe tandis que l'objet qui lui est accolé varie.)

- Chaque arrangement à t objets produit ainsi $(g\text{-}t)$ arrangements à $(t+1)$ objets.
- Il conclut, à nouveau, en vérifiant que l'on n'obtient, ce faisant, jamais deux fois le même arrangement, et qu'aucun arrangement ne peut ne pas être ainsi obtenu.

Pour transformer la proposition liée à cette formule en algorithme effectif, Gersonide doit avoir recours à la valeur de A_n^2, calculée dans sa proposition précédente[16].

6. Quelques démonstrations échappent à ce schéma, en particulier pour ce qui est d'établir que $C_n^{(n-p)} = C_n^p$. Gersonide en donne deux preuves: la première est conforme à ce que nous venons de décrire; la seconde, se démarquant des précédentes, introduit des éléments intéressants. Au lieu d'y prendre des lettres, abstraitement, pour représenter les suites d'éléments, il les met en œuvre *en tant qu'*elles représentent des nombres, et il les utilisera dans la démonstration tant pour la représentation des objets combinatoires que pour la désignation des nombres associés dans les formules. En effet, sa démonstration procède en montrant que les formules explicites pour les combinaisons $C_n^{(n-p)}$ *et* C_n^p (formules qu'il introduit à cette occasion) donnent le même résultat, c'est-à-dire qu'il démontre directement que:

$$n(n-1) \ldots (n-p+1)/p! = n(n-1) \ldots (p-1)/(n-p)!$$

Et l'on retrouve une telle démonstration, de nature algébrique, dans celle qui permettra d'établir $C_n^p = A_n^p/p!$ sur la base de $p! \cdot C_n^p = A_n^p$.

Confrontés à cette organisation euclidienne d'un ensemble de théorèmes combinatoires, à ces démonstrations opérant sur un support constitué de suites de lettres, nous sommes amenés à nous demander comment, historiquement et conceptuellement, ce texte se situe dans l'ensemble des pratiques combinatoires; c'est pourquoi nous nous proposons de donner un exposé partiel des caractéristiques de certains textes actuellement connus qui semblent constituer un contexte approprié.

---

16 Nous ne reprendrons pas ici la discussion relative à l'analyse des raisonnements, le lecteur peut se reporter à [Rabinovitch 1970]; on trouvera dans [Rashed 1972] une proposition de classification de raisonnements qui constituent la préhistoire des raisonnements par récurrence.

3.b Différentes pratiques de la combinatoire

1. Les textes religieux et astrologiques témoignent de manière générale d'une activité combinatoire et ont souvent fourni le cadre à des travaux originaux en cette matière. Par ailleurs, les recherches prosodiques ont amené les linguistes indiens à des questions de combinatoire; ce fut le cas de Piṅgala (200 avant l'ère commune), dont les commentateurs ont largement développé les résultats. Ainsi Halāyudha (X^e^-XIe siècles) donne une construction générale du triangle arithmétique et en fournit l'interprétation combinatoire dans le contexte prosodique qui l'occupe ([Bag 1979], p. 190-2). De même, la lexicographie a constitué un terrain favorable au développement d'une pratique combinatoire, pour des recherches dont on peut situer l'origine dans les travaux d'al-Khalīl Ibn-Aḥmad, au IXe siècle. Menée dans le but d'aider à la confection d'un dictionnaire contenant l'ensemble des mots de la langue, cette activité se manifeste par l'énoncé du calcul du nombre de certaines configurations de lettres, suivies de listes d'items de vocabulaire (voir [Rashed 1973]). Aucune justification explicite de ces règles ne semble se rencontrer dans ces textes.

2. Autre décor, autre tradition, sans rapport apparent avec celles-ci (voir Rashed [1973]): les algébristes du XIe siècle élaborent des méthodes d'analyse combinatoire dans le cadre du développement des techniques élémentaires du calcul algébrique, en vue de démontrer les procédures de détermination de racines pour les équations algébriques. Ce faisant, ils se démarquent de techniques de démonstrations plus géométriques, héritées d'al-Khwārizmī. En particulier, al-Karajī construit le tableau des coefficients binômiaux et en explicite la règle de formation: $C_n^p = C_{n-1}^{p-1} + C_{n-1}^p$ (voir [Ahmad, Rashed 1972]).

Rashed [1972] décrit précisément la structure de ce texte: partant du développement de $(a+b)^2$, al-Karajī établit celui de $(a+b)^3$; de là, il évalue $(a+b)^4$. Au pas suivant, il se contente d'expliquer (p. 75): "Celui qui a compris ce que nous venons de dire, peut démontrer que pour tout nombre divisé en deux parties, son quadrato-cube est égal à la somme des quadrato-cubes de chacune de ses parties, cinq fois le produit de chacune des parties par le carré-carré de l'autre et dix fois le produit du carré de chacune d'elles par le cube de l'autre. Et ainsi de suite dans un ordre croissant". Le calcul, effectué jusque là, est alors relayé par la construction d'un tableau qui fournit les C_n^p et dont la description du mode de construction met en oeuvre la formule ci-dessus. Cette description s'achève sur les mots suivants: "on peut ainsi connaître le nombre des carrés et des cubes pour la puissance que l'on veut". Le calcul de $(a+b)^3$ à partir de $(a+b)^2$, de $(a+b)^4$ à partir de $(a+b)^3$, fait donc apparaître une formule d'engendrement des coefficients, qui est isolée et reprise pour la construction d'un tableau fournissant, dans sa $n^{\text{ième}}$ colonne, les coefficients du développement de $(a+b)^n$.

Comment caractériser ce travail combinatoire? Tout d'abord, il se donne pour support un tableau, dont seule la construction entière jusqu'à la colonne n permet de disposer de cette colonne[17].

De plus, il ne procède pas par énumération ou en opérant sur des configurations: il s'exerce directement sur les dénombrements qu'il construit sur la base du repérage d'une règle de formation additive. Enfin, il apporte, comme seule démonstration à l'utilisation possible des termes du tableau, le mode de construction du dénombrement, sans lui donner de signification combinatoire.

3. On rencontre une pratique combinatoire aux caractéristiques comparables dans le domaine de la théorie des nombres, témoin les travaux d'al-Fārisī, au XIIIe siècle[18]. Le but avoué de l'auteur est d'apporter une nouvelle démonstration au théorème de Thābit ibn Qurra qui permet la construction de couples de nombres amiables[19]. Dans ce contexte, il en vient à étudier les fonctions arithmétiques élémentaires, qui associent à chaque nombre entier une somme de ses diviseurs, et donc à préciser ce qu'il en est de l'unicité de la décomposition d'un nombre en ses facteurs premiers, ainsi qu'à dénombrer ses diviseurs. C'est surtout par ce dernier point que s'introduit la combinatoire, corrélativement, une fois de plus, avec l'idée d'un calcul algébrique, ici avec le fait d'envisager l'application de l'algèbre à la théorie des nombres. Cependant, si le style de la démonstration est lui aussi délibérément combinatoire,

---

17 On retrouve ici pour les tableaux un mode de travail—désigné par R_1—dont Rashed [1972] signale diverses modalités d'occurence, pour les définitions, les constructions et les démonstrations.

18 Voir l'analyse de son *Taḏkerat al-ʾAḥbāb fī bayān al-Taḥāb* dans [Rashed 1983].

19 On trouvera une présentation de ces travaux de Thābit dans [Rashed 1983]; [Brentjes, Hogendijk 1989] propose la reconstruction de la démarche possiblement suivie par Thābit pour établir son théorème. Nous reviendrons sur ces textes dans la section suivante.

comme le note R. Rashed [1983, p. 279], l'étude du dénombrement des diviseurs prolonge celle des fonctions arithmétiques, sans faire à proprement parler partie de cette démonstration.

Al-Fārisī donne plusieurs procédures pour calculer le nombre des diviseurs d'un entier. L'une, qu'il n'établit pas vraiment, en propose un calcul arithmétique (proposition 12, p. 285); l'autre (proposition 11, p. 284) énonce une relation entre ce nombre et une somme de coefficients binomiaux, identifiés pour l'occasion aux nombres figurés, et objets d'une interprétation combinatoire dont le support est constitué de suites de lettres. En fait, la notion de nombres figurés, présente dans l'*Introduction arithmétique* de Nicomaque[20], est réactivée dans ce contexte, interprétée en de nouveaux termes et, partant, généralisée. Al-Fārisī, délaissant donc à la suite d'une tradition gréco-arabe l'interprétation géométrique de ces nombres, n'en rejette pas une lecture en termes combinatoires: chacun d'entre eux est donné comme le cardinal d'un ensemble de combinaisons. Corrélativement, l'auteur propose une extension du tableau des nombres figurés, dont il explicite la loi additive de formation. Ce tableau et cette loi serviront de support au dénombrement des diviseurs: à la suite d'une énumération, ceux-ci apparaissent par paquets de même cardinal que les nombres figurant dans des cases du tableau, et la série qui se fait alors jour est celle-là même par laquelle le tableau est construit. Pour nous récapituler, via l'interprétation par combinaisons des nombres figurés, l'auteur les généralise et étend le tableau qui leur est associé. L'énumération des diviseurs fait apparaître une somme de ces nombres que la *loi additive* de formation du tableau permet de calculer comme étant en fait une case de ce tableau: celui-ci fait donc office de machine à calculer pour le problème. Le nombre de diviseurs est ainsi simplement à prélever dans une case du tableau, laquelle est déterminée en fonction du nombre de diviseurs élémentaires de l'entier considéré. Cependant, s'il y a là énumération de diviseurs formés à partir des diviseurs premiers, eux-mêmes représentés par des lettres, le cadre combinatoire est restreint, par la nature du problème, aux combinaisons. De plus, si le style combinatoire est ici central, il n'y a pas de travail sur configurations à proprement parler.

Ces deux domaines mathématiques où, à l'Orient du monde de

[20] On peut en consulter le texte dans [Bertier 1978].

langue arabe, une activité combinatoire se développe, sont de manière sans doute caractéristique liés à l'algèbre et à son introduction dans différentes disciplines. Elle y apparaît comme subordonnée à une modalité du calcul algébrique. Mais, de plus, ces travaux restent impliqués dans ces contextes particuliers, déterminés par les questions propres, les projets propres, qui s'y présentent.

4. Il semble que la combinatoire soit devenue une discipline à part entière en Inde et au Maghreb. En Inde, on trouve des résultats généraux concernant les permutations dans les œuvres de Mahāvīra (c. 850 A.D.), mais la mention la plus ancienne que nous ayons d'un "sujet" combinatoire se rencontre dans le *Līlāvatī* de Bhāskara II (1150 A.D.). Les applications qui y sont faites à la prosodie rappellent un des terrains sur lesquels ces préoccupations ont mûri. Cependant, si des formules multiplicatives sont fournies pour les dénombrements, aucune justification n'en est donnée, et nous n'entrerons donc pas ici plus avant dans l'examen de cette tradition[21]. Au Maghreb, la combinatoire devient autonome en se dégageant des pratiques linguistiques. Les questions de dénombrement y ont été, en effet, l'objet d'une activité intense dans les domaines de la linguistique et de l'astrologie, entre autres. Cependant, les documents connus aujourd'hui nous permettent de penser qu'il faut attendre le début du XIIIe siècle pour voir cette activité reprise dans le cadre de traités mathématiques.

5. Le plus ancien ouvrage connu au Maghreb pour présenter un chapitre sur la combinatoire est le *Fiqh al-Ḥisāb*[22] dont A. Djebbar date la rédaction entre 1207 et 1212. Le titre de ce chapitre, "sur le dénombrement des mots qui sont tels que l'être humain ne peut s'exprimer que par l'un d'entre eux", annonce le contexte linguistique dans lequel l'auteur, Ibn Munᶜim, situe ce développement, qu'il présente comme une suite aux travaux d'al-Khalīl. Les suites de lettres y servent de support privilégié aux raisonnements combinatoires. Cependant, Ibn Munᶜim insiste sur le caractère non essentiel des limites de taille que l'alphabet leur impose et sur le fait

---

[21] On pourra, à ce sujet, se reporter à [Bag 1979], p. 187-193 et à [Edwards 1987], p. 27-33. Ce dernier note l'affinité qui existe entre les formules multiplicatives des auteurs indiens et celles que l'on rencontre chez Gersonide. Cependant, on peut aussi insister sur les modes différents de description de ces formules. On lira avec intérêt les remarques qu'il fait sur l'interaction entre traditions de formules additives et multiplicatives.

[22] On peut consulter la traduction de ce chapitre dans [Djebbar 1985].

qu'il traite le problème de manière générale, même s'il est contraint de le poser en termes particuliers (p. 50). De fait, il relaie le support que constituent les suites de lettres par celui de houppes de couleur, et aménage la transition de l'un des modèles à l'autre lorsqu'une proposition, établie avec l'un des supports, s'avère nécessaire pour résoudre un problème concernant l'autre[23]. On rencontre dans son texte plusieurs modes de raisonnement et de résultats combinatoires. Dans certains cas (problème 1 pour le calcul du nombre de combinaisons), il établit, de proche en proche en commençant par 2 et par dénombrement, une formule additive articulant les configurations à $(p+1)$ éléments sur les configurations à p éléments. Cette relation l'amène à construire un *tableau* qui permettra de trouver, dans l'une de ses cases, la solution aux problèmes correspondants de dénombrement. Il y a donc articulation entre formule additive et pratique tabulaire qui offre un support au calcul, entre loi de formation du tableau et raison de l'énumération. A nouveau, la détermination globale du tableau jusqu'à une case donnée est nécessaire pour connaître le contenu de celle-ci. On trouve là entre autres, A. Djebbar le note au passage, une occurence du "triangle arithmétique" accompagné d'une interprétation combinatoire.

Par un autre mode de raisonnement, partant toujours des valeurs les plus basses et montant progressivement à des valeurs plus élevées jusqu'à affirmer que cela est vrai pour les valeurs plus grandes, Ibn Munᶜim donne des formules multiplicatives explicites (par exemple pour $n!$) sans cependant marquer là la relation entre deux valeurs consécutives. Il lui arrive enfin de procéder par énumération exhaustive.

6. Par le fait de son successeur Ibn al-Bannāᵓ, Ibn Munᶜim a vu son nom associé plus spécifiquement à la "méthode des tableaux", dont celui-là a voulu se défaire. Ceci dit, Ibn Munᶜim recourt de fait aux tableaux et aux formules[24]. Pour Ibn al-Bannāᵓ (mort en

---

[23] On peut lire ainsi, au début de la solution d'un problème posé en termes linguistiques: "la méthode consiste, ici, à considérer le nombre de lettres de l'alphabet comme étant des couleurs de soie et à dire: combien contiennent-elles de houppes de sorte que le nombre de couleurs de chaque houppe soit, par exemple, trois" (p. 60). A l'articulation entre deux passages travaillant l'un sur les houppes et l'autre sur les lettres, on peut aussi lire: "la combinaison, dans notre convention-ci, est un ensemble de lettres" (p. 63).

[24] Sur Ibn al-Bannāᵓ, nous renvoyons le lecteur à nos sources: [A. Djebbar 1981], [R. Rashed 1983] et [M. Aballagh 1989] . Il trouvera dans ce dernier ouvrage la traduction du *Rafᶜ al-Ḥijāb*.

1321), qui poursuit ces travaux, l'activité combinatoire se présente sous deux angles: d'une part, un ensemble de propositions théoriques sont données et démontrées, sans référence à un domaine mathématique autre qui servirait de contexte, et, d'autre part, la combinatoire intervient, appliquée à différents domaines, mathématiques (pour classer des formules, par exemple, ou des objets comme les fractions) ou linguistiques. Nous nous en tiendrons ici à l'analyse des propositions combinatoires telles qu'elles apparaissent dans le *Rafʿ al-Ḥijāb*. Après y avoir proposé un tableau des nombres figurés et avoir fait apparaître les relations additives liant ses éléments, Ibn al-Bannāʾ le met en œuvre pour le calcul de sommes de séries ou pour certaines propositions de combinatoire. Ce sera le début d'une section, consacrée à cette matière, et où l'on trouve traitées, dans cet ordre, permutations, combinaisons et arrangements.

Pour les permutations, Ibn al-Bannāʾ donne deux types de formules. Le premier, pour C_n^2 et C_n^3, met en relation ces nombres avec le tableau des nombres figurés, dont il fournit partiellement, ce faisant, une interprétation combinatoire. C_n^2 et C_n^3 y sont donnés comme équivalant à une somme de série. Par opposition à ce travail tabulaire et aux formules additives qui lui sont associées, Ibn al-Bannāʾ propose un autre type de formule, multiplicative cette fois, liant C_n^p et C_n^{p-1} (pour $p>2$), formule qu'il démontrera par un raisonnement caractéristique de ceux qu'il applique à l'établissement de propositions combinatoires. Pour effectuer les dénombrements, il travaille directement sur un seul support, constitué de suites de lettres[25], et engendre les combinaisons à p éléments à partir de celles à $(p-1)$ éléments. Les formules ainsi obtenues permettent d'avoir une expression explicite des dénombrements combinatoires et se démarquent des pratiques tabulaires en ceci qu'elle ne nécessitent pas, pour être calculées, la constitution du tableau dans son entier. Cependant, aucune articulation n'est aménagée entre les deux types de formules pour ce qui est du raisonnement combinatoire[26].

---

[25] Ces lettres peuvent renvoyer à des éléments différents. Dans les applications de la combinatoire, les objets dénombrés seront mis en relation avec les lettres avant que soient importés les résultats combinatoires (voir [Djebbar 1981], p. 72 et note 178). Ibn al-Bannāʾ diffère sur ce point d'Ibn Munʿim qui utilisait des supports divers (houppes, mots . . .).

[26] A cette exception près que la connexion entre combinaisons et nombres figurés permettra de donner des formules multiplicatives pour exprimer les sommes de nombres figurés.

Par ailleurs, au terme d'un raisonnement combinatoire inductif, Ibn al-Bannā' propose des formules explicites de type multiplicatif pour les permutations et les arrangements.

Le sujet déborde donc les limites que les traitements mathématiques à l'Est semblent lui avoir assignées. La boîte à outils combinatoire, qu'elle soit développée dans le cadre des recherches algébriques, ou qu'elle montre sa capacité à s'appliquer à divers domaines, révèle partout son caractère algébrique[27].

3.c Caractérisation de la pratique combinatoire de Gersonide

C'est par contraste avec le contexte que nous venons d'esquisser que nous allons préciser les traits de la combinatoire de Gersonide. Cela nous permettra de faire apparaître les affinités qu'il présente avec tel ou tel autre ensemble de textes.

1) Contrairement aux travaux mathématiques orientaux que nous avons décrits, contrairement aussi à l'Occidental Ibn Munᶜim, Gersonide ne recourt à aucune pratique tabulaire en combinatoire. Corrélativement, on ne trouve dans son chapitre de combinatoire aucun dénombrement qui mène à une formule additive, et le passage qu'il consacre aux séries ne sera pas, lui non plus, utilisé à des fins combinatoires. En ceci, il est proche d'Ibn al-Bannā', lequel se démarque des tableaux pour établir des formules explicites qui peuvent être calculées directement[28]. Gersonide donne des formules multiplicatives qui, dans un premier temps, lient le cas p au cas $p\text{-}1$, puis à partir du cas où $p = 2$, il en déduit une formule explicite[29].

2) Pour ce qui est du support, comme Ibn al-Bannā', Gersonide n'utilise que des suites de lettres; celles-ci ne renvoient cependant pas à des nombres[30]. En effet, il énonce (p. 55) la suite des entiers

---

[27] Au sens où R. Rashed l'a montré constitué dans les travaux algébriques d'al-Khwārizmī (voir [Rashed 1983b]).

[28] Cependant, parmi les auteurs qui rédigent en hébreu, Ibn Ezra au contraire est plus proche d'une pratique par séries de la combinatoire dans les passages où il traite de la conjonction des planètes (voir [Ginsburg 1922]).

[29] Rabinovitch [1970] insiste sur ce mode de raisonnement.

[30] Dans la seconde partie du *Sefer Maᶜaseh Ḥoshev*, Gersonide recourt à un système de numération positionnel décimal dont les chiffres sont notés à l'aide des neuf premières lettres de l'alphabet hébreu. Rabinovitch [1970] revient à plusieurs reprises sur le fait que ces lettres désignent dans la première partie du livre des nombres arbitraires; selon lui, il faut s'en remettre au contexte pour le savoir. Il mentionne de plus des contextes où il serait impossible que les lettres désignent les

comme commençant par "*a, b, c, d, h, f, s, g*". Cependant, quand il choisit des notations pour retranscrire un énoncé général de combinatoire (voir les propositions 63 et 64 par exemple), suivant en cela le style euclidien qui prévaut dans cette première partie du *Sefer Maᶜaseh Ḥoshev*, il note les éléments à permuter "*a, b, c, d, h*" et leur nombre "*s*": cela démontre la dissociation entre lettres et chiffres[31].

Ces lettres ne renvoient pas non plus au contexte de la linguistique: elles sont introduites de manière identique dans la partie concernant la combinatoire, et dans toute cette "suite à Euclide" que constitue à ses yeux la première partie du *Sefer Maᶜaseh Ḥoshev*. De plus, Gersonide appelle de manière répétée "objet" la pierre de base avec laquelle construire les configurations pour former des objets combinatoires[32]. La combinatoire est ici présentée hors de tout domaine d'application, de tout contexte d'intervention.

Gersonide fera de cette représentation en termes de suites de lettres le support effectif de son travail combinatoire.

3) Certains modes de raisonnement rapprochent Gersonide d'Ibn al-Bannāʾ, comme lorsque celui-ci, dans le cas des combinaisons, articule le nombre de combinaisons à $(p+1)$ éléments avec celui des combinaisons à p éléments, pour en déduire ensuite une formule explicite en partant du cas $p=2$. Mais, chez Gersonide, toutes les démonstrations présentent la même facture, d'allure scolastique. Elles engendrent les configurations introduites dans un membre d'une formule, par transformation combinatoire sur les suites de lettres définissant les configurations intervenant dans l'autre membre.

4) Ainsi, nous rejoignons les conclusions d'A. Djebbar lorsqu'il constate les affinités entre les textes maghrébins et celui de

---

chiffres qu'elles peuvent dans un autre contexte représenter. Lange, lui, signale que dans le manuscrit qu'il a utilisé les lettres sont munies d'un point ou d'un trait pour distinguer entre les deux cas. Cependant, Rabinovitch (p. 242) présente un passage où cette convention n'est pas utilisée à bon escient.

[31] Cela démontre aussi que ces représentants ne valent pas pour le nombre de lettres qu'ils représentent mais en toute généralité: Gersonide articule bien le pas n au pas (n + 1): nous ne sommes donc pas dans un exemple de raisonnement que l'on convient d'appeler "quasi-général" et dont R. Rashed [1972] a analysé des occurences.

[32] Ce terme que nous avons rendu ainsi tout au long de notre texte est traduit comme "Element" par Lange et Carlebach.

Gersonide, sans pouvoir préciser plus avant ses sources arabes[33]. De même, le texte de Gersonide participe de ce mouvement général de reformulation *more geometrico* de nouveaux domaines dégagés par les mathématiciens arabes[34].

3.d Un style mathématique par dénombrement

Si, dans le *Sefer Maᶜaseh Ḥoshev,* les dénombrements combinatoires ne sont pas appliqués à d'autres domaines des mathématiques, on peut y noter une présence insistante de procédures par énumération dans ses démonstrations.

Pour le calcul de séries qui pourraient relever de nombres figurés, l'auteur, en effet, à la suite d'Euclide, ne recourt à aucune démonstration arithmo-géométrique. Il n'opère non plus ni à l'aide de tableaux, ni par l'algèbre, grande absente de son texte. En revanche, il procède par un dénombrement, qui confère à sa démonstration un parfum combinatoire. Prenons en guise d'illustration la manière dont il démontre que la somme des impairs de 1 à $(2n-1)$ vaut le carré de la moyenne arithmétique des termes extrêmes, soit n^2. Se démarquant de la démonstration classique par le gnomon[35], il distingue deux cas, selon que la moyenne arithmétique entre 1 et $2n-1$ est impaire (c'est-à-dire que n est impair) ou non. Examinons le premier de ces cas pour lequel il se propose donc de démontrer que la somme est bien n^2. Avec ses notations, a, b, c, d, h, f, s, k, t, sont les t premiers nombres de la suite des entiers naturels, les nombres impairs en sont donc a, c, h, s, t, et leur somme h^2. Des relations $a+t=2h$ et $c+s=2h$, il conclut:

[33] A. Djebbar [1981], p. 74-5 et p. 94. Comme l'auteur le souligne, pour ce qui est de la relation à Ibn al-Bannāʾ, il faut néanmoins prendre en considération le fait que l'ordre dans lequel Gersonide et Ibn al-Bannāʾ présentent les dénombrements combinatoires diffère, et, partant, leurs relations combinatoires les uns aux autres.

[34] On retiendra que M. Clagett [1968, p. 447] suggère que les travaux de Gersonide étaient connus du cercle parisien dont Oresme faisait partie. Il évoque à ce propos la conjecture de Philippe de Vitry. Il remarque aussi: "I do not know of any Latin author other than Oresme who demonstrates knowledge of these combinatorial rules [il s'agit de celles donnant le nombre de combinaisons à p éléments dans un ensemble à n éléments], beyond the special case for n things taken two at a time." N. Rabinovitch [1973], p. 149-51 énumère les occurences de connaissances combinatoires dans les textes d'Oresme édités par [Grant 1966] et [Clagett 1968].

[35] Sur ce sujet, voir [Itard 1961], p. 21-3. Pour le texte de Gersonide, voir le problème 29, [Lange 1909], p. 20.

"donc la somme $a+c+s+t$ comportera le facteur h autant de fois que le nombre de termes sommés. On démontre encore qu'aucun terme impair ne peut avoir été laissé de côté, qui ne serait pas lié à un terme correspondant de l'autre côté, car le nombre de termes suivant celui du milieu est égal au nombre de ceux qui le précèdent; on peut lier les nombres pairs avec les nombres pairs et les impairs entre eux, donc le nombre de nombres impairs avant le terme du milieu est égal au nombre de ceux qui le suivent. Mais le nombre de nombres impairs avant h est égal à la moitié de h-1, donc le nombre de places a, c, s, t, est égal à h-1, et donc h est contenu $(h$-$1)$ fois dans la somme $a+c+s+t$, et il est contenu une fois dans h lui-même, donc h fois dans la somme $a+c+h+s+t$, donc la somme $(a+c+h+s+t)=h^2$." Une démonstration du même type traite le second cas.

On a donc là un renversement des rapports entre série et combinatoire: ce ne sont pas les séries qui permettent de dénombrer les configurations, mais les dénombrements qui fournissent les sommes des séries.

Il peut être intéressant de revenir ici sur le fait que, comme nous l'avons déjà mentionné dans les cas d'al-Karajī et d'al-Fārisī, les propriétés combinatoires ont souvent été mises en valeur, exposées, dans un contexte de calcul algébrique[36] ou d'application de l'algèbre à une autre discipline. Cela semble indiquer un rôle joué par la combinatoire dans l'exécution des calculs formels, rôle que l'on trouve ici mis en scène, par l'intermédiaire des dénombrements, dans une démonstration proposant des calculs sans le secours de l'algèbre.

4. Le problème du *De numeris harmonicis*[37]

4.a Présentation générale

1. Ce bref traité vise à démontrer un énoncé, désigné comme

---

36 Les termes du commentaire d'As-Samawʾal sur la technique tabulaire introduite par al-Karajī pour traiter le développement du binôme sont ici éloquents: "Rappelons maintenant un principe pour connaître le nombre nécessaire de multiplications de ces degrés les uns par les autres, pour tout nombre divisé en deux parties. al-Karajī a dit que si l'on veut y parvenir il faut poser un tableau ..." [Rashed 1984, p. 76].

37 Dans l'attente de l'édition de ce texte préparée par K. Stichweh, nous reproduisons en annexe une paraphrase de l'édition de [Carlebach 1910],

"suppositum"[38] de la science musicale, et ce à la demande de Philippe de Vitry, une des sommités de cette discipline; tout cela est dit d'entrée de jeu. L'énoncé en question concerne les nombres harmoniques. Donnés par Philippe de Vitry comme les nombres qui partagent avec leurs diviseurs la propriété de pouvoir être divisés par 2 ou par 3 continûment jusqu'à l'unité, ils sont répartis par Gersonide en trois séries pour les besoins de la démonstration: les nombres des progressions géométriques à base 2 et 3 (à partir de l'unité) constituent les deux premières; leurs produits, la troisième. L'énoncé à démontrer affirme que "deux quelconques de tous les nombres harmoniques diffèrent d'un nombre sauf ceux-ci: 1 et 2, 2 et 3, 3 et 4, 8 et 9". Différer d'un nombre, c'est-à-dire avoir une différence au moins égale à 2, puisque 1 n'est pas un nombre[39]. Gersonide reformule le théorème en ses propres termes avant de procéder à sa démonstration.

2. Pour établir ce point, Gersonide va rédiger une démonstration dans un style qu'encore une fois, de nombreux aspects rapprochent de celui des *Éléments* d'Euclide.

La structure globale tout d'abord: après avoir annoncé qu'il prouvera le théorème par l'absurde, il donne dans un premier temps les définitions des termes qu'il emploiera:

- les nombres de la première espèce, c'est-à-dire ceux de la forme 2^n, sont appelés "nombres de la duplication"; les nombres de la seconde espèce, soit ceux de la forme 3^m, sont les "nombres de la

---

p. 129-144. M. Clagett [1968, p. 471] a lui aussi commenté le *De numeris harmonicis* sur lequel il formule quelques remarques. En particulier, il a donné sa propre édition des premières lignes du textes, qui présente des différences avec celle de Carlebach. Une première divergence porte sur la date qui figure dans l'introduction. Carlebach donne 1342, Clagett 1343. L'édition de Carlebach donne un texte cohérent pour ce qui est de la démarche mathématique de Gersonide; notre but ici est de restituer celle-ci en attendant qu'une traduction soit possible. K. Stichweh nous a donné nombre d'utiles indications, nous sommes heureux de pouvoir lui exprimer ici notre reconnaissance. Nous avons suivi Carlebach et numéroté les propositions; nous reviendrons plus loin sur ce point, et nous nous servirons de ces nombres nous-mêmes pour désigner ces propositions dans notre commentaire.

[38] Cet énoncé est d'abord qualifié de "suppositum" à démontrer, de "principe", et enfin, une fois reformulé en les termes que Gersonide utilisera, de "théorème".

[39] L'énoncé de la proposition 18 insiste: "un qui n'est pas un nombre". 1 sera pris comme premier degré des suites géométriques de raison 2 et 3, mais lorsque l'on parlera de *nombres* de ces suites, cela exclut 1, c'est un point à bien noter. C'est en particulier ce fait qui rend la proposition 1 vraie. On peut cependant relever de légers écarts, comme dans le cas de la proposition 18 elle-même. De plus, des

triplation''[40]; quant aux nombres de troisième espèce, obtenus par produits croisés des nombres des deux premières sortes, ils seront les ''nombres produits de ceux de la duplication et de la triplation''.

- 1 sera le premier degré des séries de première ou de seconde espèces, et l'on affectera un nombre aux degrés (numéros d'ordre des termes successifs) en progressant régulièrement le long de chaque série.

- enfin, l'on distingue parmi ces degrés les pairs et les impairs.

Ces conventions posées, Gersonide énonce un ensemble de théorèmes qui lui serviront d'outils dans la grande démonstration de la proposition principale[41] qu'il divise en deux cas: deux nombres harmoniques ne peuvent être égaux; deux nombres harmoniques ne peuvent être distincts de 1, aux exceptions déjà signalées près . Chacun de ces cas sera lui-même traité en autant de propositions qu'il contient de sous-cas, compte tenu des types de nombres à comparer et des modes de démonstration disponibles[42].

Les théorèmes préliminaires sont dénombrés de deux manières: tout d'abord ils sont affectés d'un numéro par lequel la démonstration principale renverra à eux lorsqu'ils seront requis pour justifier

---

finesses de rédaction révèlent l'importance que ce point revêt pour Gersonide: la proposition 15, affirmant qu'aucun *nombre* 2^n n'est égal à un autre nombre $2^{n'}$ou à l'unité, est démontrée en renvoyant à la proposition 13 pour ce qui est de la première partie et à la proposition 12 pour ce qui est de la seconde, tandis que la proposition 16 affirmant la même chose pour 3^m ne renvoie qu'à la proposition 14. Dans le *Sefer Maᶜaseh Ḥoshev*, Gersonide revient dans les introductions aux deux livres sur ce problème du statut de l'unité.

[40] Ces progressions géométriques à base 2 et 3 ont 1 comme premier élément. Si nous choisissons de désigner leurs termes parfois, en guise d'abréviation, par 2^n ou 3^m, Gersonide n'identifie pas 1 à une puissance 0.

[41] Ces quatorze propositions préliminaires interviennent effectivement dans la démonstration de la proposition visée, à l'exception de la proposition 6 qui sert à établir la proposition 9.

[42] Voici la liste des sous-cas traités:

I. Deux nombres harmoniques ne peuvent être égaux
- a. $2^n \neq 2^m$
- b. $3^n \neq 3^m$
- c. $2^n \cdot 3^m \neq 2^{n'} \cdot 3^{m'}$
- d. $2^n \neq 3^m$
- e. $2^p \neq 2^n \cdot 3^m$
- f. $3^p \neq 2^n \cdot 3^m$

II. Deux nombres harmoniques ne peuvent être distincts de 1, aux exceptions signalées près
- a. $2^n - 2^m \neq 1$ sauf 1 et 2
- b. $3^n - 3^m \neq 1$
- c. $2^n \cdot 3^m - 2^{n'} \cdot 3^{m'} \neq 1$

un raisonnement[43]; mais de plus, Gersonide les regroupe à plus d'une reprise par sous-ensembles de quatre, de même qu'il regroupe, après les quatre énoncés, leurs quatre démonstrations; chacune renverra alors, d'après son numéro d'ordre dans le sous-ensemble, à celui des quatre énoncés qu'elle vise à démontrer.

La composition, on le voit, est ferme et sobre[44], montée toute dans l'intention d'établir la proposition demandée[45]: elle évoque l'allure du corpus euclidien.

3. Cependant, si, à l'échelle globale, le texte est d'une facture qui rappelle les *Éléments* d'Euclide, les démonstrations elles-mêmes sont plus éloignées du style euclidien que ne l'étaient celles de la première partie du *Sefer Ma^caseh Ḥoshev*: on n'y retrouve plus la distinction de ces temps qui scande le rythme des démonstrations d'Euclide: énoncé général, choix de notations, reformulation de l'énoncé à l'aide des notations introduites, démonstration de la proposition ainsi reformulée. La rédaction est, en un sens, moins lourde et plus directe.

Pour ce qui est du contenu des mathématiques elles-mêmes, sa présentation est celle des livres arithmétiques des *Éléments*[46]; par exemple, les nombres sont représentés comme des lignes sur lesquelles les opérations (concaténer, découper) correspondent aux opérations numériques, tandis que les noms des segments (la lettre

---

d. $|2^p - 2^n \cdot 3^m| \neq 1$
e. $|3^p - 2^n \cdot 3^m| \neq 1$
f. $|2^n - 3^m| \neq 1$
f1 $3^{2m+1} - 1 \neq 2^n$ sauf 3 et 2
f2 $3^{4m} - 1 \neq 2^n$
f3 $3^{4m+2} - 1 \neq 2^n$ sauf 8 et 9
f4 $3^{2m} + 1 \neq 2^n$
f5 $3^{2m+1} + 1 \neq 2^n$ sauf 3 et 4

[43] Gersonide poursuit-il la numérotation des propositions au delà des théorèmes préliminaires, lorsqu'il aborde le corps de la démonstration à proprement parler ? Nous avons choisi de suivre Carlebach sur ce point: il a reconstitué cette numérotation d'après les citations internes du texte de Gersonide, et a poursuivi après la proposition 14 puisque la démonstration de la proposition 22 renvoie à la démonstration de la proposition 15, elle-même partie de la grande démonstration mais appelée à la justification d'une autre de ses parties.

[44] Témoin cette remarque de Gersonide au cours de la démonstration de la proposition 22: on pourrait démontrer mieux, mais c'est inutile, étant donné le but qui est le nôtre.

[45] Les questions relatives au traitement de l'unité en tant qu'elle n'est pas un nombre (voir la note 39 ci-dessus) révèlent le degré de précision dans l'organisation du texte.

[46] On peut se reporter à [Itard 1961] pour leur traduction.

d'origine accolée à la lettre d'extrémité) montreront les relations entre grandeurs (entre ab, ac et cb, la relation $ab = ac + cb$ est impliquée). Ici aussi Gersonide s'est départi de la forme de rédaction euclidienne en termes de proportions, et s'exprime au moyen des opérations arithmétiques; nous aurons l'occasion d'en rencontrer des exemples.

4. On trouve plusieurs types de références aux *Éléments*. Ainsi, les progressions géométriques $\{2^n\}$ et $\{3^m\}$ constituent l'outil principal qu'utilisera Gersonide dans sa démonstration; et l'on trouve chez Euclide les principales propositions dont il se servira. Il renvoie à Euclide pour affirmer que chacun de leurs termes n'est divisible que par les termes de la progression qui le précèdent (c'est sa proposition 4). Effectivement, la proposition 13 du chapitre IX, où Euclide traite des progressions de cette sorte, affirme: "Si autant de nombres qu'on voudra sont successivement proportionnels à partir de l'unité, et si celui qui est après l'unité est premier, le plus grand ne sera mesuré par aucun nombre, excepté par ceux qui sont parmi les nombres proportionnels". C'est la proposition IX-11 qui permet d'établir la seconde partie de la proposition 4 de Gersonide: "Si autant de nombres qu'on voudra sont successivement proportionnels à partir de l'unité, le plus petit mesure le plus grand au moyen de quelqu'un de ceux qui sont parmi les nombres proportionnels"[47].

La somme de telles progressions ne se trouve pas donnée dans la partie théorique de son *Sefer Maᶜaseh Ḥoshev*, mais dans le livre 2, au rang des applications pratiques; il les donne en renvoyant à Euclide, comme dans le *De numeris harmonicis*. En effet, la proposition 35 du livre IX affirme: "Si autant de nombres qu'on voudra sont successivement proportionnels et si du second et du dernier on retranche un nombre égal au premier, l'excès du dernier sera à tous ceux qui sont avant lui, comme l'excès du second est au premier"[48]. Gersonide ne donne cette proposition que pour le seul cas de la progression géométrique $\{3^m\}$, et l'on pourra comparer le style de sa proposition 5 avec cette dernière proposition d'Euclide[49].

---

[47] [Itard 1961], p. 176 et p. 173 respectivement. La proposition 6 est elle aussi, Gersonide y renvoie, reprise du livre IX (proposition 8).

[48] [Itard 1961], p. 196.

[49] Il est intéressant de noter que, pour cette occasion, Gersonide fait une référence précise à Euclide puisqu'il donne à cette proposition qui, dans l'édition de Heiberg, est la trente-cinquième, le numéro 38. Celui-ci ne correspond donc, ni à l'édition de Heiberg, ni à aucune des traditions arabes du texte des livres arithmétiques d'Euclide (voir [de Young 1984]).

Ce sont des considérations de parité, présentes elles aussi dans le livre IX d'Euclide, qui lui permettront de mettre en oeuvre ces outils que sont les progressions géométriques pour mener à bien la démonstration. Il y ajoutera, plus généralement, des propriétés de divisibilité qui débordent le cadre euclidien. Ainsi les pierres de base de la démonstration sont empruntées pour la plupart aux *Éléments*, et nous verrons que ce livre a pu aussi fournir l'inspiration pour la solution.

4.b L'idée de la démonstration

1. Pour démontrer que deux nombres harmoniques a et b sont distincts, ou que $a-1$ et b sont distincts, Gersonide prouve que les nombres comparés ont des propriétés arithmétiques distinctes: l'un est pair, l'autre impair par exemple, dans le cas où il compare 2^n et 3^m (ce sont les cas gérés par les propositions 12 à 14), ou encore: l'un est divisible par un nombre impair qui ne peut diviser l'autre: la proposition 4 va alors prendre toute sa valeur, qui affirme que 2^n ne peut avoir de facteur impair[50].

Pour les cas de la comparaison directe entre nombres harmoniques, la chose sera aisée. L'idée qui va permettre de comparer 2^n et $3^m - 1$ sera de chercher des facteurs impairs à $(3^m - 1)/2$; ils seront aussi facteurs impairs de $3^m - 1$ et ne pourront l'être de 2^n, d'où l'impossibilité pour de tels nombres d'être égaux, à quelques exceptions près.

Or les facteurs de $(3^m - 1)/2$ seront mis en évidence grâce à l'identification de cette expression avec la somme $1 + 3 + \ldots + 3^{m-1}$, effectuée dans la proposition 5. Gersonide entreprend alors l'étude arithmétique de ces sommes: la somme de deux de leurs termes

---

[50] Certaines précautions que peut présenter la démonstration seront mieux appréciées si l'on retient que Gersonide ne dispose probablement pas du théorème fondamental de l'arithmétique, qui énonce l'unicité de la décomposition de tout nombre en facteurs premiers. On peut consulter la tentative non aboutie d'al-Fārisī au XIIIe siècle pour l'obtenir (voir [Rashed 1983]) et noter que la question du théorème fondamental de l'arithmétique se pose lors de l'application de l'algèbre à la théorie des nombres, l'une comme l'autre absent des textes de Gersonide. Pour la controverse relative au fait de décider si ce théorème est présent ou non dans le livre d'Euclide, on peut se reporter à [Knorr 1976] ou à [Rashed 1983]. En l'absence de ce théorème, un nombre n'est donc pas caractérisé par ses facteurs, et, ce qui permet de distinguer les nombres, ce sont les propriétés arithmétiques incompatibles que l'on peut leur assigner.

est paire (7), la somme d'un nombre impair de leurs termes est impaire (8), $3^{2m} + 3^{2m+1}$ est un carré divisible par 4 (9) et la somme de quatre de leurs termes consécutifs est divisible par 40 (10). Il peut alors s'aider de cet ensemble de propositions pour trouver les facteurs impairs cherchés et arriver à la conclusion, tant pour ces cas que pour ceux où $(3^m + 1)$ est comparé à 2^n.

2. La relecture de l'un des termes de la comparaison comme lié de manière simple à la somme d'une série géométrique est la pierre angulaire de la démonstration. Or l'on ne peut manquer de rapprocher cette idée de l'usage fait par Euclide, dans le même livre IX, de la série géométrique $1 + 2 + \ldots + 2^{m-1}$ à des fins de théorie des nombres: lorsqu'il s'agit de démontrer que des nombres de la forme $(2^{m+1} - 1)2^m$ sont parfaits, à savoir somme de leurs diviseurs, c'est cette série géométrique qui servira de cheville ouvrière de la démonstration[51].

L'on retrouve là une affinité entre Gersonide et Euclide, de même nature que celle qui existe entre ces textes d'Euclide et les travaux de théorie des nombres que les auteurs arabes ont consacrés aux nombres parfaits[52], aux nombres abondants et déficients, ou aux nombres amiables[53]: les séries géométriques, de raison 2 en par-

---

51 Voici l'idée de la démonstration de la proposition IX-36 d'Euclide ([Itard 1961], p. 197-9): On pose $p = 2^{m+1} - 1$, p est premier par hypothèse. Considérons les nombres, successivement doubles l'un de l'autre, p, $2p$, ..., $2^m p$. Le théorème IX-35 donne la proportion suivante: $2^m p - p/(p + 2p + \ldots + 2^{m-1}p) = 2p\text{-}p/p$, donc $2^m p - p = (p + 2p + \ldots + 2^{m-1}p)$. Mais $p = 2^{m+1} - 1$ est alors relu comme la somme de la série géométrique $1 + 2 + \ldots + 2^m$, donc $2^m p = 1 + 2 + \ldots + 2^m + (p + 2p + \ldots + 2^{m-1}p) \cdot 2^m p$ n'a pas d'autres diviseurs que les termes de cette somme, il est donc somme de ses diviseurs.

52 voir [Rashed 1989]. Il y apparaît, tout à la fois, que la série géométrique de raison 2 est au coeur de ces travaux et que ces questions ont été l'objet d'un vif intérêt.

53 Rashed [1983] montre à nouveau que les recherches sur ces sujets, au centre desquelles l'on trouve les séries géométriques, ont eu une grande diffusion. Dans le cas d'al-Fārisī, il s'agit de séries géométriques de raison quelconque, qui interviennent lorsque celui-ci cherche à approfondir les questions soulevées par Thābit et à démontrer son théorème par une autre voie. L'essai de Brentjes et de Hogendijk [1989] met aussi ce point en valeur. Il est certain que Gersonide a lu les livres d'Euclide. Il est probable qu'il a connu certaines recherches arabes de théories des nombres, dans la mesure où elles ont été largement diffusées. Par exemple, au XIe siècle, en Espagne, al-Mu'tamin inclut dans son encyclopédie de mathématiques, laquelle connut une très grande diffusion au Maghreb, le traité de Thābit sur les nombres amiables (voir [Djebbar 1986]). De plus, le petit livre d'al-Ḥaṣṣār a été traduit en hébreu par Moïse Ibn Tibbon en 1271; or ce livre est un résumé d'un "grand livre", lequel comprenait un chapitre sur ces questions de théorie des

ticulier, y ont été un outil de base pour les questions de théorie des nombres[54].

On peut donc, pour le moins, noter qu'Euclide a inspiré de manière répétée l'utilisation des séries géométriques en théorie des nombres. Si Gersonide a pu connaître d'autres travaux que les *Éléments* recourant à cet outil, il semble cependant qu'il innove en mettant en œuvre les propriétés arithmétiques de la série géométrique de raison 3.

4.c Le lien possible avec la musique et avec les cercles parisiens

1. Certains passages de l'œuvre de Nicole Oresme relatifs à la musique donnent pour vrai un énoncé qui semble bel et bien être celui de la conjecture de Philippe de Vitry[55]. Nous allons ici confronter entre eux quelques endroits où il aborde le même thème, à savoir, les intervalles consonants en musique, en relation avec les nombres harmoniques.

2. Oresme donne la définition des proportions consonantes dans ses commentaires au *Livre du ciel et du monde,* qui passe pour être sa dernière œuvre d'importance[56]. Pour ce faire, il introduit tout d'abord les proportions harmoniques: " . . . toute proporcion est armonique laquelle est entre nombres qui sont de proporcionalité double ou qui sont de proporcionalité treble ou qui sont procreéz et faiz par multiplicacion de nombres de l'une et de l'autre des proporcionalités desus dites''. A la suite de cette définition, Oresme construit un tableau à double entrée où entreront tous les termes de ces

---

nombres, et a pu accompagner la diffusion du premier (voir [Aballagh, Djebbar 1987]). Enfin, Dickson [1919, tome 1, p. 39] fait état d'un texte hébreu où Kalonymos ben Kalonymos aurait travaillé la question des nombres amiables.

[54] Ibn al-Bannāʾ le reconnaît explicitement chez qui l'on peut lire, dans le paragraphe qui fait suite au calcul de la série 2^m: " Avec cela, nous extrayons les nombres parfaits, abondants et déficients'' [Aballagh 1989], tome II, p. 492. Plus généralement, il est intéressant de noter l'affinité que présentent les uns avec les autres certains concepts mathématiques introduits dans les *Éléments* d'Euclide ou dans les textes mathématiques arabes. La définition du rapport entre deux nombres entiers que l'on trouve au septième livre des *Éléments* repose sur le fait de pouvoir obtenir l'un des nombres comme somme de l'autre et d'un ou de plusieurs de ses diviseurs. Il apparaît dans ce contexte que les séries géométriques que nous considérons ne sont rien d'autre que la somme des diviseurs du dernier terme sommé. Les fonctions arithmétiques s'inscrivent naturellement dans ce paysage.

[55] Rappelons qu'Oresme connaît Philippe de Vitry, à qui il dédicace son *Algorismus Proportionum*; sur ce point voir [Clagett 1968], p. 122-3.

[56] [Menut, Denomy 1968], p. 479-81.

.i.	.ii.	.iiii.	.viii.	.xvi.	xxxii		
.3.	.vi.	.xii.	xxiiii.	xlviii			
.9.	xviii.	xxxvi.					
xxvii.	.liiii.	c.viii.					
xxiiii.j.							
cxliii.							
vii.c.xxix.							

Nicole Oresme, *Le Livre du ciel et du monde*, Livre II, Chapitre 18 [(Menut, Denomy 1968), p. 479].

proportions. Celui-ci contient, dans sa première ligne, les puissances successives de 2 à partir de l'unité; dans sa première colonne, les puissances successives de 3 à partir de l'unité; et, dans la case à l'intersection de la $i^{\text{ième}}$ ligne et de la $j^{\text{ième}}$ colonne, le nombre $2^{j-1}.3^{i-1}$ (ce qu'Oresme appelle "l'angle commun de .II. et de .III." pour le premier d'entre eux).

Tels sont les nombres qu'il appelle harmoniques; on peut noter qu'il s'agit de ceux-là mêmes que Gersonide qualifie du même adjectif[57]. On observe, d'abord, que les marges du tableau correspondent au diagramme du *Timée* (35 b-c) dont la diffusion fut, pendant l'Antiquité et le Moyen Age, plus large encore que celle du texte lui-même. Il est hors de question d'explorer ici les hypothèses que l'apparition d'un objet aussi chargé soulève. On retiendra

57 Cet usage du terme harmonique s'oppose à des définitions antérieures, qui donnaient l'ensemble de ces nombres comme étant ceux qui entraient de fait comme termes d'une proportion associée à un intervalle consonant, par la tradition de la musique spéculative héritée de Boèce (voir [Bower 1989]). On trouve de telles listes limitatives d'intervalles dans Boèce et, à sa suite, chez des auteurs latins médiévaux. M. Clagett [1968, p. 472] cite l'exemple de Saint Thomas (on prendra garde au fait qu'il le cite d'après l'édition de Marietti (édition de Turin), édition inconséquente pour ce qui est de la liste des intervalles; on peut au contraire se reporter aux *Opera Omnia*, édition léonine, tome XLV, 1, *Sentencia Libri de Anima*, Commissio Leonina, Vrin, introduction de René Gauthier, chapitre VII, p. 33). La liste des nombres harmoniques était donc finie en fait, contrairement à ce qu'énoncent ici de concert Gersonide et Oresme, qui les conçoivent aussi grands que possibles et sans référence à la musique. Voir [Clagett 1968, p. 472] qui pose la question de savoir quand ce changement s'est opéré.

qu'elles vont de l'astrologie à la musique en passant par la théorie des nombres. Il est remarquable que la conjecture de Philippe de Vitry et le texte de Gersonide s'en tiennent à cette dernière discipline.

Oresme mentionne ensuite le lien de ce tableau avec la musique: "Et verité est que ceste figure est plainne de tres grans misteres et peust l'en prendre en elle consideracions tres excellentement belles et merveilleuses, et contient en vertu toute musique speculative. Et chascun des nombres de ceste figure est dit armonique et nul autre; et chascune proporcion qui est entre .ii. de ces nombres est dite armonique et non autre".

Oresme distingue les proportions harmoniques des proportions consonantes, qu'il introduit ensuite: après avoir défini ces dernières, il affirme que la propriété de consonance *caractérise* quatre proportions, parmi toute les proportions harmoniques, et les donne dès lors pour les consonances simples en musique: "Et ces proporcions ne sont pas toutes consonantes, mais tant seulement .iiii. desquelles les premiers nombres different par seule unité et n'est ainsi de quelcunque autre proporcion armonique. Et de ces .iiii. proporcions une est dyapason ou double qui est de .ii. a .i.; l'autre est dyapente qui est de .iii. a .ii.; la tierce est dyathesaron qui est de .iiii. a .iii.; et la quarte est ton qui est de .ix. a .viii. Et ainsi sont tant seulement .iiii. proporcions qui sont consonantes ou consonancies simples . . ."[58]. Or l'affirmation d'Oresme montre qu'il considère comme vrai l'énoncé du théorème démontré par Gersonide. Il faut noter qu'Oresme sait le prix de démonstrations rigoureuses, comme il en donne lui-même pour des énoncés de même facture[59]. De plus, on trouve ici un corrélat sur le plan musical de la conjecture

---

[58] Les rapports dont le premier terme diffère du second d'une unité sont dits "superparticuliers". La typologie des rapports à laquelle cela renvoie se rencontre en particulier chez Nicomaque de Gérase. Voir [Bertier 1978].

[59] On peut citer en exemple la proposition IX du chapitre 3 du *De proportionibus proportionum* ([Grant 1966], p. 244-5), montrant qu'il n'existe qu'un seul rapport multiple qui soit composé de deux rapports superparticuliers. Un tel rapport existe, commence Oresme, puisque $2/1 = 3/2 \cdot 4/3$. Aucun autre rapport n'a cette propriété, poursuit-il. En effet, 2/1 est le plus petit des rapports multiples, tandis que 3/2 est le plus grand des superparticuliers, 4/3 étant le suivant. 3/2 et 4/3 produisant 2/1, aucune composition de deux rapports superparticuliers ne peut donner un rapport plus grand ou égal à 2/1, à l'exception de la composition de 3/2 avec lui-même. Mais ce dernier rapport composé est lui-même inférieur à tout autre rapport multiple. CQFD. Oresme démontre donc ici un énoncé au caractère limitatif comparable à celui de Lévi ben Gershon.

de Philippe de Vitry: la liste des intervalles consonants (au sens précédent) est limitée *de jure*[60].

3. Des textes antérieurs d'Oresme montrent qu'il n'a pas toujours posé la même définition des nombres harmoniques: par exemple, dans le *Tractatus de configurationibus qualitatum et motuum*[61], il les donne pour être de la forme soit 2^n soit 3^m[62]. Or, et c'est là que la chose devient intéressante, *corrélativement*, il fournit dans le même passage une liste d'intervalles consonants différente de celle que nous venons de mentionner, puisqu'il y énumère l'octave, la quinte et la quarte[63]. De plus, il n'est pas fait référence là au fait

---

60 Parallèlement au fait que les nombres harmoniques sont rendus susceptibles d'être aussi grands que possible, une propriété est établie qui caractérise parmi toutes ces proportions harmoniques quatre d'entre elles et quatre seulement, celles auxquelles la musique pourra se limiter. Les proportions associées aux intervalles consonants ne sont plus définies par extension mais par compréhension. En langage du temps, on dirait sans doute que l'on est passé d'une liste finie *de facto* au croisement de deux propriétés: superparticularité et harmonie.

61 [Clagett 1968, p. 313]: "(...) pro cuius notitia premittendum est quod si fuerint quotlibet numeri ab unitate continue tripli sicut est hic: 1, 3, 9, 27, 81, 243, et sic ultra, et iterum quotlibet alii ab unitate continue dupli sicut est hic: 1, 2, 4, 8, 16, 32, et cetera, dico quod omnis proportio inter quoslibet duos istorum numerorum reperta et solum talis dicitur armonica—sicut est proportio 3 ad 1 et proportio 3 ad 2 et proportio 2 ad 1, et sic de aliis, sive ambo numeri sint de eodem ordine sive unus de uno et alter de alio. Et similiter isti soli numeri dicuntur armonici. Harum autem proportionum quedam et pauce sunt simphonice que dicuntur consonantie—sicut est proportio dupla, que est 2 ad 1, et in sonis dicitur dyapason; similiter proportio sesquialtera, que est 3 ad 2, et dicitur dyapente; similiter proportio sesquitertia, que est 4 ad 3, et dicitur dyatessaron. Quelibet enim istarum dicitur consonantia simplex; sunt etiam quedam consonantie composite ex hiis, sicut quadrupla que est duplex dyapason, et tripla que est composita ex dyapason et dyapente".

62 Clagett [1968, p.471] note qu'Oresme donne la même définition dans son *Algorismus proportionum* (voir [Curtze 1868] p. 29-30) dont il montre qu'il est antérieur au *Tractatus* ...: "4. Verum ymaginande sunt due series numerorum ab unitate continue proportionalium, una secundam proportionem duplam, ut: 1. 2. 4. 8. 16. etc. in infinitum, altera secundam proportionem triplam, ut: 1. 3. 9. 27. etc. 5. Et isti numeri dicuntur armonici. Et quelibet proportio inter duos istorum, siue sint eiusdem ordinationis, siue unius de alia et alter de alia, dicitur armonica. Et tum hec (sic!) numeri ex eis generati dicuntur armonici. 6. Sed non ita principaliter . pro talibus itaque figuris, que dicta sunt, sufficiant."

63 On retrouve la même liste dans le commentaire au *Livre de politiques* d'Aristote ([Menut 1970], p. 253): "Pour la declaration de ce l'en doit savoir que en musique sunt .iii. consonancies principales. Ce est assavoir dyatessaron, laquele il appelle ici *epytrique*, pource que elle est en proportion sequicercie, qui est de .iiii. a .iii. car .iiii. contient .iii. et la tierce partie de .iii. . L'autre consonancie est dyapente, et est en proportion sequialtere (. . .). La tierce est dyapason, en proportion double."

que cette liste puisse être complète, close. Il y manque, par comparaison avec celle qui précède, le ton.

Sur les deux faits donc: définition des nombres harmoniques et nature de la liste des intervalles consonants, Oresme change de doctrine dans le *Livre du ciel et du monde*. En effet, à prendre les datations communément admises pour ses textes, on peut remarquer que, lors de ses premières traductions, au début des années soixante-dix, il cite la liste traditionelle d'intervalles consonants; il semble bien qu'il faille attendre la traduction du *Livre du ciel et du nonde*, que l'on convient de dater de 1377, pour voir sa position changer[64].

Si l'on n'était pas surpris de voir un musicien de cette époque, comme Philippe de Vitry, se tourner vers les mathématiques[65], on a hésité sur l'identification du problème musical qui se posait à lui[66]. L'examen qui précède nous fournit cependant un enjeu de musique spéculative: définir de manière exhaustive les intervalles consonants[67].

Nous l'avons vu tout au long de cet exposé, pour rencontrer les

---

64 Il faut noter que, dans le *De Commensurabilitate et incommensurabilitate motuum caelestium* ([Edward Grant 1971], p. 212-3), on retrouve la même liste de quatre accords consonants: "Ex ista conclusione [undecima] sequitur quod si aliquorum duorum mobilium celestium proportio in velocitate esset in aliqua principalium proportionum armonicarum que sunt in sonis dyapason, dyapente, dyatesseron, tonus, qui faciunt symphoniam sive consonantiam, numquam taliter mota coniungerentur nisi tantum in uno loco eo quod cuiuslibet talis proportionis minimi numeri differunt unitate." Dans son commentaire (p. 20, note 29), E. Grant signale que cette liste est la même que celle fournie dans le *Livre du ciel et du monde*, et remarque qu'elle ne présente pas, dans le *De commensurabilitate* . . . , le caractère qui nous intéresse ici: elle n'est pas donnée pour limitée par la propriété de superparticulier. Ceci dit, il est intéressant de relever que pour l'instant la datation de ce traité est mal connue. En effet, d'après l'analyse de Grant (p. 5), ce livre pourrait "have been written as early as the 1340's and as late as the 1370's, but no later than 1377".

65 On peut à ce sujet consulter le texte de [Beaujouan 1987]: "La transformation du Quadrivium au XIIe siècle", p. 11-16, ainsi que l'ensemble des actes du colloque: *L'enseignement de la musique au Moyen Age et à la Renaissance*. Il y apparaît qu'après une éclipse qui dure depuis le XIIe siècle, le début du XIVe siècle témoigne d'un regain d'intérêt pour la musique théorique.

66 Voir [Werner 1956]. G. Th. Guilbaud [1985], qui commente cet épisode historique, situe bien ce problème dans son véritable contexte musical.

67 Il n'est pas inutile de rappeler qu'il existe un autre programme de recherches lié à l'extension de la liste des consonances dans la pratique musicale. Le rôle de Philippe de Vitry est ici mieux connu: il a été à la pointe du mouvement d'introduction des tierces, comme le montrent les longues suites de tierces qui figurent dans ses oeuvres (voir [Gut 1969]). Le problème du rapport éventuel entre ces deux programmes d'extension reste ouvert.

diverses connaissances mathématiques qui se présentent à lui, aborder les problèmes qui lui sont posés, Gersonide recourt à l'héritage euclidien, s'inscrit dans sa tradition. Il n'a pas nécessairement joué, dans tous les domaines, le rôle d'intermédiaire qu'on a bien voulu lui prêter et qui n'ajoute de toute façon rien à sa gloire; mais il a sans aucun doute été un partenaire de tout premier plan en mathématiques comme dans les autres disciplines, et un bon échantillon de la civilisation scolastique de son temps.

C'est un plaisir pour nous de pouvoir ici remercier tous ceux qui, par leurs encouragements et par leur aide, nous ont permis de nous lancer dans ce travail: G. Beaujouan, A. Djebbar, G. Freudenthal, B. R. Goldstein, R. Guardans, C. Houzel, Y. T. Langermann, T. Lévy, R. Rashed, K. Stichweh, E. Sznycer, A.P. Youschkevitch.

Bibliographie

[M. Aballagh 1989], *Rafᶜ al-Ḥijāb d'Ibn al-Bannāʾ, édition critique, traduction, étude philosophique et analyse mathématique*, thèse présentée en vue de l'obtention du diplôme de la IVe section de l'Ecole Pratique des Hautes Etudes, Paris.

[M. Aballagh, A. Djebbar 1987], "Découverte d'un écrit mathématique d'al-Ḥaṣṣār (XIIe S.): Le livre I du Kāmil", *Historia Mathematica 14,* n° 2, p. 147-158.

[S. Ahmad, R. Rashed 1972] *Al-Bāhīr en algèbre d'As-Samawʾal*, Imprimerie de l'Université de Damas, Damas.

[A.K. Bag 1979] *Mathematics in Ancient and Medieval India*, Chaukhambha Orientalia, Varanasi, Delhi.

[G. Beaujouan 1987] "La transformation du Quadrivium au XIIe siècle", *in*: *L'enseignement de la musique au Moyen Age et à la Renaissance*, Rencontres de Royaumont, Editions Royaumont, p. 11-16.

[J. Bertier 1978] *Nicomaque de Gérase: Introduction arithmétique*. Introduction, traduction, notes et index, J. Vrin, Paris.

[C. M. Bower 1989] *Fundamentals of Music. Anicius Manlius Severinus Boethius.* Traduction avec une introduction et des notes par C. M. Bower, édition par C. V. Palisca, Yale University Press, New Haven.

[S. Brentjes, J. P. Hogendijk 1989] "Notes on Thābit ibn Qurra and His Rule for Amicable Numbers", *Historia Mathematica 16*, p. 373-378.

[J. Carlebach 1910] *Lewi ben Gerson als Mathematiker. Ein Beitrag zur Geschichte der Mathematik bei den Juden*, Louis Lamm, Berlin.

[M. Clagett 1968] *Nicole Oresme and the Medieval Geometry of Qualities and Motions, a Treatise on the Uniformity and Difformity of Intensities known as Tractatus de configurationibus qualitatum et motuum.* Edition, traduction et introduction, The University of Wisconsin Press, Madison-Milwaukee and London.

[M. Curtze 1868] *Der Algorismus Proportionum des Nicolaus Oresme, zum ersten Male nach der Lesart der Handschrift R. 4°.2. der königlichen Gymnasial-Bibliothek zu Thorn.* Edition, S. Calvary & Co, Berlin.

[G. de Young 1984] "The Arabic Textual Traditions of Euclid's *Elements*", *Historia Mathematica 11*, p. 147-160.

[L. Dickson 1919] *History of the Theory of Numbers*, vol 1: *Divisibility and Primality*, réimprimé par Chelsea Publishing Company, New York.

[A. Djebbar 1981] *Enseignement et recherche mathématiques dans le Maghreb des XIIIe-XIVe siècles, étude partielle,* Publications mathématiques d'Orsay, n° 81-02.

[A. Djebbar 1985] *L'analyse combinatoire au Maghreb: l'exemple d'Ibn-Mun^cim*, Publications mathématiques d'Orsay, n° 85-01.

[A. Djebbar 1985b] *Les nombres figurés dans la tradition mathématique de l'Andalousie et du Maghreb*, Prépublications mathématiques d'Orsay, n° 85 T 44.

[A. Djebbar 1986] "La contribution mathématique d'Al-Mu'taman (XIe siècle) et son influence au Maghreb", Preprint du Département de mathématiques de l'Université de Paris-Sud.

[A.W.F. Edwards 1987] *Pascal's Arithmetical Triangle*, Charles Griffin & Company Limited, Oxford University Press, Oxford.

[J. Ginsburg 1922] "Rabbi ben Ezra on Permutations and Combinations", *The Mathematics Teacher 15*, p. 347-356.

[B. R. Goldstein 1985] *The Astronomy of Levi ben Gerson (1288-1344). A Critical Edition of Chapters 1-20 with Translation and Commentary,* Springer Verlag, New York.

[E. Grant 1960] "Nicole Oresme and His *De proportionibus proportionum*", *Isis 51*, p. 293-314.

[E. Grant 1966] *Nicole Oresme: De proportionibus proportionum & Ad pauca respicientes.* Edition with introductions, English translations and critical notes, The University of Wisconsin Press, Madison-Milwaukee and London.

[E. Grant 1971] *De Commensurabilitate et incommensurabilitate motuum caelestium.* Edition with introductions, English translations and critical notes, The University of Wisconsin Press, Madison-Milwaukee and London.

[G. Th. Guilbaud 1985] *Leçons d'à peu près*, Christian Bourgois éditeur, Paris.

[S. Gut 1969] *La tierce harmonique dans la musique occidentale*, Heugel.

[J. Itard 1961] *Les livres arithmétiques d'Euclide*, Hermann, Paris.

[W. Knorr 1976] "Problems in the Interpretation of Greek Number Theory: Euclid and the 'Fundamental Theorem of Arithmetic' ", *Studies in the History and Philosophy of Science 7,* n°3, p. 353-68.

[Y. T. Langermann 1983] "Un passage supplémentaire de l'ouvrage d'Abu Salt dans une traduction hébraïque" (en hébreu), *Qiryat Sefer 58*, p. 623-4.

[G. Lange 1909] *Sefer Maassei Choscheb. Die Praxis des Rechners. Ein hebraïsch-arithmetisches Werk des Levi ben Gerschom aus dem Jahre 1321. Zum ersten Male herausgegeben und ins Deutsche übertragen*, Louis Golde, Frankfurt.

[A. D. Menut, A. J. Denomy 1968] *Nicole Oresme: Le livre du ciel et du monde.* Edition, traduction et introduction par A.D. Menut. The University of Wisconsin Press, Madison-Milwaukee and London.

[A. D. Menut 1970] *Maistre Nicole Oresme: Le Livre de Politiques d'Aristote*, publié d'après le texte du manuscrit Avranches 223, avec une introduction critique et des notes, *Transactions of the American Philosophical Society* NS 60, part 6.

[N. L. Rabinovitch 1970] "Rabbi Levi Ben Gershon and the Origins of Mathematical Induction", *Archive for History of Exact Sciences 6,* p. 237-248.

[N. L. Rabinovitch 1973] *Probability and Statistical Inference in Ancient and Medieval Jewish Literature,* University of Toronto Press, Toronto.

[R. Rashed 1972] "L'induction mathématique: Al-Karajī, as-Samawʾal", *Archive for History of Exact Sciences 9*, n°1, p. 1-21, repris dans *Entre arithmétique et algèbre* (Les Belles Lettres, Paris, 1984), p. 71-91.

[R. Rashed 1973] "Algèbre et linguistique: l'analyse combinatoire dans la science arabe", *in*: R. Cohen (ed.) *Boston Studies in the Philosophy of Sciences*, Reidel Publishing Company, p. 383-399, repris dans *Entre arithmétique et algèbre* (Les Belles Lettres, Paris, 1984), p. 245-257.

[R. Rashed 1983] "Nombres amiables, parties aliquotes et nombres figurés aux XIIIème et XIVème siècles", *Archive for History of Exact Sciences 28*, n°2, p. 107-147, repris dans *Entre arithmétique et algèbre* (Les Belles Lettres, Paris, 1984), p. 259-299.

[R. Rashed 1983b] "L'idée de l'algèbre selon al-Khwārizmī", *Fundamenta Scientiae 4*, n°1, 87-100, repris dans *Entre arithmétique et algèbre* (Les Belles Lettres, Paris, 1984), p. 17-29.

[R. Rashed 1989] "Ibn al-Haytham et les nombres parfaits", *Historia Mathematica 16*, p. 343-352.

[M. Silberberg 1895] *Sefer ha-Mispar. Das Buch der Zahl, ein hebraïsch-arithmetisches Werk des R. Abraham ibn Esra (XII. Jahrhundert), Zum ersten Male herausgegeben, ins Deutsche übersetzt und erläutert,* J. Kauffmann, Frankfurt.

[M. Steinschneider 1893] *Die Hebraeischen Übersetzungen des Mittelalters und die Juden als Dolmetscher,* Kommisionsverlag des Bibliographischen Bureaus, Berlin; reproduction anastatique: Akademische Druck- und Verlagsanstalt, Graz, 1956.

[E. Werner 1956] "The Mathematical Foundation of Philippe de Vitri's *Ars Nova*", *Journal of the American Musicological Society IX*, n° 2, p. 128-32.

[V. Zoubov 1961] "Nicole Oresme et la musique", *Mediaeval and Renaissance Studies 5*, p. 96-107.

Appendice: Paraphrase du *De numeris harmonicis*

Note: L'édition de ce texte par Carlebach présente de nombreux problèmes. C'est pourquoi en attendant de disposer de l'édition de K. Stichweh, nous ne pouvons ici que donner une paraphrase du texte. Nous ne sommes pas sûrs de ne pas avoir par endroits pris des choix, sans le savoir, avec Carlebach. Néanmoins, comme le texte semble assez cohérent, il nous a paru intéressant d'en présenter le mouvement d'ensemble. Certaines démonstrations font référence à des figures que l'édition de Carlebach ne fournit pas. Pour en faciliter la lecture, nous reconstituerons des figures, auxquelles les numéros entre crochets renvoient.

*
* *

Le texte commence par un énoncé donné pour un *suppositum* de science musicale dont Philippe de Vitry demande la démonstration:

Deux nombres harmoniques quelconques diffèrent d'un nombre, sauf (1, 2), (2, 3), (3,4), (8,9).

Suit une définition des nombres harmoniques imputée au même auteur:

Est harmonique un nombre tel que lui-même et l'un quelconque de ses diviseurs—sauf l'unité—peut être divisé soit par 2, soit par 3, soit par les deux, et ce jusqu'à l'unité.

Suivent des exemples de suites de nombres composés seulement de facteurs 2 {*1, 2, 4, 8* . . . } ou 3 {*1, 3, 9, 27* . . . } et de suites de nombres composés de facteurs 2 et 3 {*6, 12, 18, 24* . . . }.

Mais puisque de tels nombres sont, soit dans une progression géométrique de raison 2, comme les premiers, soit dans une progression géométrique de raison 3, comme les seconds, soit encore produits par la multiplication de nombres de la première espèce et de nombres de la seconde, comme les troisièmes, Gersonide annonce qu'il démontrera le *théorème* reformulé en d'autres termes, à savoir:

Soient les nombres qui figurent dans des progressions géométriques de raison 2 ou 3 et de premier terme 1, ou qui sont produits par la multiplication de termes de ces progressions; deux quelconques de ces nombres diffèrent d'un nombre sauf (1, 2), (2, 3), (3,4), (8,9).

Suit le plan de la démonstration. Si le théorème est faux, on trouvera des nombres tels que ceux décrits qui seront égaux entre eux ou différeront d'une unité seulement. Dans les deux cas, le conséquent de l'énoncé s'avère faux, et donc aussi l'antécédent. On démontrera donc la fausseté du conséquent.

Suivent quelques définitions. On propose d'appeller les nombres de la première espèce "nombres de la duplication"; ceux de la seconde espèce, les "nombres de la triplation"; et ceux de la troisième espèce, les "nombres produits par la multiplication de nombres de la duplication et de la triplation". De plus, l'unité sera considérée comme le "premier degré", dans les espèces première et seconde; le nombre qui la suit dans chacune sera le "second degré", le suivant le "troisième degré" et ainsi de suite. Enfin, on distingue dans ces espèces les degrés d'ordre pair et impair.

*
* *

a) *Proposition 1* Tout nombre de la duplication est pair.
b) *Proposition 2* Tout nombre de la triplation est impair.
c) *Proposition 3* Tout nombre produit par la multiplication de nombres de la duplication et de la triplation est pair.
d) *Proposition 4* Aucun nombre de la duplication ne peut être nombré par un autre nombre que des nombres de la duplication; et tous les nombres qui le précèdent dans cette progression peuvent le nombrer, et ce, moyennant des nombres de cette même progression. Semblablement, aucun nombre de la triplation ne peut être nombré par un autre nombre que par des nombres de la triplation; et tous les nombres qui le précèdent dans cette progression peuvent le nombrer, et ce, moyennant des nombres de cette même progression.

Les propositions a) et b) sont étayées sur un *exemplum*; c) reçoit une *ratio*; et, pour la preuve de d), "hoc totum patet per Euclidem". Et il suit aussi qu'aucun nombre de la duplication ne peut être nombré par un nombre impair.

*
* *

a) *Proposition 5* Tout nombre de la triplation étant diminué de un, la moitié du reste donne la somme des nombres qui le précèdent dans cette progression.
b) *Proposition 6* Tout nombre de rang impair de la duplication ou de la triplation est un carré.
c) *Proposition 7* La somme de deux nombres quelconques de la triplation est paire.

d) *Proposition 8* La somme d'un nombre impair de nombres de la triplation est impaire.

a) découle des *Eléments* d'Euclide IX, 38 ("patet ... cum aliquo studio"); b) est nécessaire par Euclide. On donne une preuve de c) [voir figure 1]: soient deux tels nombres, que l'on note ab et bc; de bc l'on peut ôter l'unité bd; dc est donc pair, et l'on sait que ad est pair, et donc aussi ac. Que l'on rassemble donc un nombre pair de nombres quelconques de la triplation, leur somme sera paire. On donne une preuve de d): soient deux tels nombres ab et bc; leur somme est paire (cf. proposition 7); qu'on lui ajoute un nombre impair, et la somme sera impaire.

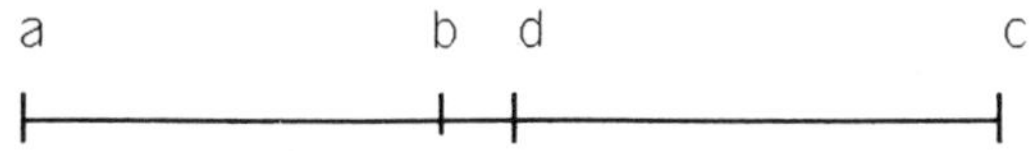

Figure 1. Proposition 7

Proposition 9 La somme d'un nombre de rang impair de la triplation et du nombre qui le suit dans cette même progression est un nombre carré, et nombrable par 4.

Soit a ce nombre de rang impair, auquel on ajoute b, nombre qui le suit. Puisque $b = 3a$, alors $a + b$ est un carré; en effet, a est un carré (cf. proposition 6) ainsi que 4 (cf. proposition 6). Dans ce développement, Carlebach avoue plusieurs hésitations que nous n'avons pas tranchées. Suit une généralisation: la somme d'un nombre pair indéterminé de termes de la triplation est nombrable par 4.

Proposition 10 La somme de quatre degrés consécutifs quelconques de la triplation est nombrée par 5 et 8; de plus, la somme de degrés consécutifs aussi nombreux que l'on voudra de cette espèce [il faut comprendre: en nombre pair] est nombrable par 4.

Soient ces quatre nombres a, b, c, d. De a à c le rapport est de 1 à 9, qui est le troisième degré, et de même entre b et d. Par suite, le rapport de $1 + 9$ à 1 se retrouve entre $a + c$ et a, comme entre $b + d$ et b; donc $a + c$ vaudra $10\,a$ et $b + d$ vaudra $10\,b$. La somme $a + b + c + d$ vaudra donc $10\,(a + b)$. Or (cf. proposition 9) $(a + b)$ vaut $4a$; il s'ensuit que $a + b + c + d$ vaut $4\,(a + c)$, soit $40\,a$. Mais 40 étant nombré par 5 et par 8, $a + b + c + d$ est nombré par 5 et par 8, et de même pour une somme de quatre degrés consécutifs quelconques de la triplation. Aussi comme conséquence, la somme de deux degrés consécutifs de cette espèce est nombrable par 4.

a) *Proposition 11* Le quart d'un nombre nombré par 8 est pair.
b) *Proposition 12* Aucun nombre pair n'est égal à un nombre impair ou à l'unité.
c) *Proposition 13* Aucun nombre pair n'est égal à un autre nombre pair.
d) *Proposition 14* Aucun nombre impair n'est égal à un autre nombre impair ou à l'unité.

Démonstration de a): le nombre 8 se nombre lui-même, il possède un huitième dont le double est son quart. Ceci est généralisé. Démonstration de b): ils diffèrent au moins de l'unité.

*
* *

Ces propositions étant démontrées, Gersonide se propose de démontrer que les deux propositions dégagées sont vraies, et tout d'abord la première, à savoir:
Aucun couple de nombres du genre de ceux considérés ne sont égaux.

*
* *

a) *Proposition 15* Aucun nombre de la duplication n'est égal à un nombre de la même espèce ou à l'unité
b) *Proposition 16* Aucun nombre de la triplation n'est égal à un nombre de la même espèce ou à l'unité
c) *Proposition 17* Aucun nombre produit par la multiplication de nombres de la duplication et de la triplation n'est égal à un autre nombre de la même espèce.

Démonstration de a): ils sont tous pairs (cf. proposition 1) et ne peuvent être égaux, ni entre eux, ni à l'unité (cf. propositions 12 et 13). Démonstration de b): ils sont tous impairs (cf. proposition 2), et ne peuvent être égaux, ni entre eux, ni à l'unité (cf. proposition 14). Démonstration de c): ils sont pairs et ne sont pas égaux (cf. propositions 12 et 13).

a) *Proposition 18* Aucun nombre de la duplication n'est égal à un nombre de la triplation, excepté l'unité, le premier degré dans les deux cas, qui n'est pas un nombre.
b) *Proposition 19* Aucun nombre de la duplication n'est égal à un nombre produit par la multiplication de deux nombres de la duplication et de la triplation.
c) *Proposition 20* Aucun nombre de la triplation n'est égal à un nombre produit par la multiplication de deux nombres de la duplication et de la triplation.

Démonstration de a): tous les premiers sont pairs (cf. proposition 1) et tous les seconds sont impairs (cf. proposition 2): ils ne sont donc pas égaux (cf. proposition 12). Raison de b): aucun nombre de la première espèce n'est nombré par un impair, et tout nombre de la seconde est nombré par un pair et par un impair: il est leur produit et est divisible par eux, comme cela a été montré. Raison de c): aucun nombre de la première espèce n'est nombré par un pair et tout nombre de la seconde est nombré par un pair et par un impair, comme cela a été montré dans ce qui précède. Ou encore, parce que tous les nombres de la première espèce sont impairs (cf. proposition 2) et tous ceux de la seconde sont pairs (cf. proposition 3) et qu'ils ne peuvent être égaux les uns aux autres (cf. proposition 12).

Il est donc clair, grâce à la répartition adéquate et aux comparaisons mutuelles respectives des nombres en question, que la première proposition est vraie, à savoir:
Aucun couple de nombres du genre de ceux considérés ne sont égaux.

*
* *

Il reste maintenant à prouver la seconde proposition, à savoir: *Aucun couple de nombres harmoniques ne diffèrent d'une unité seulement, si ce n'est ceux signalés précédemment, à savoir: (1, 2), (2, 3), (3,4), (8,9).*

*

* *

a) *Proposition 21* Aucun degré des nombres de la duplication, sinon le premier et le second, ne diffère d'un autre degré de la même espèce d'une unité seulement.
b) Aucun degré des nombres de la triplation ne diffère d'un autre degré de la même espèce d'une unité seulement.
c) *Proposition 22* Aucun nombre produit par la multiplication de nombres de la duplication et de la triplation ne diffère d'un autre degré de la même espèce d'une unité seulement.

a) provient du fait que tous ces degrés, sauf le premier, sont pairs (cf. proposition 1) et diffèrent donc au moins de 2 unités (cf. proposition 15). Pour b), la raison en est que n'importe lesquels d'entre eux—y compris l'unité—sont des nombres impairs d'après la proposition 2, qui diffèrent au moins de 2 unités d'après la proposition 1; la preuve de c) vient de ce que tous sont pairs (cf. proposition 3) et diffèrent donc au moins de 2 unités (cf. proposition 13) [la référence faite dans l'édition de Carlebach à la proposition 14 est erronée]. Il est une autre démonstration par laquelle on démontre que deux quelconques des nombres de cette espèce diffèrent au moins de 6, mais la brève démonstration donnée suffit.

Proposition 23 Aucun nombre de la duplication ne diffère d'un nombre quelconque produit par la multiplication de nombres de la duplication et de la triplation d'une unité seulement.

Soit *a* un nombre de la duplication et *b* un nombre produit par la multiplication de nombres de la duplication et de la triplation; on pose que *b* est produit par la multiplication de *d*, nombre de la duplication, et de *e*, nombre de la triplation. Si *d* est plus grand que *a* ou qu'il lui est égal, on a la proposition. Supposons que le nombre *a* soit plus grand que le nombre *d*. Il est nécessaire (cf. Proposition 4) que le nombre *d* nombre le nombre *a*, et ce, moyennant un nombre de la duplication. Posons qu'il le nombre moyennant *f*. *b* s'obtient comme le produit de *d* et de *e*, *a* comme celui de *d* et de *f*. Il s'ensuit que *f* n'est pas égal à *e*, mais en diffère d'une unité au minimum (cf. proposition 12), car l'un est pair, l'autre impair. Donc le nombre *b*, produit par la multiplication de *d* et de *e* n'est pas égal au nombre produit par la multiplication de *d* et de *f*, mais en diffère d'un nombre qu'on obtient en multipliant *d* par la différence de *e* et de *f*. Le nombre obtenu n'est pas inférieur à *d*, car la différence n'est pas inférieure à 1 unité et que le nombre *d* vaut au minimum 2, puisqu'il est de l'espèce de la duplication. Donc le nombre produit est au minimum 2, donc *a* ne diffère pas de *b* d'une seule unité.

Proposition 24 Aucun nombre de la triplation ne diffère d'un nombre quelconque produit par la multiplication de nombres de la duplication et de la triplation d'une unité seulement.

Soit *a* un nombre de la triplation et *b*, un nombre produit par la multiplication de nombres de la duplication et de la triplation; on pose, comme ci-dessus, que *b* est produit par la multiplication de *c*, nombre de la duplication, et de *d*, nombre de la triplation. Si *d* est plus grand que *a* ou qu'il lui est égal, on a certainement la proposition. Supposons que le nombre *d* soit plus petit que le nombre *a*. Il est nécessaire (cf. Proposition 4) que le nombre *d* nombre le nombre *a*, et ce, moyennant un nombre de la triplation. Posons qu'il le nombre moyennant *e*. *b* s'obtient comme le produit de *d* et de *c*, *a* comme celui de *d* et de *e*. Il s'ensuit que *c* diffère de *e* d'une unité au minimum, parce que *c* est pair et *e* impair (cf. propositions 2 et 3). Donc le nombre *b*, produit par la multiplication de *d* par le nombre *c*, n'est pas égal au nombre *a*, produit par la multiplication du nombre *d* par le nombre *e*, mais en diffère d'un nombre au moins égal à 3, parce que ce nombre est le produit qu'on obtient en multipliant *d* par la différence de *c* et de *e*. Or la différence vaut au moins 1 unité et le nombre *d* vaut au minimum 3. Donc le nombre *a* se distingue de *b* au moins de 3, donc il n'en diffère pas d'une seule unité.

Proposition 25 Aucun autre nombre de la duplication ne diffère d'un autre nombre de la triplation d'une seule unité, exceptés le deuxième degré de la duplication et le deuxième de la triplation, ou le deuxième degré de la triplation et le troisième de la duplication, ou encore le troisième degré de la triplation et le quatrième de la duplication.

En effet, si cela n'était pas vrai, soit quelque autre nombre de la triplation serait supérieur à un autre nombre de la duplication d'une unité, c'est-à-dire que la soustraction d'une unité à un nombre de la triplation produirait un nombre de la duplication, ce qui est faux; soit quelque autre nombre de la duplication serait supérieur d'une unité à un autre nombre de la triplation, c'est-à-dire [ici l'énoncé donné par Carlebach comme celui de Gersonide est faux; selon l'entrée de note 25 dans le texte, qui correspond à la note 28 dans les notes, le manuscrit pose un problème, que Carlebach a tranché en optant pour un énoncé faux; il serait plus adéquat de transformer le premier "duplicationis" en "triplationis", plutôt que le second comme le propose Carlebach; on aboutirait à l'énoncé, juste, qui suit:] l'addition d'une unité à un nombre de la triplation produirait un nombre de la duplication, ce qui est faux.

Proposition 26 Si l'on soustrait une unité de l'un quelconque des nombres parmi les degrés pairs de la triplation, le reste n'est pas un nombre de la duplication.

Soit *ab* un nombre de la triplation [voir la figure 2]. Il est impair (cf. proposition 2). Si on lui retranche l'unité *db*, le nombre *ad* restant est pair. En le divisant en son milieu par le point *c*, on sait (cf. proposition 5) que le nombre *ac* est égal à la somme de tous les degrés qui précèdent *ab*. Comme la somme est impaire (cf. proposition 8), parce que le nombre de degrés qui précèdent *ab* est impair, il s'ensuit que le nombre *ad* est nombré par un nombre impair. D'où (cf. proposition 4), le nombre *ad* ne peut être un nombre de la duplication, ce qu'on voulait démontrer, à moins que *ac* ne soit l'unité, auquel cas *ab* serait le second degré de la triplation, cas que l'on a exclu. Alors *ad* est un nombre de la duplication; *ac*, en ce cas, n'est pas un nombre, mais l'unité par laquelle tous les nombres sont nombrés et son double est le second nombre de la duplication.

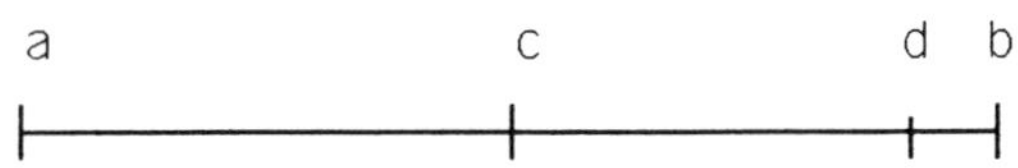

Figure 2. Propositions 26, 27

Proposition 27 Si l'on soustrait une unité de l'un quelconque des nombres parmi ceux des degrés impairs de la triplation qui suivent un degré quatrième—c'est-à-dire nombré par 4, comme les degrés 5, 9, 13, 17 etc ...—, le reste n'est pas un nombre de la duplication.

Soit donné un nombre de la triplation *ab* [voir encore la figure 2]. Il est impair (cf. proposition 2 [la référence à la proposition que donne le texte de Carlebach est inexacte]). Si on lui retranche l'unité *db*, le nombre *ad* restant est pair. En le divisant en son milieu par le point *c*, il suit (cf. proposition 5) que le nombre *ac* est égal à la somme de tous les degrés qui précèdent *ab*, à laquelle est aussi égale le nombre *cd*. Il suit, par la proposition 10, que cette somme est nombrée par 5 et, de même, *ad* est nombré par 5, puisqu'on l'a divisé en son milieu. D'où (cf. proposition 4) *ad* n'est pas un nombre de la duplication.

Proposition 28 Si l'on soustrait une unité de l'un quelconque des nombres parmi ceux des degrés impairs de la triplation qui ne suivent pas un degré quatrième—c'est-à-dire nombré par 4, comme les degrés 7, 11, 15 etc ...—, le reste n'est pas un nombre de la duplication.

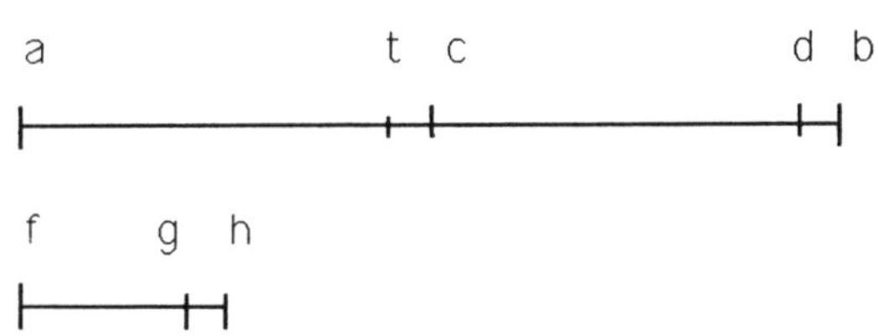

Figure 3. Proposition 28

Soit donné un nombre de la triplation *ab* [voir la figure 3]. Il est impair (cf. proposition 2). Si on lui retranche l'unité *db*, le nombre *ad* restant est pair. En le divisant en son milieu par le point *c*, il reste le nombre *ac*, égal à la somme des nombres de tous les degrés qui précèdent *ab* (cf. proposition 5). On retranche alors du nombre *ac* le nombre *ct*, égal à la somme des deux premiers degrés, 4. Il reste *at*, égal à la somme de tous les nombres de tous les degrés précédant *ab*, sauf les deux premiers. Comme le nombre des autres degrés est 4, ou nombré par 4, il suit que le nombre *at* est nombré par 8 (cf. proposition 10) [ceci exclut le nombre 9 mais Gersonide ne l'explicite pas], et la somme [des deux premiers degrés] est nombrée par 4, à quoi elle est elle-même égale. Supposons que le nombre *fg* soit le quart du nombre *at*. Si on lui ajoute l'unité *gh*, qui est le quart de *ct*, il suit que le nombre *fh* est impair et qu'il est le quart du nombre *ac*. D'où le nombre *ad*, nombré par le nombre *fh* qui est impair, n'est pas un nombre de la duplication.

Ainsi on a démontré la vérité de la première partie de la proposition, à savoir:

Si l'on retranche l'unité d'un nombre quelconque de la triplation, excepté les degrés 3 et 2, le reste n'est pas un nombre de la duplication.

*

* *

Il reste maintenant à prouver la vérité de la seconde partie de la proposition, à savoir:

Si l'on ajoute l'unité à un nombre quelconque de la triplation, excepté pour le premier degré qui est l'unité et pour le second, la somme n'est pas un nombre de la duplication.

Proposition 29 Si l'on ajoute une unité à l'un quelconque des nombres des degrés impairs de la triplation, la somme n'est pas un nombre de la duplication.

Soit *ab* un nombre quelconque de la triplation de degré impair [voir figure 4], auquel on ajoute l'unité *bd*. De *ab*, l'on soustrait l'unité *cb*; reste *ac*, nombre pair; si on le divise en deux parties égales au point *e* [ici Carlebach donne au point le même nom *c* qu'au point précédent; en fonction du fait que plus loin ce point apparaît comme *e*, nous l'appelons dès maintenant *e*. Ce passage pose aussi un problème, mais la ligne de raisonnement est claire], reste *ae*, égal à la somme de tous les nombres précédant *ab* (cf. proposition 5), dont la somme est paire (cf. proposition 7 [l'édition de Carlebach renvoie à tort ici à la proposition 4]) car les degrés précédant *ab* sont en nombre pair. Si au nombre *ae*, qui est pair, on ajoute l'unité *ef*, le résultat est impair, et l'on sait que le résultat est la moitié du nombre *ad*. Il s'ensuit que le nombre *ad* est nombré par un nombre impair et par conséquent, (cf. proposition 4) ce nombre n'est pas un nombre de la duplication. Ce qu'on voulait démontrer.

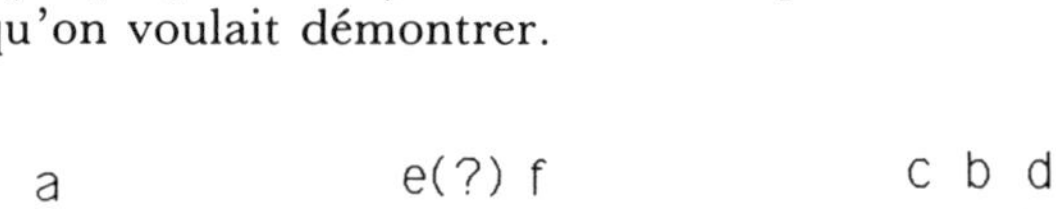

Figure 4. Proposition 29

Proposition 30 Si l'on ajoute une unité à l'un quelconque des nombres des degrés pairs de la triplation, excepté pour le second, le somme n'est pas un nombre de la duplication.

Soit *ab* un nombre de la triplation de degré pair [voir figure 5], il est impair (cf. proposition 2). On lui ajoute l'unité *bd*. Posons que le nombre *ce* est le nombre précédent *ab*. Il s'ensuit que le nombre *ab* est le triple du

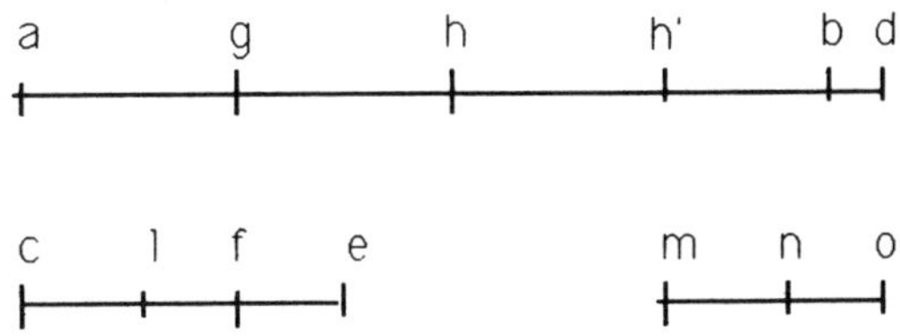

Figure 5. Proposition 30

nombre *ce*. On soustrait de ce nombre l'unité *fe* et l'on marque dans le nombre *ab*, les nombres *ag*, *gh*, *hh'*, tels que n'importe lequel d'entre eux soit égal au nombre *cf*. Il reste le nombre *h'b*, triple de *fe*, qui est l'unité. D'où le nombre *h'b* vaut 3, et donc *h'd* vaut 4. On divise le nombre *cf*, qui est pair, au point *l* en deux parties égales. Il suit (cf. proposition 5) que le nombre *cl* est égal à la somme de tous les nombres de tous les degrés précédant le nombre *ce*, et (cf. proposition 7) cette somme est paire. D'où (cf. proposition 9) le nombre *cl* est nombré par 4. Il suit que *cf* est nombré par 8. D'où (cf. proposition 11) le quart du nombre *ah'* est pair. Posons que ce quart soit *mn*, qui est pair. On lui ajoute l'unité *no*, qui est le quart de *h'd*. Alors le nombre *ad* est nombré par le nombre *mo*, impair. Il s'ensuit (cf. proposition 4) que le nombre *ad* n'est pas un nombre de la duplication. Ce que nous voulions démontrer.

*

* *

Il est donc clair, grâce à la répartition adéquate des nombres en question en trois suites et à leurs comparaisons mutuelles respectives que:

Aux exceptions signalées plus haut près, il n'est aucun autre couple de nombres dans les deux espèces données qui soient égaux ou distincts d'une unité, et par conséquent deux nombres quelconques prélevés parmi ceux que nous avons dits, diffèrent d'un nombre, ce qui était à démontrer à l'origine.

PART THREE
GERSONIDES' SCIENCE IN ITS RELATIONS TO HIS PHILOSOPHY AND THEOLOGY

GERSONIDES ON THE MATERIAL AND ACTIVE INTELLECTS

Herbert A. Davidson

The volume in which the present paper appears is devoted to Gersonides' scientific activity. Gersonides, it must however be remembered, recognized no dividing line between the natural sciences and speculative philosophy. In his mind, all formed a single whole, with the consequence that he could pack astronomical calculations, astrology, a theory of intellect, and other metaphysical and theological matters into a single magnum opus. To assess the man in his full complexity, as well as to understand the intellectual framework in which he practiced science, in the modern sense of the term, account should be taken of what engrossed him when he was not inventing astronomical instruments or gazing at the heavens; and while the subjects to be discussed here hardly qualify as hard science, they lie at the very core of his Weltanschauung.[1]

Although Gersonides had a strong instinct for originality, it is hobbled in the topics that we shall examine. He allows himself to be circumscribed by texts, primarily by those of Averroes, and to a large extent his instinct for originality expresses itself in maneuvering among the texts at his disposal. When he turns from abstract speculation to empirical evidence, the data he finds most pertinent are drawn from astrology and parapsychology, areas that carry little weight today with reputable scientists.

1. The Nature of the Potential or Material Intellect

The progenitor of our subject was a passage in Aristotle which may very well have attracted more attention through the centuries than any other in the history of philosophy. Each natural domain, Aristotle submitted, discloses a "matter" that is "potentially" everything in the domain, as well as an "agent" that makes every-

---

[1] G. Freudenthal, "*Haṣlaḥa nafshit we-astronomia: Milḥamto shel ha-Ralbag neged Ptolemy*," *Daᶜat*, 22 (1989) 55-56, makes the point that Gersonides' thought constitutes a single whole.

thing in the domain; whence Aristotle inferred that the soul too must contain an "intellect" that is what it is "by virtue of becoming all things," by virtue of acquiring all thoughts, as well as an intellect that is what it is "by virtue of making all things," by virtue of making all thoughts.[2] Aristotle's wording suggested the terms *potential* or *material* intellect for the intellectual faculty of the human soul that is what it is by virtue of acquiring thoughts,[3] and the term *agent* intellect, or—with less violence to English idiom—*active* intellect, for the intellect that is what it is by virtue of making thoughts.

Philosophers and commentators were to ask what sort of thing each of the intellects is.

As for the potential or material intellect, Alexander of Aphrodisias' reading of Aristotle led him to conclude that it is "solely a disposition" in the human organism and not a substance in its own right.[4] Themistius, by contrast, gave weight to statements of Aristotle's pointing in the other direction. He concluded from Aristotle that the "potential intellect" does "not employ a bodily organ for its activity, that it is wholly unmixed with the body, impassive, and separate [from matter]."[5] Since anything with those characteristics is perforce an incorporeal substance, Averroes would consistently report that Themistius and others of a like mind took the potential intellect to be an incorporeal substance or, in another formulation, a disposition inhering in an incorporeal substance.[6] A modern commentator understands Themistius in a similar way.[7] Alexander and Themistius represented for Averroes, two poles on the question of the nature of the potential or material intellect. Gersonides, whose acquaintance with the thinking of Alexander and Themistius on the material intellect was derived from Averroes, also sees them as representing two poles on the question.

---

2 *De anima* 3.5.430a, 10-15.

3 Alexander of Aphrodisias therefore could, in a single sentence, call the initial state of the human intellect both "potential" and "material" intellect. See Alexander, *De anima*, in *Scripta minora* 2.1, ed. I. Bruns (Berlin 1887) 81.

4 Ibid. 84.

5 Themistius, Paraphrase of Aristotle's *De anima*, ed. R. Heinze, in *Commentaria in Aristotelem Graeca* 5.3 (Berlin 1899) 105. Medieval Arabic translation, with the pagination of the Greek indicated: *The Arabic Translation of Themistius 'De anima'*, ed. M. Lyons (Columbia, S.C. 1973).

6 Cf. H. Davidson, "Averroes on the Material Intellect," *Viator* 17 (1986) 100, 109, 116.

7 O. Hamelin, *La théorie de l'intellect d'après Aristote et ses commentateurs* (Paris 1953) 40.

The nature of the material or potential intellect was not an issue that carried special import for Arabic Aristotelians prior to Averroes. Alfarabi described the potential or material intellect both as a "disposition" and a "substance,"[8] without justifying either description. Avicenna preempted the issue by maintaining that each human soul, and not merely the human intellect, is "an incorporeal substance," which is brought into existence together with the generation of a given human body.[9] The published works of Ibn Bājja (Avempace) also exhibit little interest in the nature of the potential intellect, although a comment in one of his works does place him close to Alexander.[10] As Averroes reports Ibn Bājja's position, on the basis either of that preserved comment or of other passages not available to us, Ibn Bājja espoused Alexander's view with one added detail. Whereas Alexander did not identify the precise locus of the human disposition for thought within man, Ibn Bājja construed the human potential intellect as a disposition located specifically in the imaginative faculty of the human soul. Maimonides' occasional remarks on the subject seem to endorse Alexander's view. Maimonides characterized the "human rational faculty" as "a power in a body," as a "disposition" in the human organism, and as "inseparable from" its body,[11] although not inseparable in the sense of being distributed through the human body.[12]

Averroes was haunted by the issue. Successive works find him moving restlessly from one position to another and portraying the human material intellect—which is the term he prefers to *potential* intellect—in at least four different ways.

Some of his early works endorse the conception of Alexander, the conception of the human material intellect as a mere disposition for thought in the human organism which is not linked to any specific part of the body or soul; and other works from the same general pe-

---

[8] Alfarabi, *Al-Madīna al-Fāḍila*, ed. and trans. R. Walzer, as *Al-Farabi on the Perfect State* (Oxford 1985) 242-243; *Risāla fī al-ʿAql*, ed. M. Bouyges (Beirut 1938)12; English translation (paralleling pp. 12-36 of the Arabic text), in *Philosophy in the Middle Ages*, ed. A. Hyman and J. Walsh (New York 1973).

[9] H. Davidson, "Alfarabi and Avicenna on the Active Intellect," *Viator* 3 (1972) 171.

[10] Ibn Bājja, *Fī Ittiṣāl al-ʿAql biʾl-Insān*, ed. and trans. M. Asín Palacios, *Al-Andalus* 7 (1942), Arabic text 13; Spanish translation 30.

[11] *Guide* 1.70; 72.

[12] Ibid. 2, introduction (11). See A. Altmann *Von der mittelalterlichen zur modernen Aufklaerung* (Tuebingen 1987) 67.

riod argue for what Averroes knew as Ibn Bājja's position, the slightly different theory that the material intellect is a disposition for thought joined to the imaginative faculty of the human soul. As time passed, Averroes was more and more swayed by the considerations that Themistius had advanced for construing the human material intellect as an incorporeal substance, rather than as a mere disposition in man. An excursus in Averroes' Middle Commentary on the *De anima* retreats from his earlier opinion, yet cannot bring itself to embrace Themistius' position completely. The excursus states that ''after assigning the due share of doubts'' to the positions of Alexander and Themistius, Averroes settled on a ''combination'' of the two. He decided that a material intellect is engendered for each individual man when the transcendent active intellect joins an inborn human disposition waiting to receive it. The ability to think human thoughts for an individual man is somehow generated ''in the incorporeal [active] intellect'' insofar as it is joined to the disposition in the human organism.[13]

The works of Averroes' espousing the foregoing positions on the material intellect were available in Hebrew during the Middle Ages, and Gersonides wrote commentaries on some of them. Averroes' Long Commentary on the *De anima* was, by contrast, unavailable in Hebrew until late in the fifteenth century.[14] In the Long Commentary, Averroes confesses that he had, when younger, relied inordinately upon Aristotelian commentators rather than upon Aristotle himself and had consequently been deceived. The Long Commentary refutes both Alexander and Ibn Bājja, does not mention the compromise position of Averroes' own Middle Commentary on the *De anima*, and in effect adopts Themistius' position, as Averroes understood it. Averroes now construes the human material intellect as a single incorporeal eternal substance, which occupies the lowest rank within the incorporeal hierarchy and hence stands immediately below the active intellect. Individual men tap into the single material intellect serving the entire species, by virtue of the material intellect's attaching itself to individual imaginative faculties in some nonessential fashion.[15]

---

[13] See Davidson, ''Averroes on the Material Intellect'' (n. 6 above) 110.

[14] H. Wolfson, ''Plan for the Publication of a *Corpus commentariorum Averrois in Aristotelem*,'' reprinted in his *Studies in the History of Philosophy and Religion* 1 (Cambridge 1973) 447-449.

[15] Davidson, ''Averroes on the Material Intellect'' (n. 6 above) 113-119.

Averroes, in fine, successively construed the human material intellect as: a disposition in the human organism, or a disposition located specifically in the human imaginative faculty; a hybrid entity engendered when the transcendent active intellect joins a disposition awaiting it in the individual man; and an eternal incorporeal substance distinct from the active intellect, which serves all members of the human species. The works propounding the first three positions circulated in Hebrew and were known to Gersonides. The Long Commentary on the *De anima*, the main source for the fourth position, was not available to medieval Hebrew readers. Nevertheless, the stand it took can, as we shall see, be discovered in a work of Averroes' that was available.[16]

And yet Gersonides, like other medieval Hebrew readers, failed to realize that Averroes' thinking on the material intellect had at all undergone change. One reason for the failure was the unavailability of the Long Commentary on the *De anima* in Hebrew, and a second was the form in which Hebrew readers had the Epitome of the *De anima*.

The Arabic text of the Epitome circulated in two versions. The original version, which is preserved in one known Arabic manuscript, presented a carefully reasoned argument for construing the material intellect as a disposition residing in the imaginative faculty of the soul and it concluded that such is the material intellect's nature. Other Arabic manuscripts of the Epitome retain the original version, but in addition incorporate into the text a number of annotations that make a case for the opposite conception, for construing the material intellect as an incorporeal substance, rather than as a disposition in the imaginative faculty. The most revealing of the annotations has been incorporated into the text of these manucripts after the original version concludes its discussion of intellect with the words: "The discourse on the rational faculty is here complete."[17] In this annotation, Averroes confesses: "What I have written about

---

[16] In addition, Averroes' Commentary on Alexander of Aphrodisias (?), *De intellectu*, a work preserved in Hebrew and commented on by Narboni, also states a position that appears to be the same as that of the Long Commentary on the *De anima*. The text is published by H. Davidson, in *Shlomo Pines Jubilee Volume* 1 (Jerusalem 1988) 205-217. Those who had the Commentary on the *De intellectu* might accordingly have detected Averroes' fourth position on the material intellect in that work. But Gersonides very possibly did not have the work.

[17] Averroes, Epitome of the *De anima*, published as *Talkhīṣ Kitāb al-Nafs*, ed. A. Ahwani (Cairo 1950) 90.

the material intellect,'' taking it to be a disposition in the imaginative faculty of the soul, ''is what previously appeared to me correct.'' That was the position ''Ibn Bājja was first to advocate,'' and Ibn Bājja ''misled me.'' As Averroes continued to ''press'' his ''investigation of Aristotle's words,'' he became convinced that the theory he had originally endorsed in the Epitome was, in fact, incorrect, and that Aristotle not only had no thought of construing the material intellect as a disposition, but ''explicitly affirmed that the material intellect is eternal.'' ''Anyone wishing to ascertain'' Averroes' ''true opinion on the question'' is invited to consult his ''Commentary (*sharḥ*; Hebrew: *beʾur*) on Aristotle's *De anima*,'' where he ''expounds [the subject] in full.''[18] The other annotations incorporated into the Arabic manuscripts of the Epitome show that the position Averroes is alluding to is precisely the position of the Long Commentary.[19] When the Epitome directs readers to Averroes' ''Commentary on Aristotle's *De anima*,'' for a full exposition of his ''true opinion'' on the subject, it is accordingly directing them to his *Long* Commentary.

In short, the later Arabic manuscripts of Averroes' Epitome of the *De anima* retain the original arguments for construing the material intellect as a disposition in the imaginative faculty of the soul, incorporate other arguments for taking the material intellect to be a single incorporeal substance serving all mankind, and add a section repudiating the Epitome's original position and referring readers to the Long Commentary on the *De anima* for Averroes' true opinion regarding the material intellect.

The medieval Hebrew translation of the Epitome of the *De anima* was made from an Arabic manuscript in which the later annotations had been incorporated into the text. Philosophers who knew the Epitome solely through the Hebrew translation would therefore have trouble seeing—even with Averroes' statement about having been misled by Ibn Bājja—that the Epitome had originally taken one position, which was repudiated in later annotations. Moreover, being unaware of the existence of a Long Commentary on the *De anima*, let alone what it might have said, readers of the Hebrew translation

[18] Ibid. The purported explicit statement of Aristotle is undoubtedly Aristotle's characterization of the intellect that man is born with as ''impassible,'' ''unmixed [with matter],'' and ''separate,'' that is to say, incorporeal; see *De anima* 3.4.429a, 18–429b,5.

[19] See Davidson, ''Averroes on the Material Intellect,'' 101-103.

had no way of knowing that Averroes' reference to a fuller treatment of the subject in his "Commentary on Aristotle's *De anima*" had the *Long* Commentary in view. It was natural for them to suppose that Averroes was instead directing readers to the *Middle* Commentary, where he proposed the hybrid conception that a human material intellect is engendered whenever the transcendent active intellect joins a disposition awaiting it in the human organism. To cite the example of a contemporary of Gersonides, Moses Narboni recognized only a single position of Averroes' on the material intellect, the hybrid position of the Middle Commentary. Narboni, who was a faithful adherent of Averroes, affixed his endorsement to the theory that the material intellect is a compound of the active intellect and an inborn disposition in the human organism. He never suspected that he was defending what had merely been a way station on an arduous journey eventually leading Averroes to the position of the Long Commentary on the *De anima*.

Our subject is Gersonides. Gersonides wrote a commentary on the Epitome of the *De anima*, and he there tells us how he understood the work. Averroes' intent in the Epitome, he writes, was to show that "difficulties follow from each of the [two extreme] positions" on the material intellect, the theory according to which the human intellect is a mere disposition in the individual man, and the theory according to which it is an incorporeal substance. "Adjudicating between the two positions would [Averroes indicated] require a broad discussion, which cannot be accommodated in the present epitome. Because of the difficulties in [each of] the two positions, Averroes, in his [Middle] Commentary (*beʾur*) on the *De anima*, settled upon an intermediate position, [lying] between the two. He maintained that the material intellect is in one respect a disposition . . . as Alexander held, and in another respect an incorporeal substance, . . . the active intellect, . . . joined to the disposition."[20] Gersonides further believes that he found Averroes' compromise position on the material intellect not only in the Middle Commentary on the *De anima*, where it is in fact stated, but also in other works of Averroes', where it is wholly absent.[21]

---

20 Gersonides, Commentary on Averroes' Epitome of the *De anima*, Oxford, Bodleian Library, Hebrew MS Opp. Add. 4° 38 (= Neubauer 1373) p. 245b.

21 Gersonides, Commentary on the second item in Averroes, *Drei Abhandlungen ueber die Conjunction*, ed. and German trans. J. Hercz (Berlin 1869), in Oxford, Bod-

Gersonides does not, then, realize that Averroes' Epitome of the *De anima* had originally espoused the construction of the material intellect as a mere disposition in the human organism, that Averroes advanced the compromise position in just one place, in an excursus to the Middle Commentary on the *De anima*, that the remark in the Epitome directing readers to the "Commentary on Aristotle's *De anima*" for Averroes final opinion had the *Long* Commentary and not the *Middle* Commentary in view, that in the Long Commentary as well as in annotations incorporated in the Epitome, Averroes construed the human material intellect as a single eternal substance, subordinate to the active intellect, which serves all mankind.

The original version of Averroes' Epitome of the *De anima* had resolved the issue of the material intellect by postulating that the human disposition for thought perforce inheres in some subject, and the subject must be either an intellect, a soul, or a body. Averroes ruled out the thesis that the human "disposition" for thought inheres in an "[actual] intellect." His reasoning was that the subject in which the human disposition for thought resides has, by virtue of that disposition, a potentiality for receiving all intelligible thoughts; being a potentiality for receiving thoughts, it cannot simultaneously possess the same thoughts actually; but an actual intellect would possess its thoughts actually. Averroes ruled out the possibility of the material intellect's having a body as its subject by showing that intelligible thoughts appearing in the material intellect have a different character from the forms inhering in bodies. With two of the alternatives eliminated, he was left with the third, the thesis that the subject

---

leian Library, Hebrew MS Opp. Add. 4° 38 (= Neubauer 1373) 263a. Gersonides there makes the following comment regarding *Drei Abhandlungen*, Hebrew text 13: "I think" Averroes is here setting forth "the intermediate position . . . that he stated in his [Middle] Commentary on the *De anima*." In *Milḥamot ha-Shem* (Leipzig, 1866) 1.10, p.79, Gersonides writes that Averroes stated his compromise position on the material intellect in his "[Long] Commentary (*perush*) on the *Metaphysics*" as well. English translation of *Milḥamot ha-Shem* I-IV: Levi ben Gershom, *The Wars of the Lord*, trans. S. Feldman (Philadelphia, 1984-1987).

The Hebrew edition of *Milḥamot ha-Shem* is riddled with errors, and in my translations, I have corrected the text where necessary, without always indicating that I did so. To make the corrections, I used Paris, Bibliothèque nationale, Hebrew MS 723, and, for *Milḥamot* I-IV, the variants listed in Feldman's translation.

C. Touati, *La pensée philosophique et théologique de Gersonide* (Paris 1973) contains valuable information, and most of my references to Gersonides' Commentary on the Pentateuch are borrowed from it. I have not, however, been able to accept all of Touati's interpretations.

in which the material intellect inheres is a soul. Finally, on the grounds that intelligible thoughts are linked to images in the imaginative faculty, he concluded that the material intellect is a disposition located specifically in the imaginative faculty of the soul.[22]

Gersonides, for his part, refuses to accept anything purely on Averroes' authority; he has to think matters out for himself. He examines the issue from every side, heaping up, as is his wont, arguments for and against each alternative. He refutes Themistius' position that the material intellect is an incorporeal substance or resides in an incorporeal substance through the argument Averroes formulated: An incorporeal substance would be an actual intellect; as such, it would possess a full spectrum of intelligible thoughts in actuality; but an actual intellect containing the disposition for thought would also have a potentiality for the same thoughts; and nothing can simultaneously be both potential and actual in the same respect.[23] He, further, refutes the compromise theory of Averroes' Middle Commentary on the *De anima* by spelling out various paradoxes in the supposition that a single active intellect, which already possesses all intelligible thoughts, is also the recipient of intelligible thoughts, and in the kindred supposition that the agent producing intelligible thoughts is the very being receiving them.[24]

To resolve the issue, he then borrows the trichotomy of intellect-soul-body from Averroes, contends that the human disposition for thought must have one or another of the three as its subject, and undertakes to eliminate two of the three possibilities. Through his refutation of Themistius' position, he has shown that the human material intellect does not have an actual intellect as its subject. He reasons—ostensibly, but only technically, in opposition to Averroes' original Epitome of the *De anima*—that the subject in which the human disposition for thought inheres is not a soul: "One form [such as the human soul] does not serve as subject . . . essentially . . . for another form [such as the material intellect]; a form is the subject of another form only insofar as [the underlying] matter receives the one through the intermediacy of the other, as shown in the *De*

[22] Averroes, Epitome of *De anima* (n. 17 above) 86.

[23] *Milḥamot* 1.3, pp. 20-21; 1.4, pp. 34-35. The argument from the impossibility of combining potentiality and actuality in the same subject is found in Averroes, Epitome of *De anima* 86.

[24] Ibid. 1.4, pp. 25-31.

anima.''[25] In other words, even if the human disposition for thought should reside in the human soul, the body and not the soul would, strictly speaking, be the subject. Since the underlying subject of the human disposition for thought is neither an incorporeal intellect nor a soul, it must be the only alternative remaining, a body.

But the material intellect does not reside directly in a body. The sublunar world, as conceived by Gersonides, constitutes a rigidly hierarchical pyramid, in which each successive level subsumes within itself everything existing at the levels below. Homoeomeric bodies—homogeneous mixtures of matter—incorporate the four elements, organisms at the botanical level incorporate homoeomeric bodies, organisms at the animal level contain the characteristics of plants, and each successive level of animal soul subsumes everything appertaining not only to the preceding levels of soul, but to all preceding levels in the hierarchy. Gersonides can therefore reason that if the human disposition for thought resided directly in prime matter, the presence of any of the four elements, which would constitute the next level in the hierarchy, would invariably presuppose the presence of a disposition for thought; all matter having the form of an element would have the ability to think, which is a ''wholly preposterous'' outcome. If, moreover, the disposition for thought appeared at any spot in the sublunar hierarchy below the level of the imaginative faculty of an animal soul, the presence of an imaginative faculty would invariably presuppose the presence of a disposition for thought. ''Every being with an imaginative [faculty of the] soul would have a human intellect''; and that too is ''preposterous,'' for ''many species of animal have imaginative souls'' without having a ''human intellect.'' Since the human disposition for thought is present only when—although not whenever—an imaginative faculty is present, its place in the pyramid must stand above that of the imaginative faculty. With the help of the unstated premise that nothing in the sublunar hierarchy except intellect stands above the imaginative faculty, he concludes that the disposition for thought resides precisely in the imaginative faculty of the soul. Having determined by his own process of elimination that the ''subject of the disposition [for thought]'' is the human body, Gersonides thus finds the body to be the subject of the disposition for thought ''through the intermediacy of the imaginative [faculty of the] soul.''[26]

---

25 See Averroes, Epitome of *De anima* 10.

26 *Milḥamot* 1.5.

The disposition for thought is not, he adds as a coda, "mixed" with either the imaginative faculty or the body. For Aristotle had argued that the character of any subject with which the potentiality for thought might be mixed would "prevent and block" the intellect from thinking without distortion, whereas, the entire Aristotelian school took for granted, intellect is able to think all thoughts without distortion.[27]

The human material intellect is, then, a disposition that has the body as its ultimate subject, that resides immediately in the imaginative faculty of the soul, and that is not mixed with either the imaginative faculty or the body. Gersonides understands his position to be the same as Alexander's,[28] but he has in fact adopted the slightly different position that Averroes labeled as Ibn Bājja's. And he has embraced precisely the position that Averroes did in the original version of the Epitome of the *De anima*. He has rediscovered exactly what Averroes had discovered in the original Epitome, his sole innovation being portions of the argumentation through which he arrives at his conclusion.

2. The Nature of the Active Intellect

The mate of the intellect that is what it is "by virtue of becoming all things," of what Aristotle's followers called the potential, or material, intellect, is the intellect that is what it is "by virtue of making all things," by virtue of making all thoughts. The latter, which came to be known as the *active intellect*, was described by Aristotle as, on the one hand, "present in the soul," and as, on the other, "separate [from matter] . . . and, in its essence, actuality."[29] The phrase "present in the soul" could well suggest that the active intellect exists only as a part of the human soul, whereas the other phrases seem to say the opposite, that the active intellect is a substance transcending the material realm. Commentators and scholars have long debated whether or not Aristotle conceived of the active

---

27 Ibid. 1.3, p. 20; 1.4, p. 34; 1.5, p. 36. See Aristotle, *De anima* 3.4.429a, 20-21; Averroes, Middle Commentary on the *De anima*, Arabic text, Paris, Bibliothèque nationale, Hebrew MS 1009, 143b-144a; Hebrew translation, Paris, Bibliothèque nationale, Hebrew MS 947, 218b-219a.

28 *Milḥamot* 1.3, p. 20.

29 Aristotle, *De anima* 3.5.430a, 13, 17-18.

intellect as a transcendent substance.[30] In the Islamic Middle Ages, a fully articulated cosmic scheme appeared which wove Aristotelian, Ptolemaic, and Neoplatonic strands into a new synthesis and in which a transcendent active intellect occupied a specific niche.

Alfarabi is the first recorded author to have propounded the scheme, although since he treated it as common knowledge, it may already have crystallized prior to him. To begin, the scheme explained the motions of the heavenly bodies.

Alfarabi recognized nine primary celestial spheres: an all-encompassing, so-called diurnal sphere, which draws the entire celestial system around the stationary earth once every twenty-four hours, thereby giving rise to the phenomena that modern astronomy accounts for by the rotation of the earth on its axis; the sphere of the fixed stars; and seven additional spheres in which are embedded the five planets visible to the naked eye, the sun, and the moon. Each of the nine celestial spheres possesses a rational soul, each is governed by an incorporeal mover, or *intelligence*, and the motion proper to each results from a desire that the soul of the sphere experiences for emulating the perfection of the corresponding incorporeal intelligence. The apparent motions of the planets, the sun, and the moon, arise out of the interaction of the individual spheres' own proper motion and the diurnal motion imparted by the outermost sphere. The sundry subordinate spheres—epicyclical or eccentric—that medieval astronomers had to assume in order to account fully for the movements of the heavenly bodies are ignored.

To the astronomical side of the scheme, Alfarabi—or whoever it was from whom he may have borrowed—added a cosmological layer. He explained that the universe is an outgrowth of a series of eternal emanations: The First Cause of the universe transcends the intelligences that move spheres, and from it there eternally emanates the first of the incorporeal intelligences. From the first emanated intelligence there eternally emanate both the body and soul of the outermost, diurnal sphere, which is governed by the first intelligence,

---

[30] Among modern scholars, both interpretations are prevalent. For example: E. Zeller, *Die Philosophie der Griechen* 2.2, 4th ed. (Leipzig 1921) 573-575 (transcendent); F. Nuyens, *L'évolution de la psychologie d'Aristote* (Louvain 1948) 303-304, 308, 311 (transcendent); W. Ross, *Aristotle*, 5th ed. (London 1949) 153 (transcendent); idem, edition of Aristotle's *De anima* (Oxford 1961) 45-47 (immanent); J. Rist, "Notes on Aristotle's *De anima* 3.5," *Essays in Ancient Greek Philosophy*, ed. J. Anton (Albany 1972) 506-507 (immanent).

and also a second intelligence; from the second intelligence there similarly emanate a corresponding sphere as well as the next intelligence; and the eternal process continues until the intelligence governing the sphere of the moon brings forth both its sphere and a final, tenth intelligence. The tenth intelligence in the incorporeal hierarchy is none other than the active intellect that Aristotle posited in the *De anima* as the factor in man which makes all thoughts.[31]

Alfarabi's picture of the universe was elaborated slightly by Avicenna, and after passing through Avicenna's hands, it gained wide currency in Islamic and Jewish philosophic and scientific circles, sometimes being embraced without reservation, sometimes undergoing emendation, sometimes eliciting mocking criticism. The emendations made by Maimonides and Averroes helped Gersonides fashion his own conception of the universe.

Maimonides called attention to features in the celestial region which are irregular or otherwise random, and hence arbitrary. What is arbitrary, he reasoned, is incompatible with a necessary process of emanation; and he concluded that since eternity and necessity go hand in hand, aspects of the universe which are incompatible with necessary emanation are by the same token incompatible with eternal emanation. Maimonides' object was to undermine not the emanation of the universe from the First Cause, but the qualification that emanation took place *eternally*. Once the universe is assumed to depend upon an act of will and hence not to exist necessarily and eternally, the cosmic scheme purveyed by Alfarabi and Avicenna succeeds, in Maimonides' view, both as an account of the structure of the universe and as an explanation of the manner in which the universe flows from the First Cause. The First Cause, in Maimonides' corrected version of the scheme, exercised His will after an eternity of not having done so and brought the first intelligence into existence through a noneternal act of emanation. Through another act of emanation, the first intelligence brought both the outermost, diurnal sphere and the next intelligence in the series into existence, and the process continued until the intelligence coordinated with the sphere of the moon emanated the active intellect.[32] A school of interpretation has grown up today which in-

---

31 See Davidson, "Alfarabi and Avicenna on the Active Intellect," (n. 9 above) 134-136.

32 Maimonides, *Guide* 2.19; 22. H. Davidson, "Maimonides' Secret Position

sists that Maimonides' arguments for creation were—despite being the most original and carefully framed set of philosophic arguments for creation in the Middle Ages—a smokescreen for a personal belief in eternity. Gersonides had no thoughts of the sort. He is certain that Maimonides believed firmly in creation.[33]

The relation of the universe to the First Cause was, like the nature of the material intellect, an issue on which Averroes changed his mind with the passage of time. An early and a late position can be discerned here, and both have bearing on our subject.

Averroes' early position is stated in the original version of his Epitome of the *Metaphysics*. There he outlined what is in its core the cosmic scheme of Alfarabi and Avicenna, although he did diverge on two scores: He rejected the supposition of an outermost diurnal sphere empty of all stars, on the grounds that the daily rotation of the celestial system around the earth can be attributed directly to the sphere of fixed stars, and a diurnal sphere would be otiose. And he rejected the emanation of the *bodies* of the celestial spheres.

In Averroes' early account, the First Cause of the universe transcends the incorporeal intelligences that move the celestial spheres; the First Cause eternally emanates from itself an incorporeal being consisting in pure thought, that is, an intelligence; the first intelligence emanates two things, the form, or soul, although not the body, of the first sphere, which is now the sphere of fixed stars, and a further incorporeal intelligence; the second incorporeal intelligence emanates two similar beings; and the process of emanation unfolds eternally, step by step, through the series of primary celestial intelligences. In a further qualification of, or supplement to, the scheme of Alfarabi and Avicenna, Averroes added that where the complex motion of any of the planets points to a subsystem of secondary spheres interacting with each other and with the main planetary sphere, the intelligence coordinated with the main sphere must eternally emanate not only the next main intelligence in the primary system and the soul of its own sphere, but the first of the secondary intelligences in the subsystem as well. That secondary intelligence then emanates both the form or soul of its secondary sphere and a further secondary intelligence; and so on, until the full cadre of

---

on Creation," *Studies in Medieval Jewish History and Literature*, ed. I. Twersky (Cambridge, Mass. 1974) 27-35.

[33] *Milḥamot* 6.1.2.

secondary intelligences and of souls of secondary spheres is filled.[34] In the final stage of the eternal process, the primary intelligence governing the lunar sphere eternally emanates the last of the primary intelligences. The last primary intelligence is the "active intellect," the cause of actual human thought, whose existence Aristotle posited in the *De anima*.[35]

Two Arabic manuscripts of Averroes' Epitome on the *Metaphysics* submit the foregoing without comment. They contain the original version of the Epitome. Other manuscripts have the same text, with the early scheme, but then add, within the text, an annotation that briefly and allusively expresses reservations about two key points, namely: the proposition that the First Cause transcends the incorporeal movers of the spheres, and the entire concept of emanation. The annotation concludes with Averroes' remark that he "discussed the subject elsewhere."[36] In the Hebrew manuscripts of the Epitome which I was able to examine, the annotation is, as in the later Arabic version, incorporated into the text. A pair of Hebrew manuscripts expressly mark the annotation as a "gloss."[37]

The upshot of Averroes' rethinking of his earlier picture of the universe comes out most clearly in the Long Commentary on the *Metaphysics*.

There Averroes refutes the argument for locating a First Cause of the universe beyond the incorporeal movers of the spheres, an argument he himself had employed in the original Epitome of the *Metaphysics*,[38] and he concludes that the supposition of a "first sub-

---

[34] Averroes, *Compendio de Metafisica*, ed. with Spanish translation, C. Quirós Rodríguez (Madrid 1919) 4, §§22, 35, 57; German translation: *Die Epitome der Metaphysik des Averroes*, trans. S. Van den Bergh (Leiden 1924) 116, 121 ("Prinzip," 6 lines up, is a typographical error for "Beweger"), 133-134.

[35] Ibid. 4, §62; German trans. 136.

[36] Ibid. 4, §§60-61; German trans., appendix, 317-318.

[37] Madrid, Escorial, Hebrew MS G1-14, 103b-104a, and Munich, Staatsbibliothek, Hebrew MS 108, 113b-114a, have, within their texts, the note "gloss" near the beginning of the passage and the note "end of gloss (*ʿad kan ha-haggaha*)" near the end. In both, the former note appears a few lines too early and the latter a few words too late. The manuscripts must consequently stem from an earlier manuscript in which the annotation was already incorporated into the text, while the notes "gloss" and "end of gloss" were still left in the margin. Paris, Bibliothèque nationale, Hebrew MS 918, 145a, has the passage, but does not mark it as a gloss.

[38] The argument went: Because of the rule that "from one only one can proceed," the wholly unitary being at the head of the causal chain can have no more than a single effect. Each of the intelligences governing celestial spheres has at least two effects, the form or soul of its sphere and the next incorporeal being in the

stance'' transcending ''the mover'' of the outermost sphere is ''false.'' The intelligence moving the outermost sphere, which in his system is the sphere of fixed stars, is therefore itself the First Cause of the universe.[39] As for the relationship of the First Cause, now identified as the mover of the outermost sphere, to the other incorporeal intelligences, Averroes determines that it cannot consist in emanation, since the whole notion of emanation had, in his view, become untenable. Instead he introduces a different kind of causal relationship. Each incorporeal intelligence, he explains, eternally turns its mental gaze upon the unitary First Cause, and the conception of the First Cause which each thereby receives lends it the measure of perfection befitting its rank in the cosmic hierarchy.[40]

Averroes' final scheme, accordingly, retains celestial spheres,[41] souls of the spheres,[42] and intelligences that indirectly move the spheres. The First Cause of the universe no longer transcends the movers of the spheres; instead it is itself the mover of the outermost sphere. Each of the primary incorporeal intelligences receives its full measure of perfection not through a process of emanation, but through the concept it has of the First Cause. The last in the series of intelligences is still the active intellect of Aristotle's *De anima*.[43]

I know of no firm evidence for Gersonides' having used Averroes' Epitome of the *Metaphysics*,[44] although he may be presumed to have done so, since the Epitome was translated well before his time, and

---

series. Hence none of the intelligences associated with spheres is wholly unitary, and the ultimate cause of the universe, which must be wholly unitary, resides beyond the movers of the spheres. See Epitome of *Metaphysics* 4, §54, German trans. 131-132.

[39] Long Commentary on *Metaphysics* 12, comm. 44; Arabic text: *Tafsīr mā baᶜd al-Ṭabīᶜa*, ed. M. Bouyges (Beirut 1938-1948) 1648. Cf. H. Wolfson, ''Averroes' Lost Treatise on the Prime Mover,'' reprinted in his *Studies* (n. 14 above) 425.

[40] H. Davidson, ''Averroes on the Active Intellect as a Cause of Existence,'' *Viator* 18 (1987) 198-199.

[41] In a later work, Averroes did raise doubts about the secondary spheres. See A. Sabra, ''The Andalusian Revolt against Ptolemaic Astronomy,'' *Transformation and Tradition in the Sciences* (I. B. Cohen Festschrift), ed. E. Mendelsohn (Cambridge, England 1984) 141-142.

[42] Some of the compositions making up Averroes' *De substantia orbis*, may dispense with the souls of the spheres. See Averroes, *De substantia orbis*, Hebrew text, ed. and trans. A. Hyman (Cambridge 1986) 33, 70-71.

[43] Long Commentary on *Metaphysics* 12, comm. 38; Arabic text 1612-1613.

[44] Touati (n. 21 above) 40-41, who lists the works cited by Gersonides, does not include the Epitome of the *Metaphysics*.

since he read, and wrote commentaries on, other Epitomes of Averroes. He refers to, and quotes from, Averroes' Long Commentary on the *Metaphysics*.[45]

After studying the texts of Maimonides and Averroes, and examining the natural phenomena themselves, Gersonides pieces together his own picture of the universe.

On the grounds that the mover of the outermost sphere has only partial knowledge, and fulfills only a limited role within the universe, whereas the First Cause's knowledge of the universe and role within it are comprehensive, Gersonides concludes that the mover of the outermost celestial sphere cannot be the First Cause. The First Cause stands above the incorporeal intelligences associated with celestial spheres.[46] To account for the movements of the heavenly bodies, Gersonides assumes a celestial region comprising again: rotating celestial spheres in which the stars and planets are embedded; the spheres' souls, which are presumably the direct movers of the spheres;[47] and incorporeal intelligences, which are presumably the indirect movers.[48] Teleological considerations convince him

---

[45] *Milḥamot* 5.3.1, p. 222; 3, pp. 229, 231, 241;12, p. 281 (with a reference to Gersonides' own Supercommentary on the Long Commentary on the *Metaphysics*). Other references made by Gersonides to Averroes' Commentary on the Metaphysics could have either Averroes' Middle or Long Commentary on that work in view.

[46] Ibid. 5.3.11.

[47] Ibid. 5.3.6, pp. 258-259 (the last word on p. 258, should be corrected to *sekel*).

[48] Ibid. 5.3.6, pp. 261-262. Each intelligence maintains its sphere in motion through a ''desire'' flowing from the partial ''concept'' that it has of the universal pattern (*nimus*) in the mind of the First Cause. Different passages represent the intelligence's desire as being ''for the First Cause,'' for ''conceiving its portion of the universal order in the mind of the First Cause,'' for ''moving [its] sphere in such a way that the universal order is fulfilled in the physical world,'' and for having ''what emanates from [it] on the lower world continually emanate.'' See 5.3.8, p. 270; 11, p. 278; 12, p. 284; 6.2.9, pp. 440, 441 (on p. 441, line 2, *she-yeḥallequ* should be corrected to *el she-yaḥshequ*). Gersonides describes the intelligence as the ''form'' of its sphere (6.1.8, p. 317, et passim), as ''connected'' to its sphere (6.2.8, p. 432), and as related to its sphere as the ''acquired intellect'' is related to an individual man (5.3.11, p. 277). The description of the intelligence as the *form* of its sphere may be read in the sense that, in general, each higher level in the hierarchy of existence is called the *form* of the level immediately below; see 6.2.8, p. 429 (one intelligence stands to another ''as form''; the ''spheres stand to the elements as form and perfection''), and p. 431 (''the forms that sublunar matter has the potentiality for receiving stand to one another as form and perfection''). The description of the intelligence as related to its sphere as the acquired intellect is related to an individual man reflects Maimonides, *Guide* 1.72; there Maimonides wrote that God, and by implication the incorporeal intelligences, are related to the

that a "starless sphere undergoing a diurnal motion" does not exist "above the sphere of the fixed stars," and hence the "sphere of fixed stars is the outermost sphere, encompassing all."[49] Although Gersonides excludes a starless diurnal sphere from the roster of primary celestial spheres, he does not mean that such a sphere is nonexistent. Just as a subsystem of secondary spheres must be posited for each planetary sphere in order to explain the full complexity of the planet's motion, so too the sphere of fixed stars has a subsystem, and its subsystem comprises a single, secondary diurnal sphere. The apparent movement of the fixed stars around the earth results from the interaction of the primary sphere's own infinitesimal motion from west to east, which is responsible for the phenomenon known as the precession of the equinoxes, and the daily motion from east to west imparted by the subordinate, diurnal sphere.[50] Gersonides, in fact, posits diurnal subspheres for each of the main spheres.[51] He needed

---

spheres as the acquired intellect is related to a man. *Milḥamot* 5.3.6, p. 261, describes the soul of the sphere as moving its sphere "either out of awe and service, or out of desire and choice"; and 2.6, p. 114, describes the soul of the sphere as having knowledge of what the sphere effects in the sublunar world. I could find no explanation of the way that the intelligence and the soul interact to move the sphere. But any doubt that Gersonides recognizes the existence of both incorporeal intelligences and souls of the spheres is removed by 5.3.6, p. 263, and by the considerations given below in n. 210.

49 Ibid. 5.2.4, p. 198. The reasoning is that the celestial spheres are observed to contribute to the perfection of the sublunar world. A sphere containing stars and performing a complex motion contributes more to the sublunar world than a sphere lacking stars and performing a simple motion. The outermost position, which is the place of honor in the universe, must consequently belong to a sphere of the former sort.

50 Ibid., p. 199, Gersonides writes that in the astronomical part of the book, which has been omitted from the manuscripts and printed texts of the *Milḥamot*, he located a diurnal sphere "below" the sphere of fixed stars. B. Goldstein, "Levi ben Gerson's Analysis of Precession," reprinted in Goldstein's *Theory and Observation in Ancient and Medieval Astronomy* (London 1985) 32-33, 37, translates the pertinent passage from manuscripts of the astronomical section of the *Milḥamot*. In *Milḥamot* 5.3.8, pp. 273-274, and 13, p. 290, Gersonides counts only eight primary spheres, thereby reflecting the omission of a diurnal sphere from the roster of primary spheres. *Milḥamot* 5.3.6, p. 263, and 5.3.13, p. 290, speculate on the total number of primary and secondary spheres, but, strangely, take into account neither the primary sphere of fixed stars nor that sphere's secondary sphere. It is hard to imagine that Gersonides left those two spheres out of the total number through oversight, but I cannot fathom what his rationale might have been for intentionally omitting them.

51 On Gersonides' multiple diurnal subspheres, see B. Goldstein, "Preliminary Remarks on Levi ben Gerson's Cosmology," *Creation and the End of Days*, ed. D. Novak and N. Samuelson (Lanham 1986) 271.

them, because he did not believe that the movement of one main sphere can be communicated to another, the space between the spheres being filled with a wholly fluid and malleable formless matter.[52]

Through a battery of arguments, the most distinctive of which are teleological in character,[53] Gersonides establishes the creation of the universe by an act of divine will; and through a separate argument he proves that the creation of the corporeal side of the universe took place from a preexistent formless matter, or, as he terms it, a "body devoid of all form."[54]

The First Cause exercised His "will" after an eternity of not having done so and brought the primary incorporeal intelligences—the intelligences responsible for the motions of the spheres in which stars and planets are embedded—into existence.[55] The primary intelligences do not stand as "causes of one another," but, instead, all "emanate" directly from the First Cause.[56] Each primary intelligence acquires its character from the partial thought, unique to itself, which it has of the First Cause; and the character that the intelligence thereby obtains adapts it for governing its particular sphere.[57] Gersonides follows Averroes' Epitome of the *Metaphysics* in accommodating secondary intelligences within his cosmic scheme. A subsystem of "starless" secondary spheres[58] must, he observes, be posited for every primary sphere in which a planet is embedded—and, as just seen, a secondary sphere must even be posited for the sphere of fixed stars—in order to explain the full complexity of the apparent motion of the planet—or of the fixed stars—around the earth. Each secondary sphere, like each primary sphere, is perforce moved by its own intelligence. And since the secondary spheres "serve" the primary sphere, the movers of the secondary

---

52 G. Freudenthal, "Cosmogonie et physique chez Gersonide," *Revue des études juives* 145 (1986) 298-299.

53 *Milḥamot* 6.1.7-9, 11, 13. See S. Feldman, "Gersonides' Proofs for the Creation of the Universe," *Proceedings of the American Academy for Jewish Research* 35 (1967) 113-132; H. Davidson, *Proofs for Eternity, Creation, and the Existence of God, in Medieval Islamic and Jewish Philosophy* (New York 1987) 209-212.

54 *Milḥamot* 6.1.17.

55 Ibid. 6.1.8, p. 320; 6.1.17, p. 368; 6.2.8, p. 429.

56 Ibid. 5.3.8, pp. 272-273.

57 Ibid. 5.3.7, p. 269.

58 Gersonides recognized eccentric spheres, but apparently not epicyclical spheres; see G. Freudenthal, "*Haṣlaḥa nafshit we-astronomia*" (n. 1 above) 68-70.

spheres must be the ''effects'' of the intelligence that ''moves'' the primary sphere.[59] The secondary intelligences moving the secondary spheres that contribute to the apparent motion of any given planet are effects of—which, we may conjecture, means that they were emanated by—the intelligence governing the primary sphere in which the planet is embedded.

The corporeal part of the universe has two parts, celestial spheres and the sublunar physical realm, and both, according to Gersonides, were created by the First Cause out of the preexistent formless matter.[60] As far as I could see, Gersonides does not explain whether the soul of each sphere is emanated by God or by the corresponding intelligence. As for the active intellect, he finds it to be an incorporeal substance that does not emanate from the First Cause on ''an equal footing'' with the other incorporeal intelligences; whence he determines that the active intellect ''emanates'' from all the primary intelligences acting in unison, or, in a less frequent formulation, that it ''emanates'' from the First Cause through the ''intermediacy'' of all the primary intelligences.[61] There is a difficulty here; for in the course of his argumentation, Gersonides himself deploys a rule to the effect that a single ''form is produced by a single agent, not from a plurality [of agents],'' and the rule would seem to exclude the emanation of a single active intellect from multiple incorporeal intelligences.[62] At all events, in Gersonides' system, as in the systems of other medieval Islamic and Jewish Aristotelians, the active intellect holds a rank ''below'' the incorporeal intelligences that govern the primary celestial spheres.[63] It is the final stage in the primary incorporeal hierarchy.

Gersonides has, in short, fashioned a cosmic scheme out of materials common to the tradition inaugurated by Alfarabi and Avicenna, combined with other materials idiosyncratic to Maimonides or Averroes. The location of the First Cause beyond the intelligences comes from the common tradition, but more immediate-

---

[59] Ibid. 5.3.8, p. 272. The term *meniʿim*, 9 lines up, should be corrected to *ʿalulim*.

[60] Ibid. 6.1.17, p. 367.

[61] Ibid. 5.3.13, pp. 286-288.

[62] Ibid. 5.3.4, p. 257. Gersonides apparently rules out the producing of a single form by a plurality of causes even when the plural causes are intermediaries through which the single First Cause acts.

[63] Ibid. 5.3.13, p. 288.

ly from Maimonides. Maimonides suggested to Gersonides the method of proving creation through features in the physical world which are consistent only with a voluntary agent, although Gersonides recasts the reasoning by adducing well-designed, rather than arbitrary features, as evidence for will. Maimonides also taught that emanation need not be eternal. The proposition that the primary intelligences do not emanate from one another and each receives its individual character through its thought of the First Cause, the identification of the sphere of fixed stars as the outermost sphere, the accommodation of secondary intelligences in his cosmogony, the construing of each primary intelligence as the cause of its subsystem of secondary intelligences—all these come from either the earlier or later stages of Averroes' thought. Gersonides includes an element that is rare in medieval Islamic and Jewish philosophy when he espouses creation from a preexistent matter. But that feature too is hardly original. There were suggestions of creation from a preexistent matter in medieval Jewish philosophy before Gersonides;[64] and, of course, creation from a preexistent matter has a long history in philosophy, going back to Plato, although Gersonides draws a careful distinction between his preexistent formless body and the preexistent matter of Plato's *Timaeus*.[65] The most original item introduced by Gersonides is the passing strange notion that the active intellect coalesces out of multiple emanations flowing from all the primary intelligences. As for the place of the active intellect within the universe, Gersonides has not budged from the Islamic and Jewish Aristotelian consensus. He joins his predecessors in identifying the active intellect of Aristotle's *De anima* as the last of the incorporeal intelligences.

3. The Active Intellect as a Cause of Existence

Aristotle's grounds for assuming the existence of what his successors were to call the active intellect were exclusively epistemological.

---

64 Abraham Ibn Ezra may have hinted at such a doctrine in his commentary to Genesis 1:1, and in his commentary to Isaiah 42:5; see, for the latter, *The Commentary of Ibn Ezra on Isaiah*, ed. M. Friedlaender (London 1873) 188. It is possible to interpret Maimonides as believing that creation took place from a preexistent matter, although I doubt that that is the correct interpretation. See Davidson, "Maimonides' Secret Position on Creation," (n. 32 above) 32-36.

65 Ibid. 6.1.17, pp. 362, 367. Cf. Plato, *Timaeus* 52-53. E. Zeller, *Die Philosophie der Griechen*, 2.1 (Leipzig 1922) 728-730, F. Cornford, *Plato's Cosmology* (London

In Aristotle's words, an intellect must exist that is what it is "by virtue of making all things," and as the context shows beyond doubt, he was affirming the existence of an intellect that makes all *thoughts*.

The active intellect prospered, however, and among the Arabic Aristotelians it came to be recognized not merely as the cause of actual human thought, but also of the existence of part or all of the sublunar world. Several Greek philosophers had already begun to move in the direction that the Arabic Aristotelian philosophers were to take. Of the Greek philosophers, Themistius deserves attention here, since statements of his are cited and given weight by Gersonides.

Themistius' Paraphrase of Aristotle's *De anima* made the spare but suggestive remark that "the [cosmic] Soul . . . inserts (ἐντιθέναι, *tarkuz*) [natural] forms in matter."[66] His Paraphrase of Aristotle's *Metaphysics*, Book 12, had more to say. The occasion was a passage in Aristotle's *Metaphysics* which rejected the Platonic doctrine of Forms on the grounds that "man begets a man." Themistius expressed reservations about the premise from which Aristotle reasoned. The rule that the parent always belongs to the same species as the offspring, that "man is born only from man and the horse from a horse," fails, he wrote, to explain the spontaneous generation of a "kind of hornet" from the "bodies of dead horses," of "bees . . . from dead cattle," and similar phenomena. To account for spontaneous generation, certain "relationships" must be assumed to have been "put in nature" and they are what bring forth not only animals that generate spontaneously, but also animals that reproduce. The relationships in question are "disposed and ready for the generation of any given animal species, whenever they [i.e., the relationships] encounter material appropriate for the generation of the given animal." It follows that the formation of human offspring is not in fact the "work" of the ostensible father, but rather of forces in nature. And those forces in nature derive from "the world-Soul, which Plato understands to be generated from the secondary deities and which Aristotle understands to be generated

1952) 203, and others read the *Timaeus*' account of creation from a preexistent matter as merely a hypothetical construction.

[66] Themistius, Paraphrase of Aristotle's *De anima*, ed. R. Heinze, in *Commentaria in Aristotelem graeca* 5.3 (Berlin 1889) 115. Medieval Arabic translation (n. 5 above) 211.

from the sun and the inclined sphere [of the sun's annual motion]."[67]

Themistius' Paraphrase of *Metaphysics* 12 was translated into Hebrew, and Gersonides had the text. He writes: Themistius, in "his Commentary on *Metaphysics*, Book Lambda, ... maintained that the power causing the generation of all sublunar [living] beings is an intellect. From it, the powers in seeds have proceeded, and from them [i.e., from the powers], whatever is generated is generated in this perfect, wise manner [evident to all observers]." Themistius' Paraphrase of the *De anima*, although not translated into Hebrew, was translated into Arabic, and Gersonides knew of it through Averroes. With reference to the Paraphrase of the *De anima*, Gersonides writes: "Averroes reports that Themistius" accepted a supernal cause of sublunar generation "not only as regards animate beings [i.e., plants and animals], but also as regards the other things that come into existence in the sublunar world." Averroes based the report on "his [i.e., Themistius'] *De anima*. For he [i.e., Themistius] said there that the Soul ... puts all forms in matter and creates them."[68] Gersonides thus knows that Themistius' Paraphrase of *Metaphysics* 12 and his paraphrase of the *De anima* took a supernal being, called either an intellect or a soul, to be the cause of the natural animate and inanimate forms appearing in the sublunar world; that the former paraphrase described the supernal cause as doing its work by instilling powers in plant and animal seeds, whereupon those powers fashion the forms; and that the latter paraphrase described the supernal being itself as putting forms in matter.

When Gersonides subsequently turns to arguments that might support Themistius' position, he also quotes Themistius' formula: a "world-Soul ... which Aristotle understands to be generated from the sun and the inclined sphere [of the sun's annual motion]."[69] The words will strike us as a fanciful injection of a foreign notion

---

67 *Themistii in Aristotelis Metaphysicorum librum Λ paraphrasis*, ed. S. Landauer, in *Commentaria in Aristotelem graeca* 5.5 (Berlin 1903), Hebrew text 7-8. The Arabic translation from the Greek, from which the Hebrew translation was in turn made, has been lost, but the Arabic version of the present passage has been preserved by Averroes, Long Commentary on *Metaphysics* (n. 39 above) 1492-1494. Cf. Plato, *Timaeus* 34; Aristotle, *Metaphysics* 12.5 1071a, 15-16, together with Ross's note on the *ecliptic*; *De generatione et corruptione* 2.10.

68 Ibid. 5.3.1, p. 221

69 Ibid. 2, p. 224.

into Aristotle, but Gersonides has no qualms about them. On several occasions, in *Milḥamot ha-Shem* and elsewhere, he represents Aristotle as having indeed recognized a "Soul that emanates from the celestial bodies," and as having construed that Soul as the cause of the forms of sublunar beings.[70] He conjectures, moreover, that Aristotle's—supposed—reference to a Soul emanating from the heavens was simply a circumlocution for the active intellect, which emanates from the incorporeal intelligences.[71] In a word, he supposes Aristotle himself to have viewed the active intellect as a supernal cause of the existence of sublunar natural forms.

The expanded conception of the active intellect which Gersonides, with Themistius' assistance, attributes to Aristotle had taken root in Arabic Aristotelian circles centuries before Gersonides. Alfarabi was the first Arabic philosopher in whom it appeared. Certain of Alfarabi's works—notably, *al-Madīna al-Fāḍila* and *al-Siyāsa al-Madaniyya*—explained the emergence of all natural forms solely through the interaction of physical forces, and those works assigned to the active intellect, which Alfarabi identified as the tenth of the incorporeal intelligences, no function beyond leading the human intellect to actuality.[72] But one of Alfarabi's works, the *Risāla fī al-ᶜAql* (*De intellectu*), viewed the active intellect both as the transcendent cause of actual human intelligible thought and as the source of a range of sublunar natural forms. The active intellect, Alfarabi wrote in the *Risāla*, contains natural sublunar forms in an "undifferentiated" mode. To express itself, the active intellect must make the forms that it contains manifest, and it does so by "giving matter the likes of what it contains in its own substance." That is to say—although technical emanationist terminology is missing—it eternally emanates the natural forms appearing in sublunar matter. Even in the *Risāla*, Alfarabi indicated that the active intellect has no role in the existence of the four elements; the movements of the heavenly bodies elicit the forms of the elements out of the underlying matter of the sublunar world, in a mechanical way. But at a level above the forms of the elements, the active intellect enters the scene and furnishes an unspecified range of forms directly from itself. Whenever "matter and a substratum" is "ready" for a given na-

---

[70] Ibid. 1.6, pp. 41, 43.

[71] Ibid., p. 45.

[72] Davidson, "Alfarabi and Avicenna on the Active Intellect" (n. 9 above) 136.

tural form, the matter automatically receives the form from the active intellect in a "differentiated mode."[73] The Hebrew translation of the *Risāla fī al-ᶜAql* was known to Gersonides, and he cites it as "Alfarabi's ... brief treatise on the meanings of the term *intellect.*" In the treatise, he writes, Alfarabi affirmed "that the active intellect gives forms for things generated within the sublunar world."[74]

Avicenna went further than Alfarabi's *Risāla fī al-ᶜAql*, and in his system the active intellect attained its acme. The active intellect, in Avicenna, eternally emanates the underlying matter of the sublunar world; it emanates all, or almost all, natural forms appearing in sublunar matter, a form being automatically crystallized out of the active intellect's emanation whenever a portion of matter is prepared to receive the form; and in addition, it emanates all human intelligible thoughts, a human intellect receiving an intelligible thought directly from the active intellect's emanation whenever the intellect is prepared to receive the thought.[75] Gersonides, whose access to Avicenna's philosophy did not go beyond the very general references to it found in Averroes, mentions only Avicenna's position on the active intellect as a source of sublunar forms. Ibn Bājja was another philosopher whom Gersonides knew through Averroes. Averroes reported that Ibn Bājja had interpreted a thorny passage in Aristotle's *De generatione animalium*[76] as taking the active intellect to be the source specifically of animate forms in the sublunar world.[77] Gersonides' survey of preceding philosophic opinion

---

[73] Alfarabi, *Risāla* (n. 8 above) 29-30, 33; English translation, 219-220.

[74] *Milḥamot* 5.3.1, p. 221.

[75] Davidson, "Alfarabi and Avicenna on the Active Intellect" 156-157, 161.

[76] *De generatione animalium* 2.3. 736b, 21 – 737a, 5. The medieval Arabic translation, which is even more obscure than the Greek, speaks of "a power of the origin (*ibtidāᵓ*) of soul" which is carried by the "seed" of the "body of the male semen." "It"—gender and context make "origin" the probable antecedent—is "separate from the body [of the semen] ... and is something divine"; and "what is of this character is called intellect." See Aristotle, *The Generation of Animals; The Arabic Translation*, ed. J. Brugman and H. Lulofs (Leiden 1971) 64. Gersonides, *Milḥamot* 1.6, p. 41, writes: "It has been proved in *De animalibus* 16 [= *De generatione animalium* 2] that there is an agent for plants and animals, and it is an intellect. This is what Aristotle called *the soul emanating from the celestial bodies*, ... and what many of the later philosophers called the *active intellect.*"

[77] Averroes, Commentary on *De animalibus*, Oxford, Bodleian Library, Hebrew MS Opp. 683 (= Neubauer 1370) 155a-b. The work of Ibn Bājja's in which Averroes finds the interpretation is that philosopher's *De anima*. Averroes may, as he often does, be giving what he understands to be the implications of Ibn Bājja's statements, rather than what Ibn Bājja expressly said. The Commentary on the *De*

regarding the source of sublunar forms includes the statement: "Ibn Bājja, according to Averroes' report, ... agreed that the cause of sublunar generation is an intellect, ... and Avicenna was of the same opinion, according to what Averroes reported ...."[78]

No mention of Maimonides is made in Gersonides' discussion of the active intellect, but there is evidence that he too contributed to Gersonides' thinking on the subject. Maimonides not only recognized a role for the active intellect in the existence of the sublunar world; he seems to have endorsed Avicenna's maximal line. He indicated that, as Avicenna held, the active intellect emanates the matter of the sublunar world.[79] Once the matter of the sublunar world is given, influences descending from the celestial spheres work together with natural forces within the sublunar world to "prepare" sublunar matter for a form.[80] Whenever sublunar matter has the "blend (*mizāj*, *imtizāj*; Hebrew: *mezeg*, *himmazegut*)" appropriate to a given natural form, the form forthwith appears. But natural forms cannot, Maimonides reasoned, emerge from below, out of the blend of matter, for "what produces a form must itself be an incorporeal form." Consequently, "all" sublunar forms emanate from an incorporeal source outside the physical world; and the incorporeal source is identical with the active intellect that leads the human intellect to actuality.[81] In summarizing his opinion, Maimonides

---

animalibus looks like a Middle Commentary, but M. Steinschneider, *Die hebraeischen Uebersetzungen des Mittelalters und die Juden als Dolmetscher* (Berlin 1893) 144, n. 258, cites some evidence for classifying it as an Epitome.

[78] *Milḥamot* 5.3.1, p. 221. Gersonides states that Ibn Bājja's position is recorded in Averroes' "Commentary [*beʾur*] on the *De animalibus* and his Commentary [*perush*] on the *Metaphysics*." The passage in the Commentary on the *De animalibus* is cited in the previous note. Elsewhere, Gersonides uses the term *perush* to designate Averroes' Long Commentary on the *Metaphysics*, but I found Averroes referring to Ibn Bājja's position on the active intellect in the Middle Commentary on the *Metaphysics*, Casanatense, Hebrew MS 3083, 109 (108)b, and not in the Long Commentary.

[79] Maimonides, *Guide* 2.4; 11. When speaking in his own name, Maimonides does not explicitly say that each intelligence emanates the soul, as well as the body, of its sphere, but he definitely implies that such is the case.

[80] Ibid. 1.72; 2.10;12.

[81] Ibid. 2.12; 18 (1). *Mishneh Torah*: *Yesode ha-Torah* 4.6. Maimonides' reasoning is that changes in the blend of a portion of matter, which are due to physical causes, are gradual and continuous, whereas the change from one natural form to another is instantaneous and sudden; the cause producing natural forms must therefore be of a kind completely different from physical causes. Since the argument applies to all natural forms, including those of the four elements, and since Maimonides expressly writes that "all" forms emanate from the active intellect, I take

stated that two classes of phenomena lead us to the existence of an incorporeal active intellect: An incorporeal active intellect must be posited both because of the "passage of our intellect from potentiality to actuality," and because of the "appearance of the forms of generated-destructible beings."[82] Gersonides echoes the statement. The existence of "an active intellect" must be posited, he writes at one point, because of two classes of phenomena, namely, "the passage of the human intellect from potentiality to actuality in the acquisition of intelligible thoughts, and . . . the generation of objects in the sublunar world."[83]

Still another eminent philosopher recognized the active intellect as a transcendent emanating source of natural forms—the early Averroes. We have seen that Averroes' early works outlined a cosmological scheme in which the First Cause of the universe eternally emanates an incorporeal intelligence, the first intelligence eternally emanates a second intelligence as well as the form or soul, but not the body, of its own sphere; and so on. In the same spirit, Averroes maintained in his early works that the active intellect emanates a range of natural sublunar forms, although not the underlying matter of the sublunar world.

One of the works propounding such a view was Averroes' Epitome of the *Parva naturalia*. There Averroes wrote: "It is proved" by Aristotle that individual portions of matter receive the forms of one or another of the four elements "thanks to the movements of the celestial bodies," and that "homoeomeric bodies"—basic natural compounds in which the elements are blended and their qualities tempered[84]—are brought into existence when the movements of the heavens work together with the natural movements of the elements

---

him to be saying that even the forms of the four elements come from the active intellect. H. Wolfson, "Hallevi and Maimonides on Design, Chance, and Necessity," reprinted in his *Studies in the History of Philosophy and Religion* 2 (Cambridge 1977) 34, quotes passages in *Guide* 1.72, and *Guide* 2.19 as evidence for Maimonides' having recognized the movements of the heavens as the cause of the forms of the four elements and the forms of minerals; but the passages can be read as saying merely that celestial motion prepares sublunar matter for receiving the forms in question, whereas the active intellect is the agent producing them.

[82] Maimonides, *Guide* 2.4.

[83] *Milḥamot* 1.6, p. 46.

[84] Aristotle included organic material—plant and animal cells of various sorts—in the class of homoeomeric bodies. See H. Bonitz, *Index Aristotelicus* (Berlin 1870) 510b, lines 35-42; A. Peck's edition and translation of *De generatione animalium* (Cambridge, Mass. 1942) xlviii-xlix.

themselves to mix the elements into homogeneous blends. As soon as matter is mixed in the requisite way, the form of an element or of a homoeomeric body is, by that very fact, present. So far, the active intellect plays no part. But Averroes continued: "It is ... proved in [Aristotle's] *De animalibus* [the name for Aristotle's three zoological works taken as a unit]" that in instances where "individual plants and animals ... reproduce," their "causes" are the "seed and the active intellect"; and in instances where plants and animals do not reproduce but are generated spontaneously, their causes are the "elements, the celestial bodies, and the active intellect."[85] In supposing that Aristotle's *De animalibus* proved the active intellect to be the cause of the existence of plants and animals, Averroes was relying on Ibn Bājja's reading of *De generatione animalium*, one of the three constituent parts of the *De animalibus*.[86]

Gersonides composed a supercommentary on Averroes' Epitome of the *Parva naturalia*, and when he arrives at the sentences just quoted from the Epitome, he rewords them as follows: "Beings that reproduce are due to the seed and the active intellect, in the opinion of the later philosophers, or the Soul that emanates from the spheres, in the opinion of Aristotle. We explained, however, in our commentary on the *De anima* [presumably, Gersonides' commentary on Averroes' Epitome of the *De anima*][87] that there is in truth no difference between the position of Aristotle and the position of the later philosophers [for the soul that emanates from the spheres is simply another name for the active intellect]. As for those [plants and animals] that do not reproduce [but are generated spontaneously], they come about through the elements and the celestial bodies, which [together] furnish the decayed matter whence they [i.e., the spontaneously generated organisms] are generated, and through the active intellect, which gives the form."[88] Averroes' talk of a proof

---

85 Averroes, Epitome of *Parva naturalia*, Arabic text, ed. H. Blumberg (Cambridge, Mass. 1972) 76-77; Latin translation, ed. A. Shields (Cambridge, Mass. 1949) 105-106; Hebrew translation, ed. H. Blumberg (Cambridge, Mass. 1954) 49-50; English translation, trans. H. Blumberg (Cambridge, Mass. 1961) 44-45. Cf. Aristotle, *De generatione et corruptione* 2.10.

86 Davidson, "Averroes on the Active Intellect as a Cause of Existence" 205.

87 Gersonides may be referring to his Commentary on Averroes' Epitome of the *De anima* (n. 20 above) 194a. The editor of Gersonides' Commentary on the Epitome of the *Parva naturalia* (see next note) gives a reference to the Commentary on the Epitome of the *De anima*, but I was not able to trace it.

88 Commentary on the Epitome of the *Parva naturalia*, ed. A. Altmann, *Proceedings of American Academy for Jewish Research* 17-18 (1979-1980) 15-16.

of Aristotle's showing the active intellect to be the cause of the existence of plants and animals, both those that reproduce as well as those that are generated spontaneously, is thus accepted by Gersonides at face value. The interpretation of Aristotle which we have now encountered several times will strike scholars today as outlandish. But of all who subscribed to it, Gersonides can most easily be forgiven. He had no direct access to the text of Aristotle's *De generatione animalium*, where Ibn Bājja and Averroes thought they found Aristotle tracing sublunar animate forms to the active intellect, and he had to rely on Averroes' paraphrases together with what he extracted from Themistius.

Returning to Averroes, his early position, set forth in the Epitome of the *Parva naturalia* and elsewhere, was that seed or the action of the celestial bodies on the four elements furnish a portion of matter ready for a given plant or animal form, and the active intellect supplies the form. Just as Averroes eventually repudiated his early position on the emanation of the intelligences from the First Cause, so too he repudiated his early position on the emanation of sublunar forms from the active intellect.

Two of his works, his Commentary on Aristotle's *De generatione animalium* and his Long Commentary on Aristotle's *Metaphysics*, offered the following refutation of the thesis that physical forces prepare a portion of sublunar matter for a given form, whereupon the form is emanated by the active intellect: Every natural object coming into existence in the sublunar world consists of a material substratum and a form. Speaking precisely, the object's substratum becomes its substratum only at the moment when the form appears. For example, a portion of matter is the body of a human being only when the human form is present. Before the form is present and after it disappears, the portion of matter is not truly a human body, and to describe it as such is to use language equivocally. Both substratum and form hence come into existence simultaneously; one does not exist without the other; and they constitute a single whole. But a single effect has a single cause. Since the substratum comes into existence on the physical plane, its cause must be a physical agent. And since the whole object has a common cause, the same physical agent bringing the substratum into existence, and not the active intellect, must be the cause of the form.[89]

[89] Averroes, Commentary on *De animalibus* (n. 77 above) 155b; Long Commentary on *Metaphysics* 7, comm. 31; Arabic text (n. 39 above) 884-885.

Averroes' Commentary on Aristotle's *De animalibus* identified the physical agent bringing organisms into existence as a "soul-heat" or "soul-power" residing in matter,[90] which is identical with the physiological factor that "Galen" called the "formative [power]."[91] In cases of organic reproduction, soul-heat is present in the seed of a plant or in the male semen, both of which are generated from a "residue" of the body's "nourishment."[92] In spontaneous generation, where seed and semen are absent, soul-heat is present in a "natural residue," that is to say, in decaying matter.[93] And in each instance, it brings a soul already latent and potential in matter, into actuality.[94] Soul-heat, the Commentary on the *De animalibus* further explained, functions as a link in a causal chain going back to the "sun and the celestial spheres," but it nevertheless has a cause lying beyond the spheres. The cause "engendering" it "is perforce an incorporeal power," a transcendent "intellect ... distinct from," and standing below, the First Cause of the universe.[95] The incorporeal being subordinate to the First Cause which engenders soul-heat could only be the active intellect or one of the incorporeal movers of the spheres.

Averroes' Long Commentary on the *Metaphysics* likewise identified the physical agent bringing plants and animals into existence as soul-heat, but when that work sought out the cause reponsible for soul-heat, it arrived at a different conclusion. In sexual reproduction, Averroes wrote, soul-heat is "generated" in the seed by the mature parent plant and in the semen by the male parent; and it is in each instance generated with the aid of the heat of the sun "blended" with the heat of the other stars. Where seed or semen are absent, and plants and animals do not reproduce but are generated spontaneously from "decayed material," a surrogate of soul-heat is "generated in water and earth," again by the "heat of the sun blended with the heat of the other stars."[96] No incorporeal power participates in the engendering of soul-heat, according to the Long

---

90 Cf. Aristotle, *De generatione animalium* 2.3. 736b, 29 – 737a, 5.
91 Cf. Galen, *De naturalibus facultatibus* 1.6.15.
92 Cf. Aristotle, *De generatione animalium* 1.18.725a, 3.
93 Ibid. 3.11.762a, 13-15.
94 Averroes, Commentary on the *De animalibus* (n. 77 above) 154b-155b.
95 Ibid. 155b-156a.
96 Long Commentary on *Metaphysics* 12, comm. 18; Arabic text (n. 39 above) 1501-1502.

Commentary on the *Metaphysics*, although Averroes did remark blandly that all natural forms existing potentially within matter, also "in a sense, exist actually in the prime mover."[97]

Averroes thus took three successive positions on the active intellect's role in sublunar existence. His early position was very much like that of Alfarabi's *Risāla fī al-ᶜAql*; he held that the forms of animate beings emanate from the active intellect on properly prepared portions of matter. In what appears to have been an intermediate position, his Commentary on the *De animalibus* found that animate forms are generated by a soul-heat residing in matter; and soul-heat itself is engendered, through the agency of the sun and the celestial spheres, by an incorporeal being subordinate to the First Cause. His final position, which he advanced in the Long Commentary on the *Metaphysics*, affirmed again that animate forms are generated by soul-heat. Now, however, he understood the soul-heat of organisms that reproduce to be engendered by the parent plant or animal in conjunction with the sun and the stars; and the soul-heat of spontaneously generated organisms to be engendered solely by the sun and stars. The active intellect has vanished from the stage.

Gersonides realizes that Averroes had expressed "three views" on the cause of sublunar generation. As already seen, he read the position of Averroes' Epitome of the *Parva naturalia* as Aristotle's opinion, and not specifically Averroes'. He is nonetheless able to discern an allusion to Averroes' own early view in the Epitome of the *De anima*; in that work, Gersonides writes, Averroes "held that the active intellect produces whatever is generated in the animate realm."[98] Averroes stated a "second view" in his "Commentary ... on the *De animalibus*." He "held that what brings sublunar beings into existence is not an intellect, but a soul-power in the seed. What brings soul-power into existence is, however, an incorporeal being" that is distinct from the "[First] incorporeal ... mover." Gersonides further understands the Commentary on the *De animalibus* to have taught that "matter ... is prepared" for a form by a physical "tempered (*meshoᶜar*) heat [instilled] through the medium of the heavenly bodies"; and then "soul-power is emanated from

---

97 Ibid. 12, comm. 18; Arabic text 1505.

98 *Milḥamot* 5.3.1, p. 221 (manuscript reading). See Averroes, Epitome of the *De anima* (n. 17 above) 9, and Gersonides, Commentary on the Epitome of the *De anima* (n. 20 above) 195b.

the incorporeal power into the seed.'' And Averroes ''apparently'' took the incorporeal source of soul-power to be ''the active intellect.''[99] Averroes stated his ''third view,'' according to Gersonides' survey, in ''the [Long Commentary on the] *Metaphysics*.'' ''There he held that the generating power is in the seed, it is engendered in the seed by the seedbearing [parent] and the heavenly bodies, and it is not incorporeal.''[100]

As Gersonides reviewed his predecessors' pronouncements on the active intellect's role within the sublunar world, he envisaged, then, the following tableau: Aristotle himself had construed the active intellect as the cause of sublunar animate forms. Themistius, speaking in his own name, maintained that a cosmic ''Soul,'' which Gersonides surmises is identical with the active intellect, ''creates'' all sublunar forms, inanimate as well as animate, and ''puts'' them in nature. Alfarabi's *Risāla fī al-ᶜAql* expressly named the active intellect as the agent that ''gives the forms'' appearing in sublunar natural objects. Avicenna and Ibn Bājja held that the cause of sublunar generation is a transcendent ''intellect.'' Maimonides, whom Gersonides does not mention but whom he echoes at one point, affirmed that ''all'' sublunar forms emanate from the active intellect upon properly prepared blends of matter. And two of Averroes' works, ''the Epitome of the *De anima* and the Commentary on the *De animalibus*, . . concurred, in a sense, with Themistius and his school in the thesis that sublunar generation goes back to an intellect, which gives the forms'';[101] the two works differed, however, in that the Commentary on the *De animalibus* described the supernal intellect as producing the forms of sublunar beings only through the intermediacy of a soul-power that it instills in matter. In Gersonides' account of his predecessors' views, it should be noted, no one is reported to have said that the active intellect *emanates* the forms appearing in sublunar matter.

After surveying his predecessors' opinions, Gersonides proceeds in typical fashion, subjecting the arguments on all sides of the question to microscopic analysis and then making his own determination. Three arguments, he finds, establish that living beings in the sublunar world owe their forms to an incorporeal agent. Two of the

---

99 Ibid., pp. 221-222.
100 Ibid., p. 222.
101 Ibid. 5.3. 2, p. 225.

three arguments are items in a list of considerations that Gersonides culled from others as possible support for Themistius' position, while he offers the third in his own name.

The first of the arguments rests on a pair of Aristotelian principles that were repeatedly deployed in discussions of the active intellect: the proposition that anything passing to actuality requires an agent to effect the transition, and the proposition that the agent leading something to actuality must already itself actually possess the characteristic it brings forth.[102] The argument itself was known to Gersonides from Averroes. Averroes' Commentary on the *De animalibus* recorded it in the name of Ibn Bājja and those of a similar mind,[103] and Averroes' Long Commentary on the *Metaphysics* recorded it as a possible—although, in the opinion of the Long Commentary, inadequate—rationale for the position of Avicenna and Themistius.[104] Gersonides' formulation runs: "What is potential passes to actuality thanks to something that is in a sense [already] actual in the same category. Where, however, things do not reproduce through seed, there plainly is no actual material form that belongs to the same category as the thing generated and to which the latter's generation might be attributed." Since nothing in the physical setting serves as the agent bringing the spontaneously generated form into existence, "an incorporeal form [that in some sense contains the actuality of what comes into existence] must exist which effects the generation. A like inference can, moreover, be drawn in the case of things that do reproduce through seed. For the seed does not

---

102 *De generatione animalium* 2.1.734b, 21-22.

103 Averroes, Commentary on *De animalibus* (n. 77 above) 155b: "What produces heat" is, for example, "heat"; what "produces soul" must consequently be a "soul." Since male semen plainly "does not contain actual soul," the agent producing actual soul must be distinct from, and transcend, the semen.

104 Long Commentary on the *Metaphysics* 7, comm. 31; Arabic text 881-882: Certain "animals . . . and plants" are found to "pass from potentiality to actuality" in the absence of any "seed" born of a progenitor "similar . . . in form" to the new organism. Since no agent already actually endowed with the requisite form can be discovered within the physical setting, "it would seem that [incorporeal] substances and forms must exist, which give forms to the [spontaneously] generated animals and plants." Extending the argument to plants and animals capable of reproducing, one might further argue that "seed does not actually contain a soul; it contains a soul only potentially and requires something actual [to lead what is potential to actuality]." Consequently, when a plant does sprout from a seed, nothing actually possessing the form—or "soul"—of the new plant and able to produce the plant is present within the physical setting. The form must therefore come from a cause residing outside the physical realm.

actually contain a soul; the soul is in it only potentially, and everything potential needs something actual [to lead it to actuality]." Since the seed cannot serve as the agent, and since nothing else in the physical setting can be discovered which does, "an incorporeal form must exist which effects the generation of the objects in question."[105] In Gersonides' judgment, the foregoing "argument" establishes "without doubt" the existence of an "incorporeal agent that brings about the generation of [living] beings."[106]

The second argument is, as Gersonides informs us, copied from "Themistius' Commentary on the *Metaphysics*, Book Lambda." It goes: "A body acts upon another body only at the exterior [surface] of the latter, whereas nature acts upon the entire body [both at the surface and within]." The "composition" of an organism, which in every instance is so perfect that "it could not possibly be in a finer state than it is," cannot, accordingly, be the "work" of the "father"; the father's semen, a body, acts solely at the surface of material in the mother's womb. The appearance of a new organism must instead be the result of "relationships and forms that have been previously put in nature," relationships that "act . . . when they encounter appropriate matter."

Now nature acts towards a "purpose," yet is itself "not conscious or cognizant of what it effects," whereas purposefulness is a characteristic of intelligent agents. Something must therefore stand behind nature and the relationships that operate within nature. The relationships placed in nature must be "inspired by a being . . . more noble than they . . . . That being is the world-Soul, which Plato understands to be generated from the movers of the celestial spheres and which Aristotle understands to be generated from the sun and the inclined sphere [of the sun's annual motion]."[107] We have already seen that Gersonides identifies the world-Soul, supposedly recognized by Aristotle, as the active intellect.[108] The upshot of Themistius' argument, Gersonides finds, is that the "generation" of living beings "goes back to an incorporeal agent, which is an intellect. As a consequence [of the incorporeal, intelligent agent's

---

[105] *Milḥamot* 5.3.2, p. 224. Gersonides adds that "Themistius, in a way, stated the argument in his Commentary on *Metaphysics* Book Lambda, and Averroes stated it fully in several passages of his [Long] Commentary on the *Metaphysics.*"

[106] Ibid. 3, p. 229.

[107] Ibid. 2, p. 224. See above, n. 67.

[108] Above p. 218.

being the source], the formation [of the organism] attains a perfection of such magnitude that only a small portion thereof can be grasped by human minds.''[109]

The third argument, Gersonides' own, develops the teleological theme already prominent in the second argument. Gersonides, who uncovered evidence of design in every corner of the universe, found that theme highly congenial.

He reasons: Living beings are generated and hence need an ''agent, . . . inasmuch as a thing cannot come into existence by itself.'' The agent bringing something into existence ''either intends . . . a goal (*taklit*),'' or ''does not.'' Where the agent does not intentionally pursue a goal, any goal that is attained must be ''attributed to happenstance and chance.'' To suppose that living beings are generated through happenstance and chance is, however, ''plainly false.'' For when things are due to chance, ''perfection'' occurs ''to only a small degree, during short periods of time, and in small numbers of things,'' whereas living nature ''evinces a wondrous degree of perfection, in many things, and continually.'' The agent responsible for the generation of a living being must be ''an agent . . . that intends a goal.''[110]

Gersonides has not concluded. In the present argument, his own, he goes beyond the previous argument, which he borrowed from Themistius, in not merely assuming, but in proceeding to prove, that the agent pursuing a goal in nature must indeed be incorporeal. The proof of the incorporeality of the agent consists in a long list of reasons why the cause bringing forth living objects cannot be ''material'' and, more specifically, why it cannot reside in the ''seed'' or in the parent ''producing the seed.'' Particularly appropriate to the argument's teleological tone is the following consideration: ''All forms that prime matter has the potentiality of receiving'' make up a hierarchy in which ''one [form] is the perfection of another, and one [form] exists for the sake of another.'' Sublunar existence ''therefore constitutes a single [process of] generation.'' Since it is a single process, the ''entirety'' must be due to a single ''agent'' that directs the process ''in this wondrously wise and perfect fashion, the wisdom and perfection of which cannot be exceeded.'' But a corporeal agent is circumscribed in one location to

---

109 *Milḥamot* 5.3.3, p. 236.
110 Ibid. 4, pp. 247-248.

the exclusion of others, and hence could not control the whole of nature. Such an agent would, moreover, not know the "quiddity" of the things it brings into existence nor could it comprehend the overall "pattern and order" of the sublunar world, whereas the agent governing all processes of sublunar generation must have those types of knowledge. The single agent directing the hierarchy of sublunar existence is consequently an "incorporeal [intellect] that perceives what . . . it produces."[111]

The cause bringing sublunar living beings into existence is, then, an incorporeal agent. A further point "needs clarification" in order to complete the present argument as well as the previous two, namely, the question whether the incorporeal agent responsible for the generation of sublunar beings acts "without an intermediary or with an intermediary." Acting "without an intermediary" means, on Gersonides' definition, that the "incorporeal agent has no instrument for producing sublunar beings apart from the physical heat [*ḥom yesodi*] that is present in the seed or, where things do not reproduce [and are instead generated spontaneously], in the surrogate [of the seed]." In other words, the incorporeal agent "itself moves the matter that undergoes generation," although not wholly alone. It does wield one minimal tool, "the physical heat in the seed." Acting "with an intermediary," means that "a natural power" or "soul-power" "proceeds from it [from the incorporeal agent] to the seed, and the wondrous formation [of the organism] is accomplished through" the power instilled by the incorporeal agent.[112] The incorporeal agent not merely wields a tool, but

[111] Ibid., pp. 248-249, 252.

[112] Ibid. 5.3.4, p. 252. Gersonides' Commentary on Averroes' Epitome of the *De anima* contains a problematic passage that reads: "I explained at the end of my Commentary on [Averroes' Epitome of] the *Meteorology* [see Bodleian Library, Hebrew MS Opp. Add. 4° 38 (= Neubauer 1373) pp. 61b-62a] that bodies composed of the [four] elements have differentiae not attributable to the four qualities [i.e., to heat, cold, dryness, wetness]; examples are some of the properties belonging to precious stones, and the power of the magnet. I accordingly concluded there that homoeomeric bodies, which are composed of the elements, have a form in addition to the blend [of the elements], even though the elements and the celestial bodies are sufficient for bringing those homoeomeric bodies into existence [and, by contrast with what occurs where animate beings reproduce, no parent participates]. Natural generating heat is what effects the form in question, not insofar as [that heat is] heat cognate with the element fire, but insofar as it is a form-heat, that is to say, insofar as it has a power for giving form. The power we are speaking of is emanated (*ne᾽eṣal*) . . . from the active intellect, in the view of the later philosophers,

rather, as it were, delegates responsibility for bringing forth living beings to the powers it instills in nature, those powers being in themselves capable of finishing the task. The second of Averroes' three positions on the generation of animate beings, the position set forth in the Commentary on the *De animalibus*, is read by Gersonides as an instance of the second alternative. There Averroes maintained that the soul-power in seed or in decaying matter brings living beings into existence; but soul-power is in turn engendered by a transcendent agent.[113] In Gersonides' words: "It appears from Averroes' statements that he understood the incorporeal agent to act through the intermediacy of a material form in the seed; Ibn Bājja, by contrast, apparently understood that the agent acts without an intermediary."[114]

Gersonides determines that the incorporeal agent responsible for the generation of organic beings acts without an intermediary, and he arrives at that finding through the indirect procedure of which he was so fond, through the elimination of the other alternative. He submits that if the incorporeal agent did act "through the intermediacy of a soul-power that it instills in seed, the seed would contain a higher nature than the nature present in what is generated from seed." For the nature of a thing is reflected in the "acts" that the thing performs; and what "seed effects" according to the hypothesis, namely, a living organism, is "infinitely more won-

---

or from the form emanated from the celestial body into the elements and penetrating them, in the view of Aristotle. The power emanated from the celestial body varies as the subject [receiving it] does. As a consequence, the power may take either the guise that gives the form appropriate to each species of homoeomeric [substance], the guise that has soul-power for giving the vegetative soul, . . . or the guise that has soul-power for giving the sensitive soul." Bodleian Library, Hebrew MS Opp. Add. 4° 38, pp.193b-194a; the texts in Paris, Bibliothèque Nationale, Hebrew MS 919, p. 72b, and in Berlin, Hebrew MS Or. Fol. 1055, p. 144b, do not differ essentially. The passage was called to my attention by Freudenthal, "Cosmogonie et physique chez Gersonide" (n. 52 above) 308.

Gersonides here apparently accepts the position that he rejects in *Milḥamot ha-Shem*, namely, the position that the active intellect works through the intermediacy of soul-powers and—where homoeomeric bodies are concerned—a lesser level of power. Unless the text is corrupt, his account of Aristotle's position also differs significantly from the account in *Milḥamot ha-Shem*.

113 Above, p. 224.

114 *Milḥamot* 5.3.3, p. 236. Although Themistius' Paraphrase of *Metaphysics* 12, would seem to offer another instance of the hypothesis that the incorporeal agent acts through an intermediary, Gersonides refrains from classifying Themistius' position in that way; see ibid. 5.3.3, p. 236.

drous than what is effected by the thing [i.e., by the organism] generated from seed."[115] But in fact, Gersonides contends, seed possesses an inferior nature: It is a potential organism, whereas the organism itself is actual; it is an inanimate, homoeomeric body, whereas the organism has a soul; and in the case of animals, at least, seed is not provided by nature with the wherewithal to maintain itself in existence for any length of time, in contrast to organisms, which are endowed by nature with effective means to maintain their existence. Since seed has a nature inferior to that of organisms, it cannot contain powers capable of producing what organisms themselves cannot produce; it cannot contain powers capable of producing organisms. The incorporeal agent therefore cannot have delegated the production of living beings to powers contained in seed. "The incorporeal agent produces living beings through the intermediacy of the physical heat in seed, without any other form in the seed to serve as an intermediary."[116]

Gersonides has thus, to his satisfaction, established an incorporeal agent that employs the physical heat in seed to produce all living beings found in the sublunar world. He does not make perfectly clear how far the incorporeal agent plays a role in respect to substances below the level of living beings.

Philosophers preceding him who recognized the active intellect as a cause of sublunar natural forms took differing stands regarding the range of forms produced by the active intellect. Alfarabi's *Risāla fī al-ʿAql* held that physical forces suffice to bring forth the four elements, and that natural forms are emanated from the active intellect only at some level above the elements. Averroes' Epitome of the *Parva naturalia*, which Gersonides took to reflect Aristotle's own position, stated that physical forces bring forth the four elements and homoeomeric bodies—natural compounds of the four elements—while the active intellect is the source of living forms. Avicenna traced the forms of the four elements, on the one hand, and living forms, on the other, to the active intellect, but he was vague about the forms of homoeomeric bodies. Maimonides maintained that "all" natural forms are emanated from the active intellect.

Gersonides, for his part, contends that at least some homoeomeric

---

[115] In his typical manner, Gersonides makes the point through a variety of considerations.

[116] *Milḥamot* 5.3.4, pp. 252-255.

bodies, as, for example, magnets, possess properties inexplicable solely by the mixture of the four elements, and those bodies must consequently owe their forms to an incorporeal agent.[117] He thereby extends the efficacy of the incorporeal agent beyond living nature. In another context, he refutes an argument that Averroes had recorded as possible grounds for the incorporeal agent's producing even the forms of the four elements. He counters that in the case of the "elements," a "material form generates a like material form," "fire" for example generating "fire," and an incorporeal agent hence need not be assumed.[118] Although Gersonides sometimes offers hypothetical arguments in polemic contexts, here he appears to be stating his own view. We also, however, find a statement to this effect: "Since all forms prime matter has the potentiality of receiving" are such that "one exists for the sake of another, and one is the perfection of another, it follows that the generation of all such forms must be attributed to the incorporeal agent."[119] The class of all forms that prime matter has the potentiality of receiving presumably includes the forms of the four elements. In a word, we can, with confidence, say only that Gersonides traces sublunar living forms to an incorporeal agent; that he traces to the incorporeal agent the forms of at least some homoeomeric inanimate bodies as well; and that his statements make it difficult to determine what role he assigned the active intellect in regard to the forms of the four elements.[120]

So far, Gersonides has spoken of an *incorporeal agent* without identifying it. He undertakes to prove, rather than simply assume, that the agent responsible for sublunar natural forms is none other the "active intellect whose existence is demonstrated in [Aristotle's] *De anima*," that is to say, the incorporeal cause of actual human

---

117 See above, n. 112.

118 *Milḥamot* 5.3.2, pp. 222-224; 3, pp. 228-229. The argument Gersonides refutes is discussed in Davidson, "Averroes on the Active Intellect as a Cause of Existence" (n. 40 above) 215.

119 Ibid. 4, p. 256.

120 In his Commentary on the Pentateuch (Venice 1547) p. 10bb, Gersonides writes that the "power" in prime matter and "the motion of the celestial bodies suffice" for the "generation" of "elemental forms and of the forms of homoeomeric bodies that are composed of [the elements]." (*Milḥamot* 6.2.8, p. 428, says something somewhat different.) The statement can be taken as meaning that the power in prime matter and the movements of the heavens suffice to prepare matter for the form it will receive from the active intellect.

thought. His reasoning goes: The "incorporeal agent" producing sublunar forms has "an intelligible thought of the pattern and order of [all] sublunar beings," not insofar as the agent "acquires [its] intelligible thought from the existence" of sublunar beings, but insofar as they "have acquired their existence from the intelligible order . . . in its mind." The knowledge "possessed by the agent" producing sublunar forms is precisely the "knowledge possessed by the active intellect," the cause of human intelligible thought. "For each of them [i.e., the agent producing sublunar forms, and the active intellect] has knowledge of the totality of intelligible thoughts [of the sublunar world] in the respect in which those thoughts are unified. Since "an intellect and the intelligible thought [it thinks] are identical," and since the two intellects, the incorporeal cause of sublunar forms, and the incorporeal cause of actual human thought, have the same intelligible thought, "it follows necessarily that the [two] intellects are identical."[121]

The agent producing sublunar forms, which may now be accorded the name *active intellect*, cannot be identical with the First Cause of the universe. The First Cause is responsible for the universe as a whole and has the entire plan of the universe as the object of its thought, whereas the active intellect is responsible solely for the sublunar world and has as object of its thought the plan of the sublunar world;[122] and things performing different functions and differing in the content of their thought are distinct.[123] Nor can the active intellect be any of the intelligences that move spheres. Scientific observation reveals, so Gersonides supposes, that each star's "emanation" makes its partial contribution to the economy of the sublunar world;[124] he infers that the intelligence moving the sphere in which a given star is embedded must be cognizant of the contribution made by its star, to the exclusion of the contributions made by other stars and to the exclusion even of the way the "rays (*niṣoṣ*)" of the several stars "blend together" to "prepare matter" for receiving forms; and he concludes that the active intellect, being cognizant of the entire pattern of sublunar existence, cannot be any of the movers of the

[121] *Milḥamot* 1.6, p. 43; 5.3.5, pp. 256-257.

[122] Below, §4, it will appear that the active intellect has some knowledge beyond its core knowledge of the sublunar world.

[123] *Milḥamot* 5.3.13, pp. 287, 289.

[124] Ibid. 5.3.8, p. 270.

spheres. If the active intellect is neither the First Cause of the universe nor one of the intelligences governing spheres, a single possibility remains. The active intellect must be what it was described as in the previous section, a substance consisting in "a conception emanating from all the incorporeal intelligences [acting] together."[125]

The question of the manner in which the active intellect produces forms remains.

The Arabic Aristotelians who held that the active intellect is responsible for natural forms in the sublunar world, understood the active intellect to *emanate* those forms upon properly prepared portions of matter. Emanation by an incorporeal being is not the most transparent of philosophic notions, but in the case of the emanation of natural forms, modern life helps with an apt analogy. Philosophers espousing the emanation of forms by the active intellect viewed the active intellect as what we may think of as a cosmic transmitter. The active intellect continually broadcasts an undifferentiated band of signals, and whenever a portion of sublunar matter becomes attuned for a given signal, for a given form, the matter automatically selects the appropriate form out of the ever-present transmission, or emanation, broadcast by the active intellect. Gersonides endorses the designation "giver of forms" for the active intellect,[126] and *giver of forms* was precisely the term Avicenna had applied to the active intellect when taken as the emanating source of sublunar natural forms.[127] In several passages, Gersonides speaks, moreover, of the "emanation" of the sublunar world from a higher realm,[128] although the force of the passages is diffused by the circumstance that he employs his more frequent term for emanation—*sh-f-ᶜ*[129]—loosely, describing not only noncorporeal, but also corporeal agents as emanating their products.[130]

---

125 Ibid. 5.3.13, p. 288.

126 Ibid. 1.6, p. 43.

127 Davidson, "Alfarabi and Avicenna on the Active Intellect," (n. 9 above) 156.

128 Ibid. 2.6, p. 106: "the particular[ized] existence [of the sublunar world] is emanated from the general pattern [in the mind of the active intellect]"; 2.6, p. 108: "the celestial bodies and the active intellect . . . emanate the sublunar world"; 5.3.13, p. 289: "through the intermediacy [of the active intellect], material [sublunar] forms are emanated [from the First Cause]."

129 The other, less frequent term for emanation in Gersonides is *e-ṣ-l*.

130 *Milḥamot* 1.6, p. 41, and 5.2.4, p. 198 (emanation from the stars); ibid.,

Despite the language suggesting that Gersonides accepted the emanationist model, there are grounds for interpreting him differently.

(a) When reviewing his predecessors' positions on the active intellect's role in sublunar existence, he does not use the term emanation. And although he does speak of an emanation of the sublunar world, and at least once refers to the emanation of material forms,[131] he also on one occasion seems deliberately to avoid such language. The pertinent passage contrasts the hypothesis according to which the active intellect acts through an intermediary, and the hypothesis according to which it does not. Gersonides writes: The incorporeal agent responsible for the "generation" of sublunar living beings performs its task "either inasmuch as a soul-power emanates from it into the seed, the generation [of the living object] being accomplished by that power, or else inasmuch as the incorporeal [agent] effects the generation [of the living object] with no intermediary, other than the physical heat in what undergoes generation."[132] The former alternative characterizes soul-power as emanated from the active intellect, but does not contemplate an emanation of natural forms, since soul-power operating within matter is what fashions the form. The latter alternative, the one Gersonides accepts, conspicuously drops the term emanation.

(b) Gersonides, as will appear, writes that the active intellect not only produces forms in properly prepared sublunar matter, but also brings about events in the sublunar world.[133] There were philosophic precedents for the emanation of sublunar forms, but none for the emanation of events; and it is hard to conceive how an event might be emanated.

(c) Gersonides endorses the argument in which Themistius concluded that the incorporeal agent producing sublunar animate beings does its work by implanting "relationships and forms"—or,

---

introduction, p. 5, 1.6, p. 108, and Commentary on Canticles, in Commentary on the Five Scrolls (Koenigsberg 1860) 15bb (emanation of knowledge or perfection from one man to another); *Milḥamot* 5.3.4, p. 256 (emanation from the nutritive power of the soul); Introduction to Commentary on Canticles, ed. M. Kellner, *Daᶜat* 23 (1989) 24 (emanation from the imaginative faculty of the soul, and from a female through her milk).

[131] Above, n. 128.

[132] Ibid. 5.3.3, p. 229. On p. 236, the term emanation is again used in presenting the first alternative, but in that passage, the other alternative is not spelled out.

[133] Below §5.

as Gersonides also calls them, "powers"—in sublunar matter. Those powers, operating within matter, are what bring forth a living being whenever they encounter matter that is properly prepared.[134] Here, clearly, no direct emanation of sublunar forms from the active intellect is contemplated.

(d) Averroes' later works had refuted the emanation of forms from the active intellect with the aid of a premise affirming that a single object coming into existence has a single agent. Averroes reasoned: If by blending matter, natural forces fashioned the substratum of a natural object coming into existence, and the active intellect then emanated the form, objects consisting of matter and form would have two agents, which, by the premise, is impossible.[135] Gersonides concurs in Averroes' premise, and he deploys it himself when separating the good arguments advanced by his predecessors, from the bad.[136] But Gersonides insists that Averroes' refutation does not touch his position. For "if all generation proceeds from the incorporeal agent through the intermediacy of physical heat in the thing coming into existence [as Gersonides maintains], or if [as the alternative hypothesis maintained] generation occurs through the intermediacy of soul-power [instilled in matter] . . . the impossibility does not follow."[137] Gersonides apparently is saying that on the former alternative, the active intellect manipulates the physical heat in seed and thereby fashions both the substratum and form of what it brings into existence, much as the active intellect, acting through the soul-power it instills in matter, fashions both substratum and form, on the latter alternative. No emanation of forms from the active intellect enters the picture.

(e) Gersonides invariably formulates his own position as the theory that the active intellect acts through the physical heat found in seed or, where beings do not reproduce sexually, in a surrogate of seed. Now, if matter were prepared for a form by the forces of nature and a form was thereupon emanated by the active intellect, it is hard to see what function physical heat serves. Gersonides further writes that the "incorporeal" agent, or active intellect, "cleaves to seed in

---

134 Above, n. 67.
135 Above, n. 89.
136 *Milḥamot* 5.3.2, p. 226; 5.3.4, pp. 253, 254-255.
137 Ibid. 5.3.3, p. 237; similarly on p. 229.

a nonessential fashion.''[138] When the active intellect ''joins'' with the natural heat in seed, natural heat becomes a ''formative power,[139] which forms the organs and creates them in a wondrously wise fashion that human minds fall short of fully comprehending.''[140] Again: The active intellect ''itself, in wondrous fashion, [acting] through the intermediacy of the physical heat in the seed, moves the matter undergoing the process of generation.''[141]

Apparently, Gersonides understood that the active intellect produces the forms of natural objects, not by emanating them, but in another way. The active intellect attaches itself to matter in an unessential manner. Rays descending from the stars blend matter, preparing it for a form;[142] and they also help instill physical heat in seed[143] and in the ''decayed matter,'' which serves as a surrogate of seed in the case of spontaneously generated beings.[144] The active intellect thereupon somehow employs the physical heat in seed or in the surrogate of seed as a tool, to mold blended matter into the substratum of a living being and, at the same time, to fashion a living form for the substratum.

The active intellect can accomplish its task thanks to its comprehensive conception of the sublunar world. It is not, however, cognizant of the individual objects it brings into existence. Even though the active intellect's ''action attaches itself to everything properly disposed for receiving its desire (*riṣṣuy*),'' the active intellect ''does not know the particular.''[145]

Résumé. Gersonides deploys two arguments he found in others and a third argument of his own, which is an expansion of one of the other two, to establish an incorporeal cause of sublunar living beings. He contends that the incorporeal agent is also responsible for the forms of at least some homoeomeric bodies; he does not, however, give a consistent account of the active intellect's role in the appearance of the four elements. He, further, is not satisified merely

---

138 Ibid. 5.3.4, p. 249.
139 See above, n. 91.
140 *Milḥamot* 1.6, p. 41.
141 Ibid. 5.3.4, p. 252.
142 N. 125 above; *Milḥamot* 1.7, p. 50.
143 Ibid. 1.6, p. 41; 5.3.4, p. 253.
144 Ibid. 5.3.4, p. 254.
145 Ibid., p. 256.

to assume, but undertakes to prove, that the incorporeal agent producing sublunar forms is identical with the active intellect, the cause of actual human thought. And he undertakes to prove as well that the agent, or active intellect, ranks beneath, and is emanated by, the incorporeal movers of the spheres. With the aid of a battery of arguments, all apparently original with him, he establishes that the active intellect acts through no intermediary except for the physical heat found in seed. If my interpretation is correct, the most original feature in his conception is the manner by which the active intellect produces sublunar natural forms. The active intellect does not emanate forms directly from itself, but brings them forth by somehow manipulating properly disposed matter through physical heat, which is present in matter and serves as the active intellect's tool.

4. The Active Intellect as the Cause of Actual Human Thought

After the transcendent active intellect, in its role as the agent producing sublunar natural forms, brings forth a human body and soul together with a material intellect, the active intellect in its original Aristotelian role as the agent making all thoughts, leads the material human intellect from potentiality to actuality. An active intellect that leads the material intellect to actuality must be posited, Gersonides submits, because of a principle the "truth" of which "has been established . . . in the sciences of physics and metaphysics." The principle, which was met earlier in arguments for an incorporeal cause of sublunar existence,[146] affirms: Whatever "passes from potentiality to actuality is led to actuality by something that, in a sense, already actually has what the being undergoing the transition has potentially."[147] Since the material human intellect passes from the state of having thoughts potentially to the state of having them actually, an active intellect actually in possession of the same thoughts must effect the transition from the one state to the other.

The active intellect, as cause of the formal side of the sublunar world, has the pattern of the sublunar world for its object of thought. Knowledge of sublunar nature is therefore what the active intellect can most obviously produce in man. Man, however, acquires prac-

---

146 Above, n. 83.

147 *Milḥamot* 1.6, p. 36. Cf. Aristotle, *Metaphysics* 9.8.1049b, 24-25.

tical as well as theoretical knowledge, mathematical knowledge as well as knowledge of physical science, and knowledge of the celestial spheres and the incorporeal beings beyond the spheres, as well as knowledge of the sublunar region. The active intellect, as the agent producing intelligible thought in man, must produce those other sorts of knowledge, and it must itself possess in actuality what it produces. Gersonides undertakes to show how the active intellect's knowledge can extend from the pattern of sublunar existence, which constitutes the core of its thought, into the other areas.

He reasons that the active intellect must have "knowledge of the practical arts"; for the active intellect endows man with the organs man needs for attaining perfection, and the practical arts consist in rules by which the human organs and limbs act to achieve their goals. The active intellect must have arithmetical and geometric knowledge, since such knowledge is presupposed in the structure of plants and animals. It must have "knowledge, in some sense, of the celestial bodies," inasmuch as it knows "what proceeds from them to the sublunar world." And it must have "some knowledge" of the "[incorporeal] movers of the celestial bodies, and of the First Cause." For the incorporeal movers and the First Cause are a "cause," of which the active intellect is the "effect." "Effect and cause are correlatives, and correlatives are covered by a single [act of] knowledge." It follows that "when the effect knows its own essence perfectly," it "must have some knowledge of its cause."[148] The various types of knowledge possessed by the active intellect integrate themselves into a single, all-encompassing concept.[149]

As for the manner by which the active intellect leads the human material intellect to actuality, the Arabic Aristotelians provided two models. Alfarabi, employing an analogy that goes back to a remark of Aristotle's,[150] portrayed the active intellect as emitting a kind of light, which affects both images in the imaginative faculty and the material human intellect itself. By illumining the images and the material intellect, the analogue of light renders both of them actual, and the material intellect is able to discern intelligible thoughts—basic principles of thought according to some of Alfarabi's writings, and concepts according to another—which are latent in the

---

148 Ibid. 1.7, pp. 49-51.
149 Below, n. 165.
150 Aristotle, *De anima* 3.5.430a, 15.

images.[151] Averroes understood the active intellect's role in human thought similarly, although he credited the active intellect, not an emission from it, with performing the illumination.[152] Avicenna, by contrast, explained that images in the imaginative faculty merely prepare the human intellect for receiving intelligible thoughts, whereas the thoughts themselves—which include abstract concepts of all natural objects and at least some propositions—are emanated directly by the active intellect upon properly disposed human intellects.[153] Maimonides, without going into details, wrote explicitly that human intelligible thoughts are emanated directly from the active intellect.[154]

Gersonides, we saw, was acquainted with Alfarabi's *Risāla fī al-ᶜAql*, and the *Risāla* is one of the works where Alfarabi employed the analogy of light to explain the active intellect's role in human thought. He also was acquainted with, and even wrote commentaries on, two of the works in which Averroes explained actual human intelligible thought with the aid of the analogy of light. Whatever Gersonides knew about Avicenna was, however, mediated through Averroes, and Averroes made no reference to Avicenna's theory of a direct emanation of human thought. Gersonides' dependence on Averroes misled him so badly that he at one point refutes a purported statement of Avicenna's regarding the character of actual human thought, when Avicenna in fact held precisely the view that he himself adopts.[155] The passages where Maimonides

---

151 Alfarabi, *Al-Madīna al-Fāḍila* (n. 8 above) 200-203; *Risāla fī al-ᶜAql* (n. 8 above) 25-27; English translation 218-219.

152 Middle Commentary on the *De anima* (n. 27 above), Arabic text 146b; Hebrew translation 221a-b; Averroes, *Drei Abhandlungen* (n. 21 above) Hebrew text 3, 12; German translation 3, 51-52; Averroes, *Commentarium magnum in Aristotelis de Anima libros*, ed. F. Crawford (Cambridge 1953) 410-411, 439.

153 Davidson, "Alfarabi and Avicenna on the Active Intellect," (n. 9 above) 161-165.

154 Maimonides, *Guide* 2.4, 37.

155 *Milḥamot* 1.8, p. 52: "Ibn Sina . . . maintained that . . . [human] intelligible thoughts are not subject to generation and destruction, and . . . that the material [human] intellect is not subject to generation and destruction." Gersonides is relying on Averroes, Epitome of *De anima* (n. 17 above) 83-84. Averroes, however, either drew an implication from what Avicenna actually said, or was himself misinformed about Avicenna's views; he appears to have had few if any of Avicenna's works. Gersonides refutes the first proposition that he ascribes to Avicenna in his discussion of the nature of the material intellect (see above §1), and in *Milḥamot* 1.10, p. 74. He refutes the second proposition in *Milḥamot* 1.10, pp. 79-80. Avicenna in fact held that: (a) the human soul, containing a material intellect, is an incor-

spoke of an emanation of human thought directly from the active intellect should have been known to Gersonides, but since he never expressly mentions Maimonides when discussing intellect, we cannot be sure how he read those passages. A modern scholar, who had access to Avicenna's theory of a direct emanation of human intelligible thought from the active intellect, has interpreted away Maimonides' explicit endorsement of the theory.[156] It is conceivable that Gersonides, who lacked access to Avicenna's theory, did the same, and hence conceivable that he was not at all cognizant of the emanationist model for explaining actual human thought.

In the dialectical give and take regarding the active intellect's role in human thought, Gersonides examines the possibility that the active intellect produces actual human thought by functioning as a kind of light. If the active intellect produced actual human thought in that fashion, he reasons, it must "either impart something [literally: a nature] to the material intellect which enables the latter to grasp the universal nature in the form [that is present] within the imaginative faculty, or something [literally: a nature] to the form within the imaginative faculty which makes the universal nature in the image intelligible."[157] Gersonides thereupon advances arguments against both alternatives. His stated aim is not to rule out the light analogy as such, but to refute the narrower and more specific proposition that the active intellect produces human thought by acting as an analogue of light without knowing the thoughts it renders actual, just as light does not see the colors it renders visible. The burden of his arguments is that no conceivable characteristic could, when imparted by the active intellect to the material intellect, give it the ability to discern universals, or, when imparted by the active intellect to images in the imaginative faculty, make their universal aspect stand out and become perceptible to the material intellect.[158] The arguments seem to refute not just the specific proposition against which they are directed, but the light analogy in general, whether or not

---

poreal substance that comes into existence and then is not subject to destruction; and (b) actual human thought comes into existence and then also is not subject to destruction. See Davidson, "Alfarabi and Avicenna on the Active Intellect" (n. 9 above) 161, 171-172. Gersonides' view was precisely that actual human thought comes into existence, but then is not subject to destruction.

156 Altmann (n. 12 above) 81-83.

157 *Milḥamot* 1.6, p. 38.

158 Ibid., pp. 38-40.

the active intellect is assumed to know the thoughts it renders actual; and Gersonides never so much as hints that the analogy might be valid should the active intellect be construed as operating like light, or like a source of light, and as at the same time comprehending what it makes knowable to man. We can safely say that he wholly rejects the model according to which the active intellect produces actual human thought by operating like light, or by casting an analogue of light, and thereby illumining either the human material intellect or images in the imaginative faculty of the soul.

Gersonides does sometimes employ language that fits the emanationist model. He speaks of "the emanation (*hashpaᶜa*) from the active intellect to the material intellect."[159] He writes that "the material intellect ... receive[s] the emanation (*shefaᶜ*) of the active intellect" with the aid of "sense perception."[160] And again: "Even though we grasp intelligible thoughts through the intermediacy of sense perception, ... that would be insufficient for acquiring the thoughts, unless we also had the help of an emanation from God through the intermediacy of the active intellect."[161] The statements can be read as a reflection of Avicenna's theory that sense perceptions, refined by the imaginative faculty, prepare the material intellect for an intelligible thought, whereupon the thought is crystallized out of the active intellect's emanation. Human "eudaemonia," Gersonides further writes, consists in the possession of an "emanated (*neʾeṣal*), acquired intellect."[162]

He moreover describes human "knowledge" as having as its object "something permanent, subsisting outside the [human] mind, namely, the pattern in the mind of the active intellect."[163] The dichotomy of "concept" and "proposition"[164] helps him elabo-

---

159 Ibid. 1.7, p. 48.

160 Ibid., p. 51.

161 Commentary on Pentateuch (n. 120 above) 182aa. The language echoes Maimonides, *Guide* 2.36 (beginning). Other instances: Commentary on Canticles (n. 130 above) 7ab,15a-b.

162 Commentary on Canticles 5bb. The expression "emanated acquired intellect" comes from Ibn Tibbon's translation of Maimonides, *Guide* 1.72. See Ibn Tibbon's glossary of philosophic terms, published in standard editions of the *Guide*, s.v. *sekel*.

163 1.6, p. 47.

164 Ibid. 1.10, pp. 63, 68. See H. Wolfson, "The Terms *Taṣawwur* and *Taṣdīq* in Arabic Philosophy," reprinted in his *Studies* (n. 14 above) 478-492. Precisely what Gersonides means by a concept and a proposition is a thorny question. See J. Guttmann, "Levi ben Gersons Theorie des Begriffs," *Festschrift zum 75 jaehrigen*

rate. A human "concept," he asserts, does not "refer to anything existing outside the mind, . . . but is knowledge of the very pattern in the mind of the active intellect; a proposition, by contrast, does refer to things existing outside the mind." As a consequence, what the human intellect receives from the active intellect is not propositions. It is "exclusively a concept, with no reference to any individual thing outside the mind."[165] Since, in Gersonides' view, the pattern in the active intellect is the true object of human conceptual knowledge, one might suppose his meaning to be that conceptual knowledge is transmitted directly from the active intellect to the human intellect.

But Gersonides also makes statements in other veins. He speaks of the acquisition of concepts through a process of abstraction. "The intelligible form is present potentially in the forms [i.e., in percepts] belonging to the lower faculties of the soul." As percepts ascend from one faculty of the soul to the next, they undergo successive degrees of refinement; and when "material attributes" are finally "abstracted from the form in the imaginative faculty, . . . that very form becomes universal" and intelligible.[166] As for the identity of the agent performing the abstraction, Gersonides credits both the human intellect and the active intellect. On the one hand: "Forms in the imaginative faculty are, in potentiality, the intelligible thoughts that the [human] intellect comprehends. The intellect [i.e., the human intellect] abstracts from them [i.e., from the forms in the imaginative faculty] the material attributes that make them [i.e., the forms in the imagination] particular."[167] By stripping away the material aspect of images present in the imaginative faculty, the human intellect removes the images' particularity, and images, which were potentially intelligible, become so actually. On the other hand, Gersonides characterizes the incorporeal cause of human thought as "a mover, . . . that abstracts . . . the universal natures found in forms in the imaginative faculty, from the material attributes that are intertwined with them [i.e., with the universal natures]."[168]

Bestehen des Juedisch-Theologischen Seminars (Breslau 1929) 2.131-149; Hebrew translation in his *Dat u-Madda*ᶜ (Jersualem, 1956); Touati (n. 21 above) 413-423.

[165] Ibid. 1.11, p. 82.

[166] Introduction to Commentary on Canticles (n. 130 above) 19.

[167] Commentary on Canticles (n. 130 above) 10ba.

[168] *Milḥamot* 1.6, p. 46.

Here the active intellect does the abstracting. It abstracts the universal from the material attributes by which the universal is obscured.

And then we soon find that statements about thoughts' being abstracted from images in the imaginative faculty are not meant literally. "The active intellect," Gersonides tells us, "plainly does not effectuate any operation on the form in the imaginative faculty. That is to say, the form in the imaginative faculty is not affected by the active intellect in such a manner that it undergoes change and becomes intelligible after being imaginative. The imaginative form remains as it was. Rather, the active intellect acts upon the material intellect and renders it actually *intelligens* after having been potentially so .... In a word, the active intellect does not render the form in the imaginative faculty actually intelligible, after its having been potentially intelligible, except perhaps in an accidental sense—that is to say, inasmuch as the active intellect renders the material intellect able actually to think the form intelligibly, after having done so potentially."[169] "The form in the imaginative faculty does not by any means become intelligible .... What is thought [by the human intellect] is the pattern behind the image, in the mind of the active intellect."[170] If the image in the imaginative faculty undergoes no change and is not itself transformed into an intelligible thought, no genuine abstraction takes place.

There are still other statements: "The existence of what is perceptible [in the external world] comes about through the existence of the intelligible thought in the mind of the active intellect." Perceptible objects, which derived their existence from the intelligible pattern in the active intellect, accordingly serve as the "cause of intelligible thoughts' making their appearance (*ḥiddush*) in man," although not as the cause of the "very existence" of human thought.[171] "The essential cause of the existence of the human acquired intellect [that is, of actual human thought] is the intelligible pattern in the mind of the active intellect; . . . sense perceptions are the cause of the existence of the [human] acquired intellect accidentally, not essentially." "Let us suppose that someone invented a new instrument, that someone else saw it and from his perception of it comprehended the pattern in the mind of the inventor, where-

---

169 Ibid. 1.10, p. 76.
170 Ibid., p. 77.
171 Ibid., p. 73.

upon the instrument ceased to exist .... The instrument would be the cause of the acquisition of the knowledge, but not of the existence of the intelligible pattern of the instrument [in the mind of the observer].''[172]

The last quoted passage plainly contemplates the following parallelism: The pattern in the mind of the inventor corresponds to the intelligible pattern in the active intellect; the instrument that is invented corresponds to the physical world, which in its formal side is brought into existence by the active intellect; the concept acquired by the observer corresponds to the intelligible thought acquired by man; and just as the true cause of the existence of the concept in the mind of the observer is the pattern in the mind of the inventor, so the true cause of acquired human thought is the intelligible pattern in the active intellect. If the analogy can now be pursued a step further, the result will be that human thoughts are not emanated directly from the active intellect; for in the analogy, the observer acquires his knowledge through the physical object in the external world and not directly from the inventor. The analogy does, however, break down at one point. Apart from constructing the implement, the inventor does nothing to create a concept of his invention in the mind of the observer, whereas, Gersonides has insisted in various ways, the active intellect participates in the process whereby man acquires thought.

Two further statements perhaps hold the key to the puzzle. Gersonides writes: ''The form in the imaginative faculty does not move the material intellect; rather, the active intellect moves the material intellect through the intermediacy of the form in the imaginative faculty.''[173] ''The active intellect gives the intelligible thought [to the human intellect], as explained in the *De anima*, and the sense organ serves as the active intellect's tool.''[174]

And there is yet one more consideration. As will appear presently, Gersonides distinguishes the prophet from the philosopher, maintains that a man must already be a philosopher before becoming a prophet, recognizes the possibility of a prophet's occasionally adding to his corpus of theoretical knowledge through the prophetic

---

172 Ibid. 1.11, p. 83. The purpose of the analogy is to show that when human sense perceptions perish, the thoughts acquired with their help need not perish.

173 Ibid. 1.10, p. 77.

174 Ibid. 5.3.4, p. 254.

process, and apparently construes prophecy as a direct, emanated communication from the active intellect. If the direct emanation of the active intellect when received by the human intellect gives rise to prophetic theoretical thought, ordinary theoretical thought, which is something different, is presumably not produced by the same emanation received by the same faculty.

Gersonides, in sum, speaks of an emanation that originates in God and passes through the active intellect to the human intellect. He states that human concepts are knowledge of the intelligible pattern in the active intellect. He also, however, describes intelligible thoughts as abstractions from images in the imaginative faculty and he credits the active intellect as well as the human intellect with the act of abstraction; whereupon he turns around and insists, on the contrary, that no genuine abstraction takes place, after all. His analogy of the inventor would, if pressed, indicate that thought does not come directly from the active intellect. Finally, he writes that the active intellect employs forms in the imaginative faculty as a tool to move the material intellect and give the material intellect an intelligible thought.

Gersonides expended so much ink on each of the subjects he treated that it is annoying when he leaves us in the dark regarding his own views. In the present instance, we can safely say that he rejected the model according to which the active intellect produces thought by illuminating either the material intellect or images in the imaginative faculty. He did not, moreover, believe that human intelligible thoughts are genuinely abstracted from the images. Two possibilities remain. He may have understood that an intelligible thought crystallizes out of an emanation from the active intellect when sense perceptions, refined through the imaginative faculty, prepare the human material intellect for the thought. The passages about abstraction could then allude to the process whereby the material intellect is prepared for the emanation; but the analogy of the inventor, the statement to the effect that the active intellect, not the human intellect, performs the abstraction, and his account of prophecy would all remain recalcitrant. Alternatively—and, I think, much more likely—he understood that the active intellect, employing images in the imaginative faculty as its tool, in some unexplained way engenders a thought in the material intellect, much as the active intellect, employing the physical heat in seed as its tool, in some unexplained way engenders natural forms in sublunar matter. The emanationist language would, on this interpretation, have to be taken loosely. And the statement about the active intellect's abstracting concepts from images, which is subsequently corrected to the active intellect's rendering the material intellect able to think, would refer to the active intellect's employing images as its tool.

The actual human thought acquired by man from the active intellect is, we have seen, conceptual and consists in knowledge of the intelligible pattern embodied in the active intellect. Gersonides terms conceptual human thought of the pattern in the active intellect: "acquired intellect."[175] Since actual thought implies a thinking subject, acquired intellect will be actual conceptual thought insofar as a human intellect thinks it. Human acquired intellect, Gersonides maintains, survives the death of the body and is the sole immortal aspect in man.

Averroes reported that a lost work of Alfarabi's had rejected the immortality of the human intellect because of the Aristotelian rule that "the generated-destructible cannot become eternal."[176] Since both the potential and actual human intellects come into existence, they must—so Averroes reported the lost work of Alfarabi's to have reasoned—be subject to destruction. Gersonides considers that argument to be the most serious of all challenges to the doctrine of human immortality, and he answers it as follows: The intelligible pattern in the active intellect is pure incorporeal "intellect." Human acquired intellect, that is to say, actual human thought acquired with the active intellect's assistance and having a human intellect as its subject, is "knowledge of the very pattern (*siddur*) in the mind of the active intellect." Therefore it too is incorporeal intellect. The factor in objects which brings about their destruction is, however, "matter," and as a consequence "the nonmaterial does not contain causes [entailing] destruction." Since human acquired intellect is pure intellect and hence incorporeal, it is free of what entails the destruction of things. Being free of what entails destruction, it survives forever.[177]

---

[175] Ibid. 1.11, p. 82. For the term in Alfarabi and Avicenna, see, Davidson, "Alfarabi and Avicenna on the Active Intellect" (n. 9 above) 141 and 160. For the term in Maimonides, see n. 162 above. Gersonides' usage is closest to Avicenna's.

[176] Averroes, *Drei Abhandlungen* (n. 21 above), Hebrew section 7-8, 13; German translation 27-28, 54. See Aristotle, *De caelo* 1.12.

[177] *Milḥamot* 1.11, p. 82.

Gersonides adds: Each human acquired intellect in its disembodied condition remains distinct from other acquired intellects, because each man possesses a store of thoughts which differs in scope and content from the store of thoughts possessed by others. Each acquired intellect has an internal unity; for human thoughts organize themselves into a hierarchical system, resembling, although inevitably falling short of, the integrated thought in the active intellect. Immortal acquired intellects are thus distinct entities. The nonintellectual personality of a human soul obviously will not survive the death of the body, since it has a material streak, but that is a gain; for nothing can any longer distract the human intellect from attending to all the thoughts it acquired during the lifetime of the body. The sole misfortune in the body's demise is that the cognitive faculties of the soul are indispensable for acquiring thoughts, and once they perish, the human store of thoughts cannot be increased and remains frozen forever.

Every human acquired intellect contemplates itself for all eternity; in other words, the thinking aspect of the acquired intellect contemplates the corpus of thought that the man acquired during his body's lifetime. The more numerous and noble the thoughts, and the more complete their unity—which is tantamount to saying: the "closer" a man's corpus of thoughts approaches "the unity of intelligible thoughts in the mind of the active intellect"—the greater is the pleasure accruing to the individual acquired intellect in its immortal condition.[178]

Alfarabi, in his preserved works, as well as Avicenna had held that, as a consequence of attaining the highest possible stage of development, the human intellect enters into a state of *conjunction* (*ittiṣāl*; Hebrew: *debequt*) with the active intellect, and then has the active intellect itself as the object of its thought.[179] Both insisted that in the state of conjunction with the active intellect, the human intellect does not become one with the active intellect, but remains distinct.[180] Averroes, for his part, also defended the possibility of conjunction with the active intellect, and two of his works, on both of which Gersonides composed commentaries, argued that in the state of conjunction with the active intellect, the human intellect and

---

178 Ibid. 1.13, pp. 89-90.

179 Davidson, "Alfarabi and Avicenna on the Active Intellect," (n. 9 above) 142, 151-152, 173.

180 Ibid. 142, 170-171.

the active intellect do become one. Averroes' reasoning was that the human intellect can, in principle, have the active intellect as the object of its thought; that intellect, as Aristotle showed, is identical with the thought it thinks; that human intellects with the active intellect as object of their thought hence become identical with the active intellect. Conjunction with the active intellect was Averroes' version of immortality.[181]

Gersonides rejects the possibility of man's having the active intellect as an object of thought. In order to have the active intellect as an object of thought, the human intellect would need to know everything the active intellect knows, and its thought would need to be integrated to the same degree that the active intellect's thought is. But, Gersonides argues, no human intellect can ever "know all the intelligible thoughts" that the active intellect knows, since no human intellect can master every detail of every science. Nor can any human intellect "know the hierarchical order of intelligible thoughts and the respect in which they are one." That is to say, no human intellect can ever comprehend the manner in which every object in the sublunar world fits into a single unified natural hierarchy, and therefore no human corpus of thought can ever organize itself in a totally integrated conceptual hierarchy. Since human intellects cannot achieve the exact thought content of the active intellect, they cannot have the active intellect as an object of thought.[182] Gersonides, nonetheless, does permit himself to exhort readers to seek "union" and "conjunction (*debequt*)" with God and the active intellect, in the general sense of attaining a high degree of intellectual perfection.[183]

5. Prophecy

The Arabic Aristotelians recognized various prophetic phenomena and explained them as the consequence of emanations received by man from the supernal realm. The thesis that prophetic knowledge is brought about by a direct emanation from above was

[181] *Drei Abhandlungen* (n. 21 above), Hebrew text 7-8, 10-11; German translation 31-36, 48-51.

[182] *Milḥamot* 1.12, pp. 85-86, 88; S. Feldman, "Gersonides on the Possibility of Conjunction with the Active Intellect," *AJS Review* 3 (1978) 117-118.

[183] Ibid. 1.12, p. 88 (end); 4.4, p. 165; Commentary on Canticles (n. 130 above) 7ab.

not bound logically to the thesis that ordinary human thought is; and thus Alfarabi, although he did not construe the active intellect as a direct source of human intellectual thought, was able to take the active intellect as the direct source of prophecy. He maintained that an emanation from the active intellect can affect the human imaginative faculty and "give" the imaginative faculty two types of prophetic knowledge: knowledge of future events or present events occurring at a distance; and a figurative depiction of theoretical truths.[184]

Alfarabi countenanced no role for prophecy in the acquisition of theoretical truths themselves, as distinct from the framing of a figurative depiction of them; but Avicenna expanded upon what he read in Alfarabi and ascribed to prophecy just that function. As seen earlier, Avicenna traced ordinary human intelligible thought to an emanation from the active intellect. Certain human intellects, he went on, possess a quality called "insight," which is the ability to receive the active intellect's emanation effortlessly. The emanation from the active intellect brings those gifted intellects instantaneous scientific knowledge, that is, knowledge both of the conclusions of a scientific syllogism, and of the syllogism itself. Effortless scientific knowledge received by the human intellect from the active intellect is, in Avicenna's words, the "highest" grade of prophecy. Avicenna agreed with Alfarabi that prophecy can also provide foreknowledge of the future and a figurative depiction of theoretical truths, that knowledge of the future as well as a figurative depiction of theoretical truths result from an emanation received by the human imaginative faculty, and that the source of the inspired depiction of theoretical truths is the active intellect. He seems, however, to have departed from Alfarabi regarding the supernal source of the foreknowledge of future events. Predictions of the future are, he suggested, due to an emanation upon the imaginative faculty coming from the souls of the celestial spheres, rather than from the active intellect. His rationale was that while the active intellect has "universal" knowledge, the souls of the spheres have "particular" knowledge, and knowledge of sublunar events is obviously particular.[185]

---

184 Davidson, "Alfarabi and Avicenna on the Active Intellect," (n. 9 above) 145-147.

185 Ibid. 176-177. Avicenna distinguished two human imaginative faculties, and the one operative in prophecy is the "compositive" imagination (*mutakhayyila*).

Maimonides' theory of prophecy was a variant of Avicenna's. Maimonides wrote: True prophecy occurs, in the view of the philosophers, only when a fully developed rational faculty and perfectly constituted imaginative faculty are joined in a single human subject and together receive the emanation of the active intellect.[186] With the help of "insight," the prophet channels the emanation of the active intellect through his rational faculty to his imaginative faculty and thereby attains: knowledge of the future, a figurative depiction of theoretical truths, and certain theoretical truths that lie beyond the powers of ordinary men.[187] What Maimondes understands to be the philosophic view of prophecy is accepted by him with two theological reservations: the proviso that God can cast a veto on the natural process and prevent someone who is fully qualified from becoming a prophet;[188] and the proviso that the philosophic definition of prophecy, even with the addition of the first proviso, does not cover the prophecy of the biblical Moses.[189] Like Alfarabi and Avicenna, Maimonides further recognized an effect produced by the emanation of the active intellect upon the imaginative faculty of men of undeveloped intellect. He refused, however, to dignify an emanation received by the imaginative faculty of uneducated men with the title of *prophecy*. The emanation of the active intellect upon the imagination of men of undeveloped intellect gives rise, in his vocabulary, to the "statesman," the "lawgiver," the "clairvoyant (*kāhin*; Hebrew: *qosem*)," the "augur," or the "man of true dreams [regarding the future]."[190]

Gersonides refers to none of the foregoing, although he presumably read Maimonides. The only account of prophetic phenomena which he cites is that found in Averroes' Epitome of Aristotle's *Parva naturalia*.

"The common people," Averroes wrote in the Epitome of the *Parva naturalia*, "believe" that "[true] dream," "clairvoyance (*kahāna*; Hebrew: *qesem*)," and what the Arabic text called "revelation (*waḥy*)," but what the medieval Hebrew translation rendered as

---

[186] *Guide* 2.37. The reception of the active intellect's emanation in the human rational faculty alone gives rise to ordinary intelligible thought. Maimonides, like Alfarabi, does not distinguish two imaginative faculties.

[187] *Guide* 2.36; 38.

[188] Ibid. 2.32.

[189] Ibid. 2.32; 35.

[190] Ibid. 2.37.

''prophecy (*nebuʿa*),'' are distinct and separate phenomena having different causes[191] and different functions. True dream and clairvoyance, by popular belief, provide knowledge ''only'' regarding ''transient matters,'' while revelation—or, according to the Hebrew, prophecy—provides knowledge ''only'' of ''scientific matters such as . . . the essence of [human] eudaemonia'' and the way ''eudaemonia is achieved.''[192] Averroes rejected the supposition, ascribed by him to the common people, that the three phenomena are distinct. They are, he asserted, essentially a single phenomenon, produced by a single ''incorporeal'' intellect, which will turn out to be the active intellect. The three terms—true dream, clairvoyance, and revelation—can legitimately denote ''merely'' differences of ''degree.''[193] When the appropriate faculty of the human soul receives the everpresent action of the active intellect with higher than ordinary intensity, the effect is no longer called *true dream* but is renamed *clairvoyance*. When the effect is still more intense, a still more flattering term is introduced and the effect is named *revelation*, or, according to the Hebrew, *prophecy*.

Averroes also rejected the supposition that revelation can parallel reason as a bona fide source of scientific knowledge. He did concede vaguely that a ''theoretical thought'' may come to a man ''occasionally and rarely'' through the phenomena we are considering.[194] But, he contended, man cannot receive fully developed ''theoretical science'' through revelation and the related phenomena, ''unless, by God, we suppose a portion of mankind who have cognition of the

---

191 Averroes, Epitome of *Parva naturalia* (n. 85 above), Arabic text 66-67; Latin translation 94-95; Hebrew translation 43-44; English translation (inadequate in this section) 39-40. The common people's belief is that true dreams are the work of ''angels''; clairvoyance, of ''the jinn (Hebrew translation: ''the demons (*shedim*)''; and revelation, of ''God, with or without an . . . intermediary.''

192 Ibid., Arabic text, 67; Hebrew text, 44; English translation 40. Later in the text Averroes remarks that ''prophecy'' is ''ascribed to God and the divine entities, or angels''; Arabic text 73; Latin text 102; Hebrew text 48; English translation 43.

193 Ibid., Arabic text 67, 72-74; Latin text 95, 101-103; Hebrew text 44, 47-48; English translation 40, 42-44.

194 Averroes may be partly echoing statements made by Aristotle about predictions that are mere ''coincidence,'' and Aristotle's definition of coincidence as what does ''not occur invariably or on the whole.'' See Aristotle, *De divinatione* 463a, 2-3, and 463b 10-11. Averroes does not explain how the occasional and rare theoretical thought comes to man through a dream, and hence does not explain why his argument against theoretical knowledge through a true dream does not apply to the occasional and rare instance.

theoretical sciences without study. That portion—were they to exist!—would be men in an equivocal sense, and it would be more reasonable to call them angels than men." The phenomena in question cannot even have the function of furnishing a "segment of mankind" with an "imaginative" and figurative representation of "theoretical matters." A function of the sort would be "superfluous, since man also attains theoretical knowledge through his [mental] tools."[195]

The terms *true dreams*, *clairvoyance*, and *revelation* denote, for Averroes, varying degrees of inspired foreknowledge of the future, and he accepts the reality of such knowledge on empirical grounds. "To dismiss" inspired foreknowledge of the future would be to "dismiss [the evidence of] sense perception." Everyone has had "true dreams disclosing what is going to occur to him in the future"; and while not everyone has enjoyed clairvoyance and revelation, reports regarding them attain the status of "commonly accepted knowledge (*mashhūrāt*; Hebrew: *mefursamot*)." "What is commonly accepted cannot be completely false."[196]

"It has been demonstrated in general [philosophic] disquisitions," Averroes continued, "that anything passing from potentiality to actuality has an agent and cause of the transition." When the soul experiences a true dream or one of the related phenomena, an agent must therefore cause the soul to pass to actuality in respect to the new knowledge. Since every agent has in actuality the character it brings about, the agent producing "knowledge" of the kind we are considering must be an "actual intellect," and that actual intellect is none other than the "active intellect."[197] The active intellect does not, of course, possess particular knowledge; it comprises a single unified thought embracing the nature of the determinate part of the world. True dreams and the related phenomena, Averroes accordingly explained, come about when the active intellect "emanates" and "gives to the imaginative [faculty of the] soul, the universal nature pertinent to an individual [substance or individual accident] that is about to come into existence—

195 Epitome of *Parva naturalia*, Arabic text 89-91; Latin text 121-123; Hebrew text 58-59; English translation 52.

196 Ibid., Arabic text 66-67; Latin text 94-95; Hebrew text 43-44 (the term "everyone" is lost); English translation 39-40.

197 Ibid., Arabic text, 72-74; Latin text 101-103; Hebrew text 47-48; English translation 42-44.

in other words, the intelligible thought of its causes.'' The ''imaginative [faculty of the] soul, residing as it does in matter, receives the intelligible thought in a particularized mode.'' ''Just as a skilled physician'' makes a prognosis by combining a ''universal intelligible ... premise'' and a ''particular, sense-derived [premise], so too'' the imaginative faculty spontaneously and unconsciously applies the ''universal [premise]'' received from the active intellect, to its own knowledge of particular circumstances.[198]

For Averroes, then, prophetic experiences are confirmed on empirical grounds; the three supposedly distinct phenomena are essentially one; each imparts foreknowledge of the future; neither genuine theoretical knowledge nor even a figurative depiction thereof fall within their province; and each occurs when the emanation from the active intellect is received by a human imaginative faculty in a particularized mode.

Gersonides begins his section on ''Dreams, Clairvoyance, and Prophecy,'' by asserting that he cannot accept everything said about the subject ''in the *Parva naturalia*,'' because the work contains ''inaccurate statements.'' Since he speaks of the *Parva naturalia*, rather than of Averroes' Epitome of the *Parva naturalia*, he may not have realized that the entire treatment of the subject in the Epitome was the commentator's handiwork, and no part of it derived from the original Aristotelian text. At all events, his preliminary remarks remain very close to Averroes' Epitome.

He writes that predictions of ''the future through dream, clairvoyance, and prophecy,'' are too well documented to be dismissed as mere ''chance.'' ''In our time, it is commonly accepted knowledge (*hitparsem*) ... that certain men predict the future regarding a variety of matters, and on repeated occasions; they are those who are called clairvoyants. The situation is even clearer in the case of prophecy, the character of which is common knowledge among all nations; for the accuracy of prophecy is still greater [than that of clairvoyance] .... And the occurrence of true dreams is likewise [common knowledge].'' Now it has been ''demonstrated in general [philosophic] disquisitions that whatever passes from potentiality to actuality ... is led to actuality by something that, in a sense, is actually in possession'' of the quality in question. Inasmuch as the reality

[198] Ibid., Arabic text 76-81; Latin text 105-112; Hebrew text 49-53; English translation 44-47.

of the phenomena under consideration is beyond doubt, "there must exist an agent that produces the knowledge and that actually possesses knowledge of all the things amenable to prediction. The agent bringing about man's knowledge [of the future] must be a [pure] intellect, since it performs its operation [i.e., it communicates with the human soul] without a physical organ."[199]

True dreams, clairvoyance, and prophecy are, then, media for foreseeing the future, and they have an incorporeal cause.

Predictions of the future plainly are feasible solely to the extent that the future is determined, and Gersonides, with his astrological bent, has no difficulty in discovering where the determinism resides: "When communication [regarding future sublunar events] occurs, ... the determination and order are due to the celestial bodies,"[200] that is, to the celestial spheres and the stars embedded in them. The source of knowledge of future events can be nothing other than the agent "producing the order within the sublunar world, to which the knowledge refers," and since the celestial spheres together with their stars are "the agent producing the order" of determined sublunar events, one might suppose them to be the source of human knowledge of the future. The spheres, Gersonides however explains, have the "status of a tool vis à vis the active intellect," not in the sense that they are subordinate to the active intellect, but in the sense that they prepare the ground for the active intellect's operation.[201] We have already seen that they prepare sublunar matter for the operation wherein the active intellect transforms matter into natural substances, and now Gersonides adds that they determine events by again preparing matter to undergo the accidents constituting each event. "The agent producing the accidents ... to which the communication we are treating refers" must be the very same "active intellect" that transforms sublunar matter into substances. Gersonides thus can, like Averroes, conclude that the agent communicating knowledge of the future to man is the "same active intellect whose existence was demonstrated in what preceded."[202]

The active intellect, exercises no will in the prophetic process,[203]

---

[199] *Milḥamot* 2.1.
[200] Ibid. 2.2, p. 95.
[201] Ibid. 1.7, pp. 50-51.
[202] Ibid. 2.3, p. 98.
[203] Ibid. 6.2.10, p. 451.

nor does it, as an incorporeal being, have knowledge of a particular man or event "insofar as it is this particular" person or event. But, Gersonides explains, much as Averroes did,[204] the active intellect has knowledge of individual beings inasmuch as it knows that "any man whatsoever who is born when the celestial bodies are in a given configuration" will undergo a given fate. A human subject receives an "emanation" from the active intellect which carries information regarding the "accidents" and events awaiting "any man of the given character," and since the recipient of the emanation happens to be acquainted with only a single man who meets the description, he can foresee what the future holds for the man.[205]

The chief issue on which Gersonides departs from Averroes concerns the latter's insistence that the three phenomena under consideration are essentially one. Gersonides agrees that "the difference between clairvoyance and [true] dream is a matter solely of degree." The difference between them consists in this that "communication through clairvoyance is frequent and dependent on the will [of the subject, who can induce the condition in himself], whereas . . . communication through . . . true dreams . . . is infrequent and unrelated to the will of the dreamer [i.e., involuntary]."[206] But the difference between true dream and clairvoyance, on the one side, and prophecy, on the other, is more than "a matter of degree," even though all three phenomena perform the same function, the function of predicting the future. Gersonides' evidence for the distinctiveness of prophecy is that the faculty of the soul receiving a communication from the active intellect in prophecy is "plainly the material intellect, with the consequence that the enjoyment of prophecy is contingent on intellectual perfection." In

---

204 In Averroes' explanation, true dreams and the related phenomena, come about when the active intellect "emanates," and "gives to the imaginative [faculty of the] soul, the universal nature pertinent to an individual [substance or individual accident] that is about to come into existence," and the "imaginative [faculty of the] soul . . . receives the intelligible thought in a particularized mode." Gersonides objects that the imaginative faculty does not control the data needed to turn the general communication from the active intellect into a particular message. But since on his explanation the human subject still has to add a particular datum, the circumstance that a certain man is a member of the class regarding which the active intellect provided information, the difference between Gersonides' explanation and Averroes' does not seem to be great.

205 Ibid. 2.6, pp. 105-106.

206 Ibid. 2.6., p. 113, and 7, p. 118.

"clairvoyance and [true] dream," by contrast, the faculty receiving the communication "cannot be the material intellect. If it were, the levels of clairvoyance and true dream would be proportional to the development of the intellect," whereas our "sense[s]" testify to the "opposite"; for we observe that "youths and the simpleminded" enjoy a higher level of those gifts "than many men of intellect." Since Aristotle's "*Parva naturalia*" showed that "all dreams are located in the imaginative faculty,"[207] and clairvoyance differs from true dream solely in degree, "the imaginative faculty must be what receives the emanation in clairvoyance and [true] dream." And inasmuch as the faculty receiving the communication in prophecy is the material intellect,[208] while the faculty receiving the communication in true dream and clairvoyance is the imagination, prophecy differs in kind from the other two.[209]

Gersonides goes on: "The imaginative faculty is not constituted for receiving the act of a [pure] intellect [without intermediaries]." Therefore the source of the "emanation" giving rise to true dreams and clairvoyance cannot be the "active intellect," but must be "another agent." "And yet we established earlier that the agent producing these kinds of communication must . . . be the active intellect." Hence, a dilemma. Gersonides solves it by explaining that, on the one hand, the agent producing true dreams and clairvoyance is the "celestial bodies," or, to be more precise, the rational "soul[s]" of the celestial spheres—which are not to be confused with

---

207 Aristotle, *De somniis* 3, 462a, 15 – 462b, 11.

208 Gersonides repeatedly states that in prophecy the material intellect is the faculty receiving the communication from the active intellect, but sometimes he indicates that the imaginative faculty also plays a role. In *Milḥamot*, p. 109, he writes that when, in prophecy, the material intellect receives a communication from the active intellect, the imagination can recast the message in pictorial form. On pp. 105-106, he speaks of a communication received by the material intellect and "from it" by the imaginative faculty. On p. 110, he speaks of the role of "the intellect, the imagination, or both," in various instances of foreknowledge of the future. His Commentary on the Pentateuch (n. 120 above) 184bb, states that the imaginative faculty has a "mark (*roshem*)" in the prophecy of all prophets except Moses. See also *Milḥamot* 2.6, p. 112, and Commentary on the Pentateuch, 247ab. The passages can perhaps all be read as affirming that the material intellect is the faculty receiving prophecy, but that the imaginative faculty often recasts the message. Another possibility, however, is that Gersonides to some extent accepts Maimonides view that, with the exception of the Mosaic prophecy, both the rational and imaginative faculties participate in receiving the prophetic emanation.

209 *Milḥamot* 2.6, pp. 112-113.

the incorporeal intelligences governing and moving the spheres;[210] but, on the other hand, the spheres and their souls act as "intermediaries" of the active intellect. As was just seen, the spheres together with the stars embedded in them—acting as the "tool" of the active intellect—determine events in the sublunar region. Here, Gersonides adds that the spheres are in addition "the intermediaries [of the active intellect] in communicating" information regarding the future. He thus holds fast to both horns of his dilemma, maintaining both that the three predictive phenomena have the active intellect as their agent, and that they nonetheless have different agents.

The solution has something dubious about it, since the celestial spheres and the souls of the spheres are not, in Gersonides' system, true intermediaries through which the active intellect operates. They are in no way subordinate to the active intellect; their operations rather parallel those of the active intellect, being coordinated with the latter's operations by higher powers. The solution to the dilemma does have a side benefit, however, since it clarifies for Gersonides why inspired dreams and clairvoyance fall short of prophecy. The soul of each celestial sphere knows only one segment of the sublunar picture, namely, the effect that influences emanating from its sphere have on whoever may happen to be born under a certain sign of the zodiac. It does not know the effects of other spheres or even how the effect of its sphere interacts with the effects of others. Knowledge communicated by the soul of a given sphere is therefore "defective," and inspired dreams and clairvoyance are accordingly subject to "error."[211] The active intellect, by contrast, embodies the entire pattern of sublunar existence, and the knowledge it communicates is comprehensive.

Prophecy, which is effected in the material intellect by the active

---

[210] Ibid., pp. 112-114; 2.7, pp. 116-117 (according to the manuscript reading for p. 117), where the imaginative faculty is described as "receiving the pattern in the soul of the celestial spheres." There are several reasons why the agent producing true dream and clairvoyance cannot be the incorporeal intelligences that govern the spheres: (a) Gersonides has just stated that the imaginative faculty cannot receive the emanation of a pure intellect. (b) He would hardly maintain that the incorporeal intelligences, which are the causes of the active intellect's existence, act as intermediaries for the active intellect's operation. (c) He would hardly recognize a higher source for true dream and clairvoyance than for prophecy. Regarding the souls of the spheres, see above, n. 48.

[211] Ibid. 2.6, p. 114.

intellect, and true dreams and clairvoyance, which are effected in the imaginative faculty by the souls of the spheres, are, Gersonides has stated, media for predicting future events. The purposes served by the respective predictions nevertheless differ. "It is common knowledge," Gersonides writes, "that one of the conditions of [becoming] a prophet is that the man is a philosopher (*ḥakam*)."[212] Because prophets are persons of intellect, their predictions of the future have an edifying end in view. "When the prophet predicts what the future holds" he does so in order to "guide the man or nation whom he addresses towards human eudaemonia." Prophets exhort the listener to "forsake his evil ways and return to the Lord, so that the harm awaiting him will be avoided." "Most of the prophet's predictions serve to motivate men towards human eudaemonia, whereas that is not the case in clairvoyance and [true] dream."[213]

An issue that exercised Avicenna, Maimonides, and Averroes, furnishes the venue for bringing out another feature of prophecy. Avicenna had maintained that the highest form of prophecy consists in the human intellect's receiving the active intellect's emanation with the aid of insight, the product being effortless knowledge of the conclusions of scientific syllogisms together with knowledge of the syllogisms themselves. Maimonides had held that prophecy, which results from the reception of the active intellect's emanation in both the rational and imaginative faculties, can impart theoretical knowledge about matters lying beyond the powers of the philosopher. Averroes, who construed true dream and the associated phenomena as the effect of the active intellect's emanation upon the imaginative faculty, dismissed the possibility of the emanation's producing theoretical knowledge, although he did make the vague concession that a "theoretical thought" may come to a man "occasionally and rarely" in a true dream or in one of the other phenomena. Gersonides takes a position close to Avicenna's.

He writes that theoretical knowledge without premises is intrinsically impossible, since such supposed "knowledge" would not be scientific knowledge at all. It may however happen—on, he acknowledges, "rare" occasions,[214] perhaps because the prophet is

---

[212] Ibid. 2.6, p. 111. See also introduction, p. 4.

[213] Ibid., p. 112; Commentary on Averroes' Epitome of the *Parva naturalia* (n. 88 above) 11. The prophecy of the biblical Moses, unlike that of the other prophets, does teach the content of human eudaemonia.

[214] Ibid. 2.2, p. 93.

already a philosopher—that after attending to the appropriate images in his imaginative faculty, the prophet's intellect learns a "first intelligible thought," or "first principle of thought," through prophecy; and that after possessing the pertinent first principles of thought, the prophet's intellect "deduces" through prophecy "a secondary intelligible thought," or "secondary proposition." Prophecy, in other words, may impart genuine scientific knowledge, not in a nonscientific manner, but by rendering the movement from premise to conclusion "easier" than it is for "other men."[215]

In Gersonides' words, prophecy occurs when the "material intellect . . . receives . . . an emanation (*shefa*ᶜ) from the active intellect"; true dream and clairvoyance occur when the "imaginative faculty . . . receives an emanation (*shefa*ᶜ) from the [souls of the] celestial bodies";[216] and, again, in true dream and clairvoyance, "a thought . . . emanates (*te*ʾ*aṣel*) from . . . the [souls of the] celestial bodies."[217] Gersonides also used emanationist terminology when describing the active intellect's role in the emergence of sublunar forms and human thought; but there were a number of grounds for interpreting his language loosely and for not understanding him to have envisaged a direct transmittal of forms to sublunar matter or of thoughts to the human intellect. In prophecy and the related phenomena, Gersonides does appear to envisage a true emanation and direct transmittal of knowledge. Averroes' Epitome of the *Parva naturalia*, which, as we have seen, Gersonides kept before him as he worked, had construed prophecy as a direct emanation from the active intellect. Gersonides speaks of *receiving* an emanation in prophecy and the other predictive phenomena, whereas that locution, as far as I could find, is absent in his discussion of the emergence of sublunar forms and human thoughts. Furthermore, he takes the trouble to explain how, upon reception of the general communication from above, the general is applied to particular circumstances by the human soul. He felt no need to offer an explanation of the sort in the other contexts.

Reading Gersonides as having recognized a directly emanated

---

[215] Ibid. 2.4, pp. 102-103; Commentary on Averroes' Epitome of the *Parva naturalia* 24. Gersonides compares the acquisition of such knowledge through prophecy to its acquisition in the ordinary, noninspired dream.

[216] Ibid. 2.6, p. 110; 2.7, p. 117; and frequently in chaps. 6-8.

[217] Ibid. 2.7, p. 116.

prophetic communication will, moreover, clarify the difference between ordinary theoretical thought and prophetic theoretical thought. He holds that the development of the human intellect is a precondition of prophecy, that every prophet prepares himself by first becoming a philosopher, that the prophet can, in the prophetic state, receive an occasional additional theoretical thought, and that the active intellect is the agent behind all human intelligible thought. The difference between thoughts acquired with and without the aid of prophecy would now be that the former are received through a direct emanation from the active intellect, whereas the latter are not.

The active intellect contains, indeed consists in, a single integrated concept. If prophecy is the outcome of a direct emanation from the active intellect, the emanation presumably flows from the entire concept and reflects it; and the human intellect receiving the emanation would, in a way Gersonides does not even touch on, have the ability to select out appropriate portions. On the rare occasions when prophecy imparts genuine theoretical knowledge, the human intellect would select out the theoretical knowledge for which it has prepared itself. The examples Gersonides gives of theoretical knowledge through prophecy are primary and secondary principles of thought, which are propositions, and in instances of the sort, the human intellect will have to convert what it receives from the concept possessed by—and indeed constituting—the active intellect into propositional form. When the human intellect obtains information enabling it to predict the future, it would select out the portion of the active intellect's emanation bearing on the fate of a certain class of men. The prophet will then apply such information to whichever member of the class he happens to be acquainted with.

Résumé. Following closely in Averroes' tracks, Gersonides takes true dream, clairvoyance, and prophecy, to be variant media for predicting the future; he cites empirical evidence for the reality of such predictions; he explains that predictions of the future are feasible because the celestial bodies determine sublunar events; and he traces the three kinds of prediction to an emanation from above. He departs from Averroes in drawing a distinction in kind between prophecy and the other two types of inspired foreknowledge. Prophecy, in Gersonides' account, is enjoyed only by persons of perfected intellect; it results when an emanation from the active intellect is received by the human intellect; its predictions of the future have an edifying end in view, inasmuch as they encourage mankind to repent; and prophecy may occasionally help a prophet learn the first principles of thought from images already in his possession, or make rapid scientific deductions from premises in his possession. True dream and clairvoyance are, by contrast, located in the imaginative faculty of the soul; the emanation producing them comes from the souls of the celestial spheres—functioning, Gersonides insists, as intermediaries of the active intellect; and true dream and clairvoyance do not serve a higher purpose. Although Gersonides had no inkling of Avicenna's theory of prophecy, he has hit upon two of its features, namely, the role of the souls of the spheres in human foreknowledge, and the possibility of the prophet's drawing rapid scientific conclusions through prophecy. Faint echoes of Maimonides' theory of prophecy may be heard in Gersonides' refusal to attach the name *prophecy* to predictions made by men of undeveloped intellect, and also in the proviso, mandated by the Bible itself,[218] that Moses' prophecy differed from that of the other prophets.[219]

6. Summary

Aristotle posited the existence of the entity that came to be called the *active intellect* because of considerations having to do with human thought, but in Gersonides, the active intellect's role in human thought is overshadowed by its cosmic role. Gersonides' universe is presided over by a First Cause who possesses will, although that will is not exercised very often. After an eternity in which He existed side by side with a formless matter, the First Cause at a certain point brought the primary incorporeal intelligences into existence; the primary intelligences do not emanate from one another but all emanate from the First Cause on an equal footing. At the same time, the First Cause formed the celestial spheres, which are governed by the incorporeal intelligences, out of the major portion of the eternal, preexistent matter. Gersonides does not, as far as I could see, disclose how the souls of the spheres came into existence. He follows the Arabic and Jewish Aristotelian consensus in assigning the active intellect a rank below that of the other incorporeal intelligences, but

---

218 Deuteronomy 34:10.

219 For the differences between Moses and the other prophets, see Touati (n. 21 above) 467.

he advances the original and strange notion that the active intellect is emanated by all the primary intelligences acting in unison.

Out of the preexistent matter remaining after the formation of the celestial region, the First Cause created the sublunar world. Henceforth, the sublunar world is presided over by the active intellect. The active intellect consists in pure thought, and its thought is an integrated, manifold concept, whose core is the prototype upon which the sublunar world is modeled. The full concept embraces: sublunar substances; all possible sublunar accidents or events; the practical and mathematical sciences; and indirect knowledge of the celestial region, the incorporeal intelligences, and the First Cause. When the celestial spheres and the stars embedded in them prepare matter for the form of a living being, the active intellect employs the physical heat in seed or in the decayed matter serving as a surrogate of seed, to bring forth the form. The active intellect also brings forth the forms of at least some homoeomeric bodies, perhaps the forms of the four elements, and, when the celestial spheres and their stars prepare sublunar matter for accidents, those as well. Gersonides occasionally uses emanationist terminology in describing the appearance of new forms, but I offered reasons for not understanding him to have envisaged a direct emanation of forms. In the case of plants and animals, if my reading was correct, the active intellect, in a fashion never explained, manipulates the physical heat in matter both to mold the matter prepared by the celestial bodies into the substratum of an animal or plant, and to bring forth the plant or animal form.

At the highest level of the sublunar hierarchy, the active intellect brings forth a being with a human soul. Within the imaginative faculty of the human soul, but not mixed with it, there resides a material intellect, a disposition for thought. The active intellect leads the human material intellect from potentiality to actuality, and what the human intellect thinks is not an abstraction from the physical world but the very thought in the mind of the active intellect. When describing the active intellect's operation in leading the human intellect to actuality, Gersonides again uses emanationist language. But I gave reasons here too for not understanding him to have envisaged a direct emanation of thought from the active intellect. The active intellect, I suggested, somehow acts through images in the imaginative faculty of the soul to produce human thought, much as it somehow wields the physical heat in seed to produce living beings. Since human intelligible thought, which Gersonides calls "acquired intellect," is knowledge of a portion of the integrated concept in the incorporeal active intellect, it also is incorporeal intellect. Being free of matter, it is exempt from destruction. Human intelligible thought is the sole immortal aspect of man.

Prophecy, which is primarily a mode of predicting the future, is enjoyed only by men who have prepared themselves by developing their intellects and mastering philosophy. Hence, in contrast to true dream and clairvoyance, which are media for predicting the future located in the human imaginative faculty, it is located in the human material intellect. The active intellect, this time apparently through a direct emanation, furnishes the human intellect with knowledge of what awaits men belonging to a given class, and the prophet applies the information to whoever among his acquaintances meets the description.

The active intellect is thus the cause of sublunar forms and events, of human thoughts, of human immortality, and of prophetic predictions of the future. In its operations, it neither is cognizant of individuals nor exercises will.

GERSONIDES ON THE MAGNET AND THE HEAT OF THE SUN

Y. Tzvi Langermann

I. Introduction

Gersonides is one of the most original and systematic thinkers of the Middle Ages. His originality has emerged most impressively and conclusively from his astronomical researches. The profoundly systematic nature of his thought, on the other hand, will of necessity become evident only as research into his multifaceted activity progresses. For Gersonides took care to investigate in detail each of the many branches of science and philosophy with which he was concerned, and he integrated his particular understanding on each issue—again, in a most detailed manner—into one comprehensive and consistent system of thought.

This paper is an admittedly modest attempt to illustrate the claims that I have made in the preceding paragraph. I shall examine Gersonides' approach to two discrete problems of medieval science, namely magnetism and the sun's capacity to heat the atmosphere. Gersonides' investigations of each of these topics will be discussed against the background of the relevant medieval literature. The relationship of these two topics to each other will be indicated and, more importantly, it will be shown how these scientific questions fit into Gersonides' philosophical system. As I see it, both magnetism and the sun's capacity to produce heat raised problems for medieval thinkers because they both involved action at a distance, something not allowed by Aristotle. Whereas it may have been possible to find some, albeit forced, way to account for magnetic attraction, no such possibility existed, in Gersonides' view, for the problem of the sun's heat. Instead, Gersonides proposed that the sun's radiation (or light) be linked to the terrestrial element of fire by means of a "divine force". Similarly, the radiation of the other stars is paired to the other mundane elements, again by means of the divine force. This concept forms the underpinning for Gersonides' astrology, which, in turn, plays a pivotal role in his theology.

In this paper I shall also incorporate some preliminary results of a study which I have recently begun of some of the supercommentaries of Gersonides to the epitomes of Averroes and their usefulness for understanding Gersonides' science—I refer specifically to the following books: *Meteorologica, De coelo, Physica, Parva naturalia, De generatione et corruptione*, and, to a lesser extent, *De anima* and *De animalibus*.[1] My remarks in this study will be based primarily on the first two, that is, *Meteorologica* and *De coelo*.

This project has both textual and topical aspects. The textual side involves, of course, a close comparison of Gersonides' text against Averroes' original. It is already known that these supercommentaries are in fact paraphrases—I should say, extended paraphrases—and that the important comments are preceded by the characteristic phrase *amar Levi*, "Levi said." Naturally our greatest interest lies in these comments. However, I have found that the close comparison of Gersonides' text with that of Averroes can yield subtle but valuable insights not only regarding Gersonides' understanding of specific issues, but also regarding his scholarly disposition and his feeling for his audience. In some future paper I hope to illustrate this by publishing, side by side, extracts of Averroes' text and Gersonides' rewording.[2]

---

[1] Manuscripts containing these supercommentaries are listed by M. Steinschneider, *Die hebraeischen Uebersetzungen des Mittelalters* (Berlin,1893), pp. 108-156. (Steinschneider's method is to to discuss, treatise by treatise, Aristotle, his commentators, and supercommentators. It may not be amiss here to note that Steinschneider's book is rich in information concerning the contents of these works, and not just their mode of transmission and the location of the manuscripts.) The supercommentaries are listed by C. Touati, *La Pensée philosophique et théologique de Gersonide* (Paris,1973), pp. 72-75. Those relating to logic have been treated in detail by C. Manekin, "Preliminary Observations on Gersonides' Logical Writings," *Proceedings of the American Academy for Jewish Research* 52 (1985), 85-113. However, the only segment of these commentaries to be edited, translated, and analysed in detail is found in A. Altmann, "Gersonides' Commentary on Averroes' Epitome of *Parva naturalia* II:3. Annotated Critical Edition," *Proceedings of the American Academy for Jewish Research Jubilee Volume* 46-47 (1980), 1-31.

[2] For one such example see now Y. Tzvi Langermann, *Ibn al-Haytham's On the Configuration of the World* (New York and London,1990), pp. 33-34. I must take advantage of this opportunity to correct an error on page 34 of that book. I speculated there that Gersonides did not have first hand knowledge of Ibn al-Haytham's treatise. However, I have since had the opportunity to consult Gersonides' autograph inventory of his library, and *On the Configuration of the World* is indeed listed there (no. 15 in the list of books on *ḥokhmah*, ms. Breslau, Jewish Seminary 65 [now at Prague], f. 236a).

II. Gersonides' View of Magnetic Attraction

Let us begin with the issue of magnetic attraction.[3] From the point of view of medieval physics, this problem has two basic components: (1) The question of the special relationship between the iron and the magnet. Why does the magnet attract just iron, and not other materials as well? Conversely, why doesn't some other substance also attract iron? (2) The problem of action at a distance. Aristotle asserts in *Physics* VII, 2, that one body can set another in motion only by direct physical contact. The capacity of the magnet to attract iron located some distance away and not in any apparent direct contact with it seems to contradict this doctrine. How is this phenomenon to be explained?[4] (We shall not in this paper go into

---

[3] The only thorough study of pre-modern ideas about magnetic attraction is Jean Daujat, *Origines et formation de la théorie des phénomènes électriques et magnétiques* (Paris,1945), pp. 11-123. Although Daujat's penchant for seeking the seeds of modern theories in ancient discussions, and his judgement of these discussions accordingly, is out of step with present-day predilections, the source material that he has gathered is of lasting value to the historian of science, and his analyses also seem to me to be quite reasonable. Daujat has, however, limited himself to Greek and Latin material.

As far as I can tell, scholarly interest has focused primarily on the empirical investigations of Peter Peregrinus (Pierre de Maricourt). See E. Grant, "Peter Peregrinus," *Dictionary of Scientific Biography*, vol. 10 (New York,1974), pp. 532-540, and the bibliography given there. William Gilbert presents an extensive survey of the ancient and medieval sources in the opening chapter of his *De magnete* (trans. P. F. Mottelay; Dover reprint, New York,1958), and some of the sources have been identified by Mottelay, who also provides a useful bibliography.

Medieval Hebrew sources are discussed by H.A. Wolfson, *Crescas' Critique of Aristotle* (Cambridge, Mass.,1929), pp. 562-568, and S. Pines, *Scholasticism after Thomas Aquinas and the Teachings of Hasdai Crescas and his Predecessors*, [Proceedings of the Israel Academy of the Sciences and the Humanities, vol. 1, no. 10] (Jerusalem,1967), pp. 58-63, 72-73. Some additional Hebrew sources are listed by Steinschneider, *Die hebraeischen Uebersetzungen*, p. 494, n. 183.

The great historian of medieval physics A. Maier, in the chapter on "Causes and Powers" in her *Die Vorläufer Galileis in 14. Jahrhundert* (Rome,1949), does not discuss magnetism because, as she notes (pp. 57-58, n.3), magnetism was not generally considered to be a physical force; it was usually explained metaphysically.

[4] Daujat, pp. 17-18, 20, asserts that Alexander of Aphrodisias claimed the special relationship between the the magnet and iron to be in and of itself a sufficient explanation for the motion of the iron, since attraction is a class of motion that does not require physical contact. However, in Daujat's translation of the relevant passage Alexander states that the intervening medium is affected, and, as we shall see, medieval scientists held that the setting in motion of the medium satisfies the demand for physical contact. Alexander seems to be the source for many or most of the physical explanations of magnetic attraction that we find in medieval sources.

Gersonides gives a clear presentation of the division of the question into its comthe related problem of "the mover which is not itself moved".)

Medieval thinkers proposed a number of answers to the first set of questions. Most made use of available categories for defining special relationships in the natural world, such as "final purpose", which defines among other things the relationship of the "heavy" to the "center".[5] However, we shall here be concerned with a somewhat different approach that we have found in the medieval literature. We shall survey a number of explanations which derive from attempts at answering the following questions. Can, in fact, the action of the magnet upon the iron be explained in terms of the action of the four qualities—hot, cold, dry, moist—or the four elements—fire, earth, air, water—whose interaction was generally supposed to give a full and satisfactory account of sublunar physical processes? To give this approach a more modern expression: can magnetic attraction, a phenomenon which eludes explanation, be reduced to some combination of processes which themselves are readily explainable by theories that are already at hand, thus avoiding the need to significantly modify these theories or, perhaps, to confess our ignorance? Furthermore, if none of the explanatory devices of physics provides an acceptable solution, can we find help in the theories and concepts of some other discipline?

It seems that most medieval thinkers were content simply to list magnetic attraction among the natural phenomena whose cause is unknown. Only a few attempted to grapple with the problem within the framework of the then-accepted physics in any systematic fashion. The perplexity which the phenomenon aroused is clearly evident in the following remarks by an anonymous Hebrew commentator to Averroes' *Epitome* of Aristotle's *Physics*, book VII:

> Many have investigated this matter of the magnet and inquired into its cause. Some say that since both [the iron and the magnet] have an identical mixture (*hitmazgut*), that is to say, the nature of both is the same, then, since every natural thing seeks out that which is suited to its own nature, the iron is attracted to the magnet. However, there are those who doubt this opinion and ask: if this is the cause, why [isn't] the magnet attracted to the iron the way that the iron is attracted to it? The answer that is given to this question is that the iron is more solid (*moqshi*)

---

ponents in his supercommentary to Averroes' *Epitome* of the *Physics* (ms. Vatican, Heb. 342, ff. 73a-74a).

[5] Some classical views were recorded by Alexander in his *Quaestiones physicales et morales*, II, 23; the entire passage is translated by Daujat, pp. 16-18.

> and the magnet is porous (*sefugit*), and the magnet [thereby] has the power to attract. In the face of this answer, the opposite seems to be more appropriate, for the magnet, due to its porosity, is lighter and would [move] more rapidly to the iron than the iron to it. However, it is more appropriate to say that this is a hidden nature, unknown to scholars, and so have the scholars written in most places concerning the special properties (*segulot*) of stones, herbs, and drugs.[6]

The philosopher-scientist Avicenna (Ibn Sīnā) severely criticized those who tried to account for magnetic attraction in terms of available theory, as we see in the following passage:

> Then they express wonderment that the magnet attracts iron, and they busy themselves with research into its causes. They are not satisfied with the requisite answer, [*viz.*] that the magnet has a power of attracting iron whose existence is due to the wish of the Creator at the time that matter was made ready [to accept the various powers and properties]. They make fun of whoever gives this answer ... They invent disgraceful causes for this ...[7]

Avicenna does not name here the scholars who invented "disgraceful causes" for magnetic attraction, nor does he reproduce their explanation in full. From the context it appears that they associated magnetism with the element of fire.[8] Be that as it may, Yaḥyā ibn ᶜAdī, a leading figure among the Peripatetics of Baghdad—a school of thought towards which Avicenna was decidedly antagonistic[9]—has left us some of his own speculations on the magnet. Ibn ᶜAdī first

---

[6] Ms. Oxford-Bodley Michael 538 [Neubauer 1384], f. 102b. The assertion that the magnet is porous, and hence it is that which attracts the iron, and not the other way around, is attributed by Alexander to Democritus; see Daujat, p. 17.

[7] *Al-Risāla fī-l-Ajrām al-ᶜUlwiyya*, in *Tisᶜ Rasāʾil* (Istanbul,1298A.H.), p. 36. Cf. the more extensive quotation and discussion in S. Pines, *Beiträge zur islamischen Atomenlehre* (Berlin,1936), note 2, pp. 90-91.

[8] The connection of magnetic attraction with heat is readily apparent. When amber is rubbed (and thus heated) it attracts straw, and until William Gilbert's *De magnete*, this phenomenon was associated with magnetic attraction. Moreover, the attractive force of the magnet, like heat, appears to weaken over distance. Both of these arguments are given by Ibn Rushd in his *Epitome* of the *Physics*, where he concludes that the magnet, like rubbed amber, attracts "by means of the fiery substance in it." (I consulted the Hebrew version found in ms. Oxford-Bodley Oppenheimer 600 [Neubauer 1378], f. 81b. I ought to add that for the purposes of this paper I have relied exclusively upon the Hebrew translations of Averroes which, of course, were the versions used by Gersonides.) On Averroes' discussion of magnetic force, see also Daujat, pp. 51-56, and Wolfson, pp. 563, 566.

[9] See the landmark study of S. Pines, "La 'Philosophie orientale' d'Avicenne et sa polémique contre les Bagdadiens," *Archives d'histoire doctrinale et littéraire du Moyen Age* 27 (1952), 5-37.

refers to a passage found only in al-Dimashqī's Arabic translation of *Physics* VII, 2: "In the translation of al-Dimashqī [one finds]: 'Aristotle said, "Perhaps one may think that there is a different sort of attraction; then the attraction of the wood is not of this sort."'"[10] Here ibn ʿAdī is referring to the case of burning wood which attracts fire to itself, thus preventing the fire from rising to its natural place. Significantly for us, ibn ʿAdī finds this case interesting because it seems to violate the rule that the mover must be in physical contact with the moved object. Ibn ʿAdī argues, however, that this is not a good example of that problem, because the specific case of burning wood can be adequately accounted for by Aristotelian physics. A better objection to the law of physical contact would come from the magnet. A little later on ibn ʿAdī proposes a solution for magnetic attraction which conforms to the doctrine of physical contact.[11] The magnet is said to emit particles (*ajzāʾ*) which penetrate the iron and draw it to the magnet. The air between the magnet and the iron undergoes some change (as a result of this emission?) and itself acquires a power of attraction (*quwwa jādhiba*). Ibn ʿAdī concludes: "Thus the attractor is the air which is in contact with the stone (magnet)." In fact, ibn ʿAdī seems to have settled upon a combination of two theories: an atomistic theory of emissions and the idea that the intervening medium somehow transmits the attractive force.[12]

---

[10] A. Badawī, ed., *Arisṭūṭālīs al-Ṭabīʿa* (Cairo, 1965), vol. 2, p. 755. This passage calls to mind the following interpolation found in Aristotle's *Physics* VII, 2, 244a12-15 (trans. P. H. Wicksteed and F. M. Cornford [Loeb Classical Library, London and Cambridge, Mass., 1934], vol. 2, pp. 222-223): "It may well seem, however, that there is some other kind of 'drawing' than that which we have dealt with; for wood draws fire to itself without itself moving at all. But it does not really make any difference whether the pulling agent is in motion itself (in the direction of the motion it imparts) or not; for if stationary it draws the mobile to where it is, if in motion, to where it was." According to Wicksteed's note (*loc. cit.*, note a) this passage was known to Simplicius but is missing from the medieval Latin translation. This passage is also missing from the Arabic version of the *Physics* in Badawī's edition, pp. 748-749.

[11] Badawī, p. 756.

[12] Again, these views may be traced to Alexander (see above, note 5). The atomist explanation belongs to Democritus, while the role of the intervening medium was emphasized by Alexander. It is strange to see an Aristotelian such as ibn ʿAdī opt for the atomist account. However, I think that Wolfson, p. 563, is quite mistaken when he attributes this view to Maimonides. The passage that he cites from *Guide of the Perplexed*, II,23, does not require such an interpretation, and it seems to me quite evident that Maimonides, and Gersonides too, carefully avoided any atomistic explanations.

Another, bolder approach was to make magnetic attraction the rule rather than the exception; that is, instead of regarding magnetic attraction as a case requiring special treatment, one takes magnetic attraction as an illustration of one of the fundamental forces of nature. This is, in fact, the approach taken by the anonymous author of a Hebrew treatise on natural science, part of which survives (uniquely, to the best of my knowledge) in a manuscript at Munich.[13] In my estimation—I can offer no proof other than the hand—the treatise was written in Spain in the fourteenth century. This writer claims that there are two basic forces, attraction and repulsion (or pushing and pulling); this is in fact the opinion developed by Aristotle in his *Physics* VII, 2. Our author adds that there are two varieties of each, namely, voluntary and involuntary; thus there are a total of four types of force. The two examples *par excellence* of involuntary attraction are the magnet and drugs; the former attracts iron, the latter attract the harmful vapors which have accumulated in the sick person.

What is Gersonides' position on this issue? The passage of greatest interest is found near the end of his supercommentary on the *Meteorology*.[14] Gersonides rejects Averroes' claim that all physical properties can be explained in terms of the proportionality of the four qualities. The best example of an exception to this rule is the magnet. If one were to claim, for example, that magnetic attraction is due to the action of the fiery element, one would then be faced with many counterexamples of things possessing a high proportionality of fire which do not attract iron. In order to solve the problem, Gersonides asserts—but only in the name of the "later scholars"[15]—that we must introduce the concept of *segulah*, i.e. special property. (The Arabic equivalent is *khāssa*.) Strictly speaking, *segulah* is a form superadded to a compound, not a power or a force. The invocation of *segulah* releases us from the need to account for the attraction in terms of qualities—in effect, it is an admission that no such explanation can be found—but the other questions which we have raised in connection with the magnet stand as they are.[16] As a matter of fact,

---

13 No. 156/1 in the catalogue of M. Steinschneider, *Die hebraeischen Handschriften der K. Hof- und Staatsbibliothek in München* (Munich,1875).

14 Ms. Vatican Heb. 342, ff. 304b-305a.

15 These scholars have yet to be identified. On possible post-Thomistic influences on Gersonides see S. Pines, *Scholasticism*, 34ff.

16 The invocation of *segulah* in connection with the magnet may thus be per-

the concept of *segulah* has been borrowed from another discipline, pharmacology, where the term is generally used to refer to a peculiar property which is known to belong to a certain drug but which cannot be explained in terms of the proportionate mixture of the elements.[17]

Now Averroes himself has compared his explanation of the properties of homogeneous bodies to the theory which explains the effects of drugs in terms of the proportionality of the elements, and Gersonides, in his counterexample of the magnet, borrows in turn from pharmacology the technical term for the class of properties which cannot be explained by the proportional mixture of the qualities. In fact, four of the theorists whose views have been mentioned here—Avicenna, the anonymous Hebrew writer, Averroes, and Gersonides (or the "later scholars" on whose behalf he is speaking)—have consciously borrowed from the science of pharmacology for the formulation of their views in the field of physics. Now scholars have already noted the influence of medicine on other branches of medieval science, particularly physics, but I think it does no harm

ceived as an admission on the part of scientists themselves of the limits of their explanatory systems. This approach is developed at length in a responsum of (no. 413) of R. Solomon ben Adret of Barcelona, better known by his acronym Rashba (c. 1235-c.1310), a major figure in the Maimonidean controversy of the thirteenth century. Because there exist phenomena that cannot be accounted for by available scientific theories—these are the phenomena to which the concept *segulah* is applied —then, Rashba argues, rationalists have no right to deny the paranormal phenomena that are reported in the traditional literature, nor are they correct in denouncing as superstitious various practices which make no sense from the perspective of science. In this context Rashba mentions the magnet and certain remedies. Incidentally, his description of the nautical compass is, to my knowledge, one the earliest in Hebrew literature: ". . . such as the *segulah* of the magnet, towards which iron jumps. Moreover, it is common practice for sailors to stick a needle into a piece of wood that floats on a surface of water. They show it a stone [magnet], and it skims across the water until it points in the direction of the pole, and there it rests. The naturalistic reasoning (*ʿiyyun*) of none of those scholars of natural science can comprehend this. All the types of things that possess *segulah*, such as drugs and aliments, work in a similar fashion." See also the following note.

[17] On the concept of *segulah* see Wolfson, pp. 567-568. Much profit may be gained from the remarks of P. Kraus, *Jābir ibn Ḥayyān: Contribution à l'histoire des idées scientifiques dans l'Islam* (reprint, Paris, Belles Lettres,1986); see the index *s. v. khāssa*. Yosef ben Moshe ha-Ṣarfati (fifteenth century?) offers a very interesting extension of sorts of this notion in his mathematical treatise *ʿIr Siḥon*. According to him, the inability of mathematicians to determine the roots of irrational numbers, and the similar failure of grammarians to identify the roots of certain word forms, are examples of things "that are unknown except to Him Who alone knows all hidden things, blessed is He and blessed is His name"—just like the corresponding inability of medical doctors to fathom the *segulot* of healing herbs and stones. (Mss. Vatican, Heb. 397, f. 92b; London, Beth Din 133, f. 42b).

to emphasize this point again.[18] From our very cursory review of four sources we have seen clearly the debt which medieval physics owed to pharmacology, which enjoyed, it would seem, a relatively higher level of conceptual refinement and theoretical development.

How important is this issue to Gersonides' thinking? It seems at first to be rather marginal. In fact, Gersonides may not have fully identified with the position of the "later scholars". In the *Wars*, for example, he does explain the peculiar property of the torpedo fish—"the fish which stuns the hand of the fisherman"—in terms of the action of the cold,[19] and Gersonides usually mentions the magnet and the torpedo fish together, due to their shared characteristic of an unusual force which apparently acts over a distance. Nevertheless, we should bear in mind that the remarks of Gersonides which we have just quoted are made in reaction to Averroes' claim that Aristotelian theory suffices to explain *all* sublunar phenomena, and thus the criticisms of Gersonides may have had some wider intent, as we shall see.

With regard to the other aspect of the problem of magnetic attraction, action at a distance, Gersonides has nothing new to contribute. He accepts more or less the explanation that the intervening medium is affected, so that it is possible to imagine some sort of contact between the mover and the moved object.[20] However, this explanation may yet have some bearing on our next issue, the sun's heating of the atmosphere. For in positing some qualitative change in the intervening medium as the means of transmission of the magnetic force, Gersonides seems to have stretched to the limit his ability to explain action at a distance within the context of the Aristotelian/Averroean framework. Thus when he is confronted with a case which cannot be explained even by this device, he will be compelled to search elsewhere for some plausible explanation. Such indeed is the case with the problem of the sun's heating of the atmosphere.

---

[18] The medical literature is one of the three principal sources for the study of medieval views on the elements listed by A. Maier, *An der Grenze von Scholastik und Naturwissenschaft* (Essen, 1943), pp. 11-12. For a more recent detailed discussion of the theory of compound medicines and its connection to medieval physics, see E. Sylla, "Medieval Quantification of Qualities: The 'Merton School'," *Archive for the History of Exact Sciences* 8 (1971-2), 9-39, esp. pp. 16-23.

[19] See *Wars*, V, pt. 1, ch. 5 (Riva di Trento, 1560; reprint Israel, n.d.), 33bb. On the torpedo fish see J. R. Partington, *A History of Chemistry*, vol. 1 (London, 1970), p. 193.

[20] See note 4 above.

III. Gersonides' Account of the Heat of the Sun

The question, "How does the sun heat the atmosphere?" like the question "How does the magnet attract iron?", was a difficult one to answer within the framework of Aristotelian physics, although it was not generally perceived to threaten in any serious way the acceptance of Aristotelian doctrine. Nevertheless, this relatively minor problem for physics plays a crucial rule in Gersonides' comprehensive philosophy of nature and, moreover, it is connected to an important feature of his religious philosophy.[21]

First of all, let us formulate the problem more fully. According to the standard medieval Aristotelian cosmology, the sun, like the rest of the stars and the celestial spheres, is composed of the fifth element, which is unchanging and devoid of the four qualities. Hence in no sense can the sun be said to be "hot".[22] How, then, can we explain the obvious empirical connection between the sun and the heat which we experience here on earth? Aristotle gives this problem only cursory treatment. In the *Meteorology*[23] he says that the heat is caused by the *motions* of a heavenly body; this motion has the effect of forcing downwards elemental fire. (We recall that the sphere of fire is the highest of the spheres of the terrestrial elements, located just below the sphere of the moon.) This fire and its concomitant heat is then dispersed throughout the earth's atmosphere. Why should this process be associated specifically with the sun? Aristotle claims here that of all the stars, only the sun has the right combina-

---

[21] Our chief sources for the following discussion are: *Wars*, V, pt. 2, ch. 6; and the supercommentaries to *De coelo* (ms. Vatican Heb. 342, 143bff.) and to *Meteorologica* (*loc. cit.*, 218aff.).

[22] This point was acknowledged by astrologers as well. Thus Abū Maᶜshar al-Balkhī, perhaps the most influential astrologer of the medieval period, writes in book 1, ch. 3 of his *Mudkhal* (*Introduction to the Science of Astrology*): "Every one of the early philosophers who spoke of the heavenly (*ᶜulwiyya*, literally "upper") things agrees that their essence is of a nature which is different from the four natures that are found below the sphere of the moon, i.e. fire, air, water, and earth . . . "(ms. Jerusalem, National and University Library, AP Ar. 145, f. 8b). On Abū Maᶜshar and his influence on early Latin natural philosophy see R. Lemay, *Abū Maᶜshar and Latin Aristotelianism in the Twelfth Century* (Beirut, 1962). Likewise Abraham ibn Ezra who, most likely, was Gersonides' main source for astrological matters, writes in his commentary to Exodus 33:3: "Do not even entertain the thought that the four elements (*toledot*) exist in heaven, that there is heat in the sun and coldness in the moon . . ."

[23] I,3, 340b10-13.

tion of velocity and size needed to produce this effect. In *De coelo*[24] on the other hand, Aristotle claims that the motion of the sun induces heat by causing friction within the atmosphere.

These explanations are clearly most unsatisfactory. Averroes notes a second factor, not found in Aristotle, namely the sun's light.[25] Thus the view accepted by Averroes, and which, in turn, furnished the starting point for Gersonides' criticisms, identified two chief causes: (1) the sun's light and (2) the sun's motion. Seasonal and geographical variations were explained by the variations both in the sun's distance from the earth and in the sun's distance from the local zenith; the latter, in turn, controls the angle at which the sun's rays strike the earth. In short, this explanation was an *ad hoc* combination of superficial responses, and Gersonides had little trouble in demolishing it. (We should add here that Gersonides is very much aware of the differences between Aristotle's explanation and that of his commentators. The views ascribed in the *Wars* to "the philosopher" are those of Averroes; there are some minor problems with the details of Gersonides' presentation which cannot be elaborated upon at present.)

We shall now summarize the several lines of attack chosen by Gersonides. (1) The sun's light in and of itself cannot be a cause of heat for the simple reason that, according to Aristotle, light is not a body and, therefore, it cannot set a body in motion nor induce bodily properties such as heat. (2) It is also difficult if not impossible

---

[24] II,7,289a20.

[25] I consulted the Hebrew version of Averroes' "middle" commentary to *De coelo*, ms. Paris, Bibliothèque nationale héb. 947, f. 41b. Averroes is clearly uncomfortable with this idea. In fact, Aristotle (*De coelo, loc. cit.*) asserts that both heat and light are produced by the friction of the air. Ibn al-Haytham (Alhazen) discusses two theories of light at the beginning of his *Risāla fī-l-ḍau* (*Majmūʿ al-Rasāʾil*, Hyderabad,1947). Interesting enough, according to Ibn al-Haytham's report, philosophers make no connection between light and heat. On the other hand, mathematicians make much of this connection; they call light a "fiery heat" that is found in the luminous body. We may also note in passing that the relationship of light to heat seems still to have given Isaac Newton cause for concern; queries 5-11 and 28 of his *Opticks* are related to this problem. The question of the causal relationship between light and heat engaged scientists over centuries of time and in diverse cultural settings, though, of course, the philosophical backgrounds and scientific frameworks of their inquiries changed dramatically. For later discussions of this problem leading up to the discovery of infrared radiation, see Y. M. Rabkin, "Technological Innovation in Science: The Adoption of Infrared Spectroscopy by Chemists," *Isis* 78 (1987), 31-54, p. 54.

to see how the sun's motion can be a cause. If that were the case, we would expect the regions in the heavens closest to the sun to be the hottest; it is after all a general rule of heat-producing friction that the air closest to a moving body is hottest. Yet it is obviously not true that the celestial region between the sun and the atmosphere is hot, since, as we noted earlier, the celestial regions are unaffected by the four qualities.

Furthermore, there does not seem to be any means for the sun to transmit heat across the intervening celestial regions, for two reasons: (1) Gersonides has already posited that there is a special type of interspherical body (*geshem bilti shomer temunato*) whose very function is to prevent the transmission of the motions of one star to the star immediately below;[26] and (2) in all known cases of action at a distance, the intervening medium is affected in some way that is related to the resultant action—but this is also ruled out for the celestial regions. Here we return to the point which was raised earlier: for, in effect, the only explicable cases of action at a distance are the magnet and its cognate, the torpedo fish, both of which are held to involve affections of the intervening medium. In the case of the torpedo fish, the stunning effect itself is ascribed to the cold, and the intervening medium (the fisherman's net) is also said to be affected by the cold. Now there is some difficulty in understanding just how the intervening medium is affected in the case of the magnet. From the discussion in the *Wars* it appears to be somehow connected to heat, indicating that Gersonides may not be in full agreement with what he has stated elsewhere in the name of the "later scholars".[27] Be that as it may, we may restate our earlier

---

[26] On this interspherical body and its multifaceted role in Gersonides' thought see G. Freudenthal, "Cosmogonie et physique chez Gersonide," *Revue des études juives* 145 (1986), 295-314.

[27] In his supercommentary to *Metorologica* (ms. Vatican Heb. 342, f. 218b) Gersonides argues that even if one were to maintain that the motion of the medium is different from the final motion, there must nevertheless be some qualitative change in the medium, as in the case of the magnet or the torpedo fish. In the *Wars* it is explicit that in the case of the torpedo fish the medium is affected by the quality of coldness; however, the magnet is not mentioned there. Still yet, in the supercommentary to *De coelo* (ms. Vatican 342, f. 144a) Gersonides takes a different position: there must in any event be some affection (*hitpa*ᶜ*alut*) in the medium and, in the case of sunlight, we must conclude that the interstellar medium is affected in so far as it conveys the light. This last remark may be Gersonides' attempt to solve the problem as Averroes should have done and may not represent his own personal opinion.

assertion: the explanation of the magnet in effect stretches to the very limit the explanatory power of Aristotelian physics with regard to action at a distance; since that explanation, which must be articulated in terms of a corresponding effect in the intervening medium, cannot be applied when the celestial regions function as the medium of transmission, the attribution of heating to the sun's *motion* is wrong.

One further point: in pursuing this line of reasoning, Gersonides has, in fact, attacked a fundamental feature of the Aristotelian world-system, as understood by medieval thinkers. For Gersonides, in his supercommentary to the *Meteorologica*, explicitly claims that the sun's motion cannot induce heat-producing friction in the atmosphere because the sun's motion *cannot* set the sublunar elements in motion. In Gersonides' own words, "This being so [referring to the refutations that we have just summarized], in what way can the sun set in motion the elements by means of its motion? Would that I knew!"[28] Now one of the basic ideas of the Aristotelian conception is that the motions of the celestial bodies set in motion the sublunar elements, thus causing their combinations and disintegrations.[29] This view is accepted, *inter alia*, by Maimonides, in many ways Gersonides' most important influence from among the Jewish philosophers and, we must add here, a forceful opponent of astrology.[30] This principle is rejected by Gersonides, who, in effect, asserts that there is no way to account for the physical effects of the heavenly bodies that are recognized by adherents of the Aristotelian point of view.

In another line of attack Gersonides brings to bear his considerable expertise in astronomy. By all reasoning, the moon should be more effective than the sun in heating up the earth. For if the velocity of the stellar body is a factor, why, then, the moon moves faster than the sun! Another purported factor is the angle of incidence of the stellar rays—but here again, the moon, due to its latitude, can get closer to the zenith than the sun. Size is also said to be a factor; but it is basic knowledge to all who study eclipses that the moon's proximity to the earth is just right in order to make it appear as

---

28 Ms. Vatican Heb. 342, f. 218a.

29 *De generatione et corruptione*, II,10, 338b3-5.

30 See Y. Tzvi Langermann, "Maimonides' Repudiation of Astrology," forthcoming in *Maimonidean Studies*, vol. 2.

large as the sun. Finally, since the moon's sphere is directly contiguous to the sublunar elements, assigning the role of heat-producer to the moon would eliminate the problems caused by the necessity, in the case of the sun, to transmit the heat by way of the celestial medium.

These arguments in favor of making the moon responsible for producing heat are clearly rhetorical. Obviously it is the sun—in particular, the light of the sun—that produces this effect. But how? At stake here is much more than the correct explanation of an isolated phenomenon. The reigning Aristotelian/Averroean natural philosophy does require the celestial bodies to act upon the sublunar realm. In Gersonides' opinion that doctrine can provide no consistent account of how that action can take place. Gersonides, however, is not interested in demolishing Averroean natural philosophy, most of which is acceptable to him. Rather, as it seems to me, his goal is to modify it in one important way, namely, to link it to astrology. That is to say, Averroean sublunar physics is substantially correct, and so also is the notion that the stars set the terrestrial system in motion. However, the efficient cause is not the motions of the stars, but rather their light or radiation (*niṣuṣ*). More broadly speaking, the mixtures of stellar radiation, which depend chiefly on the angles between the stars and the planets, i.e. the "aspects" of astrology, are the causes of sublunar physical processes in all their variety.

In his own solution to the problem of the sun's heat, Gersonides introduces a new force, significantly called the *divine force* (*ko'aḥ 'elohi*). The concept of divine force appears in several contexts within ancient and medieval philosophy, and I do not here propose to trace its history, but merely to indicate the key role that it plays in Gersonides' astrology.[31] In his system, the divine force is responsible for the affinity between the light or the radiation of the stars and the terrestrial elements. It is therefore a key and, to my knowledge, original concept of Gersonides' astrology, and we shall

---

[31] The divine force is discussed briefly by Touati, pp. 305-306. Some very enlightening remarks may be found in S. Pines, "The Arabic Recension of *Parva naturalia* and the Philosophical Doctrine Concerning Veridical Dreams According to *al-Risāla al-Manāmiyya* and Other Sources," *Israel Oriental Studies* 4 (1974), 104-153, 124ff.; reprinted in *The Collected Works of Shlomo Pines*, vol. 2 (Jerusalem,1986), 96-145, 116ff.

return to it shortly. But first: is there some way to demonstrate the particular affinity between sunlight and heat? Here Gersonides adduces some interesting evidence. It is a well-known fact (mentioned by Averroes as well) that sunlight, when focused in a burning mirror, produces heat. Now, Gersonides adds, he himself has placed a candle in front of a burning mirror, and in that case also the rays were focused so as to produce heat. On the other hand, Gersonides maintains, the focused light of the moon does not produce heat.[32] Therefore, he concludes, sunlight produces heat, not *qua* light, but *qua sun* light.

This demonstration that the sun's light heats the earth is quite crucial for Gersonides' astrological theory. For the link between sunlight and heat furnishes the principal *datum* which, by bold induction, will be developed into this fundamental rule of Gersonides' astrological system: by virtue of the divine force, stellar radiation has an affinity with, and can act upon, one of the sublunar elements. Thus, for example, moonlight is said to have an effect upon water. Gersonides is certainly aware of some of the difficulties of this assumption, for example, of the fact that the intensity of rainfall exhibits no consistent relationship with the monthly cycle of the moon. Nevertheless, he exhibits no hesitation with regard to this basic principle of his astrology. The sun's heating of the atmosphere thus furnishes the basis for the introduction of astrology into natural philosophy. Gersonides accordingly notes at the beginning of *Wars* V, part 2, chapter 6, that "once it has been established how this action of the sun [i.e. heating] comes about, each of the particular actions of the other stars will [also] be explained."

At this juncture I should note that in some passages of the *Wars* Gersonides may appear to attribute the stellar influences to the motions of the stars as well as to their radiation. It must, however, be understood that the motions of the stars and, similarly, their sizes and distances, are all secondary factors which exert an indirect influence by means of their own effect on the intensity and, especially, the combination of the stellar radiation that reaches the earth. I am

---

[32] J. Kepler claims to have detected by this same device that moonlight, just like sunlight, does produce heat: "... if you receive the rays of the full moon on a concave parabolic, or even spherical, mirror, at the focal point, where the rays come together, you will feel a certain breath, as it were." *Kepler's Somnium: The Dream, or Posthumous Work on Lunar Astronomy*, translated with commentary by E. Rosen (Milwaukee and London,1967), pp. 122-123; see in particular note 322.

confident that, in Gersonides' opinion, it is the light of the stars which sets in motion—I should say, serves as the means of God's direction of—physical processes in the sublunar realm.[33]

The fact that the sun's influence is the keystone of astrological theory comes through also in Gersonides' supercommentary to the epitome of *De generatione*.[34] The discussion there may serve as well as an example of something that I mentioned at the beginning of this paper—namely, an instance where Gersonides makes some subtle but important additions to Averroes' text without prefacing them by *amar Levi*. In his epitome of this text Averroes bolsters Aristotle's contention that the sun is the efficient cause of generation and corruption by referring, in the name of the "ancient observers", to the fact that many features of the motions of the planets—distance, velocity, etc.—depend, in fact, on their position relative to the sun.[35] (Copernicus was, of course, not the first to note this.) Gersonides reinforces this contention in his supercommentary. He supplies a few more details and, in particular, he calls attention to the following significant points: (1) these "ancient observers" were, in fact, astrologers (*baᶜalei ha-mishpaṭ*); (2) the connection between the planets and the sun does *not* depend specifically upon the Ptolemaic models but is, rather, an empirically established fact which would, presumably, find its way into any correct cosmology.

IV. Conclusion: The Theological Import of Gersonides' Natural Philosophy

We can now readily understand Gersonides' remark at the beginning of *Wars* V, pt. 2, ch. 6, that the question of how the sun heats the atmosphere is a profound (*ᶜamuqah*) question, one whose solution paves the way for an understanding of stellar influences in

[33] This emerges clearly from the six "self-evident or nearly self-evident" basic principles of Gersonides' astrological doctrine that are presented in *Wars* V, part 2, ch. 8. The fifth principle states: "The greater the radiation (*niṣuṣ*) the stronger the action which accrues from the star. This is so because the star's action accrues by means of its radiation. Therefore, the greater the radiation, the stronger the action that accrues from the star."

[34] Ms. Vatican Heb. 342, 207a ff.

[35] See the Hebrew translation published by S. Kurland, *Averrois Cordubensis Commentarium Medium & Epitome De generatione et corruptione libros* (Cambridge, Mass.,1958), pp. 121-122.

general. Gersonides seized upon a natural phenomenon which clearly is due to the action of a star and which could not be explained by either Aristotle or Averroes. His own solution attributes the effect solely to the sun's light. In *Wars*, V, parts 2 and 3, Gersonides develops a comprehensive astrological theory of his own, founded upon a set of axioms of his own formulation (part 2, chapter 8) and making use of some of his own astronomical discoveries. The appeal of his astrological theory, as we have seen, is grounded upon his successful explanation of the sun's heat.

Gersonides' wider project aims at the incorporation of an understanding of the workings of the natural world into a comprehensive religious philosophy. In this scheme, as we noted earlier, natural astrology plays a critical role, for it is by means of the stellar bodies that God exerts His providence over the sublunar world.[36] It is within this context, it seems to me, that the theological import of the concept of divine force emerges fully. Among earlier Jewish thinkers, Yehudah ha-Levi[37] and Moses Naḥmanides[38] had both employed this term in other contexts, and Gersonides himself uses it in his discussion of biology.[39] Now Averroes also uses the term

---

[36] In at least one place (*Wars* IV,6; 29aa) this is called "general providence", i.e. the care given to humanity in so far as it belongs to the natural order. This includes the particular characteristics that individuals receive in accordance with the stellar configurations; it is not the type of providence that rewards or punishes. Gersonides also employs the term "astral providence"; see Touati, p. 364, and Gad Freudenthal, "Épistémologie, astronomie, et astrologie chez Gersonide," *Révue des études juives* 146 (1987), 357-65, esp. 360ff. I elaborate upon this and other themes in Gersonides' astrology in an essay that will be appended to Seymour Feldman's forthcoming translation of *The Wars of the Lord*, vol. 3 (Philadelphia: Jewish Publication Society).

[37] See in particular *Kuzari* IV,26 (ed. D. Baneth—H. Ben-Shammai, Jerusalem, 1977, p. 184), where the divine force (*quwwa ʾilāhiyya*) figures in the occasionalist philosophy that ha-Levi presents. The divine force is mentioned in Kuzari, IV,9 (p. 161) as the source of correct astrological predictions. This is not to be confused with the *ʾamr ilāhī*, a concept that was analysed by I. Goldziher in his groudbreaking study, "Le *Amr ilāhī* (*hā-inyān hā-élohī*) chez Juda Halévi," *Révue des études juives* 50 (1905), 32-41.

[38] See his commentary to Leviticus 17:7, where he states that the four elements are joined together by the divine force and thus form a sensible body. On Naḥmanides see Y. Tzvi Langermann, "Acceptance and Devaluation: Naḥmanides' Attitude towards Science," *Jewish Thought and Philosophy* 1 (1992), 223-245.

[39] See *Wars*, V, part 3, ch. 3 (f. 38aa) and,especially, Gersonides' commentary to Job, chapter 10 ("Summary of Job's Reply to Bildad"), where Gersonides writes that the heat of the sperm and the divine force both combine to produce a living embryo in the body of the woman. Cf. B. Kogan, *Averroes and the Metaphysics of Causation* (Albany,1985), pp. 176ff., for Averroes' use of the same concept in a biological context.

divine force when speaking of the very problem of the sun's heat; according to him, a divine force allows light *qua* light to induce heat.[40] (Recall that Gersonides stresses that heat is produced specifically from *sun* light.) However, I cannot discern any theological implications in Averroes' use of the term; it rather appears that, in his usage, "divine force" is synonymous with inexplicable force, for Averroes was quite aware of the difficulties involved in allowing light, which is not a body, to cause heat.

It is otherwise with Gersonides. We have seen that, with regard to sublunar physics, Gersonides may have subscribed to Averroes' view that all processes are explicable in terms of the four qualities or, perhaps, he may have agreed with the "later scholars" that, in the explanation of strange phenomena like magnetism, it is necessary to invoke the concept of *segulah*. However that may be, neither explanation can be extended to the stellar influences. The affinity between stellar radiation and the terrestrial elements is itself demonstrable, especially in the case of the sun's heat, but the mechanism of the connection can be explained only by the introduction of a new concept, namely, the divine force, which describes the set of relationships between the radiations of the stars and the corresponding sublunar elements. The divine force effectively accounts for the causal linkage between the stars and the earth—the very astral connection which, in Gersonides' system, serves as the instrument of divine providence over terrestrial affairs. In this way also, the connection between the celestial and terrestrial realms, upon which depends the maintenance of the earth and all of its creatures, is contingent upon the deity. To put it differently, the divine asserts itself at a critical juncture, providing the necessary linkage between heavenly cause and earthly effect. By means of concepts like the divine force Gersonides is able to integrate natural philosophy, astrology, and religious philosophy into a coherent and comprehensive system.

---

[40] Epitome of *De coelo*, ms. Paris, Bibliothèque nationale héb. 935, f. 57a; in the Hebrew translation this property of light is called *segulah*.

LOGIC, SCIENCE, AND PHILOSOPHY IN GERSONIDES

Charles H. Manekin

I. Introduction: Gersonides' Logical Writings

The contributions of Levi ben Gershom (Gersonides) to the fields of science and philosophy are well-known, but his logical writings, though of some influence in the Middle Ages, have only begun to be studied. To these writings belong two major works: the *Commentary on Logic* (1322-1323), which is a supercommentary on the *Middle Commentary* of Averroes on the Aristotelian *Organon*,[1] and the *Book of the Correct Syllogism* (1319), an independent treatise on inference and modal logic.[2] With the exception of the first book of the *Commentary on Logic*, all these writings are extant in Hebrew only in manuscript.[3] The first three books of the *Commentary on Logic*, and all of the *Correct Syllogism*, were translated into Latin, the former being available in the Venice edition of Averroes' commentaries on Aristotle (1562-1577),[4] and the latter in manuscript.[5]

---

[1] *Beʾur la-Higgayon*. This title is found in only a few mss (e.g., MS. Bodley Mich. 209 (Ol. 71) [Neubauer 1383]), but as it is accepted by Steinschneider (*Die Hebraeischen Übersetzungen des Mittelalters und die Juden als Dolmetscher* [Berlin, 1893; rept. Graz, 1956], p. 68) I shall use it here. For most medievals, the Aristotelian *Organon* was composed of Porphyry's *Isagoge* and Aristotle's *Categories*, *De Interpretatione*, *Prior* and *Posterior Analytics*, *Topics*, *Sophisticis Elenchis*, *Rhetoric*, and *Poetics*. Henceforth, references to the individual books of the *Commentary on Logic* (*C. Logic*) will be of the form, "*Commentary on the Isagoge*" ("*C. Isagoge*"), etc.; the divisions of the work are according to the Hebrew version, and not the Latin translation.

[2] *Sefer ha-Heqqesh ha-Yashar*. I am currently preparing a critical edition of this text. Gersonides also wrote a smaller work entitled, *Commentary on Averroes' First and Second Treatises Concerning Some Points in the Prior Analytics* (*Beʾur ha-Maʾamar ha-Rishon ha-Nimẓaʾ la-Filosof ʾIbn Rushd bi-Qeẓat ʿInyanei Sefer ha-Heqqesh . . . Beʾur ha-Maʾamar ha-Sheni . . .*). This is a commentary on the fifth and ninth of Averroes' *Logical Questions*. See Steinschneider, *Hebraeischen Übersetzungen*, pp. 96-108. (Henceforth, *Commentary on the Logical Questions* (or *C. Logical Questions*).)

[3] See S. Rosenberg, "Gersonides' Commentary on the *Mavo*" (Hebrew), *Daat* 22 (Winter, 1989): 85-99.

[4] *Levi Ghersonidis in Porphyrium, in Praedicamenta Arist., in Lib. de Interpretatione, et in Averoim Annotationes*, in *Aristotelis Opera Cum Averrois Cordubensis Commentaria*, 14 vols. (Venice apud Junctas, 1552-1574; rept. Frankfurt am Main, 1962), vol. 1, pt., 1, pp. 1-106.

[5] See Charles Manekin, "Preliminary Observations on Gersonides' Logical Writings," *Proceedings of the American Academy of Jewish Research* 52 (1985): 86-113.

The *Correct Syllogism* appears to have had less influence on subsequent Jewish logicians than the *Commentary on Logic*, perhaps because of its difficulty and originality. Yet it is a fascinating book because Gersonides intended it as an "improvement" upon Aristotle's syllogistic. The title is indicative of the work's boldness: whereas Aristotle had written the *Book of the Syllogism* (the medieval Arabic and Hebrew name for the *Prior Analytics*), the thirty-one year-old Gersonides would now write the *Book of the* Correct *Syllogism*. As he writes in his brief introduction:

> Inasmuch as we saw some things in Aristotle's *Book of the Syllogism*, as understood by the philosopher Averroes, that appear to us to be incorrect—namely, in the conversion of modal sentences and the mode of the conclusion of modal syllogisms, simple and mixed—we have seen fit to investigate the truth of these matters in this book. And since everything that we shall bring in this book is manifestly verified, we have entitled it *The Book of the Correct Syllogism* . . .[6]

From the statement above we learn that Gersonides' main motivation for writing the *Correct Syllogism* was his dissatisfaction with Aristotle's system of modal logic. The work in fact also contains other discussions that are of interest to the historian of logic. One finds such novelties as an analysis of syllogisms in terms of class-relations, an investigation of inferences with relational terms, and a spirited defence of the controversial fourth syllogistic figure. Together with the modal syllogistic, these discussions earn Gersonides a worthy place in the history of logic.

II. Logic as an Organon for Science According to Gersonides

In view of Gersonides' expertise in both science and logic, I wish to raise the question whether Gersonides saw any connection

---

[6] *Correct Syllogism*, Introduction. (All translations are taken from my book, *The Logic of Gersonides: A Translation of "Sefer ha-Heqqesh ha-Yashar"* [*The Book of the Correct Syllogism*] *of Rabbi Levi ben Gershom, with Introduction, Commentary, and Analytical Glossary*, New Synthèse Historical Library [Dordrecht: Kluwer, 1992].) Gersonides may also be alluding to the fact that his treatise considers the *direct syllogism* (*ha-heqqesh ha-yashar*), i.e., a syllogism in which the conclusion is drawn directly from the premises, as opposed to the *per impossibile* or apagogic syllogism (*ha-heqqesh ha-ḥiluf*). (For this distinction see *Prior Analytics* I:23, 41a23-4029a19; cf. the discussion in G. Patzig, *Aristotle's Theory of the Syllogism* [Dordrecht, 1968], p. 149. For the Hebrew phrase, cf. Jacob Klatzkin, *Oẓar ha-Munaḥim ha-Filosophiyim ve-ʾAntologiah Filosofit* [rept. New York, 1968], I, pp. 207-8.) Gersonides does use the phrase *heqqesh yashar* in the sense of 'direct syllogism' in the *C. Prior Analytics*.

between the two. In other words, what were Gersonides' views on the age-old question of the relationship of logic to science, or to philosophy?[7] Unfortunately, although Gersonides wrote very extensively on scientific and logical topics, he never treats the question I have raised in any detail. Indeed, Gersonides makes few theoretical statements in his logical treatises. The *Correct Syllogism*, for example, focuses on the very specialized task of constructing a system of inferences whose validity is demonstrable. To use the modern idiom, the *Correct Syllogism* is an exercise in "doing logic" and not in talking about it; philosophy of logic finds no place therein. The book's interest lies chiefly in the almost mathematical rigor of the discussion and less in any new conception of logic itself. Nor do the supercommentaries lend themselves naturally to broad interpretation. The *Commentary on Logic* is an exegetical work that follows closely the text of Averroes. In places where one would hope to find some theoretical discussions on the relationship of logic and science, such as in the supercommentary on the *Posterior Analytics*, Gersonides confines himself to the text at hand.

Moreover, the supercommentaries present us with a problem of interpretation that has not been sufficiently appreciated in the scholarly literature, namely, that it is often difficult to determine which comments represent Gersonides' own opinions and which express his interpretation of Averroes. It is standard to assume that the phrase "Levi said" introduces Gersonides' own views on a given matter, as opposed to one of his explanations of Averroes. But while this phrase generally introduces an independent observation, that observation may be made "according to the principles of Averroes", and not according to Gersonides' own views. In other words, while the interpretation is genuine Gersonidean, it remains an interpretation of someone else's doctrine. For example, Averroes often makes reference to a syllogistic condition known in traditional logic as the *dici de omni*, "whatever is said of the whole is said of the part." He holds that all concludent premise-pairs yield their conclusion by virtue of the *dici*, which, according to him, is used by Aristotle as the ultimate principle of the syllogism.[8] So much importance

---

[7] In what follows I shall follow the medievals who often used the terms 'philosophy' and 'science' interchangeably.

[8] See the beginning of the fifth *Logical Question* (cited in the *C. Logical Questions*, Bodley Mich. MS. 219 ⟨Ol. 86⟩ [Neubauer 1633], fol. 261r.) How the *dici de omni*

does he attach to the condition that he gives discussions to it in all of his works on the syllogism.[9] Now, Gersonides comments upon the *dici* in the *Commentary on Logic*[10] and at greater length in his commentary on the fifth of the *Logical Questions*.[11] Yet he does not even mention the *dici* in the *Correct Syllogism*, preferring instead to develop his theory of the syllogism differently. So one must be very cautious in attributing to Gersonides broad theories on the basis of his scattered remarks in the *Commentary on Logic*.

But with this warning in mind, I believe that we are able to reduce the risk in our case. For one thing, Gersonides informs us in his introduction to the *Commentary on Logic* that he is not interested in writing a commentary for its own sake for, in his opinion, the contents of Aristotle's logical works need no explanation. His main purpose is to draw attention to those places where his opinion differs from that of Aristotle and to explore areas which should have been investigated by Aristotle but were not. Original composition (*ḥibbur*) and not commentary (*beʾur*) is his primary aim.[12] This is particularly true in his supercommentary on the *Prior Analytics*, where the commentary becomes a series of critical notes. Page after page, Gersonides speaks critically of Averroes' arguments, beginning his comments with remarks like "This is incorrect" or "This argument is necessarily defective," or "[Averroes'] solution here merits derision." From these remarks one can safely learn about Gersonides' own views.

The passage coming closest to a general statement of the relationship of logic and science occurs near the beginning of the *Commentary on Logic*:

> We say that this art ⟨of logic⟩ directs the intellect to distinguish between the true and the false in anything which it examines. Accordingly, it is

became the *dictum de omni* in the Renaissance, and how it became famous as Aristotle's 'principle' of the syllogism, is a fascinating story in the history of logic that I hope to tell elsewhere.

9 I.e., the *Middle Commentary* on the *Prior Analytics*, the *Epitome* of the *Organon*, and the fifth of the *Logical Questions*.

10 *C. Prior Analytics*, Bodley Mich. MS. 219 ⟨Ol. 86⟩ [Neubauer 1633], fol. 182r.

11 *C. Logical Questions*, fols. 263v-264r.

12 Cited by Steinschneider, *Hebraeischen Übersetzungen*, p. 67. This passage is not in the edition of the *C. Isagoge* edited by Shalom Rosenberg, which is based on only several of the extant manuscripts. See S. Rosenberg, "Gersonides' Commentary on the *Mavo*," p. 90.

> clear that this art is not a science but an instrument for science. It is an instrument for science because it distinguishes between the true and the false, which is the aim of science, but it is not itself science because the true essence of things will not be attained through it, nor investigated by it. Rather, it merely explains how the intellect will distinguish the true from the false in things. As a result, it is proper that this art not assume anything whose explanation requires one of the sciences, since that which is prior *qua* being prior does not require that which is posterior to it.[13]

Like most medieval philosophers, Gersonides holds that logic differs from science insofar as it does not investigate the true essences of things, which is the aim of science: logic is not *a* science, that is, an inquiry with a particular domain of objects. Yet logic bears a special relationship to science because through logic the intellect learns to distinguish between the true and the false in things. Gersonides here follows the Aristotelian view of logic as an organon for science, an instrument for the acquisition of knowledge.[14] Logic is hence prior to science, though in precisely what manner of priority we shall consider below.

The view of logic as an organon is standard for a medieval Aristotelian, often implying little more than the truisms that right thinking will advance scientific inquiry, or that the theory of proof underlying science has to conform to the canons of (Aristotle's) logic. But for Gersonides the instrumental nature of logic is not a mere methodological declaration of faith. He occasionally appeals to logic to settle issues of metaphysical import. For example, in *Wars of the Lord* I:10 he tackles the difficult question of the ontological status of our mental concepts, or "intelligibles" (*muskalot*), to use the technical term.[15] When we think of *triangle*, are we thinking of a

---

[13] *C. Isagoge*, Vatican MS. Urb. 35, fol. 1r.

[14] On the historical discussion of the relationship of logic to science, see Christel Hein, *Definition und Einteilung der Philosophie. Von der spätantiken Einleitungsliteratur zur arabischen Enzyklopädie* (Frankfurt am Main, 1985), pp. 153-62.

[15] See *Milḥamot ha-Shem* I:10 (Riva di Trento, 1560), pp. 11b-16a. For an interpretation of this chapter, see Charles H. Manekin, "Logic and Its Applications in the Philosophy of Gersonides," in *Gersonide en son temps. Science et philosophie médiévales*, ed. G. Dahan (Louvain / Paris: E. Peeters, 1991), pp. 133-49. Earlier interpretations include Isaac Husik, "Studies in Gersonides," *Jewish Quarterly Review*, n.s. 7 (1916-1917): 553-94, and 8 (1917-1918): 113-56 and 231-68; Julius Guttmann, "Levi ben Gersons Theorie des Begriffs," in *Festschrift zum 75-jährigen Bestehen des jüdisch-theologischen Seminars* (Breslau, 1929), 2, pp. 131-49; and Charles Touati, *La pensée philosophique et théologique de Gersonide* (Paris, 1973), pp. 413-24.

particular triangle, a class of triangles, or what? What is the ontological status of the triangle intellected? To answer these questions Gersonides appeals to the logic of definitions and propositions, because, he claims, thoughts themselves can be divided into definitions and propositions. His analysis leads him to conclude that in a sentence like "Every triangle possesses angles that equal the sum of two right angles" the subject "triangle" signifies any arbitrary triangle, which implies that the objects of our thoughts are neither entirely particular nor entirely universal. Considerations of logic are paramount in the argument for his position on this key question.

It would be mistaken to claim that Gersonides was unique, or even unusual, in appealing to logic in his philosophical writings. On the contrary, since many medieval Aristotelians believed that the structure of language (the logical structure that is common to all languages) represents the structure of the world, they were of the opinion that it is possible to employ arguments from logic to settle questions of metaphysics. For example, from an analysis of the structure of predicative sentences one can learn something about the underlying structure of substance and accidents to which these sentences refer. This idea had formed the basis of Maimonides' discussion of divine attributes and of Gersonides' critique thereupon. When Maimonides argues on the basis of Aristotelian logic that essential attributes are inadmissable because they entail multiplicity, Gersonides counters—on what he considered to be a better reading of Aristotle—that essential attributes, when predicated "by priority and by posteriority", are admissable.[16] Still, Gersonides' utilization of logical analyses in his metaphysical writings gains an added dimension if we see it as part of his general conception of logic as distinguishing "the true from the false in things."

What does it mean to distinguish "the true from the false *in things*"? The phrase appears awkward; in modern philosophical parlance, truth and falsity are said to apply to sentences and not to things, i.e., extramental reality. But even if it is proper to speak of things being true, does this mean that Gersonides includes existents

---

[16] This doctrine was itself not original to Gersonides; he could have learned of it from his reading of Averroes. See Harry A. Wolfson, "Avicenna, Algazali, and Averroes on Divine Attributes," in *Homaje a Millas-Vallicrosa* (Barcelona, 1956), II, pp. 545-71; rept. in his *Studies in the History of Philosophy and Religion* I (Cambridge, Mass., 1973), pp. 143-69, esp. p. 169.

(*nimẓ'aot*) within the domain of logic, in addition to intelligibles and utterances (*millot*)? While there is no explicit statement of his showing that he did, one can infer it indirectly on the basis of a highly unorthodox doctrine that he holds in the *C. Categories*. According to Gersonides, the ten Aristotelian categories classify existents *in themselves* and not insofar as they are spoken about. But this doctrine presupposes a conception of the nature of logic according to which extramental existents are included within its domain:

> Since this art explains the intentions of speech and what follows from it and directs a man so that his external speech will correspond to, and be equal to, what is represented in the soul . . . while the representations in the soul are taken from the matters (*ha-ʿinyanim*) outside the soul, i.e., the existents, it is proper that ⟨Aristotle⟩ explain first what the existents are in themselves, and not in so far as they are spoken about.[17]

Gersonides' view seems to be that if the art of logic is to enable its practitioners to understand the meanings and logical implications of discourse and to achieve a correspondance between thought and linguistic expression, then it must consider the things that are the sources and causes of our thoughts. This does not mean that logic is concerned with the causal process by which the intelligibles arise in our mind; that is a topic for psychology and not for logic. Rather, it means that for us to understand even in a preliminary fashion such concepts as "species," "opposite," or "substance," we must be acquainted with what such concepts classify, namely, extramental existents. This theme indeed runs throughout Gersonides' supercommentary on the *Categories*. For example, to explain the concept of opposition, he points out that every existent is either a "same" or an "other." Since whatever is a "same" is clearly not an "other," we must distinguish the various kinds of oppositions between entities, namely, contrariety, negation, and privation. For logic to investigate the different types of opposition it must know something about the existents to which the relation of opposition applies. To generalize, the art of logic must assume some knowledge about extramental reality.

Gersonides' position on the subject-matter of the *Categories* is most unusual for his period. The inclusion of the *Categories* in the *Organon* had always been considered problematic by the Aristotelians. On

---

17 *C. Categories*, Vatican MS. Urb. 35, I:1, fol. 26r.

the one hand, it was held that extramental existents should be excluded from the domain of logic because they were the object of scientific inquiry. On the other, the *Categories* deals with the classification of reality, an eminently metaphysical topic. To solve this problem the commentators generally took one of two ways out: some simply held that the *Categories* deal with existents not *per se*, but only as they are conceived or talked about; others held that it deals with existents and *for this reason* indeed excluded it from the logical writings altogether. Most commentators chose the first avenue. Among the Greeks, Porphyry claimed that the work treated utterances (*phonai*) as signifying things, while Ammonius, followed by Philoponus, thought that the subject was "utterances which signify things through concepts." Among the Arabs, Alfarabi treated the subject matter of the *Categories* in line with his general position on the subject matter of logic: according to him, the work bears on "intelligibles as they are signified by utterances and utterances as they signify intelligibles." Avicenna, by contrast, held that the work is concerned with existents and for this reason did not consider it in his logical writings.[18] Averroes' position, lastly, shows the influence both of Alfarabi and Avicenna. Like Alfarabi, Averroes considers the subject matter of the *Categories* to fall within the domain of logic: "The science of logic investigates ⟨the categories⟩ by virtue of some of them being universal, others particular, others explaining their

[18] Sources for the preceding paragraph are: Porphyry, *In Aristotelis Categorias Commentarium*, ed. A. Busse, *Commentaria in Aristotelem Graeca*, vol. 4, pt. 1 (Berlin, 1887), pp. 56-7; Ammonius, *In Porphyrii Isagogen*, ed. A. Busse, *Commentaria in Aristotelem Graeca*, vol. 4, pt. 3 (Berlin, 1891), p. 9; John Philoponus, *In Aristotelis Categorias Commentarium*, ed. A. Busse, *Commentaria in Aristotelem Graeca*, vol. 13, pt. 1 (Berlin, 1898), p. 8, line 27—p. 9, line 15. The above are all quoted in Herbert A. Davidson, ed., *Ha-Beʾur ha-ʾEmẓaʿi shel Ibn Rushd ʿal Sefer ha-Mavo le-Porfirius ve-Sefer ha-Maʾamarot le-ʾAristoteles*, *Corpus Commentariorum Averrois in Aristotelem*, *Versionum Hebraicarum*, Vol. I, a (Medium) (Cambridge, Mass., 1969), p. 114, note to 33.24; idem., *Averroes' Middle Commentary on Porphyry's "Isagoge" . . . and on Aristotle's "Categoriae"*, *Corpus Commentariorum Averrois in Aristotelem*, *Versio Anglica*, Vol. I, a 1-2, (Cambridge, Mass., 1969), p. 99, n. 6. See D.M. Dunlop, ed. and trans., "Al-Farabi's Introductory 'Risālah' on Logic," *Islamic Quarterly* 3 (1956): 224-35, on p. 229, trans. p. 232; A. Gonzalel Palencia, ed. and trans., *Ihsāʿ al-ʿUlūm* (Madrid, 1953), pp. 46-7, trans., p. 32. For Avicenna's exclusion of the categories in the *Shifā*, see I. Madkour, *L'Organon dans le monde arabe*, seconde édition (Paris, 1969), pp. 79-84. They are also missing from Avicenna's other major logical writings (e.g., *al-Shifā*, *al-Najāt*, *al-Ishārāt*, and the *Danesh-Name Alai.*): see A.I. Sabra, "Avicenna on the Subject Matter of Logic," *Journal of Philosophy* 77 (1980): 746-64.

essence, others being a predicate. In this aspect of their apprehension the categories are called secondary intelligibles.''[19]

Gersonides' three major Arab predecessors, and virtually all medieval philosophers, thus share the major assumption that the subject matter of the *Categories* does not include extramental existents. As we have seen, Gersonides is of the opposite view: the *Categories* treats existents in themselves and not insofar as they are spoken of, and hence logic requires some sort of knowledge of existents.

But what sort of knowledge? Here we face the question of the relationship between logic and science with great urgency. Gersonides argues that logic must begin with an investigation of extramental reality, yet he accepts fully the view of the study of logic as prior to, and independent of, the study of science. How can we reconcile these two seemingly contradictory requirements: the one that logic treat extramental entities in themselves and the other that logic be prior to and independent of the sciences which also investigate these entities?

Gersonides' answer to our question can be inferred from the last-cited passage: While logic assumes knowledge about extramental reality, it must not make any assumptions that depend upon scientific investigation. Logic thus assumes knowledge of things not according to the way they really exist, but only according to the way that they are commonly believed to be. Gersonides here avails himself of a doctrine that appears repeatedly in Averroes,[20] namely, that the discussions in the *Organon* are from the standpoint of ''generally accepted opinion,'' and applies it to the question of the domain of logic: the entities assumed by logic to exist are those which are commonly held to exist.

With this interpretation, the question ''What sort of knowledge of reality is required by the *Categories*?'' becomes: ''What sort of entities are subsumed under the Aristotelian categories?'' The answer, according to Gersonides, is: solely perceptible objects (*ha-debarim ha-*

---

19 Averroes, *Kol Melekhet Higgayon* (Riva da Trento, 1527), p. 9a. The translation, by Jacob ben Makhir in 1189, is of the epitomes of the books of the *Organon*. For Gersonides' familiarity with the work, see Manekin, ''Preliminary Observations,'' p. 98.

20 See Davidson, *Ha-Beʾur ha-ʾEmẓaʿi*, p. 31 and p. 113, note to 31.8; idem., *Averroes' Middle Commentary*, p. 31 and note 7, p. 98.

murgashim, ha-murgashot).[21] Imperceptible objects, even those whose existence is not at all metaphysically controversial according to Gersonides (e.g., separate intelligences), are excluded from the domain of logic. This view accords well with the previous requirement that logic be prior to the other sciences and that its discussions be from the vantage-point of commonly accepted opinions. For even if separate intelligences, for example, are universally taken to exist by philosophers, their existence is established through the sciences of physics and metaphysics. But since the logic of the *Organon* is geared to all men, the entities that logic assumes to exist are the ones with which all men are familiar.

To be sure, Gersonides does not hold that logic can justifiably apply to perceptible objects alone. In his own formal logic he never restricts the range of his term-variables to perceptible objects, and one imagines that he would reject any suggestion of that sort. Indeed, as I mentioned earlier, in the *Wars of the Lord* he employs logic to consider the metaphysical question of the ontological status of concepts. His logic is deeply loaded with ontological commitments.

To understand how, then, imperceptible entities can be included after all within the domain of the objects of logic, we must retun to Gersonides' view that the study of logic should be prior to the study of the other sciences. This view, we saw, entails a restriction on the type of entities admitted. *But this restriction is only temporary.* As the student advances in his philosophical studies, he acquires knowledge of things that were unknown to him previously, and is thus able to enlarge the scope of objects to which logic, via the doctrine of the *Categories*, applies. This extension does not call for any fundamental changes, because the new objects are subsumed under the previous categories. For example, the student learns what substances are with reference to perceptible objects; when he acquires knowledge about imperceptible objects such as separate intelligences, he will be able to classify them as substances and not as qualities.

Two examples from the *Commentary on the Categories* clarify these points, the first example illustrating the continuity between what we may call the pre-scientific and the scientific domains of logic, the second showing a discrepancy. At *Categories* 5, 2a11-19 Aristotle distinguishes between substances which are primary, e.g., the individual

---

21 *C. Categories*, I:12, 29v: "It behooves us rather to say that this art ⟨of logic⟩ assumes things that are commonly held ⟨to exist⟩, i.e., perceptible things."

man or the individual horse, and those which are secondary, e.g., the species man and the genus animal. According to Averroes' interpretation in the *Middle Commentary*, primary substances "signify" a certain individual, whereas secondary substances "signify" an arbitrarily selected individual.[22] Now since, according to Gersonides, the existents referred to in the *Categories* are all perceptible objects, which are by nature individual, it is clear that he will have to hold that secondary substances also refer to perceptible objects. So it is not surprising that he adopts Averroes' view that secondary substances "signify" arbitrarily selected *individuals*. Let us note that this is not an *ad hoc* move, forced on him by the restriction on the domain of objects of the *Categories*. Rather, it is an essential part of Gersonides' general view: we saw above that in his mature philosophical doctrine, Gersonides holds an intelligible like *triangle* to signify an arbitrarily selected triangle. The notion that an intelligible signifies an arbitrarily selected individual, rather than a form or a universal, forms a metaphysical thesis of the *Wars of the Lord* and is not just limited to his logic.

On the other hand, when we move from a pre-scientific classification of reality to a scientific one, there will have to be some adjustments. Thus, Aristotle claims in the *Categories* that substances, unlike accidents, lack contraries; no one substance is the contrary of another. This claim, comments Gersonides, is true of perceptible objects but not of all substances: imperceptible objects such as the four elements, earth, air, fire, and water in their pristine state, do indeed possess contraries.[23] The claims in the *Categories* that are

---

22 See Davidson, *Ha-Beʾur ha-ʾEmẓaʿi*, 2:1, p. 45, and p. 119, note to 45.31; idem., *Averroes' Middle Commentary*, p. 42 and note, p. 98. The notion of a substance signifying something else sounds odd to modern ears, but that is what Aristotle says at *Categories* 5, 3b10. According to Ackrill, "it is careless of . . . [Aristotle] . . . to speak as if it were substances (and not names of substances) that signify." See *Aristotle's "Categories" and "De Interpretatione"*, trans. with notes by J.L. Ackrill, Clarendon Aristotle Series (Oxford, 1963), p. 88.

23 *C. Categories*, II:11, fol. 30v. Cf. Ibid., II:12, fol. 31r, where Gersonides claims that the primary elements, like other substances, do not admit of a more or a less. He adds that he plans to consider this topic elsewhere, "for it is evident that this is not the place for such an investigation." Gad Freudenthal writes (personal communication): "One place, at least, where he considers this topic, if briefly, is his *Commentary* on Averroes' epitome of the *De generatione et corruptione*, at the passage corresponding to II, 1, 328b26; cf. MS. Berlin, Staatsbibliothek preussischer Kulturbesitz, MS. Orient Fol. 1055 (catalogue number 110), fol. 91. His argument is essentially that since the elements act on, and are affected by, one another, they

based on the restricted domain of logic are sometimes revised in the light of a more accurate, scientific, description of reality. Nevertheless, these revisions do not alter fundamentally the classification of reality provided by Aristotle in the *Categories*.

Gersonides, then, defends his controversial interpretation of the subject matter of the *Categories* by appealing to the conception of logic as an organon for science. Since the art of logic enables one to distinguish between the true and the false *in things*, which is also the intention of science, logic has to investigate extramental entities. But it is proper that the art of logic not assume anything whose explanation requires one of the sciences since, to cite Gersonides, what is prior must not require that which is posterior to it.

Gersonides' affirmation of the priority of logic over science can be taken in two senses. In a temporal sense, logic is prior to science because knowledge of logic is a necessary condition for scientific inquiry. Indeed, students of philosophy in the Middle Ages, Moslem, Christian, and Jewish, began their studies with logic and only once that discipline had been mastered were they supposed to continue. In this sense there is nothing really new to Gersonides' claim.

But according to Gersonides, logic is prior to science not merely in the *ordo cognescendi*: the doctrines of logic, he holds, must also be independent of, and hence unaffected by, scientific research. We have seen this independence in Gersonides' interpretation of the *Categories*, where he affirms that logic treats extramental existents "from the standpoint of commonly accepted opinion" and not from that of science. It also comes to the fore, as we shall presently see, in his theory of the syllogism, where he holds that the validity of an inference-pattern is to be judged independently of its scientific utility. This is a highly unusual stance in medieval logic, in which appeals to extralogical considerations like "scientific utility" or "naturalness" were sometimes taken to determine the validity of an inference-pattern.

It would yet be wrong to view Gersonides' formal logic as science-

---

must be contraries (just as the qualities). His argument is not found in the corresponding passage of Averroes' epitome; see Samuel Kurland ed., *Beʾurei Ibn Rushd ʿal Sefer ha-Havayah ve-ha-Hefsed le-ʾAristoteles*, *Corpus Commentariorum Averrois in Aristotelem*, *Versionum Hebraicum*, Vol. IV, 1-2 (Cambridge, Mass., 1958), pp. 112-3; idem., *Averroes on Aristotle's 'De generatione et corruptione'*: *Middle Commentary and Epitome*, *Corpus Commentariorum Averrois in Aristotelem*, *Versio Anglica*, Vol. IV, 1-2 (Cambridge, Mass., 1958), pp. 124-5."

neutral; on the contrary, according to Gersonides, logic remains an organon for science even in formal logic, and he holds that the scientific utility of an inference-pattern can bolster its acceptability. To understand these views we have to make a short detour into the byways of medieval syllogistic.

III. Logical Validity, Psychological Naturalness, and Scientific Utility

It is well known that the traditional Aristotelian syllogism consists of two premises and a conclusion. Each premise consists of two terms, one unique to that premise and the other common to both premises. The conclusion always consists of two unique terms, known as the minor and the major terms. Now, in the Arabic and Hebrew tradition of logic, syllogisms were constructed so as to prove a particular thesis that had the minor term as its subject and the major term as its predicate. This thesis was known as *al-maṭlub* in Arabic, *ha-derush* or *ha-mebuqqash* in Hebrew, and as the *quaesitum* in Latin. For example, if we know that every *A* is *B* and that every *B* is *C*, then through syllogistic reasoning we conclude that "Every *A* is *C*" which is the *quaesitum*.

Because the *quaesitum* of a syllogism is often the same as its conclusion, logicians sometimes identified the two. Algazali writes: "That which is derived from a syllogism is called the conclusion after it has been derived, and the *quaesitum* before it has been derived."[24] But it was known that some premises yield a conclusion whose subject is the major term and whose predicate is the minor, which is the opposite of how these terms appear in the *quaesitum*. This arrangement of terms is called simply by the logicians "what is other than the *quaesitum*" (*mah she-zulat ha-derush*).

What is the logical status of a syllogism that yields a conclusion that is other than the *quaesitum*? Is it a valid syllogism or not? According to Averroes it is invalid because it represents an "unnatural" pattern of reasoning:

> The cogitative faculty will not exert itself naturally with a syllogism that yields ⟨a conclusion⟩ other than the *quaesitum*, and will only formulate

---

24 *Opinions of the Philosophers*, I:4, in *The Logical Part of Al-Ghazali's "Maqāsid al-Falāsifah* ..., ed. and trans. G.B. Chertoff (Dissertation, Columbia University, 1952), II, p. 55.

> one metaphorically. For example, if we seek to know "Is *A* in *C*?" and we say that *A* is in *C* because *A* is in *B* and *B* is in *C*, then this syllogism will be natural and commonly found in people's speech ..., but if we say *A* is in *C* because *C* is in *B* and *B* is in *A*, then this is something that no one thinks naturally ...[25]

Moreover, a syllogism that yields something other than the *quaesitum* is of no *scientific utility* because it does not yield what we sought to prove in the first place. Such a syllogism is, at best, incomplete, for in some cases it is possible to convert the conclusion to yield a sentence whose subject is the minor term and whose predicate is the major. Where the conclusion cannot be converted, it is, strictly speaking, not a valid syllogism at all.

Gersonides disputes this position with two arguments: since syllogisms that yield a conclusion other than the *quaesitum* fulfill the general conditions laid down by Aristotle for valid syllogisms they are themselves valid; although they would not usually be used in demonstrations, because they are of no scientific utility, they may be useful in dialectical debate.[26] His view seems to be that to hold that a syllogism is invalid because it yields a conclusion other than the *quaesitum* is to misunderstand the notion of logical validity. Although such a syllogism may be useless for furthering our knowledge, this does not mean that it is incomplete or defective. As long as the conclusion is derived necessarily from the two premises, the syllogism is valid. It also matters not whether the syllogism represents a natural pattern of reasoning or not; *naturalness*, according to Gersonides, is not a relevant consideration for determining the validity of an argument.

The question of "naturalness" brings us to Gersonides' defence of the controversial fourth syllogistic figure. In the fourth figure the middle term is the predicate in the minor premise and the subject in the major premises, which is precisely the opposite of the arrangement of terms in the first figure. For some reason Aristotle failed to posit the existence of a separate fourth figure, although he appears to have implicitly recognized some fourth-figure moods.[27] Galen is

---

[25] *Middle Commentary* on the *Prior Analytics*, I:1, MS. Jewish Theological Seminary 2466, fol. 78r.

[26] *C. Prior Analytics* MS. Leiden Warnero 42, fol. 129v.

[27] See I.M. Bochenski, *A History of Formal Logic*, trans. Ivo Thomas (Notre Dame, 1975), p. 71; cf. Jan Lukasiewicz, *Aristotle's Syllogistic From the Standpoint of Modern Formal Logic* (Oxford, 1954), p. 27.

usually given the credit for the fourth figure, which, according to the text-books of the history of logic, lay undefended until the end of the Middle Ages.[28] Indeed, although the fourth figure became known in the Latin West beginning in the middle of the thirteenth century, when the new translations of Aristotle and the commentaries of Averroes became available, yet Averroes' energetic criticisms, especially his rejection of "unnatural" modes of inferences, impeded the acceptance of the figure for many generations.[29]

Yet recent research into Jewish logical writings of the thirteenth and fourteenth centuries has uncovered two defences of the fourth figure against the attacks of Averroes. One of these defences, preserved in a work by the Spanish philosopher Isaac Albalag (end of thirteenth-, beginning of fourteenth-century), is by his contemporary Abner of Burgos.[30] The second, and most developed, is presented by Gersonides in the *Correct Syllogism* and in the *C. Prior Analytics*.[31]

What is most interesting about Gersonides' treatment of the fourth figure is his self-confident approach to what he knew to be a controversial issue. He begins by pointing out without much com-

---

[28] For characteristic statements see A.N. Prior, "Logic, Traditional," *Encyclopedia of Philosophy*, ed. Paul Edwards (New York: Collier-Macmillan, 1967), vol. 5, p. 39, and William Kneale and Martha Kneale, *The Development of Logic* (Cambridge, 1962), p. 183, who write, "... we have no trace of anyone who defended the doctrines of four figures before the end of the Middle Ages."

[29] As late as the nineteenth-century an English logician would write about the fourth figure, "Ought we to retain it? If we do, it should be as a sort of syllogistic Helot, to show how low the syllogism can fall when it neglects the laws on which all reasoning is founded. ... Where the First Figure draws its conclusion naturally ... this perverted abortion forces the mind to an awkward and clumsy process which rightly deserves to be called 'inordinate and violent.'." From Father Clark's *Logic* (p. 337), quoted in J.N. Keynes, *Studies and Exercises in Formal Logic* (fourth ed., London, 1928), p. 284.

[30] In Bochenski, *A History of Formal Logic*, pp. 217-8. Bochenski included a translation of the text by Georges Vajda. Following Vajda, Bochenski attributed the defense to Albalag in the original German edition of his history; he then corrected the attribution in the second German edition on the basis of Vajda's correction in *Isaac Albalag: Averroïste juif, traducteur et annotateur d'al-Ghazâlî* (Paris: J. Vrin, 1960), pp. 274-5. Unfortunately, the English translation is of the first German edition, and hence does not take into account Bochenski's correction in the second edition. For the Hebrew text cf. Georges Vajda (ed.), *Isaac Albalag, Sefer Tiqqun ha-Deʿot* (Jerusalem: Israel Academy of Sciences and Humanities, 1973), pp. 9-12.

[31] I consider these and other defences in a forthcoming study of the syllogism in medieval Hebrew logic.

ment that two premises composed of three terms may be arranged in four different ways; these are the four figures. He then proves generally that premises that fail to yield the *quaesitum* in the first figure will do so when they have been transposed, and vice-versa. Now, it can be shown that there are first-figure premise-pairs that yield a conclusion other than the *quaesitum*. So by the aforementioned rule it follows that they will yield the *quaesitum* if the premises are transposed, i.e., if they are set out in the fourth figure.[32]

Averroes had argued that it is not necessary to posit a fourth figure, for if one reverses the order of the premises one obtains the first-figure, the minor term becoming the major term and vice-versa.[33] Gersonides was, of course, familiar with the argument, yet he rejects it out of hand. It is this rejection which is of special interest to us because of the light it sheds on his view of the relationship of logic and science. Basically he argues that the fourth figure should be posited in order that all concludent premise-pairs yield the *quaesitum*. If the premises were arranged in the first figure, as Averroes had suggested, then the premises would yield a conclusion other than the *quaesitum* because the order of the terms of the conclusion would also be reversed. Not all of these conclusions could be converted so as to yield the *quaesitum*; there are two premise-pairs that will yield the *quaesitum only* in the fourth figure: "Every *B* is *A* / No *C* is *B*" and "Some *B* is *A* / No *C* is *B*"; these yield "Some *A* is not *C*" in the fourth figure alone. Since these premise-pairs may arise in one's investigations, and since they satisfy the general conditions of the syllogism, there is no reason why they should not be arranged as fourth-figure syllogisms.

In sum, the fourth figure must be posited not in order to yield a valid conclusion, but in order to yield certain types of the *quaesitum* that cannot be obtained otherwise. And yielding the *quaesitum* is what makes syllogisms important for scientific inquiry. We see, then, that while Gersonides appeals to scientific utility to argue for the importance of positing a separate figure, he proves the logical

---

32 *Correct Syllogism* II:4, fol. 114r.

33 This is precisely what Aristotle's student Theophrastus was said to have done, and it has been suggested that this was Aristotle's own view. See Kneale and Kneale *Development*, p. 100. On Aristotle's acceptance of the fourth figure moods, cf. Lukasiewicz, *Aristotle's Syllogistic*, 55-83; Bochenski *History*, pp. 70-72, and G. Patzig, *Aristotle's Theory of the Syllogism*, trans. Jonathan Barnes (Dordrecht, 1977), pp. 55-83.

validity of fourth-figure syllogisms independently of extra-logical considerations.

At this point Gersonides has to confront head-on Averroes' contention that the fourth figure is not only unnecessary, but also represents an unnatural form of reasoning.[34] This, we will now see, leads Gersonides notably to distinguish the notion of the validity of an argument from that of its naturalness. Averroes does not say what makes the fourth figure unnatural, but this may be the point of his next objection: when the middle term is the subject of the minor premise and the predicate of the major premise (the arrangement of the fourth figure), then we predicate something of itself, which is strange. Consider, for example, the fourth-figure syllogism "Every *B* is *A*, Every *C* is *B*; hence, Some *A* is *C*" (*Bramantip*, according to the scholastics). Since *A* is predicated of *B* in the minor premise, and *C* is predicated of *A* in the conclusion, one can conclude that *C* is predicated of *B*. But the major premise tells us that *B* is predicated of *C*; it is as if something is predicated of itself.[35] In his commentary on this passage, Gersonides suggests that Averroes may also be concerned by the fact that one of the premises of a fourth-figure syllogism contains an unnatural predication in Aristotle's sense of the phrase, e.g., a predication in which a substance is affirmed of an accident.[36] Finally, Averroes notes that in order to reduce the fourth figure to the first we must perform two operations: transposition of the premises and conversion of the conclusion. This, too, he considers strange.[37]

Gersonides addresses these objections at some length in the *Correct Syllogism*.[38] To the last one mentioned above he replies that the reduction of the second mood of the fourth figure is no stranger than the reduction of the second mood of the second figure (*Camestres*), which involves two conversions and one transposition. Furthermore, all of the fourth-figure syllogisms can be proved easily by the

---

[34] *Middle Commentary* on *Prior Analytics*, I.1, fols. 67v, 78r-v. The charge of "unnaturalness" is found in the writings of Avicenna, although it is probably older. See *Livre des directives et remarques* (*Kitab al-ʾIshārāt wal-Tanbīhāt*), trans. A.M. Goichon (Paris: J. Vrin, 1955), p. 198. Cf. I. Madkour, *L'Organon dans le monde arabe*, p. 206.

[35] *Middle Commentary* on the *Prior Analytics*, I:1, MS. Jewish Theological Seminary 2466, fol. 78r-v.

[36] *C. Prior Analytics*, fols. 192-193.

[37] *Middle Commentary* on the *Prior Analytics*, I:1, fol. 73v.

[38] In II:6.

procedure of *reductio per impossibile*. As for the objection that the fourth figure involves self-predication, as well as other "unnatural" predications, Gersonides points out that this applies only to two moods of the fourth figure, namely, the ones in which both premises are affirmative; it hardly can serve as a reason for eliminating the other three. More importantly, it is obvious that unnatural predications are allowed in syllogisms, for the theory of the syllogism is based on the theory of conversion of premises, which assumes that the subject and predicate can be exchanged.

But what of the more fundamental charge that the fourth figure represents an unnatural pattern of reasoning? To this Gersonides responds as follows:

> As for Averroes' statement that we do not possess this figure naturally—even if we concede this point it is no objection against us. For when we mistakenly consider two inconcludent premises to be concludent, as in the case of two affirmative premises in the second figure, this art corrects our error and provides us with knowledge of what we were ignorant of at the beginning of the inquiry. But if this art investigated only by means of what we know by nature, then our exertions in it would be an idle exercise. For it would not inform us of anything which we did not already know. This is completely evident.[39]

Gersonides' response can be understood in two ways. He may mean simply that the "unnaturalness" of the fourth figure does not diminish its importance for logic because logic takes us beyond what we know by nature, i.e., originally, or in our natural state. On this interpretation, Gersonides' answer implies an understanding of "unnatural" as something like "developed," "advanced." But Gersonides is probably making the stronger point that the oddness or counterintuitiveness of certain valid patterns of inference are not insufficient grounds for rejecting them: on the contrary, since logic proceeds from what is known to what is unknown, it is likely that there will be strange patterns of inference; if our reasoning leads to these patterns then we cannot reject them because they are odd or unusual. This interpretation makes Gersonides sound strikingly modern in his disregard for a psychological criterion such as "naturalness" in the assessment of the validity of inferences. Such a disregard is in keeping with what we may describe as his rigorous, almost mathematical, approach to the theory of inference.

---

[39] *Correct Syllogism*, II:9.

In Gersonides' syllogistic, then, we see an *implicit* distinction between the logical notion of validity, the psychological notion of naturalness, and the pragmatic notion of scientific utility. An inference-pattern may be valid, though psychologically "unnatural" and of no profit for science (e.g., the syllogisms that yield a conclusion other than the *quaesitum*). Or it may be valid and of possible value for scientific demonstration, yet unnatural (e.g., fourth-figure syllogisms). Since logic, according to Gersonides, is an organon for science, scientific utility will serve to bolster the acceptability of a given inference pattern, although it will not determine its validity.

GERSONIDES' BIBLICAL COMMENTARY: SCIENCE, HISTORY AND PROVIDENCE
(or: The Importance of Being Boring)

Amos Funkenstein

1. Gersonides' biblical commentary does little to ingratiate itself to its readers—be they medieval or modern. It has nothing of Rashi's charm, his unique blend of correct grammatical readings with pedagogically instructive homilies.[1] It lacks the grammatical acumen of Ibn-Ezra, who taught us how always to interpret the biblical vocabulary and imagery in context.[2] It also lacks Ibn-Ezra's attractive speculative enigmas. It avoids two dimensions of exegesis which made Naḥmanides' commentary dear to its readers—the typological-historical hunt for prefigurations and their fulfillment (*remez*) and the allusions to kabbalistic-mystical symbolism (*sod*; *derekh ha-emet la-amito*).[3] Nor was Gersonides endowed with Ibn Kaspi's keen sense for anachronisms, his capacity to place biblical customs and institutions in the context of bygone historical circumstances.[4] His is rather a dry, schematic, repetitive and dogmatic exercise. It is, of course, of some use for the reconstruction of his philosophical and scientific position—but again not excessively so, since Gersonides main work, his *Wars of the Lord*, hides nothing. Unlike the *Guide* of his admired Maimonides, Ralbag felt no need to conceal his real opinions or to wrap them in an ambiguous language.

Why, then, bother to examine so boring a commentary? Partly, of course, because it is there—the ultimate rationale for the his-

---

1 The latter, however, only inasmuch as they bear directly on the understanding of the meaning and order of scriptural verses; this is Rashi's conception of "*peshuṭo shel miqra ve'aggada hameyashevet peshuṭo shel miqra davar davur ʿal ofnav*" (to Gen. 3:8). Cf. the excellent study of the late S. Kamin, *Rashi*: *Peshuṭo shel Miqra u-Midrasho shel Miqra* (Jerusalem, 1986).

2 Cf. my *Styles in Medieval Biblical Exegesis* ([Hebrew]; Tel Aviv, 1990), ch. 3, 4.

3 Id., "Naḥmanides' Typological Reading of History", *Zion*: *A Quarterly for Jewish History* 45 (1980): 35-59; transl. in *Studies in Jewish Mysticism* ed. J. Dan and F. Talmage, *AJS Review* (1982): 129-50.

4 I. Twersky, "Josef ibn Kaspi: Portrait of a Medieval Jewish Intellectual," in: *Studies in Medieval Jewish History and Literature*, ed. I. Twersky (Cambridge, Mass., 1979), pp. 231-57, esp. 238-42.

torian. Partly because it fleshes out, in many cases, the details of positions which his main treatise mentions but briefly and with much abstraction, as e.g. the ways in which astrology is relevant to the study of collective fates—to the study of history. In part because the very dryness of this commentary, especially the *Perush ha-Torah* (*Commentary on the Torah*), is interesting and telling. Let me start with the latter feature.

2. In a famous essay, Husserl spoke of "philosophy as an exact science" (*Philosophie als strenge Wissenschaft*). Philosophy, he believed, could become an exact science if it abandons speculation in favor of a systematic search for empirical, a priori, "eidetic" structures. Gersonides, needless to say, was not a precursor of phenomenology; yet, like Husserl or Spencer or Russell, he too was convinced that most philosophical issues can be settled with a good knowledge of the sciences coupled with a methodical application of common sense. While Maimonides left many cardinal metaphysical questions explicitly unsettled—notably the controversy over the *aeternitas mundi* —Gersonides believed in the ability of philosophy to settle them, and, moreover, had no fear that, by settling them, he would unsettle faith.

Comparing the positions of Maimonides and Gersonides in the matter of *creatio e nihilo* teaches us something about both, and brings us to a point neglected in the ongoing debate about Maimonides' alleged duplicity.[5] Even Strauss (*et sequaces eius*) cannot deny that Maimonides' *explicit* position amounts to the argument that neither *qadmut ha-ᶜolam* (eternity of the world) nor *ḥiddush ha-ᶜolam* (createdness of the world) can be proven demonstratively; nor, for that matter, can the middle stand be proven, according to which the world is both eternal and "created"—the latter in the sense that it is utterly contingent upon God's will to preserve it. God could have always annihilated it from eternity. Only tradition and plausibility, this is Rambam's overt position, incline him towards the big bang hypothesis. Now even if we concede to Strauss that Maimonides' true, concealed, opinion contradicted his declared stance, even if we concede that Rambam really held the world to be eternal and that he disguises his true beliefs *ad usum delphini*—even if we concede all that,

---

[5] A moderate, well-reasoned argument of this point of view can be found in S. Pines' introduction to his translation of Maimonides, *The Guide of the Perplexed* (Chicago, 1963).

we need not and cannot argue that he thought the position he allegedly held to be true (in secret) to be capable of a *demonstrative* proof. His arguments in favor of both contradictory positions are too convincing—it is clear that Maimonides put forth the best possible case for either one of them.

The same holds true, *mutatis mutandis*, of the eternity of the soul. It may, or may not, coincide with the eternity of the active intellect—still one can argue for a sense in which individuality is preserved. The hidden opinion of Maimonides may have been that the prophecy of Moses, above the famous eleventh step in the ladder, is capable of a naturalistic explanation—and a case can be made for the hypothesis that Maimonides thought so, but no case can be made for the hypothesis that he thought it could be proven demonstratively one way or the other: except, perhaps, in Moses' own mind.[6] And finally: God, according to Maimonides, constitutes the ultimate enigma; wherefore the discourse about God should be confined to negations of privations and attributes of action that tell you a lot about the world, but nothing about God.[7]

In short: Maimonides' program—the manner in which he thought his book could guide the perplexed—was *not* centered around matters we could not know at all and not even around that which is dubious. It rather focuses, having cleared the ground, around that which we can hold safely, be it much or little. He shows us which theories can be rejected with certainty—theories of emanation and kalam atomism.[8] He constructs a proof for God's existence which is valid whether or not the world is eternal. Like a good physician, Maimonides stresses the confidence in what he does know for certain rather than his doubts about that which he does

---

[6] Maimonides, *Guide* II, 32; 36; 39; III, 17.

[7] *Ibid.* I, 52-8, transl. Pines pp. 114-37. Note that the "negation of a privation" is always ambiguous: it either denies that a subject lacks a property (which by nature is his) or it denies that it is not a category-mistake to attribute that property to the subject, *but not both*. This amiguity serves Maimonides well in generating ever more specific "negations of privations" down to non-multiplicity. Whenever a privation is denied, one avoids the assertion of an attribute by descending to a more specific negation of privation. Critics of Maimonides' theory of negative attributes, such as Thomas Aquinas, *Summa Theologiae* I q. 13 a.2, failed to see that negative attributes are by no means all the same. As top attributes of action, they do not say even that God exists—one is tempted to compare their status to a material implication of the sort "If God exists, then the world is created."

[8] Maimonides, *Ibid.* II, 73-76.

not know for sure: the latter might only confuse and harm the patient, even the educated one. But again like a conscientious doctor, he was keenly aware how little he knew for sure. This, I believe, is a line of interpretation which avoids both the pitfalls of Straussians and Anti-Straussians.

Ralbag, by contrast, believed that we have certain knowledge of many more matters than Maimonides believed to be the case—perhaps because his criteria of demonstration were lower. And as to matters we do not have knowledge about (e.g. bodily resurrection), he does not treat them at all. That the world is created (*qua* form) can be proven as strictly as that its matter (*qua* potentiality) is eternal.[9] Of God we can know many things, positive attributes are not at all detrimental to his transcendent unity.[10] His omniscience excludes knowledge of singulars *qua* singulars, past or future contingents: Gersonides assumes, without saying so, that God's knowledge does not differ from ours.[11] Interesting in all of these positions is not only *that* Ralbag held them, but with what ease, lucidity and transparency he did so. He has nothing to hide. His style is, accordingly, precise, highly non-ornamental and undramatic—the style of a scholastic *quaestio*. Indeed, the difference between him and Rambam is more than a difference of mentality of persuasion. It is a difference of cultural climates. In the *dār al-Islām* philosophy was always on the defense; not so in the Europe of Scotus and Ockham, which fought the wars of the Lord with the proper rational arguments; and which has learnt that an argument, though short of absolute certainty, can be still held to be good and valid *in physicis*.[12] At any rate, this unidimensionality of Gersonides' thought and style are the ultimate source of the slight effect of boredom it may exude, especially in the *Commentary on the Torah* to which we now turn.

3. Three characteristics distinguish Gersonides' commentary from others: (a) His belief in the relative transparency of the biblical text made him an enemy of mystical or typological readings à la

---

[9] Levi ben Gerson, *Sefer Milḥamot haShem* (henceforth: Gersonides, *Milḥamot*) VI, 1, 17 (Leipzig, 1866), pp. 362-8. Cf. H.A. Davidson, *Proofs for Eternity, Creation, and the Existence of God in Medieval Islamic and Jewish Philosophy* (Oxford, 1987), pp. 35, 209-12.

[10] Gersonides, *Milḥamot*, III, 3, pp. 135-7.

[11] *Ibid.*, III, 4, pp. 137-47.

[12] Johannes Buridan, *In Metaphysicam Aristotelis Quaestiones*, l. II q.1 (Paris 1588), f. 9rb.

Naḥmanides. (b) His belief in philosophy as an exact science led him to stress the rational character of the *Torah* not only in a negative, but in a positive sense. Philosophical allegory is the *peshaṭ* (literal sense) and it serves not only to refute and remove wrong opinions but to delineate a complete, correct cosmology (though pedagogically attuned to lesser minds) and metaphysics. This was unlike Ibn-Ezra or Maimonides. (c) His belief in the complete, rational, comprehensive nature of the *Torah* led him, again unlike Maimonides, to deny that any of its institutions, including sacrifices, may have a merely contingent-historical reason; and to seek in it the foundation of all Jewish Law, written and oral. Let me elaborate these features at the hand of the book of Genesis.

The story of creation, according to Ibn-Ezra, is *not* a cosmology. It is rather the story of the formation, within the sublunar world, of dry land through natural forces. "The heavens" are not the astronomical heavens (these are called, he says, *shmey shamayim* rather than *shamayim*), but rather the air above us.[13] The Genesis story does not, of course, contain wrong cosmological information; it just tells us as little of it as is necessary to understand the place of humans in their sublunar realm, and that which is told is told "in the language of human"—*scriptura humane loquitur*. Here and there, Ibn-Ezra hints that the true story of creation is a story of emanation (*ligzor we-lasim gevul lanigzar*).[14] Except for the latter, Maimonides seems to have concurred, all the more so since he was aware of the structural lacunae of science. The Bible is not a scientific treatise. Gersonides thought otherwise.

Naḥmanides, by contrast, took a maximalist position—the Bible does contain all the science and wisdom there is. The philosophical allegoresis is, to him, *peshuṭo shel miqra* (Scripture's literal sense)! "In the beginning God created the heavens and the earth" means that God has created *e nihilo* the prime matter of the heavens and the separate prime matter of the earth;[15] and so on. But Naḥmanides' ultimate aim is to undermine the philosophers' enterprise with their own means. The cosmos and history are full of "hidden miracles"

---

[13] A. Funkenstein, *Theology and the Scientific Imagination from the Middle Ages to the Seventeenth Century* (Prineton, 1986), pp. 216-8.

[14] Ibn Ezra, *Perush Hatorah*, ed. by A. Weiser (Jerusalem, 1976), to Gen. 1:1 (*bara*).

[15] R. Moshe ben Naḥman, *Perush Hatorah*, ed. Ch. D. Chawel (Jerusalem, 1959), vol. I, p. 12.

(*nissim nistarim*).[16] Even that which philosophy sees as most natural—the natural place, e.g., of the element of fire above that of air—is a miracle *contra naturam*, for air is the most subtle of elements (*ha-daq she-ba-yesodot*) and only by divine decree does it "hover above the waters", as Scripture says, rather than being above the fire (*ḥoshekh*).[17] Indeed, the philosophical explication is but one of four modes he employs (probably under Christian influence), the *quattuor sensus scripturae. Moraliter* (*derash*) the story of Genesis teaches us a world-historical rule of divine providence—humans are exiled from their place when they sin. *Mystice* (*sod, be-derekh ha-emet la-amito*) the story of creation is the story of emanation and interaction of divine names and forces—*kol ha-Torah kulla ena ella shemotaw shel ha-Q.B.H.* "In the beginning God created the heaven and the earth" means that the second Sefira, *Reshit*, emanated a third, *Elohim*, which in turn emanated all others (*Shamayim wa-Aretz*). That *Reshit* or *Ḥokhma* is second is indicated by the letter ב which is crowned with a *keter*.[19] *Analogice*, the story of creation prefigures the six ages of the world; that which was created each day prefigures the main event of the corresponding age: an Augustinian idea already employed by Abraham bar Ḥiyya.[20]

Gersonides, by contrast, has no use of the mystical and analogical dimension. The story of creation is a straightforward cosmological account—in which nothing is omitted or hidden. Its precise place is analogous to that of Aristotle's physics in the history of Greek science; philosophy in Moses' time was "very deficient"; people did not distinguish the formal from the material causes (*we-lo hayu margishim ba-sibba ha-ẓuriyit kelal*) and held to opinions

---

16 *Ibid.* I, p. 254 (to Gen. 46:15). Cf. *Kitve haRamban*, ed. Chawel (Jerusalem, 1963), p. 158; a possible source in the *midrash* is *Avot de Rabbi Natan* 35:1.

17 Naḥmanides, *Perush Hatorah*, I, p. 14 (s.v. ruaḥ).

18 *Ibid.*, Introduction; Cf. *Kitve haRamban*, p. 164; G. Scholem, *On the Kabbala and its Symbolism* (New York, 1985), p. 38.

19 Naḥmanides, *Perush haTorah*, I, p. 15.

20 Abraham bar Ḥiyya, *Sefer Megilat Hamegale*, ed. by A. Poznanski and J. Guttmann (Berlin, 1924), pp. 14 ff.; see also the Introduction of the editors. Except bar Ḥiyya and Naḥmanides, we find the *topos* rarely in Jewish Medieval speculations; but see S.O. Heller-Wilensky, "Isaak ibn Latif," in: *Jewish Medieval and Renaissance Studies*, ed. A. Altmann (Cambridge, Mass., 1967), p. 218; and Abarbanel, *Perush Hatorah* (Warsaw, 1862), p. 146. On the career of this speculation in the Christian literature cf. My *Heilsplan und natürliche Entwicklung: Formen der Gegenwartsbestimmung im Geschichtsdenken des hohen Mittelalters* (München, 1965), *passim*, and *Zion* 45 (1980): 40-41.

similar to the Presocratic views mentioned by Aristotle.[21]

The formal structure of the cosmos, such was the position of both Rambam and Ralbag, is teleological. In one place, Maimonides even speaks of God as *ẓurat ha-ʿolam*, *forma mundi*—clearly in a teleological sense.[22] (We recall that Amalrich of Bena had his body exhumed and his bones burnt to ashes for expressing a similar view in early 13th century Paris.)[23] Yet while Maimonides qualifies his teleology in that he considers it to be neither anthropocentric nor transparent to us (wherefore it could hardly function as proof of either God's existence or creation), Gersonides, by contrast, insists on the evident, intelligible character of the teleological hierarchy of forms to the point that it could easily serve to prove even *creatio e nihilo*, and looks for it in the Bible.[24] Similarly, Maimonides denies our ability to construct a physical interpretation to accomodate the astronomical model of celestial orbits.[25] Gersonides asserts his ability to construct an astrophysics, and looks for it in the Bible: the "water above the firmament", e.g., is the body which does not preserve its shape (*geshem bilti shomer temunato*), a plastic ethereal substance in contrast to the rigid substance of planets and stars.[26] With Einstein, Levi ben Gershon could easily say: "Cunning the Lord may be, but He is not devious." Ralbag holds the biblical text to be as intelligible as nature itself: certainly in need of an expert guide, sometimes difficult and cunning, yet never a malicious trickster.

Like Maimonides (or Kant), Ralbag exempts free will—"das Faktum der praktischen Vernunft"—from natural necessities. His interpretation of necessity is at the same time more universal and less problematic than Maimonides'. Not only did Gersonides—in the *Commentary on the Torah* no less than in the *Wars*—recognize only in the sublunar domain the realm of contingency (which Maimonides expanded to all bodies inasmuch as they are material), but he also held astral constellations, an anathema to Maimonides,

---

21 Levi ben Gerson, *Perush ʿal Hatora ʿal-Derech Habeʾur* (Venice, 1546), f. 9a (henceforth: Gersonides, *Commentary*).

22 Maimonides, *Guide* I, 69 (transl. Pines, p. 167).

23 F. Überweg and L. Geyer, *Grundriß der Geschichte der Philosophie* III (Basel-Stuttgart, 1960), p. 251; Funkenstein, *Theology and the Scientific Imagination*, p. 46.

24 Gersonides, *Commentary*, f. 9b-10a.

25 Maimonides, *Guide* II, 19 ff.

26 Gersonides, *Commentary*, f. 9a-b. See G. Freudenthal, "Cosmogonie et physique chez Gersonide," *Revue des études juives* 145 (1986): 295-314.

to be the source of necessities, governing sublunar fates, individual as well as collective.[27] On the other hand, however, since he did not fear the confinement of God's knowledge to universals (i.e. necessities) only, leaving singular *qua* singulars out of God's horizon, free will posed no paradoxes to him. What, however, about special providence? Gersonides endows it with a dialectical meaning: it amounts to the degree of participation (*hitdabqut*) in the agent intellect and, consequently, knowledge of ways to avoid the vagaries of chance: either through knowledge of astral constellations, or, better, sticking to right beliefs and divine precepts.[28] The first of those in Genesis is the commandment of procreation, since the human species is the only species which could—how right he was—destroy itself, through a consent to abstain from procreating.[29] By contrast, losing God's special providence amounts to being left to the forces of nature, necessary and contingent.[30] Most of this is well known: in the following we shall see how Gersonides applied it to Jewish history. My aim is only to show how style and content, views about nature and exegetical method, are tied together. Because Gersonides believed nature to be so much less opaque than did Maimonides—his astronomy is the ultimate witness to this position—he also believed the biblical text to be straightforward and intelligible.

4. Let us now turn to the story of the patriarchs and of Israel. Again we find the contrast to Naḥmanides flagrant and, I believe, conscious. Naḥmanides maintained that one ought to understand both the story of creation and the story of the patriarchs typologically, i.e. as prefigurations: just as God prefigures world history (the Augustinian *sex aetates mundi*) in the six days of creation, the patriarchs prefigured Jewish history with their acts and events. Their acts are therefore "of the category of creation for their progenies"

---

[27] Gersonides, *Milḥamot* II, 6, pp. 104-8.

[28] Gersonides, *Commentary*, f. 56b (*devequt Moshe*); f. 71a. (Cf. also the following nn.)

[29] *Ibid.*, f. 13a (*im tishalm hahaskama ben haʾahashim lehimanaᶜ meholid*).

[30] Gersonides, *Milḥamot* II, 6, p. 111, sees free will interfering with celestial influences (*im heyotam efshariyim miṣad habeḥira*). In *Commentary* f. 71 a-b he says more specifically that Israel's foes (Amaleq) are victorious "from the vantage point of the constellations" (*miṣad hamaᶜarekhet*) if not for God's help (*lule ᶜazar haShem yit ᶜale*). The importance of this passage in the *Commentary* is hightened by the circumstance that the biblical narrative deals here with "the wars of the Lord" (*milḥama laʾAdonay ba ᶜAmalek midor dor*, Ex. 13:16)—the verse which lent the title to Gersonides' main philosophical work.

(*she-hem ke-ʿinyan ha-yeṣira le-zarʿam mipney shekol miqrehem ṣiyyurey devarim lirmoz u-le-hodiʿa ʿal kol he-ʿatid lavo*).[31] The method is clearly borrowed from Christian exegesis, and so are its technical terms (*ṣiyyurey devarim*, *dimyonot*, for τύπος or *figura*). If not for their anagogical import, one might justly deem the stories of the patriarchs "redundant matters without any purpose" (*devarim meyutarim eyn bahem toʿelet*). Gersonides, by contrast, stresses *ad nauseam* the "purpose" or "usage" (*toʿelet*, *toʿaliyot*) of the biblical narratives.[32] The choice of the same term may not be coincidental. Each section of his *Commentary on the Torah* commences with an "interpretation of the words" (*beur ha-millot*) continued by "the narrative" (*ha-sippur*) and followed by a detailed, elaborated list of sometimes up to a dozen or more "*toalot*" or "*toaliyot*" ("uses"), alternating between ethical purposes (*middot*) and instructional (*deʿot*). The *Torah* is everyman's comprehensive philosophy—theoretical, practical and political. There is no need for mystery-dimensions in the text.

Among the many prefigurations mentioned by Naḥmanides, the war against the Amalekites deserves particular notice. It prefigures the wars of the Messiahs against the fourth world monarchy, i.e. Christianity = Edom. Moses had to keep his arms raised—he knew that, whatever he did, the king Messiahs would do in the future: *ʿal ken hitʾameṣ Moshe badavar*.[33] For Gersonides, the significance of the story is likewise eschatological, but not in the way of symbolic acts or prefigurations: rather, it instructs us about the relation of special and general providence. The Amalekites, needless to say, were well versed in astrology, and were also cunning enough to choose a time for war in which the astral constellation favored their victory.[34] The only exception to general astral laws and influences is human free will. In this case, only Israel's belief in God's help and victory could turn the war, wherefore Moses left the actual campaign to be led by Joshua and stood where he was visible by all to make the V sign, fortifying Israel's belief. The lesson: God helps only those who help themselves by believing in God's help—then, now, and at the end of tribulations. The very help of God consists of this belief in his help

---

31 Naḥmanides, *Perush Hatorah*, I, p. 279; cf. *ibid.*, p. 77 and my article in *Zion*, above n. 3.

32 Some go up to 24 (*Commentary*, f. 29a).

33 Naḥmanides, *Perush Hatora*, I, p. 372 (to Ex. 17:9).

34 Cf. above n. 30.

and that which it does to the souls. God, we remember, does not even know present and future contingents—precisely because of the fact of human freedom. By the same token, Israel's clamor to God affected their delivery from the Egyptian yoke "before the proper time"—prior to the astrological proper καιρός. This was made possible by educating Israel towards prefection (*shlemut*), i.e. by obeying God and His laws.[35] This was Gersonides' version of the dictum *en mazal le-Yisrael*, a motif which, from Yehuda Halevi to Naḥman Krochmal, stood for Israel's exemption from those laws of nature which govern other nations.

5. Almost all post-Maimonidean rationalists accepted Rambam's theory of the reasons for the precepts, including the historico-pedagogical rationale for sacrifices and the dietary laws. Gersonides, too, accepted it in part; but he could not acquiesce with a rationale which is only historically contingent. True, the sacrifices were introduced as a concession to polytheistic usages in order to wean Israel away from them. But sacrifices have also a positive function. Not only do they educate in giving. The incense affects the senses to heighten the mind's capacity for detachment (*hitbadlut*), a necessary precondition for prophetic meditation.[36] Of the same category are the symbolic acts of prophets. Here, again, the contrast to Naḥmanides is sharp.

I shall not go into the details of Gersonides' rational reconstruction of Jewish law from Scriptures—it remained, of course, a program only. The very law (and its fulfillment) *is* Israel's special providence—such was the lesson we drew already.

Rationalism has many faces, and escapes definitions. If I had to characterize dogmatic rationalism, medieval or modern, in one formula, I would say: a rationalist is a thinker who refuses to be surprised; nothing seems to him mysterious. Now even if we view the proposition that 2 + 2 = 4 as logically necessary, it is still a great wonder why nature behaves accordingly: why, when one adds two stones and one, a fourth is not created out of nothingness to make a set of four; or why is it universally true—of birds no less than of stones. A rationalist has no such problems; he expects nature to be always consistent and "true to itself" (Newton). A mystic, by con-

---

[35] Gersonides, *Commentary*, f. 54b.

[36] *Ibid.*, 55b; 115b; 114a (*hitbodedut*); cf. M. Idel, "*Hahitbodedut ke-rikuz bafilosofia hayehudit*," *Jerusalem Studies in Jewish Thought* 7 (1988): 39-60, esp. p. 50.

trast, sees the world full of mysteries: τὸν κόσμον μῦθον εἰπεῖν, as Sallust once said.[37] Of all medieval Jewish philosophers of the first rank, Gersonides came closest to being a dogmatic rationalist. This was the source of his confidence as an astronomer, but also the source of the slight boredom which his commentary exudes. He saw at best riddles, but no mysteries, either in heaven, or on earth, or in the biblical text.

---

[37] A.D. Nock (ed.), *Sallustius. Concerning the Gods and the Universe* (Cambridge, Mass., 1926), p. 4, lines 9-11.

SAUVER SON ÂME OU SAUVER LES PHÉNOMÈNES: SOTÉRIOLOGIE, ÉPISTÉMOLOGIE ET ASTRONOMIE CHEZ GERSONIDE

Gad Freudenthal

I. Introduction

Le but de cette étude est de tenter de répondre à la question suivante: quelles sont les sources de l'originalité de la pensée scientifique, surtout astronomique, de Gersonide? Qu'est-ce qui a motivé et structuré l'œuvre gersonidienne, si singulière dans le contexte de l'époque?

Cette question est étroitement liée, me semble-t-il, à une autre. A la lecture des études sur Gersonide, on reste parfois avec l'impression que nous avons affaire à deux personnes au moins: d'une part le philosophe et l'exégète biblique, d'autre part le scientifique—l'astronome, le mathématicien et le commentateur des traités scientifiques d'Aristote (tels que présentés par Averroès). On n'a guère tenté de voir si et comment toutes les préoccupations de Gersonide sont liées entre elles. Dans ce qui suit je m'adresse précisément à cette question: l'œuvre gersonidienne, avec ses recherches dans des domaines si variés, possède-t-elle une unité, une cohérence interne, et si oui laquelle? Ou encore, pour reprendre un terme cher à l'historienne et philosophe des sciences Hélène Metzger: quel est *le ressort profond* de la pensée scientifique, philosophique et théologique de Gersonide[1]? La réponse à cette question permettra également, nous le verrons, de rendre compte de l'originalité de Gersonide dans le domaine scientifique.

La réponse que je propose est, en bref, celle-ci: Gersonide a pu innover dans le contenu même de la science—et je m'intéresserai ici surtout à la science astronomique—puisqu'il avait une conception neuve, hétérodoxe pour l'époque, de ce que la science *doit* être. Pour reprendre les termes de Yehuda Elkana: une nouvelle *image de la*

---

[1] Cf. Hélène Metzger, *De la Méthode philosophique en histoire des sciences. Textes 1914-1939* réunis par Gad Freudenthal (Paris, Fayard [Corpus des œuvres de philosophie en langue française], 1987).

science, image étant à entendre ici tant dans un sens descriptif que dans un sens normatif, a donné lieu à une *science* nouvelle[2].

De quoi s'agit-il? Je propose un aperçu de mon argumentation, avant d'entrer dans les détails.

Le très regretté professeur Shlomo Pinès a récemment souligné l'importance qu'il faut accorder à *l'ordre de présentation* que suit Gersonide dans *Milḥamot ha-Shem*[3]. Or le premier sujet qu'aborde Gersonide dans son *magnum opus*, le sujet du premier traité, est celui de la béatitude de l'âme (*shlemut ha-nefesh*) et son immortalité: l'âme humaine (ou une partie d'elle) subsiste-t-elle après la mort physique? Autrement dit: la béatitude est-elle possible et si oui, comment? Contre Averroès, et peut-être Maïmonide, entre autres, Gersonide soutient que: 1° l'âme humaine subsiste dans son individualité et 2° la félicité dépend de la *science* que l'intellect humain avait acquise durant la vie ici-bas. Cette conception que se fait Gersonide du chemin menant à la félicité éternelle a pour conséquence une vision, elle aussi peu commune, du but et de la valeur de la connaissance. Selon Gersonide, en effet, l'acquisition de la science ou, pour employer le langage du moyen-âge: l'acquisition d'intelligibles, devient un *but en soi*; bien plus: elle devient le but primordial de la vie humaine. Et il convient de souligner qu'il s'agit bien de *toute* science du réel, portant sur le monde sublunaire (minéraux, plantes, et animaux) et supralunaire (corps célestes). *Toute* science mène au salut de l'âme.

Conséquence de l'idée évoquée, la position épistémoloqique de Gersonide, son image de la science, est décidément *réaliste*: Gersonide refuse la conception traditionnelle, "instrumentaliste", selon laquelle l'astronomie a pour tâche de "sauver les phénomènes"; la science des cieux, comme toute autre science, est, pour lui, une science du réel—en fait: du *créé*—à laquelle il incombe de chercher la connaissance de la véritable structure du monde céleste. Pour Gersonide cela implique que les modèles mathématiques de

---

[2] Cf. Y. Elkana, "A Programmatic Attempt at an Anthropology of Knowledge" *in* Everett Mendelsohn et Yehuda Elkana (éd.), *Sciences and Cultures* [= *Sociology of the Sciences*, t. 5 (1981)] (Dordrecht, Reidel, 1981), p. 1-76.

[3] Sh. Pines, "Some Views Put Forward by the 14th-Century Jewish Philosopher Isaac Pulgar, and some Parallel Views expressed by Spinoza" (en hébreu) *in* J. Dan et J. Hacher (éd.) *Studies in Jewish Mystics, Philosophy and Ethical Literature, Presented to Isaia Tishby on his Seventy-fifth Birthday* (Jérusalem, Magnes Press, 1986), p. 395-457; voir l'Appendice sur les "Problèmes concernant la doctrine de Gersonide" aux p. 447-457.

l'astronomie doivent satisfaire aux principes de la physique et de la métaphysique aristotéliciennes. Aussi rejette-il l'astronomie ptoléméenne de son temps, qu'il s'efforce de remplacer par un autre système astronomique. Son système, nous le verrons, tient compte de données qui, ayant une signification uniquement dans le cadre d'une épistémologie réaliste, ont été ignorées de l'astronomie traditionnelle. L'image réaliste de la science se révélera ainsi avoir eu une incidence directe sur le contenu même de la théorie astronomique de Gersonide. Le "ressort profond" de l'originalité de l'œuvre astronomique de Gersonide s'avérera donc être son épistémologie réaliste, elle-même une conséquence de sa sotériologie, qui l'a conduit à tenter une synthèse de la physique arisotélicienne et de l'astronomie mathématique de Ptolémée.

II. L'Eudémonie de la Connaissance

Le problème que Gersonide souhaite élucider dans le premier traité des *Milḥamot ha-Shem* est énoncé dans les termes suivants:

> "L'âme raisonnable ayant reçu une certaine mesure de perfection, subsiste-t-elle [après la mort]? Et si elle subsiste, y a-t-il une différence de degré entre les hommes en ce qui concerne la façon de subsister [de leurs âmes respectives]? Cette question est extrêmement importante et semée de doutes; une erreur à son égard éloigne l'homme énormément de sa véritable félicité."[4]

Pour Gersonide, le thème de l'immortalité de l'âme—il s'agit toujours de la partie raisonnable de l'âme—est donc crucial, et ceci précisément à cause de la doctrine que soutient Gersonide à ce sujet.

Certaines théories aristotéliciennes précédentes, celles d'Alexandre d'Aphrodise, de Thémistius, d'Ibn Bājja et d'Averroès notamment, nient l'immortalité de l'âme individuelle[5]. Ces théories, suivies

---

[4] *M.H.*, Introduction, p. 2^{a}. Toutes les références à *Milḥamot ha-Shem* (= *M.H.*) sont données d'après l'édition de Riva di Trento, 1560. J'indique successivement le traité, la partie (lorsqu'il y a lieu) et le chapitre; les numéros indiquent les feuillets; les lettres, les colonnes.

[5] La bibliographie sur le sujet traité dans les paragraphes qui suivent est très abondante. Citons, à titre d'indication: Sh. Pines, "Translator's Introduction", *in* Moses Maimonides, *The Guide of the Perplexed*, translated by S. Pines (Chicago, University of Chicago Press, 1963), p. ciii sqq.; H.A. Davidson, "Alfarabi and Avicenna on the Active Intellect", *Viator* 3 (1972), p. 109-178; *idem*, "Averroes on the Material Intellect", *Viator* 17 (1986), p. 91-137; *idem*, "Averroes on the Active Intellect as a Cause of Existence", *Viator* 18 (1987), p. 191-225; A. Ivry, "Averroes

peut-être même par Maïmonide, soutiennent, chacune à sa façon, qu'après la mort physique, l'âme devient immortelle en s'unissant à l'intellect agent. Or cette conjonction, l'âme l'acquiert au prix de la perte de son individualité: "dans" l'intellect agent, toutes les âmes sont numériquement une.

Gersonide, lui, soutient (à l'instar, d'ailleurs, d'al-Fārābī et d'Avicenne) une théorie autrement plus optimiste. Selon lui, les âmes raisonnables, ou les intellects humains, peuvent atteindre l'immortalité individuelle. Son raisonnement est le suivant[6]: en acquérant des connaissances, l'intellect humain se transforme d'un intellect hylique (matériel) en un intellect acquis, possédant des formes, des intelligibles. Or ces intelligibles se trouvent—nous verrons plus loin pourquoi—dans l'intellect agent et, de fait, sans le concours de celui-ci l'homme ne saurait point les acquérir. Or puisque l'intellect acquis consiste en formes qui, par leur nature même, sont impérissables, il est incorruptible, donc éternel, immortel; il subsiste après la mort. Dans ce sens, concède Gersonide, l'acquisition d'intelligibles, puisqu'ils se trouvent dans l'intellect agent, constitue effectivement en quelque façon une conjonction avec l'intellect agent[7]. Néanmoins, dans la mesure où les individus acquièrent, durant leur vie terrestre, des ensembles d'intelligibles différents, chaque individu aura un intellect acquis singulier. Aussi l'immortalité est-elle individuelle[8].

---

on Intellection and Conjunction", *Journal of the American Oriental society* 86 (1966), p. 77-85; A. Hyman, "Aristotle's Theory of the Intellect and Its Interpretation by Averroes", *in* D.J. O'Meara (éd.), *Studies in Aristotle* (Washington, The Catholic University of America Press, 1979), p. 161-190. Sur les idées de Gersonide sur ce sujet cf. Ch. Touati, *La Pensée philosophique et théologique de Gersonide* (Paris, Éditions de Minuit, 1973), p. 395-442; S. Feldman, "Gersonides on the Possibility of Conjunction with the Agent Intellect", *AJS Review* 3 (1978), p. 99-120.

6 *M.H.* 1.11.; cf. égalemnt l'article d'H.A. Davidson dans ce volume, §4.

7 *M.H.* 1.12, p. 15[d]. Gersonide explicite son idée dans son *Commentaire du Livre de Job* (fin de Chapitre 38; *Miqra'ot Gedolot*, p. 190[b]), où il formule l'idée que l'homme parvient à une certaine *union* avec Dieu du fait que Dieu, en qui les intelligibles existent tous en acte, aide l'homme, en qui ces mêmes intelligbles existent en puissance, à "actualiser" en lui, c'est-à-dire à appréhender, des intelligibles.

8 "Il s'ensuit que celui qui a appréhendé un seul intelligible des intelligibles géométriques vivra éternellement, puisque ces intelligibles se trouvent dans l'intellect agent. Ceci est cependant une illusion et un faux", devait s'exclamer le philosophe Hasdaï Crescas. Voir Z. Harvey, "R. H. Crescas et sa critique de la félicité philosophique" (en hébreu), *Proceedings of the 6th World Congress of Jewish Studies* (Jérusalem, 1977), t. 3, p. 143-149. Un problème se pose cependant au sujet de la critique de Crescas. La raison pour laquelle la connaissance mène au salut est que les intelligibles se trouvent dans l'intellect agent, c'est-à-dire qu'ils sont des parcelles

On voit la valeur suprême que confère la sotériologie de Gersonide à l'acquisition des connaissances[9]. Puisque chaque intelligible, une fois acquis par l'intellect, est une forme et donc incorruptible, il confère à l'âme, si j'ose dire, une "parcelle d'immortalité". Il va de soi que cette *eudémonie du savoir*, pour reprendre un terme de Georges Vajda[10], crée chez celui qui l'accepte une motivation puissante à se consacrer à la science: c'est donc dans la sotériologie de Gersonide que se trouve le fondement de sa vocation pour la science. Le sérieux avec lequel Gersonide soutient cette conception se révèle, entre autres, dans une remarque de son *Commentaire du Livre de Job*. A la question éternelle, comment il se fait que des justes souffrent, Gersonide répond que, souvent, les hommes pèchent sans le savoir. Son exemple: quelqu'un qui, sans en être conscient, ne s'applique pas à acquérir des intelligibles au plus haut niveau qui lui est possible.

*

La doctrine gersonidienne selon laquelle l'acquisition de toute connaissance, de tout intelligible, contribue à l'immortalité de l'âme comporte encore un autre aspect important. Il nous faut, pour le saisir, considérer brièvement la conception gersonidienne de l'intellect agent. Ce sujet reçoit, dans ce volume même, un traitement exhaustif par M. H.A. Davidson, ce qui me permet de me limiter à de brèves remarques sur quelques aspects du sujet ayant des implications directes pour notre problématique.

Dans la tradition de la philosophie aristotélicienne de la nature, la notion de l'intellect agent s'insère dans le cadre de la théorie qui complète la physique sublunaire en postulant des influences célestes sur le monde de la génération et de la corruption. Cette théorie com-

---

du plan de la création et de la Providence. Cela s'applique-t-il effectivement, comme le suppose la critique de Crescas, aux intelligibles mathématiques? Ces intelligibles décrivent-ils le réel? Gersonide donne une réponse positive à cette question, soutenant que l'intellect agent possède les intelligibles mathématiques, comme cela se manifeste dans maintes structures du monde sublunaire qui révèlent des régularités mathématiques (*M.H.* 1.7, p. 9[d]-10[a]). Gersonide va jusqu'à affirmer que les intelligibles mathématiques, y compris les notions générales telles que "le tout est plus grand que la partie", nous parviennent, à l'instar des autres, par l'expérience (*ibid.* 1.9, p. 10[c]; également *Commentaire sur le Cantique des cantiques*, *in*: *Be'ur Ḥamesh Megillot* [Königsberg, 1860], p. 14[c]). La critique de Crescas est valide uniquement si l'on tient compte de cette position de Gersonide.

9 Cf. Touati, *op. cit.* (n. 5), p. 83-86.

10 Georges Vajda, *Introduction à la pensée juive du moyen âge* (Paris, Vrin, 1947), p. 143.

porte deux composantes: le postulat d'une influence des *corps* célestes, agissant en tant que *cause efficiente*, sur les éléments sublunaires; celui que des *intellects séparés*, en particulier l'intellect agent, qui sont associés aux astres en tant que leurs moteurs, agissent, en tant que *causes formelles*, sur les êtres qui sont sujets à la génération et à la corruption. Les deux composantes de cette théorie viennent répondre à deux ensembles de problèmes inhérents à la physique aristotélicienne dont le point commun est que leurs solutions respectives font intervenir dans le monde sublunaire des influences célestes, révélant ainsi que, dans la description aristotélicienne, celui-ci n'est pas un système autonome.

Un premier problème qui se pose dans le cadre de la physique aristotélicienne est pourquoi les quatre éléments n'ont pas, depuis longtemps, gagné chacun leur place naturelle, formant un monde immobile, constitué de quatre sphères concentriques. De même, comment expliquer l'alternance régulière de périodes de génération et de corruption? Aristote avait déjà soutenu que, par ses mouvements, le Soleil agit sur les quatre éléments: le mouvement journalier mélange et transforme continuellement les éléments, les empêchant de s'éterniser dans leur lieux naturels; le mouvement annuel, lui, est la cause de la génération et de la corruption[11]. L'aristotélisme médiéval complète cette théorie en soutenant que *toutes* les planètes agissent sur les éléments sublunaires: si le Soleil chauffe (c'est-à-dire: fortifie l'élément feu) et si la Lune exerce une influence certaine sur l'eau, n'est-on pas en droit de penser que les autres planètes agissent pareillement, même si nous ignorons le détail de leurs actions[12]? Cet argument justifie aux yeux des aristotéliciens, y compris les adversaires les plus résolus de l'astrologie, cette "concession" aux thèses astrologiques[13]. Ainsi, nonobstant sa démarcation très ri-

---

[11] Aristote, *De gen. et corr.* II, 10.

[12] Cf. *Averrois Cordubensis Commentarium medium & epitome in Aristotelis De generatione et corruptione libros*, version hébraïque, éd. S. Kurland (Cambridge, Mass., The Medieval Academy of America, 1958), §§56-62, p. 88-94 (commentaire moyen), p. 121-123 (épitomé, v. particulièrement lignes 68-76); traduction anglaise: *Averroes on Aristotle's* De generatione et corruptione: *Middle Commentary and Epitome*, trad. S. Kurland (Cambridge, Mass., The Medieval Academy of America, 1958), p. 101-106 et p. 132-135, respectivement.

[13] Cf. par exemple Maïmonide, *Guide des égarés*, I.72, II.10 et II.12. L'argument se trouve déjà dans Ptolémée, *Tetrabiblos* I.2 et il est répété par la plupart des astrologues médiévaux: cf. p. ex. Richard Lemay, *Abu Maʿshar and Latin Aristotelianism in the Twelfth Century* (Beirut, American University of Beirut, 1962), p. 50 sqq.,

goureuse entre les mondes sub- et supralunaire, la physique aristotélicienne se voit dans la nécessité d'admettre que le monde sublunaire n'est pas un système clos et que son équilibre dynamique est maintenu par des influences des corps célestes, agissant en tant que cause efficiente sur les éléments sublunaires.

Un deuxième problème concerne la génération et la perdurabilité des *formes* dans la matière sublunaire. En effet, la matière—les quatre éléments—ne saurait se doter de formes par elle-même, ni, une fois dotée de formes, préserver celles-ci. Comment, en effet, expliquer que les quatre éléments dans un corps composé ne regagnent pas leurs lieux naturels respectifs? De même, comment expliquer que l'équilibre précaire entre les quatre qualités contraires, dont chacune cherche à l'emporter sur les autres, est maintenu? Certes, la perdurabilité d'un corps naturel composé, notamment d'une plante ou d'un animal, est attribuée par Aristote à sa forme, c'est-à-dire à son âme végétative[14]. Mais Aristote n'explique pas la provenance de cette cause active qu'est l'âme et le moyen âge postule que les formes des êtres composés dépendent, pour leur genèse ainsi que pour leur préservation, du concours d'un donnateur de formes, le plus souvent identifié avec l'intellect agent, notion qui a son origine dans la psychologie d'Aristote[15].

En somme, les influences célestes se révèlent indispensables pour le maintien de l'ordre naturel. Le fait que chez Aristote se trouve déjà (ou plutôt: encore) une localisation du premier moteur transcendant "en haut"[16] a facilité l'association entre la Cause première et un amalgame des influences des corps célestes en tant que cause efficiente avec celles, de type "formel", provenant des intellects. Pour Gersonide, nous le verrons dans un instant, ces influences ap-

---

55 sqq. J'étudie comment la physique aristotélicienne fondait certaines des thèses de l'astrologie dans mon article "Maimonides' Stance on Astrology in Context: Cosmology, Physics, Medicine, and Providence", *in* Fred Rosner et Samuel S. Kottek (éd.) *Moses Maimonides as Physician, Scientist and Philosopher* (Northvale, N.J. et Londres, Jason Aronson, à paraître en 1993).

[14] Cf. par exemple M.L. Gill, *Aristotle on Substance. The Paradox of Unity* (Princeton, Princeton University Press, 1989), notamment chapitre 7.

[15] Voir les travaux de H.A. Davidson cités note 5 ainsi que Gad Freudenthal, "The Theory of the Opposites and an Ordered Universe: Physics and Metaphysics in Anaximander", *Phronesis* 31 (1986), p. 197-228.

[16] H. Happ, "Kosmologie und Metaphysik bei Aristoteles. Ein Beitrag zum Transzendenzproblem", *in* K. Flasch (éd.), *Parusia. Studien zur Philosophie Platons und zur Problemgeschichte des Platonismus. Festgabe für Johannes Hirschberger* (Frankfurt, Minerva, 1965), p. 155-87.

portent, en effet, la démonstration de la Providence. Néanmoins sa version de ces théories assigne à l'intellect agent une place différente de celle qui fut la sienne chez les autres philosophes; la divergence de Gersonide de l'*opinio communis* sur ce point a des conséquences immédiates pour notre sujet.

Selon Gersonide, chaque astre et chaque intellect séparé (l'intellect étant le moteur de l'astre, l'astre l'instrument matériel de l'intellect) contrôlent une partie, ou un aspect, des processus physiques dans le monde sublunaire. Cette idée est à la base de sa cosmogonie et de sa cosmologie: en fait, la Providence sur le monde sublunaire actuel n'est que le prolongement, dans le présent, de sa création initiale[17]. Selon Gersonide, en effet, une fois les astres et les intellects mis en place, la création du monde s'est poursuivie de façon autonome, selon les mêmes lois naturelles en vigueur dans le monde constitué et par lesquelles s'exerce la Providence. Or bien que l'ensemble des corps célestes et des intellects structurent et gouvernent tous les processus physiques du monde sublunaire, pourtant chaque corps céleste ne contrôle et ne connaît qu'un segment des processus sublunaires; encore faut-il souligner que le contrôle porte uniquement sur les aspects généraux de ces processus. La sagesse et la bonté divines se manifestent précisément dans le fait que, dès la création, toutes ces actions des corps célestes, séparées et indépendantes, sur le monde sublunaire ont été coordonnées et programmées de façon cohérente dans une sorte d'harmonie préétablie. Cette harmonie des actions multiples, ignorée par chacun des intellects séparés qui y participent, n'est connue que par l'intellect agent (et par Dieu). Gersonide, se démarquant par là des autres philosophes du moyen-âge, conçoit en effet l'intellect agent comme une sorte de *synthèse* des connaissances partielles des autres intellects séparés; il est "le *nomos* de tout ce qui existe" (*nimus kol 'elu ha-nimṣa'ot*)[18] et donc le seul intellect à posséder une connaissance de la Providence et de la bonté divines, qui gouvernent notre monde ici-bas. Ainsi conçu, l'intellect agent devient pour Gersonide le

---

[17] Cf. Touati, *op. cit.* (n. 5), p. 161-298; Gad Freudenthal, "Cosmogonie et physique chez Gersonide", *Revue des études juives* 145 (1986), p. 295-314.

[18] Sur l'historique de cette notion cf. Sh. Pinès, "Some Distinctive Metaphysical Conceptions in Themistius' Commentary on Book Lamda and Their Place in the History of Philosophy", *in* J. Wiesner (éd.), *Aristoteles Werk und Wirkung Paul Moraux gewidmet*, tome 2 (Berlin et New York, W. De Gruyter, 1987), p. 177-204.

réceptacle de toute science possible et, partant, la fin de toute recherche.

L'idée que toutes les formes des êtres existants, tant sub- que supralunaires, se trouvent dans l'intellect agent implique évidemment que chaque intelligible qu'acquiert l'homme contribue à sa connaissance de l'intellect agent. Une telle connaissance est d'autant plus précieuse que l'intellect agent est, en fait, le plan, ou, pour recourir encore une fois à cette métaphore: le programme, selon lequel Dieu a créé le monde et exerce sa Providence. La connaissance scientifique de chaque détail du monde supra- et sublunaire contribue donc à notre connaissance de la Providence divine, d'où, encore une fois, sa signification sotériologique[19]. Dans son *Commentaire du Cantique des cantiques*, Gersonide est on ne peut plus explicite:

> ''La félicité suprême de l'homme (*ha-haṣlaḥa ha-takhlitiyit la-adam*) est d'appréhender et de connaître Dieu, béni soit-Il, pour autant que cela lui est possible. [L'homme] y parvient en observant tout ce qui a trait aux êtres existants, leur ordre et leur régularité, ainsi que la manière dont s'exerce la sagesse divine en les disposant tels qu'ils sont''[20].

De fait, insiste Gersonide, ce n'est que par ces actions que nous pouvons connaître Dieu[21]; l'on parvient à l'immortalité en appréhendant, à partir des substances accessibles aux sens, des intelligibles, ceux-là même qui se trouvent dans l'intellect agent.

Mais les formes dans le monde sublunaire proviennent-elles *toutes* de l'intellect agent, de sorte que la connaissance de chacune d'elles contribue à la félicité? Un examen rapide de ce sujet controversé montrera quel enjeu important pouvait se cacher, au moyen âge, derrière un débat qui ne touchait qu'à une question à l'apparence anodine de la théorie physique. La controverse portait, bien évidemment, uniquement sur la provenance des formes du règne minéral[22]. Averroès, de même d'ailleurs que Maïmonide, est d'avis

---

19 Cf. Touati, *op. cit.* (n. 5), p. 86.

20 Lévi ben Gershon, *Commentaire sur le Cantique des cantiques*, *op. cit.* (n. 8), fol. 2[b]; une édition critique de cette partie du *Commentaire* a été publiée *in*: M. Kellner, ''Gersonides' Introduction to his Commentary of Song of Songs'' (en hébreu), *Da'at* 23 (été 1989), p. 15-32; le passage cité se trouve p. 18.

21 *Ibid.*

22 S'agissant des plantes et des animaux, il y avait des discussions sur la provenance exacte de la cause formelle, mais il n'était pas question de soutenir que l'âme végétative (et encore moins les âmes plus élevées) puisse être générée sans l'intervention d'une telle cause. Cf. l'article de H.A. Davidson dans ce volume.

que toutes les propriétés d'un minéral sont la conséquence du mélange spécifique des éléments qui le compose: les minéraux n'ont pas de formes qui seraient dues à une cause formelle[23]. Gersonide, par contre, fait valoir que les vertus de certains minéraux, celle de l'aimant par exemple, ne sauraient être expliquées par la seule référence à leur composition matérielle et il en conclut que les minéraux reçoivent leurs formes, eux aussi, des intellects, à l'instar des végétaux et des animaux[24].

Cette divergence entre Gersonide et Averroès au niveau de la théorie physique entraîne une différence quant à leurs conceptions respectives de la science. En effet, l'intellect agent de Gersonide connaît les formes des minéraux, que celui d'Averroès ou de Maïmonide ignore. Aussi, les formes des minéraux, quoique parmi

[23] *Averrois Cordubensis Compendia librorum Aristotelis qui Parva naturalia vocantur*, version arabe éd. H. Blumberg (Cambridge, Mass., The Medieval Academy of America, 1972), p. 76; version hébraïque, éd. *idem* (Cambridge, Mass., The Medieval Academy of America, 1954), p. 50; traduction anglaise: *Averroes, Epitome of Parva naturalia*, H. Blumberg trad. (Cambridge, Mass., The Medieval Academy of America, 1961), p. 44 sq.; Maïmonide, *Guide des égarés*, I.72: "Il faut savoir que les facultés [ou: forces; *quwwa*] qui arrivent de la sphère céleste à ce monde-ci sont [...] au nombre de quatre, savoir: une faculté qui produit le mélange et la composition et qui suffit indubitablement pour la production des minéraux [...]" (traduction de S. Munk). Cf. le commentaire de Shem-Tov *ad loc*: "le Maître [Maïmonide] est d'avis qu'il n'est pas nécessaire [de postuler] un agent à part donnant les formes aux minéraux, comme le pensent Ibn Sīnā et Abu Ḥamid [al-Ghazālī], qui sont d'avis que les préparations [de la matière] sont le fait des sphères, mais que tout existant acquiert sa forme de l'intellect agent". (*Sefer More Nebukim ... ᶜim Shlosha Perushim... Efodi, Sem-Tov, Ibn Qresqas...* [Vilna, 1902; réimprimé Jérusalem, 1960], p. 112.) Maïmonide affirme ailleurs: "Quant à ce que nous voyons naître sans que ce soit la simple conséquence du mélange—et ce sont toutes les formes—il faut pour cela un efficient, je veux dire quelque chose qui donne la forme" (*Guide* II.12, trad. S. Munk): il faut en conclure que, pour Maïmonide, les minéraux ne possèdent pas de formes—toutes leurs propriétés sont dues aux seules composantes du mélange. Ajoutons qu'Al-Ghazālī souscrit effectivement à l'opinion que lui attribue Shem-Tov: cf. *Maqāsid al-falāsifa* (*Opinions des philosophes*), traduction hébraïque d'Isaac Albalag, Paris, Bibliothèque nationale, ms. héb. 956, fol. 179[v] sq. Harry A. Wolfson compare les attitudes de Judah Halévi et de Maïmonide à propos de ce sujet dans son article: "Halevi and Maimonides on Design, Chance and Necessity" (1941) réimprimé dans ses *Studies in the History of Philosophy and Religion*, tome 2, I. Twersky et G.H. Williams éd. (Cambridge, Harvard University Press, 1977), p. 1-59, notamment p. 26-34.

[24] Gersonide, *Supercommentaire sur l'Épitomé [d'Averroès] des Parva naturalia*, Berlin, Staatsbibliothek preussischer Kulturbesitz, ms. Orient. Fol. 1055, fol. 145[b] sqq.; Gersonide, *Supercommentaire sur l'Épitomé [d'Averroès] des Météorologiques*, Paris, Bibliothèque nationale, ms. héb. 949, fol. 57[a], cité en partie *in* G. Freudenthal, *op. cit.* (n. 17), p. 308, notamment n. 30. Cf. également l'article de Y.T. Langermann dans ce volume.

les plus basses, se trouvent, elles aussi, dans l'intellect agent, de sorte que leur connaissance contribue également, à l'instar de celle des formes plus élévées, à la connaissance de Dieu et ainsi à l'immortalité de l'âme. Du reste, la théorie de Gersonide implique qu'une forme qui ne proviendrait pas des intellects séparés serait ignorée de l'intellect agent: soutenir que les formes des minéraux ne proviennent pas de l'intellect agent équivaudrait donc à affirmer que le règne minéral est soustrait à la Providence.

Les idées gersonidiennes sur le nexus de causalités régissant le monde physique et sur l'information qu'en possède l'intellect agent ont ainsi des conséquences au niveau de l'épistémologie: elles déterminent les vues de Gersonide quant à ce que l'on peut savoir sur le monde et, partant, sur ce que l'on doit s'efforcer de savoir. Ainsi l'image de la science chez Gersonide dépend-t-elle de ses idées cosmologico-métaphysiques, en même temps qu'elle contribue, comme nous le verrons, à déterminer sa théorie physique du monde.

*

Les idées gersonidiennes que nous venons d'exposer font de la connaissance théorique une valeur en soi. Par cette conception du rôle de la connaissance, Gersonide s'oppose à Averroès, qui soutient une conception plutôt utilitariste de la connaissance. Ainsi, dans son *Epitomé du De anima*, Averroès explique-t-il que l'homme assure son existence au moyen des "arts utiles à sa survie", dont les sciences théoriques[25]. Gersonide rejette résolument cette notion utilitariste de la science. Dans son commentaire du texte d'Averroès il dit:

---

[25] Contrairement aux animaux, dit Averroès, l'homme ne saurait assurer sa survie au moyen des sens et de l'imagination seulement. Effectivement, dit-il, l'homme

> "Possède encore une [autre] puissance [de l'âme] par laquelle il appréhende les choses abstraites de la matière, les compose l'une avec l'autre et, par le raisonnement, il fait ressortir une chose d'une autre. Ainsi cette puissance lui permet de perfectionner plusieurs arts qui sont *utiles à sa survie*. Certains de ces arts sont nécessaires, par exemple les arts pratiques préparant la nourriture de l'homme, son vêtement, son habitat, ses médicaments et les autres choses nécessaires à sa survie. [...] D'autres [arts] sont plus élevés, par exemple les arts pratiques qui ne sont pas absolument nécessaires, si ce n'est afin de [produire] le luxe, comme la décoration des vêtements ou de l'habitat. [...] Il en est de même en ce qui concerne les sciences théoriques dont la finalité est la seule recherche théorique (*ᶜiyyun*), comme la science de la nature, la géométrie, etc."

Averroès, *Epitomé du De anima*, cité d'après la traduction hébraïque que commente Gersonide *in* Berlin, Staatsbibliothek preussischer Kulturbesitz, ms. Orient. Fol. 1055, fol. 171[a].

"Ce [raisonnement] appelle une réflexion ayant trait à la question de l'immortalité de l'âme. En effet, pour les chercheurs en cette science, il est évident que la nature ne fait rien en vain. Et puisqu'il en est ainsi, pour quel but a été placée en nous la capacité d'appréhension des sciences théoriques, si ce n'est en raison d'une utilité quelconque? Or il n'y a pas lieu de dire que ces sciences théoriques sont les fondements [lit. les prémisses] des arts pratiques, car il y a des sciences théoriques qui n'ont aucune intention pratique, comme par exemple l'astronomie (*hokhmat ha-kokhabim*) et d'autres."[26]

Dans *Milḥamot ha-Shem* Gersonide explicite sa pensée davantage encore:

"Non seulement [les choses théoriques] n'ont aucune utilité pour la vie corporelle, mais l'effort de les acquérir est même au détriment de la bonne vie. Ainsi nous trouvons que les chercheurs, qui s'efforcent d'acquérir les intelligibles [théoriques], ne s'occupent pas de l'agrément de la vie corporelle; ils ne s'emparent même pas des choses matérielles qui leur sont absolument nécessaires. Et si quelqu'un disait que le pouvoir d'acquérir les intelligibles a été placé en nous parce que [ces intelligibles] sont les fondements des arts pratiques dont nous avons besoin pour nous fournir ce qui est nécessaire pour la vie, de sorte que [les sciences théoriques] sont utiles de cet aspect-là, nous lui répondrions que cela est faux. Il y a en effet des sciences [lit. arts; *melakhot*] théoriques qui n'ont aucune vocation pour la pratique. De plus, si on le supposait ainsi, il s'ensuivrait que les arts pratiques, étant la finalité des sciences [lit. arts] théoriques, seraient plus nobles qu'elles; or cela ne s'accorde pas avec la façon dont nous avons été constitués. Nous trouvons en effet que, pour tout homme, les sciences théoriques ont une grande préséance sur les pratiques; le petit peu que nous pouvons acquérir de ces sciences théoriques nous réjouit davantage que la grande quantité de ce que nous pouvons atteindre dans les arts pratiques[27]. [...] De même, nous avons trouvé que la nature a placé en nous, la communauté des hommes, un désir de la recherche théorique (*ᶜiyyun*) qui l'emporte sur notre désir de la pratique. Tout cela concourt à montrer que la partie théorique en nous n'existe pas en vue de la partie pratique."[28]

La science théorique, dont Gersonide se fait ici le protagoniste, constitue le véritable but de l'existence humaine; c'est par elle que l'on peut parvenir à la félicité:

---

[26] Gersonide, *Supercommentaire du commentaire [d'Averroès] du De anima*, *ibid.*

[27] Gersonide répète souvent ce credo; cf. Touati, *op. cit.* (n. 5), p. 85, n. 15. Il s'agit, bien entendu, d'une citation d'Aristote, *Parties des animaux* I.5, 644b31.

[28] *M.H.* 1.4, p. 6[a-b]. Ce texte reprend, en l'abrégeant un peu, un texte parallèle du *Supercommentaire de l'Épitoné du De anima*, cité plus haut.

"La félicité (*haṣlaḥa*) humaine s'accomplit lorsque l'homme sait, autant que possible, une chose d'entre les choses existantes. [La félicité] s'obtient davantage par l'appréhension des choses élevées que par l'appréhension des choses d'un rang et d'une noblesse inférieurs. Pour cette raison nous désirons l'appréhension limitée qui nous est possible des choses élevées davantage que celle, complète, que nous avons des choses qui leur sont inférieures."[29]

*

La conception gersonidienne de la connaissance a deux autres composantes encore qu'il convient de relever. D'abord, Gersonide manifeste une confiance dans le pouvoir de l'intellect humain et dans sa capacité à atteindre la connaissance. Dès l'introduction à *Milḥamot ha-Shem*, il s'oppose sur ce sujet à Maïmonide, pour qui il a pourtant la plus grande vénération. Maïmonide, on le sait, est, en ce qui concerne l'épistémologie, plutôt sceptique: s'agissant de la question de l'éternité du monde, par exemple, il affirme que les limites de son pouvoir cognitif interdisent à l'homme d'atteindre une certitude à ce sujet.[30] N'est-il pas démesuré, dès lors, que de vouloir entreprendre une recherche jugée impossible par un si illustre prédécesseur, demande Gersonide. Dans sa réponse, il ne mâche pas ses mots:

"Ceci est une raison bien faible. Il n'est pas nécessaire que ce qu'ont ignoré les premiers [savants], leurs successeurs l'ignorent également. Car le temps suffit pour faire ressortir la vérité, comme le dit le Philosophe [...][31]. En effet, s'il en était autrement, toute personne menant des recherches dans quelque science que ce soit n'en [saurait] que ce qu'elle aurait appris d'autrui. Et si on le supposait ainsi, il n'y aurait aucune science, ce qui est manifestement faux."[32]

Pour souscrire à l'opinion de Maïmonide, poursuit Gersonide, il aurait fallu *démontrer*, positivement, que cette recherche est effectivement impossible. A l'évidence, Gersonide a une notion très claire du progrès scientifique, concept dont l'élaboration, au cours de la

---

[29] *M.H.*, Introduction, p. 2[d].

[30] L'attitude de Maïmonide à l'égard de cette question fait partie intégrante de ses vues générales sur les limites de la connaissance humaine. Cf. Sh. Pinès, "The Limitations of Human Knowledge According to Al-Farabi, Ibn-Bajja, and Maimonides", *in* I. Twersky (éd.). *Studies in Medieval Jewish History and Literature* (Cambridge, Mass., Harvard University Press, 1979), p. 82-109.

[31] Cf. Touati, *op. cit.* (n. 5), p. 87-88, y compris les références données dans la note 28.

[32] *M.H.*, Introduction, p. 2[c].

Renaissance, a été si importante pour le renouveau des sciences au XVIIe siècle[33].

Donc, faire progresser la connaissance et, ce faisant, assurer l'immortalité de son âme, est possible. Cette doctrine, Gersonide la complète par une autre idée d'une grande portée: elle concerne la question de la diffusion de la connaissance. On connaît les idées bien élitistes d'un Maïmonide ou d'un Averroès à ce sujet. Gersonide les rejette avec véhémence:

> "Il ne serait pas approprié que quelqu'un, ayant appréhendé quelque chose des choses théoriques, s'abstienne d'épancher sur autrui ce qu'il a appréhendé. Ceci serait complètement méprisable. De même que la totalité de ce qui existe a émané de Dieu, béni soit-Il, sans que Lui en tire profit, de même il convient que chacun, étant parvenu à une part de perfection, s'efforce à en parfaire autrui. Ceci lui permet de ressembler, dans la mesure du possible, à Dieu, béni soit-Il."[34]

Selon Gersonide, la connaissance est assortie d'une obligation éthique: le philosophe a le devoir moral de transmettre ses connaissances et de contribuer ainsi à la félicité des autres.[35] Gersonide lui-même tâchait d'agir en conformité avec ces exigences. Dans un rare moment de confidence personnelle, il écrit:

> "Je jure par la vérité que je ne cessais de craindre d'écrire ce genre de choses dans un livre, connaissant bien les habitudes des ignorants qui, à leurs propres yeux, sont des sages. [...] Ce qui nous y a [pourtant] amené est notre puissant désir de déblayer du chemin des philosophes (*ba^c^aley ha-^c^iyyun*) les obstacles concernant ces grandes questions, où toute erreur éloigne fortement l'homme de la béatitude."

Et Gersonide de se féliciter:

> "Il est évident qu'il ne serait pas approprié qu'un des savants accomplis (*ha-shlemim*) nous condamne pour être entré dans ce genre de recherches difficiles. Bien au contraire, il est approprié que nous soyons loué pour nos efforts dans la recherche de ces choses profondes, et ceci même dans

---

33 R. Nisbet, *History of the Idea of Progress* (New York, Basic Books, 1980).

34 *M.H.*, Introduction, p. 2^d^.

35 De fait, dans chaque génération, la Providence place dans la Cité quelques "hommes accomplis" (*shlemim*)

> "afin de nous diriger vers notre félicité. [...] [Ils le font] soit par la parole, soit—en poursuivant un désir naturel—par l'écrit. Il est en effet naturel de ressembler, autant que possible, à Dieu, béni soit-Il, duquel a émané cette parfaite existence, sans qu'Il en ait la moindre utilité."

Gersonide, *Commentaire du Cantique des cantiques*, *op. cit.* (n. 8), p. 6^d^.

le cas où nous ne serions pas parvenu à aller au delà du seul effort. Ayant parachevé, comme on va le voir, autant que possible, l'exposé de ces recherches, c'est à plus forte raison que nous devons être loué. Il est également clair qu'il n'est pas approprié que celui qui étudie nos propos nous persécute en échange de notre amour pour lui et notre volonté de lui être utile.''[36]

Ces idées sur les devoirs du savant de divulguer ses connaissances éclairent, me semble-t-il, la composition du corpus gersonidien avec la coexistence en son sein d'éléments apparemment dissemblables: commentaires philosophiques et bibliques, ouvrages de philosophie et de science. S'agissant des supercommentaires sur les commentaires d'Averroès, il est évident que les écrits du philosophe de Cordoue renferment, pour Gersonide, des intelligibles: aussi est-il de son devoir d'en répandre la connaissance, d'où la longue série de supercommentaires, issus peut-être d'une activité d'enseignement. Il en est de même des textes bibliques: ''La Tora, dit Gersonide, n'est pas un *nomos* nous contraignant à croire des choses fausses; non, elle nous dirige, pour autant que cela est possible, à l'appréhension de la vérité''[37]. En fait, la Tora, donnée en un temps où les hommes ignoraient encore tout de la cause formelle, poursuit l'intention de ''diriger le comportement humain vers la véritable perfection'';[38] elle est ''un *nomos* conduisant ceux qui le suivent vers la véritable félicité''[39]. La Tora et la philosophie expriment donc, dans des langages différents, les mêmes vérités: à maintes reprises, lorsqu'il montre, à propos d'un problème particulier, que le résultat de la recherche est identique à ce qui est (selon lui) énoncé dans la Tora, Gersonide s'exclame: ''C'est de la nature de la vérité que d'être en accord avec elle-même de tous les côtés!''. Aussi, les commentaires bibliques poursuivent-ils le même but que les recherches philosophiques. Puis, il y a les ouvrages originaux: l'œuvre philosophique, *Milḥamot ha-Shem*, bien entendu, qui, plus que tout autre, est supposée indiquer à l'homme le chemin de sa félicité, et les ouvrages spécialisés, notamment en logique, en mathématiques et en astronomie: quel que soit le domaine, dès lors qu'une nouvelle idée éclairait l'horizon, Gersonide considérait qu'il était de son

---

36 *M.H.*, Introduction, p. 2[d].
37 *M.H.*, Introduction, p. 2[d] sq. Cf. également Touati, *op. cit.* (n. 5), p. 92-97.
38 Gersonide, *Perush ha-Tora* (Venise, 1547), introduction, p. 2[a].
39 *Ibid.*, p. 9[a].

devoir éthique incontournable de la diffuser; ces intelligibles, non appréhendés auparavant, une fois trouvés, il lui incombait de les "épancher" (pour reprendre son terme) sur le public, ressemblant par là, pour autant que cela est possible, à Dieu.

III. Réalisme et Théorie Astronomique

Manifestement, la sotériologie de Gersonide suscite une motivation puissante à la recherche scientifique: toute bribe de connaissance, chaque intelligible, contribue à la félicité. Et pour Gersonide l'effort pour acquérir des intelligibles doit porter en premier lieu sur le monde matériel (sub- et supralunaire): c'est à partir des êtres créés que l'homme peut appréhender les formes que possède l'intellect agent. La recherche métaphysique et théologique aboutit donc à la conclusion—quelque peu paradoxale, mais rappelant en ceci précisément la conclusion à laquelle parvient Wittgenstein dans le sixième chapitre de son *Tractatus*[40]—qu'il faut se tourner vers la recherche *empirique*, d'où l'impossibilité d'acquérir des intelligibles après la mort. La sotériologie gersonidienne implique donc une attitude décidément *innerweltlich*; nous dirons quelques mots de la signification historique d'une telle attitude dans notre conclusion.

La valeur qu'attribue Gersonide aux sciences détermine non seulement le fait même qu'il faut s'y consacrer, mais encore que la science la plus noble est l'astronomie, dont la sotériologie gersonidienne conditionne jusqu'à certains aspects du contenu.

Tout d'abord, les substances du monde réel et, partant, les sujets de la recherche, ne sont pas tous du même rang. Bien au contraire, Gersonide soutient, avec Averroès, une *hiérarchie* stricte des substances et des formes. Selon Averroès, en effet, cette hiérarchie a à sa base les formes des quatre éléments; puis viennent successivement les formes des homéomères, les formes végétatives, les formes perceptives, les formes imaginaires, les intelligibles théoriques et, enfin, les formes des corps célestes, c'est-à-dire les intellects séparés, ces derniers ayant ainsi le statut ontologique le plus élevé. La même hiérarchie se retrouve au niveau des matières respectives: "L'eau,

---

[40] L. Wittgenstein, *Tractatus Logico-Philosophicus*, §6.54: "Meine Sätze erläutern dadurch, dass sie der, welcher mich versteht, am Ende als unsinnig erkennt, wenn er durch sie—auf ihnen—über sie hinausgestiegen ist. (Er muss sozusagen die Leiter wegwerfen, nachdem er auf ihr hinaufgestiegen ist.)"

dit Averroès, est la perfection de la terre, l'air celle de l'eau, le feu celle de l'air; enfin le corps céleste est la perfection du feu et les formes séparées sont la perfection du corps céleste''[41]. Cette conception, entièrement partagée par Gersonide,[42] établit évidemment une hiérarchie des intelligibles correspondants, au sommet de laquelle se trouvent les corps célestes. (Au-dessus de ces intelligibles accessibles à une investigation au moyen des sens se trouve bien sûr la Forme première.) La science des corps célestes est l'astronomie, d'où la place priviligiée qu'elle occupe dans la pensée de Gersonide:

> ''Nous avons considéré qu'il serait approprié de nous étendre longuement sur cette recherche, car cette science est très précieuse, tant en elle-même que par la direction qu'elle donne au sujet des autres sciences. Qu'elle soit précieuse en elle-même est manifeste, puisque le rang du *quaesitum* [*derush*] est selon le rang de l'objet sur lequel porte la recherche. Or il est manifeste que l'objet sur lequel porte cette recherche, à savoir le corps céleste, est le plus noble parmi tous les corps naturels et que la forme le mouvant est la plus noble parmi toutes les formes naturelles.''[43]

L'importance de la recherche astronomique découle encore et surtout du fait que c'est par les corps célestes que Dieu exerce sa Providence sur le monde sublunaire. Si l'on veut connaître les lois gouvernant, dès la création, l'ordre naturel parfait ici-bas, il faut tourner les yeux vers le ciel. La science de l'astronomie

> ''est précieuse [...] à cause des indications qu'elle fournit à l'adresse des autres sciences. [...] Elle donne une direction admirable pour la science

---

[41] *The Epistle on the Possibility of Conjunction with the Active Intellect by Ibn Rushd with the Commentary of Moses Narboni. A Critical Edition and Annotated Translation* by Kalman P. Bland (New York, The Jewish Theological Seminary of America, 1982), 14.18-29. Cf. également les passages d'Averroès se trouvant dans Gersonide, *Supercommentaire de l'Épitomé* [*d'Averroès*] *du De caelo*, Berlin, Staatsbibliothek preussischer Kulturbesitz, ms. Orient. Fol. 1055, fol. 18ª et *idem*, *Supercommentaire de l'Épitomé* [*d'Averroès*] *du De anima*, *ibid.*, fol. 145ª-ᵇ, 149ª-ᵇ. Averroès développe une idée se trouvant en germe déjà chez Aristote; cf. *De caelo* IV.3, 310b15 et M.L. Gill, *Aristotle on Substance*, *op. cit.* (n. 14), p. 239.

[42] *M.H.* 1.12, p. 15ᵇ.

[43] *M.H.* 5.1.2, 1-2. On sait que la première partie (astronomique) du cinquième livre de *Milḥamot ha-Shem* n'a pas été incluse dans les éditions de cet ouvrage. Nous disposons d'une édition des seuls vingt (sur 136!) premiers chapitres de cette partie: Bernard R. Goldstein, *The Astronomy of Levi ben Gerson* (*1288-1344*). *A Critical Edition of Chapters 1-20 with Translation and Commentary* (Berlin, Springer, 1985). Toutes les références ultérieures aux vingt premiers chapitres de l'*Astronomie* de Gersonide se font d'après cette édition. Les chiffres derrière la virgule indiquent le numéro de la phrase, selon la numérotation de M. Goldstein.

> de la nature et pour la science divine. En effet, la recherche portant sur ses formes et sur leurs rangs par rapport à la Forme première [montre que ces formes sont] le fruit de la sagesse divine et sa finalité. [...] Car ces sphères et ces astres ont été créés par la parole de Dieu, béni soit-Il. [...] Ils font apparaître la grandeur de la sagesse et de la puissance qu'a manifestées Dieu, béni soit-Il, en produisant ces corps célestes nobles [...] desquels Il fait émaner des influences produisant des choses différentes, qui perfectionnent l'existence ici-bas.''[44]

Si bien que certains commandements bibliques ont été donnés afin d'orienter l'homme vers la contemplation des cieux[45].

Gersonide est douloureusement conscient des carences de la science des cieux de son temps. Son imperfection se manifeste, d'après lui, dans la faiblesse de l'astrologie judiciaire. A l'instar de tous ses contemporains, y compris les adversaires de l'astrologie, Gersonide ne met jamais en doute le principe même d'influences astrales et il accepte, jusqu'à un certain degré, les thèses des astrologues[46]. Il reconnaît cependant que ces derniers se trompent trop souvent, même si l'on tient compte du libre arbitre et du fait que le déterminisme astral n'est que partiel. Comment expliquer ces erreurs? Elles tiennent, avance-t-il, à l'imperfection des connaissances de la physique céleste—des mouvements des astres et de leurs différentes influences sur le monde sublunaire[47]. D'où, encore une fois, l'importance des recherches astronomiques.

Ainsi, c'est par leur rang ontologique et par leur place centrale dans l'économie du monde physique, où ils jouent le rôle d'instrument de la Providence, que les corps célestes sont, pour Gersonide, les objets privilégiés de la recherche. Ceci explique la grande attention que porte Gersonide à l'astronomie, science à laquelle il a probablement consacré plus de temps (de nuits notamment!) qu'à toutes les autres sciences mises ensemble.

*

Nous avons, jusqu'ici, vu comment la sotériologie gersonidienne détermine le fait même que notre philosophe considère la science

---

44 *M.H.* 5.1.2, 2 sq., 6.

45 I. Heinemann, *Taʿamey ha-Miṣwot be-Sifrut Yisrael*, t. 1, (Jérusalem, 3e éd., 1954), p. 99.

46 Cf. Gad Freudenthal, ''Levi ben Gershom as a Scientist: Physics, Astrology and Eschatology'', *in*: *Proceedings of the Tenth World Congress of Jewish Studies*, Division C, vol. 1: *Jewish Thought and Literature* (Jérusalem, World Union of Jewish Studies, 1990), p. 65-72.

47 *M.H.* 5.2.1, p. 31d.

comme le chemin menant au salut; nous avons également constaté que les idées cosmologico-métaphysiques de Gersonide font des corps célestes l'objet d'étude par excellence, le site priviligié de la recherche. Nous allons maintenant préciser cette influence des idées philosophiques sur la science en montrant que la sotériologie de Gersonide détermine le biais original par lequel il aborde l'étude de l'astronomie, influençant ainsi directement le contenu même de ses théories astronomiques.

Gersonide, nous avons pu nous en convaincre, n'étudie pas l'astronomie à cause de son utilité potentielle: ne va-t-il pas jusqu'à la citer comme l'exemple même d'une science purement théorique? Ce que cherche Gersonide, c'est connaître les intelligibles du rang suprême, déchiffrer, si peu que ce soit, le secret de la Providence, la sagesse divine ayant établi le *nomos* du monde physique. Pour Gersonide, cela signifie: appréhender des intelligibles se trouvant dans l'intellect agent. Or cela implique que, sur le plan épistémologique, sa position ne peut être que *réaliste*. Le but que poursuit Gersonide dans l'étude de l'astronomie lui interdit l'adoption de la position *instrumentaliste* (ou, si l'on préfère, fictionaliste), qui avait le plus souvent prévalu en astronomie: cette position épistémologique consiste à postuler que le rôle de l'astronome est de "sauver les phénomènes", c'est-à-dire de proposer des modèles mathématiques permettant de produire des tables et ainsi de calculer les positions des astres, sans nullement s'occuper de savoir si ces modèles correspondent à la structure réelle du monde[48]. Gersonide ne saurait

[48] Sur la signification du terme "instrumentalisme", cf. par exemple K.R. Popper, "Three Views Concerning Human Knowledge", dans ses *Conjectures and Refutations* (London, Routledge and Kegan Paul, 1963), p. 97-119; E. Nagel, *The Structure of Science* (London, Routledge and Kegan Paul, 1961), p. 129-140. Il y a lieu de souligner qu'en tant que conception épistémologique, l'instrumentalisme n'implique nullement une attitude utilitariste à l'égard de la science. Le terme "fictionalisme" est utilisé par N. Jardine dans *The Birth of History and Philosophy of Science* (Cambridge, Cambridge University Press, 1984), cf. notamment p. 225-257. L'étude historique la plus détaillée des attitudes épistémologiques envers l'astronomie demeure P. Duhem, *Sózein tà phainómena. Essai sur la notion de théorie physique* (1908) (rééd. Paris, Vrin, 1982); cf. également R.S. Avi-Yonah, "Ptolemy vs Al-Bitruji: A study of Decision-Making in the Middle Ages", *Archives internationales d'histoire des sciences* 35 (1985), p. 124-147 et, pour la scolastique latine, Edward Grant, "Eccentrics and Epicycles in Medieval Cosmology", *in* Edward Grant et John E. Murdoch (éds.) *Mathematics and Its Applications to Science and Natural Philosophy in the Middle Ages* (Cambridge, Cambridge University Press, 1987), p. 189-214, ainsi que l'article d'H. Hugonnard-Roche dans le présent volume.

partager cette position épistémologique: sa recherche astronomique est commandée par sa sotériologie, pour laquelle rien n'a de signification sauf la connaissance du monde tel qu'il est véritablement, ce qui, seul, peut éventuellement déboucher sur une connaissance (partielle) de l'intellect agent. "Nous avons constaté, dit-il en effet au début du premier chapitre de son *Astronomie*, que [même] ceux parmi les mathématiciens qui ont fait des recherches appropriées en cette science se sont contentés de trouver un système [ou: modèle; *tekhunah*] astronomique duquel les observations peuvent être inférées approximativement. Ils n'ont pas tâché d'élaborer le système astronomique nécessaire selon la vérité"[49]. Aussi Gersonide se propose-t-il d'élaborer une astronomie nouvelle, qui décrira le monde céleste tel qu'il est en vérité. L'écartement de Gersonide par rapport au consensus *épistémologique* prévalant dans sa discipline aura des répercussions déterminantes sur le *contenu* même de ses théories. Le biais par lequel Gersonide aborde la recherche scientifique implique qu'il sera un astronome "pas comme les autres".

Les tentatives pour élaborer une astronomie réaliste—ou, ce qui revient au même, pour concilier l'astronomie mathématique avec la physique aristotélicienne—sont peu nombreuses. Chez Aristote lui-même, le rapport entre 1° le modèle astronomique d'Eudoxe; 2° l'idée que, de par leur matière, les astres ont un mouvement circulaire naturel; et 3° l'idée que les astres sont mus par des intellects, est bien obscur. Ptolémée tente une explication physique des mouvements célestes dans ses *Hypothèses*, mais sa théorie demeure vague et ne prend pas en compte les détails des mouvements tels qu'ils sont analysés dans l'*Almageste*. La première tentative d'une conciliation entre l'astronomie ptoléméenne et la physique aristotélicienne est due, semble-t-il, à Sosigène, le maître d'Alexandre d'Aphrodise, dans la deuxième moitié du IIe siècle. Sosigène tente d'adapter la philosophie de la nature d'Aristote à l'astronomie nouvelle, celle de Ptolémée, qui l'emporte par la précision de ses prévisions. Simplicius, à qui nous devons notre information sur Sosigène, a adopté l'approche inverse: il exclut l'astronomie du champ de la philosophie et du domaine où l'on cherche la vérité[50].

Parmi les auteurs arabes, Thābit ibn Qurra et, notamment, Ibn

---

49 *M.H.* 5.1.1, 3-4.

50 Matthias Schramm, *Ibn al-Haythams Weg zur Physik* (Wiesbaden, F. Steiner, 1963), p. 16-59; cf. également P. Duhem, *op. cit.* (n. 48), p. 3-27.

al-Haitham se sont intéressés au problème d'une explication physique de la mécanique céleste. Dans le présent contexte, c'est cependant une autre tradition qui nous intéresse, une tradition jadis décrite par Léon Gauthier comme "une réforme du système astronomique de Ptolémée, tentée par les philosophes arabes du XIIe siècle"[51]. Plus récemment, A.I. Sabra a parlé de "La révolte andalouse contre l'astronomie ptoléméenne"[52]. A l'origine de cette "révolte" se trouvent, pour autant que nous le sachions, Ibn Bājja (mort 1138) et Ibn Tofail (mort en 1185); les acteurs principaux en sont Averroès (mort en 1198) et al-Bitrūjī; certains échos s'en font entendre chez Maïmonide. Sans entrer dans les détails, exposés maintes fois, disons que dans son *Grand commentaire du De caelo* et, plus tard, dans le *Grand commentaire de la Métaphysique*, écrit après 1186, Averroès affirme sans ambages que l'existence postulée de sphères excentriques ou épicycliques serait contre nature. Il explique que de tels mouvements créeraient plusieurs centres de mouvement circulaire, en contradiction avec la physique d'Aristote, selon laquelle l'existence de tels centres impliquerait celle d'autres terres que la nôtre. Averroès conclut que "l'astronomie de nos jours est en accord avec les calculs seulement, mais non avec ce qui existe" et de lancer un appel à la recherche d'une "vraie astronomie qui soit possible du point de vue des principes physiques". Averroès croit d'ailleurs qu'une telle astronomie avait été connue des anciens[53]. Maïmonide expose en détail le même type de considérations mais, en accord avec son attitude philosophique générale,[54] il se dégage du problème en trouvant refuge dans l'épistémologie instrumentaliste[55].

---

51 "Une réforme du système astronomique de Ptolémée, tentée par les philosophes arabes du XIIe siècle", *Journal asiatique*, 1909, p. 483-510.

52 A.I. Sabra, "The Andalusian Revolt against Ptolemaic Astronomy. Averroes and al-Biṭrūjī", *in* Everett Mendelsohn (éd.), *Transformation and Tradition in the Sciences. Essays in Honor of I. Bernard Cohen* (Cambridge, Cambridge University Press, 1984), p. 133-153.

53 L. Gauthier, *op. cit.* (n. 51), p. 502-504; A.I. Sabra, *op. cit.* (n. 52), p. 142; Ch. Genequand, *Ibn Rushd's Metaphysics. A Translation with Introduction of Ibn Rushd's Commentary on Aristotle's Metaphysics, Book Lām* (Leiden, Brill, 1984), p. 178.

54 Voir Sh. Pinès, "The Limitations of Human Knowledge", *op. cit.* (n. 30), notamment p. 93-94.

55 Maïmonide, *Guide des égarés* II.24: "Je t'ai déjà expliqué de vive voix que tout cela ne regarde pas l'astronome; car celui-ci n'a pas pour but de nous faire connaître sous quelle forme les sphères existent, mais son but est de poser un système par lequel il soit possible d'admettre des mouvements circulaires, uniformes et con-

Écrivant autour de 1200, al-Biṭrūjī s'efforce d'édifier une astronomie mathématique selon les principes énoncés par Averroès (qu'il ne mentionne cependant pas)[56]. Le système d'al-Biṭrūjī, qui se veut en accord avec le calcul tout en se conformant aux principes de la physique, est, dans la tradition astronomique médiévale, une véritable révolution. Ainsi Gersonide se réfère toujours à al-Biṭrūjī comme à "l'auteur de la nouvelle astronomie" et son contemporain Isaac Israeli, l'auteur de *Yesod Olam*, l'appelle "l'homme qui, par sa théorie, a mis en émoi le monde entier"[57].

Dans la tradition hébraïque, l'astronomie d'al-Biṭrūjī a été très rapidement connue. Yehuda b. Salomon Kohen ibn Matqa de Tolède, le correspondant de l'empereur Frédéric II, en donne un résumé dès 1247 environ dans son encyclopédie *Midrash ha-Ḥokhmah*, ouvrage cependant resté sans grand écho[58]. Une traduction hébraïque complète de l'ouvrage d'al-Biṭrūjī a été terminée par Moïse ibn Tibbon en 1259[59]. Il semblerait pourtant que sa percée soit restée limitée. Aussi tard que 1318, un auteur pourtant averti en mathématiques et arabisant de surcroît, Qalonymos b. Qalonymos, semble l'ignorer complètement[60].

---

formes à ce qui se perçoit par la vue, peu importe que la chose soit réellement ainsi, ou non". (Traduction de S. Munk.)

[56] Les textes arabe et hébreu, une traduction en anglais et une interprétation de l'*Astronomie* d'al-Biṭrūjī se trouvent *in* B.R. Goldstein, *Al-Biṭrūjī*: *On the Principles of Astronomy* (New Haven, Yale University Press, 1971), 2 tomes.

[57] Cf. S. Munk *Mélanges de philosophie juive et arabe* (Paris, 1857), p. 521; Goldstein, *Al-Biṭrūjī*, *op. cit.* (n. 56), t. 1, p. 40-45.

[58] Goldstein, *Al-Biṭrūjī*, *op. cit.*, t. 1, p. 40.

[59] *Ibid.*, p. 3, 47, 155 (n. 58).

[60] Dans son êpitre à Joseph ibn Kaspi, Qalonymos critique ce dernier pour avoir donné à un de ses ouvrages le titre prétentieux de "Livre du secret" (*Sefer ha-sod*). Il se gausse de son correspondant en posant, en cascade, une série de questions rhétoriques, un peu dans le style du Livre de Job 38-39. Parmi ces questions:

> "T'a-t-on dit et as-tu entendu dire qu'un système astronomique a été trouvé, ne postulant ni épicycle, ni excentrique, ni un mouvement des pôles, de sorte que les principes naturels soient respectés? En effet, nous trouvons que les calculs qui sont en accord avec les observations sont uniquement ceux faits selon une de ces méthodes, qui, toutes, sont en dehors du système de la physique. Le Maître [Maïmonide] a évoqué cela dans le chapitre 24 de la deuxième partie [du *Guide*]. [...] De nombreux jours sont passés et je suis resté perplexe, cette perplexité s'ajoutant à tant d'autres. Enfin, j'ai trouvé qu'Ibn Rushd, dans son *Commentaire* au deuxième traité du *De caelo*, dit que puisqu'Aristote a été attentif à ce problème mais qu'il n'en a rien dit, il y avait, peut-être, de son temps, un système astronomique sans épicycles ni excentriques; ce système astronomique, on l'appelait hélicoïdal (*lulaviyit*), mais de nos jours on l'ignore toujours".

Cf. *Kalonymos ben Kalonymos' Sendschreiben an Joseph Kaspi*, éd. Joseph Perles (München, Theodor Ackermann, 1879), p. 26; quelques corrections à cette édition

Au moment où Gersonide entre en scène, le problème est donc présent aux esprits, du moins aux esprits philosophiques: ces derniers connaissent l'exposé fourni de Maïmonide sur le sujet, ainsi que les textes d'Averroès où l'incompatibilité de l'astronomie et de la physique est constatée. Astronome, Gersonide connaît de surcroît la nouvelle astronomie d'al-Biṭrūjī. Aussi est-il pleinement conscient de la problématique: quelques physiciens et philosophes, dit-il, ont remarqué que les modèles astronomiques, puisqu'ils ne se conforment pas aux lois de la nature, ne sauraient correspondre à la vérité.

> "Ils se sont cependant déchargés du fardeau en disant que c'est le mathématicien qui devrait mener la recherche dans ce domaine, cela leur étant impossible en tant que physiciens ou philosophes. De même, le mathématicien soutient que, en tant que mathématicien, il n'a aucune vocation pour mener cette recherche: il lui suffit de postuler un système [ou: modèle] astronomique duquel on peut inférer ce qui est observable des mouvements des astres [...], sans prêter attention si ce système [ou: modèle] est conforme à la nature. [...] Ainsi, poursuit Gersonide, un sceptique pourra dire: 'si la vérité dans cette recherche n'appartient ni au mathématicien, ni au physicien, ni au philosophe, à qui appartient-elle?' "[61]

La position de Gersonide est la suivante:

> "La vérité dans cette recherche n'appartient pas à la métaphysique [lit. la science compréhensive; *ha-ḥokhmah ha-kolelet*], qui examine l'être en tant qu'existant, [...] ni à la science de la nature, [...] et elle n'appartient pas non plus, en sa totalité, à la science mathématique. Non, en sa totalité elle appartient à l'ensemble de ces sciences."[62]

Et Gersonide d'énoncer l'idée d'une science d'un type nouveau, interdisciplinaire, mathématique et physique à la fois:

> "Puisqu'il en est ainsi, il est impossible qu'une recherche, pour autant qu'elle est une, appartienne en partie à un chercheur dans une science, la partie restante appartenant à un chercheur dans une autre science. [...] Il s'ensuit nécessairement que cette recherche appartient, en sa

---

ont été apportées par M. Steinschneider *in*: *Hebräische Bibliographie* 19 (1879), p. 115-118. Le texte d'Averroès évoqué par Qalonymos est indiqué par Gauthier, *op. cit.* (n. 51), p. 502 sq., n. 2. Ibn Kaspi lui-même, un contemporain de Gersonide, fait une allusion, discrète et peu developpée, au problème dans son commentaire au *Guide des égarés* I, 72; cf. ses *ʿAmudey Kesef u-Maskiyot Kesef*, éd. S. Werbluner (Frankfurt, 1848), p. 73.

[61] *M.H.* 5.1.1, 5-8.

[62] *M.H.* 5.1.1, 10-13.

totalité, à quelqu'un qui est à la fois, et mathématicien, et physicien, et philosophe: en effet, quelqu'un qui est ainsi sera à même de compléter cette recherche en s'appuyant sur chacune de ces sciences.''[63]

Le lecteur ne sera pas surpris d'apprendre que Gersonide s'estime posséder les qualifications souhaitées.

En élaborant son système astronomique, Gersonide poursuit donc l'intention de satisfaire aux exigences de l'astronomie mathématique, de la physique et de la métaphysique à la fois. Ces deux dernières sciences impliquent l'impossibilité physique de plusieurs centres de mouvement circulaire et Gersonide, comme al-Biṭrūjī avant lui, écarte les épicycles de son système astronomique. Gersonide ne peut pas non plus accepter le système d'al-Biṭrūjī qui, explique-t-il en détail, est contredit par la physique et la métaphysique, aussi bien que par l'observation[64]. Al-Biṭrūjī, dit-il, et les historiens modernes partagent son avis, ''ne s'est pas du tout référé, ni à l'observation, ni aux considérations mathématiques. Il les a ignorées et il a établi [son système] selon ce qui lui a semblé être en conformité avec la physique''[65]. De fait, le système astronomique de Gersonide est fondé sur une idée qu'al-Biṭrūjī rejette, à savoir que tous les astres se trouvent sur des sphères excentriques par rapport au centre de la Terre.

*

Le système astronomique de Gersonide porte les marques de la démarche de son auteur. Dans ce qui suit, je voudrais relever deux ou trois caractéristiques de l'astronomie gersonidienne, qui mettent en évidence que sa spécificité est une conséquence directe de l'épistémologie réaliste de son auteur.

Signalons tout d'abord que, pour Gersonide, bien évidemment, il ne peut y avoir qu'un seul système astronomique, le *vrai*. Gersonide est, bien entendu, conscient du fait que des modèles astronomiques

---

63 *M.H.* 5.1.1, 14-16.

64 *M.H.* 5.1.40, 5.1.44. Ces chapitres non publiés de la partie astronomique de *M.H.* se trouvent notamment dans les manuscrits suivants: Biblioteca Nazionale, Naples, ebr. III F.9; Bibliothèque nationale, Paris, héb. 724 et 725. Dans les références ultérieures je les désigne, en suivant B.R. Goldstein [*The Astronomy of Levi ben Gerson*, *op. cit.* (n. 43), p. x], par les lettres N, P et Q, respectivement. Je remercie M. le professeur B.R. Goldstein d'avoir aimablement mis à ma disposition une transcription préliminaire du texte.

65 *M.H.* 5.1.43, début (N, fol. 151^b; P, fol. 75^b; Q, fol. 55^a); et cf. Goldstein, *Al-Biṭrūjī*, *op. cit.* (n. 56), p. 44-45, pour une opinion moderne semblable.

peuvent être équivalents et que des modèles différents peuvent donner lieu à des prévisions sensiblement identiques. Il ne perd cependant jamais sa confiance dans la possibilité d'atteindre la vérité. Gersonide examine les propriétés spécifiques (*segulot*) de chaque modèle et c'est sur la base de cet examen qu'il le juge[66]. "Nous avons montré, sans laisser subsister le moindre doute, que, pour chacune des planètes, le modèle astronomique que nous avons postulé est vrai et qu'il ne peut y avoir un autre modèle qui soit en accord avec l'observation des mouvements de la planète", dit Gersonide au début de son *Astronomie*[67].

La confiance qu'a Gersonide de pouvoir distinguer le vrai du faux, même lorsqu'il s'agit des corps célestes et par laquelle il s'oppose de façon si éclatante à Maïmonide, pour qui la vérité sur les mouvements célestes n'est connue que de Dieu seul[68], cette confiance n'est nullement gratuite et ne se limite pas à une déclaration sans suite. En effet, le désir de vérifier les caractéristiques par lesquelles se distinguent les modèles astronomiques amène Gersonide à effectuer des *observations astronomiques* à une époque où elles ne se pratiquent guère et, qui plus est, à inventer et à utiliser de façon intensive des *instruments astronomiques*, notamment son "bâton de Jacob".

S'agissant des observations, entre 1325 et 1345, Gersonide a, d'après M. B.R. Goldstein, effectué quelque quarante-cinq observations de planètes, auxquelles s'ajoutent une dizaine d'observations d'éclipses solaires et lunaires: il les utilise, fait rarissime au moyen âge, afin de mettre à l'épreuve différents modèles astronomiques disponibles[69]. Gersonide fait la plupart de ces observations en utilisant des instruments, dont le bâton de Jacob qu'il a lui-même inventé dans le but d'améliorer leur précision. Dans sa version "standard", le bâton de Jacob permet de déterminer, avec plus d'exactitude que cela n'était possible auparavant, la distance angulaire entre deux étoiles. "Nous nous sommes efforcé d'inventer un instrument dont la construction soit sans faute et dont les observations soient exemptes d'erreurs, écrit Gersonide. Et nous avons

---

66 *M.H.* 5.1.20.

67 *M.H.* 5.1.3, 51.

68 Maïmonide, *Guide des égarés* II.24.

69 Bernard R. Goldstein, "A New Set of Fourteenth-Century Planetary Observations", *Proceedings of the American Philosophical Society*, 132 (1988), p. 371-399 et l'article du même auteur dans le présent volume.

commencé à l'employer pour faire des observations, très utiles dans cette recherche. [Cet instrument] nous dirigera, si la Providence le veut bien, jusqu'à la vérité du système astronomique''[70]. Le désir de Gersonide de trouver le système astronomique *vrai* est donc à l'origine de l'invention du bâton de Jacob[71]. C'est l'épistémologie réaliste qui a donné un *sens* à l'augmentation de l'exactitude des observations astronomiques. Dans la perspective d'une épistémologie instrumentaliste, en effet, disposer d'observations plus exactes n'a de sens que pour autant que la différence de précision ait une signification pratique. Dans la mesure où des prévisions astronomiques plus fiables n'étaient pas demandées par la vie pratique en ce début du XIVe siècle (sauf, peut-être, en astrologie), à une époque où effectivement les astronomes ne faisaient guère d'observations, une amélioration de la précision des observations n'avait donc qu'une faible importance. Pour Gersonide, par contre, la précision, la conformité absolue avec la réalité, est primordiale: il s'agit de connaître l'agencement divin du monde et une différence même minime dans les résultats des observations risque de mettre en échec le salut de l'âme. Cette considération explique également la grande préoccupation de Gersonide pour les problèmes de l'erreur observationnelle, sujet sur lequel il revient maintes fois[72].

Bien évidemment, le bâton de Jacob, permettant d'améliorer l'exactitude des observations de la distance angulaire entre deux étoiles, a pu être inventé aussi dans le cadre d'une épistémologie instrumentaliste, quoique probablement plus tard. Mais Gersonide a également développé une deuxième version de cet instrument: il s'agit d'une combinaison du bâton de Jacob et de la *camera obscura*, instrument permettant de mesurer le diamètre apparent des astres[73]. Or les observations de cet instrument ont une signification

[70] *M.H.* 5.1.3, 44-45.

[71] Gersonide lui-même appelle son instrument *megalle ʿamuqot*, ''révélateur des profondeurs''. Cette dénomination peut s'entendre comme ayant délibérément un sens double, évoquant à la fois des vérités profondes et la profondeur au sens mathématique, c'est-à-dire la hauteur relative d'un astre par rapport à un autre.

[72] Cf. N. Rabinovitch, ''Early Antecedents of Error Theory'', *Archive for the History of Exact Sciences* 13 (1974), p. 348-358, notamment p. 356-358; B.R. Goldstein, ''Levi ben Gerson: On Instrumental Errors and the Transversal Scale'', *Journal for the History of Astronomy* 8 (1977), p. 102-112.

[73] Cf. B.R. Goldstein, ''Levi ben Gerson: On Astronomy and Physical Experiments'', *in* Sebetai Unguru (éd.), *Physics, Cosmology and Astronomy, 1300-1700: Tension and Accomodation* (= *Boston Studies in the Philosophy of Science*, vol. 126) (Dordrecht / Boston / London, Kluwer, 1991), p. 75-82.

uniquement si l'on considère le système astronomique comme une représentation du réel. Gersonide remarque, en effet, que si les planètes se trouvaient sur des épicycles, leurs diamètres apparents devraient varier considérablement: le diamètre apparent de la Lune dans le rapport 1:2, celui de Mars dans le rapport 1:6, etc., ce qui ne correspond pas à l'observation. Ptolémée, dit Gersonide, a écarté ce problème en disant que notre vue est trop faible pour observer ces changements de luminosité: or, rétorque-t-il,

> "Cet argument n'a aucun poids, car nous avons déterminé le diamètre de la Lune en mesurant, par une règle, son rayon passant par l'ouverture de l'instrument et non pas par l'observation du corps même de la Lune. Il est donc évident qu'il [Ptolémée] ne peut attribuer ce fait—à savoir que le diamètre apparent ne correspond pas à ce qu'implique son modèle—à la faiblesse de la vue"[74]

Le diamètre apparent est, pour Gersonide, précisément une de ces caractéristiques par lesquelles on peut distinguer un modèle planétaire d'un autre:

> "S'il y a plus d'un système [ou: modèle] astronomique duquel s'ensuit l'ordre [des mouvements planétaires], alors, en prenant en compte ce qui est en accord avec l'observation de la variation du diamètre apparent de l'astre, la recherche nous indiquera qu'un des systèmes [modèles] astronomiques est juste, et aucun autre."[75]

Dans la tradition ptoléméenne, on n'a guère prêté attention aux diamètres apparents. Effectivement, dans une perspective instrumentaliste, seules les positions des astres intéressent. La démarche de Gersonide est donc révolutionnaire: il *redéfinit l'ensemble des paramètres dont l'astronome doit tenir compte*. Pour employer un langage à la mode: Gersonide invente un nouveau discours astronomique. Le nouveau paramètre qu'introduit Gersonide dans son astronomie, ainsi que l'instrument qu'il invente afin de le mesurer, n'ont de sens possible que dans le cadre d'une épistémologie réaliste.

*

Nous terminons par un bref examen de la théorie astronomique de Gersonide, fondée sur l'idée de sphères excentriques par rapport au centre du monde (qui est, bien entendu, identique au centre de la Terre). Tout d'abord, les mesures des diamètres apparents, celles

---

74 *M.H.* 5.1.43 (N, fol. 158^b; P, fol. 79^a; Q, fol. 58^a).
75 *M.H.* 5.1.19, 3.

mêmes qui avaient réfuté les modèles épicycliques, confirment le modèle excentrique[76] et permettent de déterminer l'excentricité[77]. De fait, la confiance de Gersonide dans ce modèle est si grande, qu'à plusieurs reprises, confronté à une difficulté concernant les implications physiques ou métaphysiques du modèle, il remarque que le modèle ayant déjà été établi, le raisonnement physique doit s'y accommoder. Mentionnons une seule de ces difficultés. Est-il possible que le mouvement circulaire des sphères se fasse autour d'un centre qui n'est pas le centre du monde? Pourquoi pas, répond Gersonide:

> ''Il a déjà été démontré en physique que c'est le corps qui se meut en rotation qui produit le centre. Ainsi, s'il était possible qu'il y ait plus d'un seul monde, les mouvements simples des parties des différents mondes seraient nécessairement dirigés vers leurs centres respectifs.''[78]

Cette thèse, tout à fait non orthodoxe dans la perspective aristotélicienne, est corroborée par le remarquable argument suivant:

> ''Lorsque les corps sont inclus dans une circonférence, leurs mouvements simples se rapportent au centre de cette circonférence. Voici ce qui l'indique. Tu vois que dans certaines choses naturelles de forme sphérique, la partie lourde est au milieu, la partie légère l'entourant. Ainsi tu vois que l'œuf commence par consister en jaune seulement, puis la nature [en?] crée la partie légère, la partie lourde restant au centre et la partie légère l'entourant. De même, tu trouves que certains mouvements naturels ne se rapportent pas au centre du monde, mais à leur propre centre, comme le battement du cœur et [le mouvement de] l'air fondamental dans les artères.''[79]

Certes, les arguments de Gersonide n'emportent pas nécessairement la conviction. Mais il serait erroné de les considérer sous cet aspect-là. Ce qui importe c'est que Gersonide a la hardiesse de s'opposer à toute la tradition artistotélicienne sur un point aussi capital. En effet, au seuil du XVIIe siècle encore, quelqu'un comme William Gilbert est confronté pratiquement au même problème: dans une période où la physique est encore aristotélicienne, sa tentative d'élaborer une physique compatible avec l'astronomie copernicienne le confronte également à la question de savoir comment une

---

[76] *M.H.* 5.1.43.
[77] *M.H.* 5.1.33.
[78] *M.H.* 5.1.43 (N, fol. 152^{b}; Q, fol. 76^{a}; P, fol. 55^{b}).
[79] *Ibid.*

pluralité de centres de gravitation est possible[80]. De fait, l'idée d'une telle pluralité est tout à fait incompatible avec les fondements mêmes de la physique aristotélicienne, de sorte que Gilbert, et à plus forte raison Gersonide avant lui, font effectivement preuve d'une très grande audace intellectuelle en l'acceptant.

*

Deux aspects encore de l'astronomie gersonidienne doivent retenir notre attention. Rappelons d'abord que Gersonide tente une explication physique des mouvements célestes. Il postule un corps liquide remplissant l'espace entre les sphères célestes, corps qui est supposé, d'une part, communiquer le mouvement diurne d'une sphère à celle qui l'entoure et, d'autre part, empêcher que les autres mouvements d'une planète ne perturbent ceux des sphères adjacentes. Conséquence de cette théorie, les thèses hardies de Gersonide concernant les dimensions du monde[81]. L'application de la physique à l'explication du "mécanisme" des mouvements célestes fait évidemment corps avec l'épistémologie réaliste: la description du monde céleste que propose Gersonide est mathématique et physique à la fois.

Gersonide ne perd jamais de vue que le but ultime de la recherche astronomique est de connaître la Providence. Maintes fois il observe que telle ou une telle disposition particulière des corps célestes témoigne de la Providence qui l'a créée. Considérons un seul exemple. Les mouvements des sphères ont une vitesse angulaire constante par rapport au centre postulé. Comment un mouvement régulier peut-il produire des effets si divers dans le monde sublunaire? Précisément, répond Gersonide: en soi, le mouvement est régulier, comme doit l'être tout mouvement céleste; mais par rapport à la Terre, puisqu'elle n'est pas au centre, il ne l'est pas. La Providence a donc su utiliser un mouvement régulier afin de produire ici-bas des effets très variés[82].

---

[80] Gad Freudenthal, "Theory of Matter and Cosmology in William Gilbert's *De magnete*", *Isis* 74 (1983), p. 22-37.

[81] Cf. l'article de B.R. Goldstein dans ce volume. Le rapport de cette théorie à l'idée des intellects en tant que moteurs de sphères reste à élucider.

[82] *M.H.* 5.1.45.

IV. Conclusion

En conclusion, quelques réflexions sur la nature, l'origine et la signification de l'originalité de Gersonide.

1. Une première remarque concerne le lien qui existe, dans l'œuvre de Gersonide, entre progrès scientifique et réalisme épistémologique.

L'originalité de Gersonide, le "ressort profond" de ses innovations, tient à son image réaliste de la science, qui, à son tour, découle de sa sotériologie. Pour lui, la recherche scientifique, loin d'avoir une visée pratique, est une fin en soi et elle a pour seul but de parvenir à une connaissance véridique du réel. Ce que cherche Gersonide, c'est de parvenir à l'immortalité de l'âme en acquérant la connaissance d'intelligibles se trouvant dans l'intellect agent. Il ne doute pas de la capacité de l'homme de parvenir à une connaissance adéquate, bien que partielle, du monde tel qu'il est en vérité. Cette attitude fournit le cadre dans lequel s'insèrent les innovations scientifiques, notamment astronomiques, de Gersonide. La plus conséquente en est l'idée que le diamètre apparent des astres est un paramètre dont l'astronomie doit tenir compte. Les mesures de cette variable—et pour les exécuter Gersonide invente un instrument approprié—apportent, pour lui, l'argument observationnel décisif contre l'hypothèse des épicycles. Notons en passant que nous avons là sans doute la raison pour laquelle l'astronomie de Gersonide est restée sans audience[83]: la quasi-totalité des astronomes médiévaux ne partageaient pas l'épistémologie réaliste de Gersonide, de sorte que pour eux les mesures des diamètres apparents des astres n'avaient simplement pas de signification[84].

---

[83] La question: pourquoi l'*Astronomie* de Gersonide, pourtant traduite en latin du vivant de son auteur (cf. l'article de J.L. Mancha dans ce volume), est-elle restée sans influence? a été formulée par B.R. Goldstein; cf. *The Astronomy of Levi ben Gerson*, *op. cit.* (n. 43), p. 15.

[84] Heinrich von Langenstein (Henricus de Hassia, 1325-1397) critique la théorie ptoléméenne avec des arguments pratiquement identiques à ceux de Gersonide; cf. Ernst Zinner, *Entstehung und Ausbreitung der Copernicanischen Lehre* (München, C.H. Beck, 2e éd. 1988), p. 82; Claudia Kren, "Homocentric Astronomy in the Latin West: The *De reprobatione eccentricorum et epiciclorum* of Henry of Hesse", *Isis* 59 (1968), p. 269-281; *idem*, "A Medieval Objection to 'Ptolemy'", *British Journal for the History of Science* 4 (1969), p. 378-393. Etant donné qu'il fut professeur à l'Université de Paris à partir de 1360 environ et jusqu'à son émigration à Vienne vers 1384 (suite au grand schisme), la question se pose s'il avait connu l'*Astronomie* de Gersonide, disponible en latin depuis 1344 (cf. l'article de J.L. Mancha dans ce volume). Le fait qu'Oresme connaissait certains résultats

Le fait que, contrairement à ses contemporains, Gersonide s'emploie à faire des observations et, à plus forte raison, son grand souci d'augmenter leur précision par le biais d'instruments, proviennent également de son désir de trouver la structure réelle du monde. Ce désir le conduit à l'invention du bâton de Jacob et à l'utilisation de la *camera obscura*, deux instruments dont il analyse de façon remarquable les conditions d'utilisation. De ces instruments, le bâton de Jacob dans sa version "standard" a connu une grande diffusion: contrairement aux *idées* nouvelles de Gersonide, qui pouvaient être acceptées uniquement par quelqu'un qui partageait également l'image gersonidienne de la science, c'est-à-dire son réalisme épistémologique, cet instrument, lui, était utilisable de façon tout à fait indépendante du contexte théorique dont il était issu. En revanche, l'autre version du bâton de Jacob, destinée à mesurer les diamètres apparents, n'a pas connu une telle diffusion, son utilisation étant directement liée à l'épistémologie réaliste qui présidait à son invention.

Autre conséquence: l'attitude de Gersonide est foncièrement empirique. Toute substance, même les minéraux, a, pour Gersonide, reçu sa forme de l'intellect agent. Aussi toute substance, supra- ou sublunaire, mérite-t-elle d'être un objet de recherche, car elle témoigne de la Providence[85]. Le chemin menant vers la connaissance de Dieu passe par la recherche empirique: "Car dans la création des animaux et des plantes [Dieu] a déployé une sagesse merveilleuse, [...] afin que dans chacun d'eux existent tous les membres [lit. instruments] qu'il lui est possible de posséder et par lesquels son existence devient parfaite. Et Il nous donne également le temps nécessaire pour appréhender à partir de cela quelque chose de précieux concernant Dieu, béni soit-Il"[86].

C'est dans ce même contexte qu'il faut situer une autre innovation, tout à fait remarquable, de Gersonide qui n'a pas encore, semble-t-il, était notée. Dans son *Supercommentaire sur l'Épitomé [d'Averroès] du Livre des animaux* Gersonide envisage l'utilisation d'un

---

mathématiques de Gersonide (voir l'article de K. Chemla et S. Pahaut dans ce volume) tend à rendre plausible cette possibilité.

[85] Cf. de nouveau Touati, *op. cit.* (n. 5), p. 86.

[86] Gersonide, *Commentaire du Livre de Job*, fin de Chapitre 38; *Miqra'ot Gedolot*, p. 190^{b}. Sur les attitudes de Judah Halévi et de Maïmonide à l'égard de ce type d'argument ("argument from design") cf. H.A. Wolfson, *op. cit.* (n. 23).

miroir parabolique (dont il se sert ailleurs afin de concentrer les rayons de la flamme d'une bougie et ceux de la lune[87]) comme une loupe, permettant de discerner des détails des corps d'insectes, invisibles à l'œil nu:

> "De nombreuses espèces [animales] parmi celles qu'a mentionnées Aristote ne nous sont pas connues, surtout pas les espèces dont les individus sont extrêmement petits. Car même si nous pouvons les apercevoir, il nous est difficile, à cause de leur finesse, de connaître les formes et les propriétés de leurs membres. Je pense qu'une astuce [ou: un artifice; *taḥbulah*] au moyen de laquelle nous pouvons rendre compte des membres des animaux qui sont si fins qu'ils ne peuvent être aperçus par les sens est de les regarder au moyen des choses qui nous montrent l'objet perçu plus grand qu'il n'est: par exemple, le miroir ardent et d'autres objets semblables, avec lesquels on voit un objet perçu plus grand qu'il n'est. Avec une telle astuce on peut, en effet, constater la vérité concernant ces membres."[88]

Gersonide énonce ici l'idée d'une sorte de *proto-microscope*, une idée qui, du moins en Europe, n'a pas son semblable au moyen âge[89]. Gersonide ne fait pas état d'observations effectivement réalisées au moyen de l'instrument envisagé, ce qui donne lieu à penser qu'il n'a pas mis son idée en œuvre. Il demeure que même si son invention est restée sur le papier, elle témoigne de l'importance qu'il attachait à l'investigation empirique des formes créées, y compris celles des membres les plus fins des animaux les plus petits.

Nous pouvons ainsi conclure que, dans le cas de Gersonide, le réalisme épistémologique était un moteur important du progrès scientifique. Bien plus, en attribuant une signification au diamètre apparent des astres, variable qui dans la perspective instrumentaliste n'avait pas de grande pertinence, l'épistémologie réaliste de Gersonide a largement conditionné le contenu même de ses théories.

2. Une deuxième observation est d'ordre sociologique. L'image que se fait Gersonide de l'astronomie, qui conditionne, comme nous l'avons vu, son originalité, est étroitement liée à son rôle social, ou

---

87 *M.H.* 5.2.6, p. 34^{a}.

88 Gersonide, *Supercommentaire sur l'Épitomé [d'Averroès] du Livre des animaux*, ms. de la Bibliothèque Vaticane, Urb. ebr. 42, fol. 9^{v}-10^{v}. Ce passage est absent du commentaire d'Averroès que Gersonide paraphrase et commente: cf. Paris, Bibliothèque nationale, ms. héb. 956, fol. 421^{r}.

89 Renseignement aimablement fourni par M. le professeur David Lindberg (Université de Wisconsin).

plutôt professionnel. En effet, Gersonide réunit en lui deux rôles professionnels distincts: celui du philosophe et celui de l'astronome[90]. Au moyen âge, les tâches institutionnalisées associées avec ces rôles sont différentes, voire opposées: chacun des rôles est régi par un autre ensemble de normes le définissant et son exercice est contôlé et sanctionné par un groupe de référence (de "pairs") distinct. Au philosophe il incombe de chercher la vérité, tandis que l'astronome a pour tâche de fournir des calculs utilisables. D'ordinaire, ces rôles étaient dissociés: ceux qui, dans différents contextes sociaux (dans les cours royales, notamment) excerçaient l'astronomie en tant qu'"art" pratique n'étaient pas les mêmes que ceux qui, le plus souvent dans les universités, s'occupaient de la physique et de la métaphysique. C'est d'ailleurs probablement la raison sociologique pour laquelle l'incompatibilité entre les modèles utilisés en astronomie, et la physique et la métaphysique aristotéliciennes a pu être si bien supportée pendant des siècles: la division du travail empêchait que les contradictions ne soient perçues trop fortement. Gersonide représente ainsi un cas singulier. Par son intérêt de connaissance, par la motivation qui l'anime, par sa formation et par le type d'ouvrages qu'il rédige, il est très certainemet un philosophe. Mais il est en même temps un astronome techniquement compétent, qui passe ses nuits à faire des observations et ses jours à calculer des tables astronomiques. Sur le plan sociologique, l'originalité de Gersonide résulte donc du fait que dans sa recherche il se conforme aux *normes des deux rôles sociaux à la fois*.

L'originalité de Gersonide, cognitive et sociologique à la fois, est largement en conformité avec un modèle de l'émergence d'innovations scientifiques, et d'innovations intellectuelles en général, décrit par le regretté sociologue des sciences Joseph Ben-David. Sur la base d'une analyse de l'émergence de nouvelles disciplines (la psychanalyse de Freud, la bactériologie de Pasteur et la psychologie expérimentale de Wundt), Ben-David a montré qu'une nouvelle discipline scientifique est souvent le fait d'un savant qui, pour des raisons d'ordre social (par exemple le blocage de carrières), migre d'une discipline à une autre et qui applique, par la suite, les méthodes et les normes qu'il avait adoptées ("internalisées") dans sa discipline

---

90 La notion du rôle social a été introduite dans la sociologie des sciences par J. Ben-David; cf. surtout son ouvrage *The Scientist's Role in Society* (Chicago, University of Chicago Press, 2e éd., 1984) ainsi que la note suivante.

d'origine, à l'étude des objets de la seconde. Ben-David a appelé *hybridation de rôles* ce processus social, par lequel émerge un nouveau rôle social lorsque des normes d'un rôle social, appartenant à une discipline, sont introduites dans un deuxième rôle, associé avec une autre discipline. Sa thèse sociologique est alors que l'hybridation des *rôles sociaux* peut conduire à une hybridation d'*idées*, donnant lieu à des innovations cognitives[91].

Les innovations de Gersonide sont manifestement le résultat d'une hybridation d'idées: Gersonide introduit les normes épistémologiques de la philosophie dans l'étude de l'astronomie mathématique, sur un pied d'égalité avec les normes techniques de celle-ci. Sociologiquement parlant, ces innovations sont le résultat de l'hybridation des rôles de l'astronome et du philosophe. Nous ignorons malheureusement comment et pour quelles raisons cette hybridation de rôles s'est produite: est-elle uniquement le fait d'une curiosité intellectuelle d'un homme aux talents peu communs, qui a goûté autant le raisonnement philosophique que la technique mathématique et qui n'éprouvait aucune difficulté à les maîtriser l'un et l'autre? Ou y eut-il des raisons d'ordre social qui incitèrent Gersonide à se consacrer aux deux domaines, que, par la suite, il considéra comme formant une seule et même science? En l'absence d'éléments concernant la vie de Gersonide et son développement intellectuel, cette question reste sans réponse.

L'analyse sociologique éclaire encore davantage les raisons pour lesquelles l'astronomie de Gersonide est restée sans lendemain. Au moyen âge, Gersonide demeure un des rares à réunir en lui le rôle social de l'astronome et celui du philosophe de la nature. Il fallait attendre Copernic, Kepler et la synthèse newtonienne pour qu'une telle unité de rôles sociaux s'établisse durablement[92]. Or, comme

---

[91] Thèses développées surtout dans les deux travaux suivants: J. Ben-David, "Roles and Innovations in Medicine", *American Journal of Sociology* 65 (1960), p. 557-568; J. Ben-David et Randall Collins, "Social Factors in the Origins of a New Science: The Case of Psychology", *American Sociological Review* 31 (1966), p. 451-465. Ils sont réimprimés *in* J. Ben-David, *Scientific Growth: Essays on the Social Organization and Ethos of Science*, éd. Gad Freudenthal (Los Angeles / Berkeley / Oxford, University of California Press, 1991), p. 33-48 et 49-70, respectivement. Une analyse des idées de Ben-David se rapportant à la sociologie de la connaissance se trouve *in*: Gad Freudenthal, "Joseph Ben-David's Sociology of Knowledge", *Minerva* 25 (1987), p. 135-149; Gad Freudenthal et Ilana Löwy, "Ludwik Fleck's Roles in Society: A Case Study Using Joseph Ben-David's Paradigm for a Sociology of Knowledge", *Social Studies of Science* 18 (1988), p. 625-651.

[92] Cf. l'article d'H. Hugonnard-Roche dans ce volume.

nous l'avons vu, les innovations de Gersonide sont intimement liées à la fusion en lui des deux rôles: nous pouvons ainsi émettre l'hypothèse que les innovations qui en sont issues n'ont pas trouvé d'écho puisque nul autre ne fit sien le même double rôle social.

3. Les historiens des sciences se gardent bien aujourd'hui de rechercher des "précurseurs" et c'est une banalité que de dire que l'histoire des sciences s'efforce de comprendre les penseurs d'autrefois en les situant dans leurs propres contextes[93]. Il paraît cependant légitime de relever chez Gersonide une autre sorte de "modernité", qui ne se situe pas sur le plan des idées scientifiques elles-mêmes. Sa théologie l'a amené à porter son attention sur le monde matériel; elle se solde par une attitude dirigée vers le monde lui-même (*innerweltlich*) et non vers le transcendant. Gersonide cherche la connaissance de Dieu à travers ses œuvres uniquement. C'est cette théologie qui a légitimé pour lui sa recherche scientifique, en même temps qu'elle lui fournissait, sur le plan psychologique, la motivation de s'y investir. Cette attitude est d'autant plus remarquable que la quasi-totalité des savants juifs médiévaux se conformaient à la conception maïmonidienne selon laquelle les sciences ont pour seul but de préparer l'intellect à l'étude de la métaphysique, dont dépend la connaissance adéquate de Dieu[94]: en défendant une théologie légitimant la recherche scientifique en tant que pratique sociale et en attribuant à la connaissance scientifique une valeur en soi, Gersonide s'oppose donc au consensus des penseurs juifs médiévaux, qui attribuaient à la science une place subordonnée. Or sur ce plan il y a une parenté frappante entre Gersonide et les penseurs anglais du milieu du XVIIe siècle qui ont fondé la Royal Society. Là, comme l'avait si bien montré Robert K. Merton, c'était le puritanisme qui avait suscité un intérêt religieux pour

---

[93] Rappelons qu'Hélène Metzger fut une des premières à énoncer explicitement ce principe méthodologique; cf. notamment ses articles "L'historien des sciences doit-il se faire le contemporain des savants dont il parle?" (1933) et "Le rôle des précurseurs dans l'évolution de la science" (1939), réimprimés *in* H. Metzger, *op. cit.* (n. 1), p. 9-21 et 75-91 respectivement.

[94] Cf. par exemple Maïmonide, *Guide*, III.51; Maïmonide, *Traité des huit chapitres*, chapitre 5; H.A. Davidson, "The Study of Philosophy as a Religious Obligation", *in* S.D. Goitein (éd.), *Religion in a Religious Age* (Cambridge, Mass., Association for Jewish Studies, 1974), p. 53-68; H.A. Wolfson, "The Classification of Sciences in Mediaeval Jewish Philosophy", dans ses *Studies in the History of Philosophy and Religion*, tome 1, éd. I. Twersky et G.H. Williams (Cambridge, Harvard University Press, 1973), p. 493-550, aux p. 542-545.

l'univers des phénomènes naturels et qui était un facteur important dans l'institutionnalisation de la science de la nature en tant qu'occupation indépendante et légitime[95]. Du reste, selon une thèse récemment avancée par A.I. Sabra, les grands scientifiques de langue arabe étaient, eux aussi, motivés dans leurs recherches scientifiques par une théologie qui attribuait une valeur sotériologique à la connaissance scientifique du monde matériel[96]. Par ce type de lien entre la théologie et la science—la première légitimant une recherche empirique portant sur les détails des manifestations divines dans ce monde-ci—Gersonide est certainement un précurseur de la science moderne[97].

---

[95] Cf. R.K. Merton, *Science, Technology and Society in Seventeenth-Century England* (1938) (New York, Harper Torchbooks, 1970). Pour une analyse pénétrante de la thèse de Merton cf. J. Ben-David, "Puritanism and Modern Science: A Study in the Continuity and Coherence of Sociological Research", *in* E. Cohen, M. Lissak et U. Almagor (éd.), *Comparative Social Dynamics. Essays in Honor of S.N. Eisenstadt* (Boulder/Colo. et London, Westview Press, 1985), p. 207-223, réimprimé *in* J. Ben-David, *Scientific Growth, op. cit.* (n. 91), p. 343-360. Un développement particulièrement perspicace de la thèse de Merton est donné par Michael Heyd, "The Emergence of Modern Science as an Autonomous World of Knowledge in the Protestant Tradition of the Seventeenth Century", *in* S.N. Eisenstadt et I.F. Silber (éd.), *Cultural Traditions and Worlds of Knowledge: Explorations in the Sociology of Knowledge* (= *Knowledge and Society*: *Studies in the Sociology of Culture Past and Tresent*, 7) (Greenwich/Con. et London, JAI Press, 1988), p. 165-179.

[96] A.I. Sabra, "The Appropriation and Subsequent Naturalization of Greek Science in Medieval Islam: A Preliminary Statement", *History of Science* 25 (1987), p. 223-243. Il faut cependant noter que l'"appropriation" des sciences par les savants arabes n'était pas toujours une étape précédant leur "prolongement créatif"; cf. Roshdi Rashed, "Problems of the Transmission of Greek Scientific Thought into Arabic: Examples from Mathematics and Optics", *History of Science* 27 (1989), p. 199-209.

[97] Le sujet traité dans cet article a fait l'objet de deux conférences qui ont par la suite été publiées: "*Haṣlaḥah nafshit we-astronomiya*: *Milḥamto shel ha-Ralbag neged Talmay*" ("Perfection de l'âme et astronomie: La révolte de Gersonide contre Ptolémée"; en hébreu), *Daᶜat* n° 22 (1989), p. 55-72 (où l'on trouvera les textes originaux hébreux de quelques passages cités dans le présent article en traduction française); "Rabbi Lewi ben Gerschom (Gersonides) und Bedingungen wissenschaftlichen Fortschritts im Mittelalter: Astronomie, Physik, erkenntnistheoretischer Realismus, und Heilslehre", *Archiv für Geschichte der Philosophie* 74 (1992), p. 158-179. Le présent article est cependant le plus complet.

Pour avoir lu ce texte et m'avoir fait part de leurs critiques et suggestions je remercie vivement MM. B.R. Goldstein (Pittsburgh), M. Kellner (Haifa), T.Y. Langermann (Jérusalem), Juliane Lay et J.-P. Rothschild (Paris).

PART FOUR
BIO-BIBLIOGRAPHICAL APPENDICES

GERSONIDE EN SON TEMPS: UN TABLEAU CHRONOLOGIQUE

Anne-Marie Weil-Guény

Il ne s'agit pas de rédiger ici une biographie de Levi ben Gershom, mais de dresser un tableau chronologique de ses œuvres, accompagnées de leur date d'achèvement et de leur lieu de rédaction lorsque nous les connaissons. Ce travail est en fait extrait d'un chapitre beaucoup plus détaillé[1] consacré à l'œuvre et à la vie de Levi ben Gershom placé dans son contexte historique: la vie à Orange, Avignon et dans le royaume de France. A la demande de l'éditeur de ce présent volume, je n'ai gardé que les principaux faits historiques intéressant Avignon et le royaume de France, en tant que points de repère chronologiques pour le lecteur.

J'ai tenu compte dans la liste des œuvres de Levi ben Gershom de la découverte récente du catalogue autographe de sa bibliothèque personnelle. En effet le savant y mentionne cinq de ses ouvrages jusqu'à présent perdus. Il s'agit des titres suivants: *Ḥiddushe qetsat Bava Qamma*; *Perush Hoshaᶜnot*; *Sefer Segullot*; *Beᵓur Milius*; *Hashlamat Sefer ha-temunah ha-ḥittukhit*. Ces cinq titres ont naturellement été introduits dans la liste des œuvres de Levi ben Gershom. Bien que leur date de rédaction précise ne soit pas connue, il est possible de faire des propositions pour leur datation puisqu'ils figurent dans le catalogue que Gersonide a dressé de sa bibliothèque vers 1332. Ils sont par conséquent antérieurs à cette date.

Pour l'élaboration de cette liste chronologique je me suis essentiellement appuyée sur l'ouvrage très complet que Ch. Touati a consacré à cet auteur[2], ainsi que sur les ouvrages de B.R. Goldstein et de S. Feldman.[3]

---

[1] Cet article paraît dans: Gérard E. Weil, *La bibliothèque de Gersonide d'après son catalogue autographe*, édité par F. Chartrain, avec la collaboration d'A.-M. Weil-Guény et J. Shatzmiller (Louvain, Peeters, 1992).

[2] Ch. Touati, *La pensée philosophique et théologique de Gersonide* (Paris, Les Editions de Minuit, 1973).

[3] B.R. Goldstein, *The Astronomical Tables of Levi Ben Gerson* (Connecticut Academy of Arts and Sciences Transactions, vol. 45; Hamden, Conn., Archon Books, 1974); Levi ben Gershom (Gersonides), *The Wars of the Lord*. Volume One: *Book One*: *Immortality of the Soul*, translated with an introduction and notes by Seymour Feldman (Philadelphia, The Jewish Publication Society, 5745/1984), voir l'Introduction, p. 8-30.

Date	*Œuvre*	*Lieu*	*Remarque*	*Histoire d'Avignon*	*Royaume de France*
1288			Naissance de Levi ben Gershom		
1306					1306 Philippe IV le Bel ordonne l'expulsion des juifs du royaume de France
					1307 arrestation de tous les Templiers
				1309 Clément V s'installe à Avignon	
				1314 mort de Clément V	29 novembre 1314 mort de Philippe IV le Bel
					24 août 1315, sacre de Louis X le Hutin. Réunit le royaume de Navarre à la Couronne.
				1314-1316 vacance de la Papauté	
				1316 couronnement de Jean XXII	5 juin 1316 mort de Louis X le Hutin
					6 janvier 1317, sacre de Philippe V le Long
1317	Début des *Milḥamot*		Levi ben Gershom a 29 ans		

Date	*Œuvre*	*Lieu*	*Remarque*	*Histoire d'Avignon*	*Royaume de France*
août-sept. 1319	*Sefer ha-Heqqesh ha-Yashar*, "Livre du Syllogisme droit"				
1320	Début des observations astronomiques	Orange		Juin 1320 Jean XXII protège Avignon et les juifs contre les Pastoureaux, cependant c'est la même année qu'il ordonne la destruction du Talmud.	
1321	*Luḥot*, "Tables astronomiques"	Orange	Composées "à la requête de beaucoup de grands et nobles personnages chrétiens"[4].		1321 juifs et lépreux sont accusés d'un complot d'empoisonnement des puits.
avril 1321	*Sefer Maʿaseh Ḥoshev*, "Livre de l'œuvre du dénombreur" en deux volumes				
juin 1321	*Commentaire sur le Résumé de la "Physique"*[5]				
juin-juil. 1321	*Commentaire sur le Commentaire moyen de la "Physique"*				

[4] Ch. Touati, *op. cit.* (note 2), p. 54, n. 30.
[5] Il s'agit ici du début de la série des commentaires de Levi ben Gershom sur les œuvres d'Averroès.

Date	*Œuvre*	*Lieu*	*Remarque*	*Histoire d'Avignon*	*Royaume de France*
août-sept. 1321	*Commentaire sur le Résumé du "De generatione et corruptione"*				
août-sept. 1321	*Commentaire sur le Résumé du "De Coelo"*				
déc. 1321–janv. 1322	*Commentaire sur le Résumé des "Météorologiques"*				3 janvier 1322 mort de Philippe V le Long 11 février 1322 sacre de Charles IV le Bel.
1322			Le nom de *Leo de Balneolis* est mentionné avec celui de son frère Shelomoh dans des pièces des archives notariales d'Orange conservées au Vatican[6].	1322 Les juifs sont expulsés du comtat Venaissin, à l'exception d'Avignon.	1322 Prétendue expulsion des juifs du royaume de France[7]; soulèvement des Pastoureaux.
janv. 1323	*Commentaire sur le Résumé des Livres XI-XIX du "De animalibus"*				

[6] J. Shatzmiller, "Gersonides and the Jewish Community of Orange in his Day" (en hébreu), *Studies in the History of the Jewish People and the Land of Israel* 2 (1972), p. 110-126.

[7] A ce sujet cf. le très intéressant article de E. Brown, "Philip V, Charles IV, and the Jews of France: The Alleged Expulsion of 1322", à paraître dans *Medieval Studies* en 1991; N. Coulet, "L'expulsion des juifs de France, *L'Histoire* n° 139 (décembre 1990), p. 8-16.

Date	*Œuvre*	*Lieu*	*Remarque*	*Histoire d'Avignon*	*Royaume de France*
	Commentaire sur le Commentaire moyen de l'"Organon": – *Isagoge* – *Catégories* – *De Interpretatione*				
fév. 1323 et juil. 1323	– *Premiers et Seconds Analytiques*				
12 août 1323	– *Topiques*				
24 août 1323	– *Sophistique*				
	Commentaire sur le "Quaesitum V"; Commentaire sur le "Quaesitum IX"[8]				
déc. 1323	*Commentaire sur le Résumé du "De anima"*		Levi ben Gershom travaille sur une copie fautive du texte et demande l'indulgence du lecteur[9].		
27 fév. 1324	*Commentaire sur le Résumé des "Parva naturalia"*		L'auteur se plaint "des malheurs du temps et des charges de l'époque"[10].		

[8] Les commentaires sur le *Quaesitum V et IX* ont été composés à une date que nous ignorons. Il est cependant permis de supposer qu'ils pourraient dater des années 1323-1324, cf. G.E. Weil, *op. cit.* (note 1).

[9] Ch. Touati, *op. cit.* (note 2), p. 74.

[10] Ch. Touati, *op. cit.* (note 2), p. 45.

Date	*Œuvre*	*Lieu*	*Remarque*	*Histoire d'Avignon*	*Royaume de France*
	Commentaire sur des Epîtres composées par des modernes[11]				
	Commentaire sur le "De Plantis" du Pseudo-Aristote[12]				
30 déc. 1325	*Commentaire sur Job*	Avignon			
juin ou juil. 1326	*Commentaire sur le Cantique des Cantiques*			1326 le synode impose aux juifs le port des signes distinctifs.	
sept. 1327		Orange[13]			
ante 1328[14]	*Commentaire sur le Commentaire moyen sur la "Métaphysique"*			1er février 1328 mort de Charles IV le Bel. 29 mai 1328 sacre de Philippe VI.	
13 oct. 1328	– *Commentaire sur Qohelet* – *Perush Hoshaᶜnot*[15]				

11 Ce commentaire a été rédigé à une date inconnue. On peut cependant penser qu'il est contemporain des autres commentaires sur Averroès.

12 Cet ouvrage est aujourd'hui perdu.

13 La présence de Levi ben Gershom à Orange en Septembre 1327 est attestée par des documents découverts par J. Shatzmiller: "Some Further Information about Gersonides and the Orange Jewish Community in his Day" *in*: *Studies in the History of the Jewish People and the Land of Israel* 3 (1974), p. 111-126.

14 Ch. Touati, *op. cit.* (note 2), p. 75; ouvrage perdu aujourd'hui.

15 Il s'agit d'un texte perdu de Levi ben Gershom, mais qui figure dans l'inventaire de sa bibliothèque privée avec son *Commentaire sur Qohelet*. Cf. Gérard E. Weil, *op. cit.* (note 1).

Date	*Œuvre*	*Lieu*	*Remarque*	*Histoire d'Avignon*	*Royaume de France*
24 nov. 1328	*Milḥamot*, Livre V, 1ère partie[16]				
28 nov. 1328	*Milḥamot*, Livre V, 2ème partie				
5 déc. 1328	*Milḥamot*, Livre V, 3ème partie				
ca. 1328	– *Be'ur Mili'us* – *Hashlamot Sefer ha-Temunah ha-Ḥittukhit*[17]				
8 janv. 1329	Fin des *Milḥamot*		Gersonide se plaint ''des tracas de l'époque qui empêchent toute spéculation''[18].		
mars 1329	*Commentaire sur Esther*				
30 mai 1329	*Commentaire sur Ruth*				
oct. 1329	*Commentaire sur la Genèse*				
août 1330	*Commentaire sur l'Exode*				

16 Cet ouvrage sera complété jusqu'en 1340.

17 Il s'agit ici de deux œuvres perdues de Gersonide: *Explication de Ménélas* et *Supplément au Livre de la figure sécante*. Ces deux ouvrages sont mentionnés dans l'inventaire de sa bibliothèque personnelle, où ils sont réunis en un seul volume. Cf. G.E. Weil, *op. cit.* (note 1). Par le sujet traité ces œuvres pourraient être contemporaines du Livre V des *Milḥamot*.

18 Ch. Touati, *op. cit.* (note 2), p. 45.

Date	*Œuvre*	*Lieu*	*Remarque*	*Histoire d'Avignon*	*Royaume de France*
oct. 1332	*Commentaire sur Lévitique:* – *Tsav.* (Lev. 6,1-8,36)		Gersonide se dit ''accablé de lourdes préoccupations''[19].		
5 déc. 1332	– une partie de *Shemini* (Lev. 9,1-11,47)				
	– *Metsora*ᶜ (Lev. 14, 1-15, 33)		A partir de cette péricope, Gersonide cesse de rédiger les *shorashim*[20].		
	– *Qedoshim* (Lev. 19,1-20, 27); fin du Lévitique		Ces textes qui présentent des lacunes ne sont pas datés.		
ca. 1332	''*Novelles*'' *sur Berakhot*[21]				
ca. 1332	''*Novelles*'' *sur une partie de Bava Qamma*[22]				
ca. 1332	*Sefer Segullot: Livre de remèdes*[23]				

[19] Ch. Touati, *op. cit.* (note 2), p. 68.

[20] C'est-à-dire les différentes applications à partir des prescriptions bibliques. Cf. Ch. Touati, *op. cit.* (note 2), p. 67.

[21] Cette œuvre aujourd'hui perdue est mentionnée dans l'inventaire de la bibliothèque privée de Levi ben Gershom. Ceci permet de supposer qu'elle aurait été rédigée avant 1332. Cf. G.E. Weil, *op. cit.* (note 1).

[22] Ce commentaire perdu de Levi ben Gershom est également cité dans son inventaire. On peut donc penser qu'il a lui aussi été composé avant 1332.

[23] Il s'agit encore d'un ouvrage dont Levi ben Gershom est l'auteur et que nous ne connaissions pas. Dans le catalogue de sa bibliothèque il est intitulé *Sefer Segullot*. Comme les deux œuvres précédentes, il a dû être rédigé avant ou vers 1332. Cf. G.E. Weil, *op. cit.* (note 1).

Date	*Œuvre*	*Lieu*	*Remarque*	*Histoire d'Avignon*	*Royaume de France*
1334				1334 couronnement de Benoît XII	1333-1336 Philippe VI soutient l'Ecossais David Bruce contre Edouard III
1335			1335 Gersonide observe une éclipse lunaire pendant Sukkot et un noble chrétien note ses observations[24].		
ante 1337	*Commentaire sur Isaïe*[25]				
à partir de 1337	*Commentaire sur les livres I-V d'Euclide*[26]				
	Traité de Géométrie[27]				
	Prescription contre la goutte[28]				

[24] B.R. Goldstein, *op. cit.* (note 3), p. 20.

[25] Ce commentaire aujourd'hui perdu est cité par Gersonide dans ses commentaires aux livres des Nombres et du Deutéronome. Il est donc antérieur à 1337. Cf. Ch. Touati, *op. cit.* (note 2), p. 70.

[26] On ne connaît pas la date de la rédaction de ce commentaire que ne figure pas dans l'inventaire de la bibliothèque de Levi ben Gershom. On peut proposer comme hypothèse qu'il a été composé après 1337. Cf. G.E. Weil, *op. cit.* (note 1).

[27] Comme pour l'œuvre précédente et pour les mêmes raisons, on peut supposer que ce traité a pu être écrit après 1337.

[28] Ce texte n'est pas cité dans l'inventaire des livres de Levi ben Gershom, peut-être a-t-il été rédigé après 1337.

Date	*Œuvre*	*Lieu*	*Remarque*	*Histoire d'Avignon*	*Royaume de France*
13 déc. 1337	*Commentaire sur les Nombres*	Avignon	Gersonide note qu'il a rédigé ce commentaire "à la hâte, sans Bible ni Talmud"[29].	1337 Le synode d'Avignon renouvelle les décrets de 1326, les services fétides: interdiction pour les chrétiens de recourir aux soins d'un médecin juif[30].	1er novembre 1337 défi d'Edouard III à Philippe VI: début de la guerre de Cent Ans.
14 janv. 1338	Achèvement du *Commentaire sur la Torah*	Orange			
22 janv. 1338	*Commentaire sur les 1ers Prophètes*[31]				
janv.-fév. 1338	*Commentaire sur Daniel*				
fév.-mars 1338	*Commentaire sur Ezra, Néhémie, Chroniques*				
23 avr. 1338	*Commentaire sur les Proverbes*				
1339	*Prédictions astrologiques*[32]		1339 Gersonide est à Orange[33].		

29 Ch. Touati, *op. cit.* (note 2), p. 45 et 52.

30 L. Bardinet, "La condition civile des juifs du comtat Venaissin pendant le séjour des papes à Avignon (1309-1376)", *Revue historique* XII (1880), p. 1-47; B. Guillermain, *La Cour pontificale d'Avignon, 1309-1376* (Paris, Boccard, 1966), p. 645.

31 Il s'agit ici de la date d'achèvement du *Commentaire* sur le second livre de Samuel. Cf. Ch. Touati, *op. cit.* (note 2), p. 69.

32 Faites à l'intention de Benoît XII. Cf. B.R. Goldstein and D. Pingree, "Levi ben Gerson's Prognostication for the Conjunction of 1345", *Transactions of the American Philosophical Society* 80 (6) (1990), p. 4, 26, 32.

33 F. Gasparri, *La Principauté d'Orange au Moyen Age (fin XIIIe-XVe)* (Paris, Le Léopard d'Or, 1985) a trouvé la mention du nom de Gersonide, Leo de Bagnols, dans des actes notariés de 1339.

Date	*Œuvre*	*Lieu*	*Remarque*	*Histoire d'Avignon*	*Royaume de France*
28 sept. 1339	Observations astronomiques[34]	Orange			
1340	Fin des observations astronomiques			1341 Licence est accordée aux chrétiens de consulter des médecins juifs et d'acheter chez des apothicaires juifs.	
1342	Pierre d'Alexandrie achève la traduction latine des chapitres de trigonométrie des *Milḥamot*: *De sinibus, chordis et arcubus*.[35]			1342 avèrement de Clément VI	
1343	*De numeris harmonicis*[36]				
20 avril 1344	mort de Levi ben Gershom à l'âge de cinquante-six ans				
	Pronosticon magistri Leonis Hebraei de conjunctione Saturni et Jovis et Martis anno Domini 1345[37]				

[34] B.R. Goldstein, ''A New Set of Fourteenth-Century Planetary Observations'', *Proceedings of the American Philosophical Society* 132 (4) (1988), p. 381.

[35] Ce traité a été traduit en latin à la demande de Clément VI.

[36] Ce traité avait été rédigé à l'intention de Philippe de Vitry, plus tard évêque de Meaux. On n'en connaît que la traduction latine réalisée par Pierre d'Alexandrie.

[37] Cette œuvre a été également traduite de l'hébreu en latin par Pierre d'Alexandrie, avec l'aide du frère de Levi ben Gershom, Shelomoh. En effet, les deux frères semblent avoir été très liés sur le plan intellectuel. Cf. G.E. Weil, *op. cit.* (note 1).

BIBLIOGRAPHIA GERSONIDEANA
AN ANNOTATED LIST OF WRITINGS BY AND ABOUT R. LEVI BEN GERSHOM

Menachem Kellner

Several years ago I published "Rabbi Levi ben Gerson: A Bibliographical Essay," *Studies in Bibliography and Booklore* 12 (1979): 13-23. In that essay I presented a description of works by and about Gersonides. When my friend Gad Freudenthal asked me to revise that essay, correct it, bring it up to date, and recast it in the form of a list, I was happy to comply, both because of my esteem for Dr. Freudenthal, and in order to be of service to colleagues interested in Gersonides.

The past ten years have seen great growth in the publication of works by and studies of Gersonides; this growth is reflected in the following lists. In addition to the material included in my original essay, included here are a dozen items I missed when writing that essay, many new editions and translations, and over fifty new studies.

In most cases I have given a summary description of the item. No summary is given in cases where the contents of the entry were made clear by the title, or if I had not seen the item myself. Where appropriate, and to save the need of cross references, and to make each section of the bibliography independent, I have listed items under several different headings; in such cases, the descriptions relate to the subject of the heading. I have, by and large, not included encyclopedia articles and the like. Wherever possible I have translated as opposed to transliterating titles of works by or about Gersonides in Hebrew; all of his works were written in that language. Items by the same author in any given section are listed chronologically by date of publication. The indexes (pp. 410-13) of names of modern editors, translators, and students of Gersonides allow one to trace works by a given scholar classed under different headings.

I would like to make this bibliography an on-going project and invite colleagues to send me comments, corrections, and additions, and especially offprints of their future publications on Gersonides. I will keep the bibliography updated and make copies available to colleagues who request them from me. My address is:

Prof. Menachem Kellner
Wolfson Chair of Jewish Thought
University of Haifa
Haifa, 31999, Israel
Computer Mail (Bitnet): RHIT402@HAIFAUVM.BITNET.AC.IL
Fax: 972 4 342101

I would like to thank Bernard R. Goldstein for his kind and extensive help and advice. Gad Freudenthal has given unstintingly of his time and effort. Their assistance is reflected on every page of this bibliography.

Abbreviations

JQR = Jewish Quarterly Review
HUCA = Hebrew Union College Annual
MGWJ = Monatsschrift fuer Geschichte und Wissenschaft des Judentums
PAAJR = Proceedings of the American Academy for Jewish Research
REJ = Revue des études juives

A word on transliteration: for technical reasons I have not used diacritical marks. Thus, ''h'' stands for either ''heh'' or ''het'' and ''z'' for either ''zayin'' or ''tzadi''.

I have organized the material under the following headings:

Part One: Works by Gersonides
- I. Editions
  - A. Bible Exegesis
    - 1. Pentateuch
    - 2. Prophets
    - 3. Hagiographa
    - 4. Selections
  - B. Philosophy
  - C. Logic, Astronomy, Mathematics, Science
  - D. Other
- II. Translations
  - A. Medieval
  - B. Modern
    - 1. Bible Exegesis

PART ONE: Works By Gersonides

I. Editions (Hebrew)

A. Biblical Exegesis

NOTE: This list of printed editions of Gersonides' commentaries on the Bible is drawn from the following sources: Chaim Friedberg, *Bet Eked Sepharim: Bibliographical Lexicon* (Jerusalem: Bar Yuda, 1951); Charles Touati, *La pensée philosophique et théologique de Gersonide* (Paris: Les Editions de Minuit, 1973): 63-70; Bernhard Blumenkranz, *Auteurs juifs en France médiévale: leur œuvre imprimée* (Paris: Edouard Privat, 1975): 65-69; Menachem Kasher, *Sarei ha-Elef* (Jerusalem: Torah Shelemah, 1979); the rare book room of the University of Haifa library; and the catalogue of the Jewish National and University Library in Jerusalem.

i. Pentateuch

Commentary on the Pentateuch [*Perush al ha-Torah*] (Mantua, 1480; Pesaro, 1514; Venice, 1547 [Reprints: New York, 1958 (first half of the commentary only), Israel (2 vols.; n.p., n.d.)]; in *Qehillot Mosheh* [rabbinic Bible edited by Moses Frankfurter, Amsterdam, 1724-27]).

ii. Prophets

Commentary on Earlier Prophets [*Perush al Nevi'im Rishonim*] (Leiria, 1494; Venice, 1524-26 [the second edition of Daniel Bomberg's *Miqra'ot Gedolot*], 1546-48, 1567-68, 1617-19; Basle, 1617-19 [Johannes Buxtorf the Elder's edition of the Bible and commentaries]; Amsterdam, 1724-27 [*Qehillot Mosheh*] and in all subsequent editions of the Rabbinic Bible, *Miqra'ot Gedolot*).

iii. Hagiographa

1. *Commentary on Proverbs* [*Perush al Mishlei*] (Leiria, 1492; Venice, 1524-26, 1546-48, 1567-68, 1617-19; Basle, 1617-19; Amsterdam, 1724-27; Karlsruhe, 1834; and in subsequent editions of the *Miqra'ot Gedolot*).

2. *Commentary on Job* [*Perush al Iyyov*] (Ferrara, 1477; Naples, 1487; Venice, 1524, 1547, 1567-68, 1617-19; 1617-19; Amsterdam, 1724-27; and in subsequent editions of the *Miqra'ot Gedolot*).

A summarized version of this commentary in rhyme (!) was composed by Zerah Barfat and published in Venice in 1543/4 and again in Cracow in 1573/4. This twelve-page curiosity is called *Perush Iyyov be-Qiẓẓur Muflag, beHalaẓah uve-Shir, Kefi Perusho shel ha-Ralbag* (*A Greatly Abbreviated Commentary on Job in Rhyme and Meter According to the Commentary of Gersonides*).

3. *Commentaries on Proverbs, Job, Song of Songs, Ruth, Ecclesiastes, Esther and Daniel* in *Qehillot Mosheh* (rabbinic Bible edited by Moses Frankfurter, Amsterdam, 1724-27).

4. *Commentary on the Five Scrolls* [*Perush ʿal Ḥamesh Megillot*] (Riva di Trento, 1560; Koenigsberg, 1860 [Reprint: Israel, n.d.).

Despite the title, this work does not contain a commentary on Lamentations; there is no evidence that Gersonides ever wrote one.

5. *Commentary on Song of Songs, Introduction,* edited by Menachem Kellner in "Gersonides' Introduction to His Commentary on Song of Songs," *Da'at* 23 (1989): 15-32 (Hebrew).

6. *Commentary on Daniel* (Italy [Rome?], c. 1480; Venice, 1517-18; Amsterdam, 1524-27; Tel Aviv: Pardes, 1970 [*Ozar ha-Perushim,* Vol. II]).

7. *Commentaries on Ezra, Nehemiah, and Chronicles* [*Be'urei Ralbag al Ezra, Neḥemiah, ve-Divrei ha-Yamim*] (Cracow, 1888; reprint: Israel, 1971).

iv. Selections

1. Freyman, Eli, "A Passage from Gersonides' Commentary on the Torah," in B. Brenner, O. Kafih, and Z. Shimshoni (eds.), *Me-Alei Asor* (Yeshivat Birkat Mosheh Tenth Anniversary Volume) (Ma'aleh Adumim: Ma'aliyot, 1988): 162-89 (Hebrew).

Selections from Gersonides' commentary on Exodus critically edited with source notes and brief halakhic commentary.

2. *Book of Views and Morals* [*Sefer ha-De^cot ve-ha-Middot*] edited by Yehiel Ben Shlomoh Mahriech (Warsaw, 1865). Reprint by R. Meir Kleiman (Jerusalem, 1966; bound together with *Divrei Emet* by R. Alexander Mosheh Lapidot).

Selections on morals drawn from all of Gersonides' Bible commentaries as a source of *Musar,* organized into fifty-one topics.

3. *To^caliyot* (Scriptural "Lessons") (Riva di Trento, 1559/60; Offenbach, 1797; Jozefow, 1829-38; Warsaw, 1913; Tel Aviv: Nezah, 1950).

Gersonides closed his commentaries on most biblical passages with lists of the "advantages" or "lessons" (*to^caliyot*) to be derived from the passage under discussion. These were collected together and published separately in this work.

B. Philosophy

1. *Wars of the Lord* [*Milḥamot Adonai*] (Riva di Trento, 1569).
2. *Wars of the Lord* (Leipzig: Carl B. Lorck, 1866; reprint: Berlin: Louis Lamm, 1923).
3. *Wars of the Lord*, Treatise III, in Norbert M. Samuelson, "The Problem of God's Knowledge in Gersonides: A Translation of and Commentary to Book III of the *Milḥamot Adonai*," Ph.D. Dissertation, Indiana University, 1970.
4. *Commentary on Averroes' Epitome of the Introduction to the Organon* (*the Isagoge of Porphyry*), edited in Shalom Rosenberg, "Gersonides' Commentary on the *Ha-Mavo* (part I)," *Da^cat* 22 (1989): 85-98 (Hebrew).
5. *Commentary on Averroes' Epitome of the De anima,* chapters 9-12 in Jesse Stephen Mashbaum, "Chapters 9-12 of Gersonides' Supercommentary on Averroes' Epitome of the *De anima:* The Internal Senses," Ph.D. Dissertation, Brandeis University, 1981.

6. *Commentary on Averroes' Epitome of* Parva naturalia, *II.3: Annotated Critical Edition,* edited by Alexander Altmann, *PAAJR Jubilee Volume,* Part 1 (Jerusalem: American Academy for Jewish Research, 1980): 1-31.

Gersonides on dreams, divination, and prophecy.

C. Logic, Astronomy, Mathematics, Science

1. *The Astronomy of Levi ben Gerson (1288-1344): A Critical Edition of Chapters 1-20 with Translation and Commentary,* edited and translated by Bernard R. Goldstein (New York: Springer-Verlag, 1985).

(*Wars of the Lord*, Treatise V, Part i, chapters 1-20). The beginning of the introduction to the shorter Hebrew version of this text was edited by Moritz Steinschneider in *"Devarim Atikim," Mi-Mizrah u-mi-Maᶜarav* 4 (1899): 40-43.

2. *Book of the Correct Syllogism* [*Sefer ha-Heqqesh ha-Yashar*], partial edition and translation in Charles Manekin, "The Logic of Gersonides," Ph.D. Dissertation, Columbia University, 1984. The complete Hebrew text is due to be published by the Israel Academy of Sciences and Humanities.

3. *Composition on the Science of Geometry* [*Ḥibbur Ḥokhmat ha-Tishboret*] edited by Joseph Carlebach in Moritz Stern (ed.), *Festschrift zum vierzigjaehrigen Amstjubilaeum des Herrn Rabbiners Dr. Salomon Carlebach in Luebeck* (Berlin: Verlag "Hausfreund," 1910): 174-78.

Mainly an attempt to prove Euclid's fifth (parallel) postulate. For a Russian translation and study, cf. Polski, 1958; brief sketches in Pont, 1986 and Rosenfeld, 1988, all in section VIIA below. French translation and study in Lévy, 1992 (section VIIB below).

4. *Glosses on the Book of Euclid* [*Hagahot le-Sefer Euqlidus*] edited by Joseph Carlebach in Moritz Stern (ed.), *Festschrift zum vierzigjaehrigen Amstjubilaeum des Herrn Rabbiners Dr. Salomon Carlebach in Luebeck* (Berlin: Verlag "Hausfreund," 1910): 151-74.

See Lévy, 1992 (section VIIB below).

5. *Prognostication for the Conjunction of 1345* edited by Bernard R. Goldstein and David Pingree, in *Transactions of the American Philosophical Society* Vol. 80, part 6 (1990). 60 pp.

Editions of the Hebrew and Latin versions, with translations, of Gersonides' only known astrological treatise.

6. *Work of the Reckoner* [*Sefer Ma^caseh Ḥoshev*] edited by Gerson Lange in *Sefer Maassei Choscheb—Die Praxis des Rechners, Ein hebraeisch arithmetisches Werk des Levi ben Gerschom aus dem Jahre 1321* (Frankfurt am Main: Louis Golde, 1909).

D. Other

1. *Book of the Bottle the Prophet* [*Sefer ha-Baqbuq ha-Navi*] published with *Haggadah le-Lel Shikkurim* by Zvi Hirsch Sommerhausen (Vienna: M. E. Lew, 1850; reprint: Jerusalem: Mazhef, 1967 [?]).

Purim parody. For the ascription to Gersonides cf. Israel Davidson in Section IV below.

2. *Scroll of Secrets* [*Megilat Setarim*], edited by Daniel Adelkind (Venice, 1552) and Yonah Willheimer (Vienna, 1871).

Purim parody.

3. Liturgical poems (*pizmonim*) and confession (*viddui*) edited and translated into French by Charles Touati in, "Quatre compositions liturgiques de Gersonide," *REJ* 117 (1958): 97-105.

4. Poem on the Jacob Staff (radius astronomicus, called "megalleh amuqot" ["revealer of profundities"] by Gersonides) in Hirsch Edelman, *Dibrey Hephez: Acceptable Words or Extracts from Various Unprinted Works of Eminent Hebrew Authors* (London: Abraham Pierpont Shaw and Co., 1853), p. 7. This, along with a second astronomical poem, was also published by J. Carlebach in Moritz Stern (ed.), *Festschrift zum vierzigjaehrigen Amstjubilaeum des Herrn Rabbiners Dr. Salomon Carlebach in Luebeck* (Berlin: "Hausfreund", 1910), pp. 152-53 and translated into German by Carlebach in *Levi ben Gerson als Mathematiker* (Berlin: Lamm, 1910), pp. 27 and 34 (reprint: Miriam Gillis-Carlebach (ed.), *Joseph Carlebach: Ausgewaehlte Schriften,* Vol. Two [Hildesheim: Georg Olms, 1982]). The two poems were re-edited by Bernard R. Goldstein in *The Astronomy of Levi ben Gerson* (1985), p. 264 and translated into English on pp. 71-72.

5. *Responsum* in *She'elot u-Teshuvot* (Responsa) by Isaac ben Immanuel de Lattes (Vienna, 1860): 87-93.

NOTE: For works not preserved, or not yet published, in Hebrew, cf. Section II below.

II. Translations

A. Medieval

1. *Commentary on Job* (chapters 1-5) translated into Latin by Ludovico Henrico Aquinate as *Commentarius R. Levi filii Gersonis in librum Iobi* (Paris, 1625). Partial translation (chapters 6-7) by Christianus Altenbergerus in *Commentarius rabbinicus in cap. VI et VII Hiobi* (Leipzig, 1705).

2. *Commentary on Proverbs* translated into Latin by Antonius Giggeius in *Commentaria trium rabbinorum* (Milan, 1610).

3. *De numeris harmonicis* edited by Joseph Carlebach in *Lewi ben Gerson als Mathematiker* (Berlin: J. Lamm, 1910), 125-44. Reprint: Miriam Gillis-Carlebach (ed.), *Joseph Carlebach: Ausgewaehlte Schriften*, Vol. Two (Hildesheim: Georg Olms, 1982): 837-56. (The Hebrew original of this work is lost.)

4. *Wars of the Lord*, Treatise V, part i, prologue and chapters 4-11 (chapters on trigonometry and the Jacob Staff) translated into Latin by Petrus de Alexandria in 1342 (and dedicated to Pope Clement VI) under the title, *De Sinibus, chordis et arcubus, Item Instrumento Revelatore Secretorum.* Parts of the Latin text were edited and published by Maximilian Curtze in the following: "Die Abhandlung des Levi ben Gerson ueber Trigonometrie und den Jacobstab," *Bibliotheca Mathematica* (n.s.) 12 (1898): 97-112; "Die Dunkelkammer," *Himmel und Erde* 13 (1901): 225-36; and "Urkunden zur Geschichte der Trigonometrie im christlichen Mittelalter," *Bibliotheca Mathematica* (3rd series) 1 (1900): 321-416; Curtze provides German translations.

5. *Supercommentaries on Averroes' Commentaries on Porphyry's* Isagoge *and Aristotle's* Categories *and* De interpretatione translated into Latin by Jacob Mantino (as *Levi Ghersonidis in Porphyrium, in Praedicamenta Arist., in Lib. de Interpretatione, et in Averoim Annotationes*) and published in *Aristotelis Opera Cum Averrois Cordubensis Commentaria* (Venice, 1562-74; reprinted: Frankfurt am Main: Minerva, 1962), 14 volumes, Vol. 1, pt. i, pp. 1-106.

6. *Supercommentary on Averroes' Epitome of Aristotle's* De animalibus translated into Latin by Jacob Mantino and published in *Paraphrasis Averrois de Partibus et Generatione animalium* (Rome, 1521).

B. Modern

i. Biblical Exegesis

1. *Commentary on Job* translated by Abraham Lassen as *The Commentary of Levi ben Gersom (Gersonides) on the Book of Job* (New York: Bloch, 1946).

2. *Commentary on Job, Introduction* translated by Leon Stitskin in "Ralbag's Introduction to the Book of Job," *Tradition* 6 (1963): 81-85. Reprint in Norman Lamm and Walter Wurzburger (eds.), *A Treasury of Tradition* (New York: Hebrew Publishing Company, 1967): 370-74 and in L. Stitskin (ed.), *Studies in Honor of Dr. Samuel Belkin* (New York: Ktav, 1974): 147-51.

3. *Commentary on Song of Songs, Introduction,* translated by Menachem Kellner as "'Introduction to the Commentary on Song of Songs Composed by the Sage Levi ben Gershom'—An Annotated Translation," in J. Neusner, *et al.* (eds.), *From Ancient to Modern Judaism: Intellect in Quest of Understanding. Essays in Honor of Marvin Fox,* Vol. Two (Atlanta: Scholars Press, 1989): 187-205.

ii. Wars of the Lord

a. English

1. Treatise I, translated by Seymour Feldman in *The Wars of the Lord,* Vol. 1 (Philadelphia: Jewish Publication Society, 1984). Treatises II-IV, translated by Seymour Feldman in *The Wars of the Lord,* Vol. 2 (Philadelphia: Jewish Publication Society, 1987).

2. Treatise II, translated by David W. Silverman in "The Problem of Prophecy in Gersonides," Ph. D. Dissertation, Columbia University, 1974.

3. Treatise III, translated by Norbert M. Samuelson in *Gersonides on God's Knowledge* (Toronto: Pontifical Institute of Medieval Studies, 1977).

4. Treatise IV, translated by J. David Bleich in *Providence in the Philosophy of Gersonides* (New York, Yeshiva University Press, 1973).

5. Treatise V, part 1, chapter 4, sections 1-4 translated from the Latin (*De sinibus, chordis, et arcubus*) by Pamela Espenshade in "A Text on Trigonometry by Levi ben Gerson," *The Mathematics Teacher* 60 (1967): 628-37.

6. Treatise V, part i, chapters 1-20, translated by Bernard R. Goldstein in *The Astronomy of Levi Ben Gerson (1288-1344): A Critical Edition of Chapters 1-20 with Translation and Commentary* (New York: Springer-Verlag, 1985).

7. Treatise V, part i, tables, translated by Bernard R. Goldstein in *The Astronomical Tables of Levi Ben Gerson* (Hamden, Conn.: Archon Books, 1974) (*Transactions of the Connecticut Academy of Arts and Sciences,* Vol. 45).

8. Treatise V, part i, chapter 29 translated by Bernard R. Goldstein in "Preliminary Remarks on Levi ben Gerson's Cosmology," David Novak and Norbert Samuelson (eds.), *Creation and the End of Days: Judaism and Scientific Cosmology* (Lanham, MD.: University Press of America, 1986): 261-76.

9. Treatise V, part i, chapters 46, 109, 113, 117 and 122 translated by Bernard R. Goldstein in "A New Set of Fourteenth Century Planetary Observations," *Proceedings of the American Philosophical Society* 132 (1988): 371-99.

10. Treatise V, part i, chapter 61, translated by Bernard R. Goldstein in "Levi Ben Gerson's Analysis of Precession," *Journal for the History of Astronomy* 6 (1975): 31-41. Reprinted in Goldstein, *Theory and Observation in Ancient and Medieval Astronomy* (London: Variorum Reprints, 1985).

11. Treatise V, part i, chapter 71, translated by Bernard R. Goldstein in "Levi Ben Gerson's Preliminary Lunar Model," *Centaurus* 18 (1974): 275-88. Reprinted in Goldstein, *Theory and Observation in Ancient and Medieval Astronomy* (London: Variorum Reprints, 1985).

12. Treatise V, part i, chapters 80 and 100 translated by Bernard R. Goldstein in "Medieval Observations of Solar and Lunar Eclipses," *Archives internationales d'histoire des sciences* 29 (1979): 101-56. Reprinted in Goldstein, *Theory and Observation in Ancient and Medieval Astronomy* (London: Variorum Reprints, 1985).

13. Treatise V, part 1, chapters 130 and 131 translated by Bernard R. Goldstein in "Levi ben Gerson's Theory of Planetary Distances," *Centaurus* 29 (1986): 272-313.

14. Treatise VI, part ii, chapters 1-8, translated by Jacob Staub in *The Creation of the World According to Gersonides* (Chico, CA: Scholars Press, 1982) (Brown Judaic Studies 24).

b. German

1. Treatises I-IV, translated by Benzion Kellermann in *Die Kaempfe Gottes von Lewi ben Gerson* [Two volumes] (Berlin: Mayer und Müller, 1914 and 1918).

On this translation, see Isaac Husik, "Studies in Gersonides," *JQR* (n.s.) 7 (1916-1917): 553-94 and 8 (1917-1918): 113-56, 231-68. Reprinted in Husik, *Philosophical Essays,* edited by L. Strauss and M.C. Nahm (Oxford: Oxford University Press, 1952): 186-254.

2. Treatise V, part i, portions of the prologue and chapters 4-11 (*De sinibus, chordis, et arcubus*) translated (from the Latin translation of the Hebrew original) by Maximilian Curtze in the following: "Die Abhandlung des Levi ben Gerson ueber Trigonometrie und den Jacobstab," *Bibliotheca Mathematica* (n.s.) 12 (1898): 97-112; "Die Dunkelkammer," *Himmel und Erde* 13 (1901): 225-36; and "Urkunden zur Geschichte der Trigonometrie im christlichen Mittelalter," *Bibliotheca Mathematica* (3rd series) 1 (1900): 321-416.

c. French

1. Treatise I, extracts, translated by Colette Sirat in Ruedi Imbach and Maryse-Heline Meliard (eds.) *Philosophes médiévaux. Anthologie de textes philosophiques* (*XIIIe et XIVe siècles*), chapter 11 ("Gersonide") (Paris: Union générale d'éditions [10/18], 1986): 318-34. (Preceded by a brief "Introduction," pp. 309-17).

2. Treatises III-IV, translated by Charles Touati in *Les Guerres du Seigneur,* III-IV (Paris: Mouton, 1968).

iii. Supercommentaries on Averroes

1. *Supercommentary on Averroes' Epitome of the De anima,* chapters 9-12, translated by Jesse Stephen Mashbaum in "Chapters 9-12 of Gersonides' Supercommentary on Averroes' Epitome of the *De anima:* The Internal Senses," Ph. D. Dissertation, Brandeis University, 1981.

2. *Supercommentary on Averroes' Middle Commentary on the* Categories, translated by Alan Sinyor in "Gersonides on the *Categories*," Ph. D. Dissertation, Cambridge University, 1989.

iv. Other

1. Liturgical poems (*pizmonim*) and confession (*viddui*) edited and translated into French by Charles Touati in "Quatre compositions liturgiques de Gersonide," *REJ* 117 (1958): 97-105.

2. *The Book of the Correct Syllogism* [*Ha-Heqqesh ha-Yashar*], translated by Charles Manekin in *The Logic of Gersonides: A Translation of the Sefer ha-Heqqesh ha-Yashar* (Dordrecht: Kluwer, 1992) (New Synthese Historical Library no. 40).

3. *Commentary on Euclid* in Joseph Polski, "Fragment of the Com-

mentaries [in Hebrew] on Euclid Concerning Parallel Lines,'' *Istoriko-matematitcheskie Issledovaniya* [= Historico-Mathematical Researches] 11 (1958): 763-82.

Russian translation of Gersonides on Euclid's parallel postulate.

4. *Commentary on Euclid* in Tony Lévy, ''Gersonide commentateur d'Euclide: Traduction annotée de ses gloses sur les *Éléments*,'' in Gad Freudenthal (ed.), *Studies on Gersonides—A Fourteenth-Century Jewish Philosopher-Scientist* (Leiden: Brill, 1992): 83-147.

5. *Work of the Reckoner* [*Ma*ʿ*aseh Ḥoshev*] translated (into German) by Gerson Lange in *Sefer Ma*ʿ*assei Choscheb. Die Praxis des Rechners. Ein hebraeisch-arithmetisches Werk des Levi ben Gerschom aus dem Jahre 1321* (Frankfurt am Main: Louis Golde, 1909).

6. *Work of the Reckoner* [*Ma*ʿ*aseh Ḥoshev*], portions translated into German by Joseph Carlebach in *Lewi ben Gerson als Mathematiker* (Berlin: J. Lamm, 1910): 151-234. Reprint: Miriam Gillis-Carlebach (ed.), *Joseph Carlebach: Ausgewaehlte Schriften,* Vol. Two (Hildesheim: Georg Olms, 1982): 859-946.

PART TWO: Works About Gersonides

III. Life

1. Alègre, Léon. ''Levi ben Gerson,'' in his *Notices biographiques du Gard* (*Canton de Bagnols*) (Bagnols: Baile, 1880), Vol. 2, pp. 29-45 (also printed separately).

2. Gasparri, Françoise. *La principauté d'Orange au moyen âge* (Paris, 1985): 105-7.

Notarial records dealing with Gersonides.

3. Goldstein, Bernard R. ''The Town of Ezob/Aurayca,'' *REJ* 126 (1967): 269-71.

The author notes that in the Latin translation of Gersonides' *Astronomy* (= *Wars of the Lord* V.i) the town where he made most of his astronomical observations is called ''Aurayca.'' This unusual spelling for the Latin name of Orange is, however, to be found in a fourteenth-century archival document noted in a supplement to the *Annuaire administratif de Vaucluse* (Avignon, 1886). See further Isidore Loeb, ''La ville d'Hysope,'' *REJ* 1 (1880): 72-82.

4. Iancu-Agou, Danièle. ''Les communautés juives méridionales contemporaines de Gersonide: Orange, Avignon,'' in G. Dahan

(ed.), *Gersonide en son temps* (Louvain: Peeters, 1991): 9-31.

5. Levy, Israel. ''Un recueil de consultations inédites de rabbins de la France méridionale,'' *REJ* 43 (1901): 237-50 and 44 (1902): 73-86.

References to Gersonides by contemporaries and near contemporaries.

6. Neubauer, Adolphe. *Medieval Jewish Chronicles* (Oxford, 1895; reprint, 1967), Vol. I: 97-99, 106, 110, and Vol. II: 240.

References to Gersonides by contemporaries and near contemporaries.

7. Shatzmiller, Yosef. ''Suggestions and Addenda to *Gallia Judaica*,'' *Kiryat Sefer* 45 (1970): 607-10 (Hebrew).

8. Shatzmiller, Yosef. ''Gersonides and the Jewish Community of Orange in his Day,'' B. Oded, *et al.* (eds.), *Studies in the History of the Jewish People and the Land of Israel* 2 (Haifa, 1972): 111-26 (Hebrew).

9. Shatzmiller, Yosef. ''Some Further Information about Gersonides and the Orange Jewish Community in his Day,'' B. Oded *et al.* (eds.), *Studies in the History of the Jewish People and the Land of Israel* 3 (Haifa, 1974): 139-43 (Hebrew).

10. Shatzmiller, Yosef. ''Correction and Addition,'' B. Oded, *et al.* (eds.), *Studies in the History of the Jewish People and the Land of Israel* 5 (1980): 167 (Hebrew).

11. Shatzmiller, Yosef. ''Gersonide et la société juive de son temps,'' G. Dahan (ed.), *Gersonide en son temps* (Louvain: Peeters, 1991): 33-43.

12. Touati, Charles. *La pensée philosophique et théologique de Gersonide* (Paris: Les Editions de Minuit, 1973).

Pp. 33-48 on Gersonides' life.

13. Weil-Guény, Anne-Marie. ''Levi ben Gershom et sa bibliothèque privée. Un manuscrit autographe inédit,'' G. Dahan (ed.), *Gersonide en son temps* (Louvain: Peeters, 1991): 45-59.

14. Weil-Guény, Anne-Marie. ''Gersonide en son temps: Un tableau chronologique,'' in Gad Freudenthal (ed.), *Studies on Gersonides—A Fourteenth-Century Jewish Philosopher-Scientist* (Leiden: Brill, 1992): 355-65.

15. Wickersheimer, Ernest. (ed.) *Recueil des plus célèbres astrologues et quelques hommes doctes faict par Symon de Phares* (Paris: Librairie Champion, 1929): 215-16.

Short biographical note on Gersonides.

IV. Bibliography

1. Blumenkranz, Bernhard. *Auteurs juifs en France médiévale: leur œuvre imprimée* (Paris: Edouard Privat, 1975): 65-69.

Gersonides' printed works.

2. Chazelas, Geneviève and Gilbert Dahan, "Bibliographie gersonidienne," G. Dahan (ed.), *Gersonide en son temps* (Louvain: Peeters, 1991): 369-74.

3. Davidson, Israel. *Parody in Jewish Literature* (New York: Columbia University Press, 1907; 2nd. ed., 1966): 19, 23-28, 115-34.

On Gersonides' two Purim parodies, *Sefer ha-Baqbuq ha-Navi* and *Megillat Setarim.* Touati (1973), p. 59f. mentions *Megillat Setarim* but is silent about *Ha-Baqbuq ha-Navi.*

4. Dienstag, Israel J. "The Relationship of Gersonides to the Philosophy of Maimonides—An Annotated Bibliography," *Da^cat* 23 (1989): 5-13 (Hebrew).

Partially annotated list of sixty-eight studies in which Gersonides and Maimonides are both mentioned.

5. Joel, Manuel. "Notizen zu Lewi ben Gerson," *MGWJ* 9 (1860): 223-26.

Gersonides' relation to Gershom ben Solomon, author of *Sha^car ha-Shamayim;* the identity of the town of Ezov; a reference to the Orsini family in Gersonides; an implicit criticism of flagellation; Gersonides' rejection of the heliocentric hypothesis. Moritz Steinschneider critically commented on this article in *Hebraeische Bibliographie* 3 [no. 16] (July-August, 1860), p. 71 (item 999).

6. Kellner, Menachem. "R. Levi ben Gerson: A Bibliographical Essay," *Studies in Bibliography and Booklore* 12 (1979): 13-23.

Discursive and critically annotated discussion of works by and about Gersonides; superseded by the present bibliography.

7. Manekin, Bezalel (Charles). "The Book *Sha^carei Ẓedek* and its attribution to Gersonides," *Alei Sefer* 14 (1987): 55-58 (Hebrew).

The author demonstrates that it is very unlikely that Gersonides is the author of *Sha^carei Ẓedek,* a commentary on the thirteen hermeneutical principles of halakhic exegesis. Following Manekin, editions of *Sha^carei Ẓedek* and works about it are not included in this bibliography.

8. Munk, Salomon. *Mélanges de philosophie juive et arabe,* 3rd ed. (Paris, 1859; reprint: Paris: J. Vrin, 1955): 497-501.

Munk was the first modern scholar to draw attention to Gersonides' astronomical contributions.

9. Renan, Ernest and Adolphe Neubauer. *Les écrivains juifs français du XIVe siècle (Histoire littéraire de la France,* Vol. 27) (Paris, 1877): 586-644.

10. Sarton, George. *Introduction to the History of Science,* Vol. III, pt. 1 (Washington: Carnegie Institute, 1947): 594-607.

Survey (now largely outdated) of Gersonides' scientific work.

11. Schwab, M. "Versions hébraïques d'Aristote," Marcus Brann (ed.), *Gedenkbuch zur Erinnerung an David Kaufmann* (Breslau, 1900): 120-27.

On Gersonides' supercommentaries on Averroes' commentaries on Aristotle.

12. Steinschneider, Moritz. "Levi ben Gerson," *Hebraeische Bibliographie* 9 (1869): 162-4. Reprinted in Steinschneider's *Gesammelte Schriften,* Vol. I (Berlin, 1925): 265-68.

13. Steinschneider, Moritz. "Gersoni," in *Allgemeine Enzyklopaedie der Wissenschaften und Kuenste* (erste Sektion), edited by Ersch and Gruber 1818-89, Vol. 62, pp. 62-63 (Reprint: Graz: Akademische Druck- u. Verlagsanstalt, 1969).

14. Steinschneider, Moritz. "Levi ben Gerson," in *Allgemeine Enzyklopaedie der Wissenschaften und Kuenste* (zweite Sektion), edited by Ersch and Gruber (Leipzig: Brockhaus, 1889), Vo. 43, pp. 295-300 (Reprint: Graz: Akademische Druck- u. Verlagsanstalt, 1969). The original essay was repinted, with additions from "Zu Levi ben Gerson" (see below) in Steinschneider's *Gesammelte Schriften,* Vol. I (Berlin, 1925): 233-65.

15. Steinschneider, Moritz. "Zu Levi ben Gerson," *Magazin fuer die Wissenschaft des Judenthums* 16 (1889): 137-55.

Additions to Steinschneider's "Gersoni" in the *Allgemeine Enzyklopaedie* . . . (see above).

16. Steinschneider, Moritz. *Die hebraeischen Uebersetzungen des Mittelalters und die Juden als Dolmetcher* (Berlin, 1893; reprint: Graz: Akademische Druck- u. Verlagsanstalt, 1956): 65-73 and index, *s.v.,* "Levi ben Gerson" (p. 1060).

17. Steinschneider, Moritz. "Levi ben Gerson," *MGWJ* 37 (1893): 127-28. Reprinted in Steinschneider's *Gesammelte Schriften,* Vol. I (Berlin, 1925): 268-69.

18. Steinschneider, Moritz. "Levi ben Gerson," *Zeitschrift fuer hebraeische Bibliographie* 7 (1903), p. 28. Reprinted in Steinschneider's *Gesammelte Schriften,* Vol. I (Berlin, 1925): 269-70.

19. Steinschneider, Moritz. "Juedische Aerzte," *Zeitschrift fuer hebraeische Bibliographie* 18 (1904): 153.

20. Touati, Charles. *La pensée philosophique et théologique de Gersonide* (Paris: Les Editions de Minuit, 1973).

Comprehensive study of Gersonides' life, writings (pp. 49-82), philosophy, and influence.

21. Weil, Gérard E. "Sur une bibliothèque systématiquement pillée par les Nazis. Le catalogue des manuscrits et incunables retrouvés de la *Bibliothek des juedisch-theologischen Seminars in Breslau,*" In Gérard Nahon and Charles Touati (eds.), *Hommage à Georges Vajda* (Louvain: Peeters, 1980): 579-604.

On p. 590 Weil identifies an autograph manuscript of Gersonides listing the books he owned. The ms. was in Breslau before World War II. Before his death, Weil began preparing the publication of this list; this project has recently been completed; see next entry.

22. Weil, Gérard E. *La bibliothèque de Gersonide d'après son catalogue autographe*, édité par F. Chartrain, avec la collaboration d'A.-M. Weil-Guény et J. Shatzmiller (Louvain: Peeters, 1992).

23. Wickersheimer, Ernest. *Dictionnaire biographique des médecins en France au moyen âge* (1936): 525. See also D. Jacquart, *Supplément à E. Wickersheimer, Dictionnaire biographique des médecins en France au moyen âge* (Geneva: Droz, 1979): 198-99.

V. Biblical Exegesis

1. Eisen, Robert J. "The Exodus of the Jews from Egypt in Gersonides' *Commentary on the Torah:* A Study in Medieval Philosophical Exegesis," Ph.D. Dissertation, Brandeis University, 1990.

Examination of the relationship between *Wars* and the Bible commentaries. Conclusion: no substantial difference, but much valuable information about Gersonides' philosophy can be derived from the commentaries; as an example of this, the notion of "inherited providence" is examined at length. The author also draws attention to "the ever-present influence of the rabbinic tradition" in Gersonides' exegesis.

2. Feldman, Seymour. "The Binding of Isaac: A Test-Case of Divine Foreknowledge," Tamar Rudavksy (ed.), *Divine Omniscience and Omnipotence in Medieval Philosophy* (Dordrecht: D. Reidel, 1985): 105-33.

Critical survey of medieval Jewish philosophic exegesis of Genesis 22; pp. 112-16 are devoted to Gersonides.

3. Feldman, Seymour. "'Sun Stand Still'—A Philosophical Astronomical Midrash," *Proceedings of the Ninth World Congress of Jewish Studies—Division C* (Jerusalem: World Union of Jewish Studies, 1986): 77-84.

Gersonides (pp. 77-78), Abravanel, and Nicole Oresme on Joshua 10.

4. Feldman, Seymour, "Appendix: Gersonides and Biblical Exegesis," in *Wars of the Lord*, *Treatises II-IV*, translated by Seymour Feldman, Vol. 2 (Philadelphia: Jewish Publication Society, 1987): 211-47.

5. Feldman, Seymour. "The Wisdom of Solomon: A Gersonidean Interpretation," G. Dahan (ed.), *Gersonide en son temps* (Louvain: Peeters, 1991): 61-80.

6. Fletcher, Harris, "Milton and Ben Gerson," *Journal of English and Germanic Philology* 29 (1930): 41-52.

Milton's use of Gersonides' Bible commentaries.

7. Fletcher, Harris, *Milton's Rabbinical Readings* (Urbana: University of Illinois Press, 1930), pp. 65-66, 93-97, 128-39, and *passim*.

See previous entry.

8. Freyman, Eli. "A Passage from Gersonides' Commentary on the Torah," B. Brenner, O. Kafih, and Z. Shimshoni (eds.), *Me-Alei Asor* (Yeshivat Birkat Mosheh Tenth Anniversary Volume) (Ma'aleh Adumim: Ma'aliyot, 1988): 162-89 (Hebrew).

Selections from Gersonides' commentary on Exodus critically edited with source notes and brief halakhic commentary.

9. Freyman, Eli. "Le commentaire de Gersonide sur le Pentateuque," G. Dahan (ed.), *Gersonide en son temps* (Louvain: Peeters, 1991): 117-32.

10. Funkenstein, Amos. *Signonot be-Parshanut ha-Miqra bi-mei haBenayim* (Tel Aviv: Ministry of Defense, 1990)

Pp. 63-64 and 68-72 on Gersonides; implications of Gersonides' realist view of science on his exegesis raised.

11. Funkenstein, Amos. ''Gersonides' Biblical Commentary: Science, History and Providence,'' in Gad Freudenthal (ed.), *Studies on Gersonides—A Fourteenth-Century Jewish Philosopher-Scientist* (Leiden: Brill, 1992): 305-15.

12. Goldstein, Bernard R. ''Galileo's Account of Miracles in the Bible: A Confusion of Sources,'' *Nuncius* 5 (1990): 3-16.

An account of Gersonides' discussion of astronomical miracles in the Bible in the context of other ancient and medieval discussions of them.

13. Harvey, Warren Zev. ''Quelques réflexions sur l'attitude de Gersonide vis-à-vis du *Midrash*,'' G. Dahan (ed.), *Gersonide en son temps* (Louvain: Peeters, 1991): 109-16.

14. Heinemann, Yiẓḥak. *Reasons for the Commandments in Jewish Literature* [*Ta^camei ha-Miẓvot be-Sifrut Yisrael*], Vol. 1 (Jerusalem: World Zionist Organization, 1959); 97-101.

Rational explanations for the commandments in Gersonides' Bible commentaries.

15. Kellner, Menachem. ''Gersonides and His Cultured Despisers: Arama and Abravanel,'' *Journal of Medieval and Renaissance Studies* 6 (1976): 269-96.

Gersonides on Joshua 10 and the criticisms of his account by Isaac Arama and Isaac Abravanel.

16. Kellner, Menachem. ''Gersonides' Commentary on Song of Songs: For Whom was it Written and Why?'' G. Dahan (ed.), *Gersonide en son temps* (Louvain: Peeters, 1991): 81-107.

Gersonides' commentary on Song of Songs in its historical context: the ban against the study of philosophy issued by the Rashba in 1305.

17. Leibowitz, Joshua O. ''Cardiological Comments on Geriatrics in Ecclesiastes by Levi ben Gerson, 1328,'' *Dapim Refui'im* (*Folia Medica*) 25 (1966): 3-16 (Hebrew).

To interpret Ecclesiastes 12: 3-6, Gersonides draws on the Talmud and on Galen and construes aging as a functional disorder: the arteries no longer supply the body with blood and vital spirit, whereupon the parts of the body undergo a catabolic process. Leibowitz argues that the passage he presents and studies supports the claim made by Steinschneider and Wickersheimer that Gersonides should be classified as a physician.

18. Maimon, Yehudah L. "From Month to Month," *Sinai* 47 (1960): 74-89 (Hebrew).

Transcription of extensive marginal additions (based on what is said to be an autograph copy of Gersonides' Commentary on the Torah) to p. 139b of the Venice, 1547 edition of the Commentary on the Torah on pp. 77-82; transcription of *Sha^carei Ẓedek*, work wrongly attributed to Gersonides (see Bezalel Manekin, "The Book *Sha^carei Ẓedeq* and its Attribution to Gersonides," *Alei Sefer* 14 [1987]: 55-58 [Hebrew]) on pp. 82-89).

19. Rabinovitch, Nachum L. "Early Antecedents of Error Theory," *Archive for History of Exact Sciences* 13 (1974): 348-58.

Argues that Gersonides anticipated Galileo's error theory; discusses Gersonides' commentaries to Proverbs 19:28, 16:13-14, and 27:23.

20. Salfeld, Siegmund. *Das Hohelied Salomos bei den juedischen Erklaerern des Mittelalters* (Berlin: Julius Benzion, 1879).

Pp. 98-100 on Gersonides' commentary on Song of Songs.

21. Shmueli, Ephraim, "Commentary on Song of Songs: Worlds of Symbols," *Bet Mikra* 3 (1978): 272-88 (Hebrew).

Summary of Gersonides' commentary on pp. 279-83.

22. Touati, Charles, "Les idées philosophiques et théologiques de Gersonide (1288-1344) dans ses commentaires bibliques," *Revue des sciences religieuses* 28 (1954): 335-67.

23. Touati, Charles, "La lumière de l'intellect, création du premier jour: L'exégèse de Genèse 1, 1-3 chez Gersonide," *In Principio: Interprétations des premiers versets de la Genèse* (Paris: Etudes augustiniennes, 1973): 37-45.

VI. Philosophy

1. Adlerblum, Nima H. *A Study of Gersonides in his Proper Perspective* (New York: Columbia University Press, 1926).

An idiosyncratic exposition of some of the main themes in *Wars of the Lord*. The author proceeds from the assumption that Judaism has an inherent form or essence and that "Jewish scholasticism ... is an anomalous juxtaposition of its [Judaism's] own essence with a form incompatible with that very essence."

2. Adlerblum, Nima H. "Gersonides in Jewish Thinking of Tomorrow," Leo Jung (ed.), *Israel of Tomorrow* (New York: Herald Square Press, 1946): 289-306.

An attempt to use Gersonides' synthesis of Judaism and philosophy to create "a reintegrated Judaism" for today.

3. Burrell, David. "Maimonides, Aquinas, and Gersonides on Providence and Evil," *Religious Studies* 20 (1984): 335-51.

4. Davidson, Herbert A. "Gersonides on the Material and Active Intellects," in Gad Freudenthal (ed.), *Studies on Gersonides—A Fourteenth-Century Jewish Philosopher-Scientist* (Leiden: Brill, 1992): 195-265.

5. Dobbs-Weinstein, Idit. "The Existential Dimension of Providence in the Thought of Gersonides," G. Dahan (ed.) *Gersonide en son temps* (Louvain: Peeters, 1991): 159-78.

6. Epstein, Isidore. "Das Problem des göttlichen Willens in der Schöpfung nach Maimonides, Gersonides und Crescas," *MGWJ* 75 (1931): 335-47.

Only a few paragraphs deal with Gersonides.

7. Feldman, Seymour. "Gersonides' Proofs for the Creation of the Universe," *PAAJR* 35 (1967): 113-37. Reprinted in Arthur Hyman (ed.), *Essays in Medieval Jewish and Islamic Philosophy* (New York: Ktav, 1977): 219-43.

Analysis of some of Gersonides' arguments against the eternity thesis. Gersonides' position is shown to be "tantamount to the claim that Aristotle's physics entails the creation of the world."

8. Feldman, Seymour. "Platonic Themes in Gersonides' Cosmology," *Salo Wittmayer Baron Jubilee Volume* (Jerusalem: American Academy of Jewish Research, 1975): 383-405.

Analysis of Gersonides' arguments concerning creation; anticipations of Spinoza in his arguments against creation *ex nihilo*.

9. Feldman, Seymour. "Gersonides on the Possibility of Conjunction with the Agent Intellect," *AJSReview* 3 (1978): 99-120.

Gersonides' critique of immortality as conjunction (in the sense of identification) with the Agent Intellect.

10. Feldman, Seymour. "The Binding of Isaac: A Test-Case of Divine Foreknowledge," Tamar Rudavksy (ed.), *Divine Omniscience and Omnipotence in Medieval Philosophy* (Dordrecht: D. Reidel, 1985): 105-33.

Critical survey of medieval Jewish philosophic exegesis of Genesis 22; pp. 112-16 are devoted to Gersonides.

11. Feldman, Seymour. "'Sun Stand Still'—A Philosophical Astronomical Midrash," *Proceedings of the Ninth World Congress of Jewish Studies—Division C* (Jerusalem: World Union of Jewish Studies, 1986): 77-84.

Gersonides (pp. 77-78), Abravanel, and Nicole Oresme on Joshua 10.

12. Feldman, Seymour. "The End of the Universe: A Medieval Debate," David Novak and Norbert Samuelson (eds.), *Creation and the End of Days: Judaism and Scientific Cosmology* (Lanham, MD: University Press of America, 1986): 215-44.

Gersonides (pp. 228-230) and Abravanel on the destructibility of the universe against the background of classical (Plato, Aristotle, Proclus, and Philoponus) philosophy.

13. Feldman, Seymour. "The End of the Universe in Medieval Jewish Philosophy," *AJSReview* 11 (1986): 53-77.

Critical survey of medieval Jewish philosophers on the destructibility / indestructiblity of the universe; pp. 60-64 are devoted to Gersonides, who is shown to have defended the thesis of the intrinsic indestructibility of the universe.

14. Feldman, Seymour. "'In the Beginning God Created': A Philosophical Midrash," David Burrell and Bernard McGinn (eds.), *God and Creation: An Ecumenical Symposium* (Notre Dame: University of Notre Dame Press, 1990): 3-26.

Gersonides (pp. 6-10), Albalag, and Abravanel on Genesis 1.

15. Feldman, Seymour. "Platonic Themes in Gersonides' Doctrine of the Active Intellect," Lenn Evan Goodman (ed.), *Neoplatonism and Jewish Thought* (Albany: SUNY Press, in press).

16. Freudenthal, Gad. ''Cosmogonie et physique chez Gersonide,'' *REJ* 145 (1986): 294-314.

An analysis of Gersonides' account of the creation of the world. Particular emphasis is placed on the notion of 'last form,' a form disposing matter to be informed by the celestial bodies. This notion allows Gersonides to hold that God created the sublunar world by imprinting the last form on a pre-existing ''matter devoid of all form,'' after which all substances come to be by natural processes.

17. Freudenthal, Gad. ''Epistémologie, astronomie, et astrologie chez Gersonide: À propos de deux ouvrages récents,'' *REJ* 146 (1987): 357-65.

By way of a review of two books by Bernard R. Goldstein (*Theory and Observation in Medieval Astronomy* and *The Astronomy of Levi ben Gerson*), the author raises the issue of the relationship of Gersonides' astronomy to his epistemology and the question of whether and in what sense Gersonides subscribed to astrology.

18. Freudenthal, Gad. ''Human Felicity and Astronomy: Gersonides' Revolt Against Ptolemy,'' *Da^cat* 22 (1989): 55-72 (Hebrew).

Argues that Gersonides' science in general and his astronomy in particular should be viewed within the context of his philosophy. The source of Gersonides' motivation to engage in science and of his great scientific originality is claimed to be his realist image of knowledge, which in turn is a consequence of his theory of the intellect and of the survival of the personal soul.

19. Freudenthal, Gad. ''Rabbi Lewi ben Gerschom (Gersonides) und Bedingungen wissenschaftlichen Fortschritts im Mittelalter: Astronomie, Physik, erkenntnistheoretischer Realismus, und Heilslehre,'' *Archiv für Geshichte der Philosophie* 74 (1992): 158-79.

Largely based on the author's ''Human Felicity and Astronomy: Gersonides' Revolt Against Ptolemy,'' and his ''Sauver son âme ou sauver les phénomènes . . .'' (next entry).

20. Freudenthal, Gad. ''Sauver son âme ou sauver les phénomènes: Sotériologie, épistémolgie et astronomie chez Gersonide,'' Gad Freudenthal (ed.), *Studies on Gersonides—A Fourteenth-Century Jewish Philosopher-Scientist* (Leiden: Brill, 1992): 317-52.

21. Goldstein, Helen Tunik. "*Dator Formarum*: Ibn Rushd, Levi b. Gerson, and Moses b. Joshua of Narbonne," Isma^cil Faruqi and A. O. Nasseef (eds.), *Essays in Islamic and Comparative Studies* (Washington: International Institute of Islamic Thought, 1982): 107-21.

Dispute between Averroes, Gersonides, and Narboni on the Active Intellect as giver of animal forms.

22. Grull, Benjamin. *Die Lehre vom Kosmos bei Maimuni und Gersonides* (Lemberg: Goldmann, 1901).

23. Guttmann, Julius. "Levi ben Gerson's Theorie des Begriffs," *Festschrift zum 75. jaehrigen Bestehen des Juedisch-Theologischen Seminars,* Vol. II (Breslau, 1929): 131-49. Hebrew translation (by Saul Esh): "Torat ha-Musag shel ha-Ralbag," in Guttmann, *Dat u-Mada* (Jerusalem: Magnes, 1955): 136-48.

Analysis of *Wars of the Lord* I. 8-10: Gersonides on concept formation, nominalism vs. realism, and logic.

24. Harvey, Steven. "Did Gersonides Believe in the Absolute Generation of Prime Matter?" *Jerusalem Studies in Jewish Thought* 7 (1988): 307-18 [= *Shlomo Pines Jubilee Volume on the Occasion of His Eightieth Birthday*—Part I]. (Hebrew).

The author claims that in his supercommentary on Averroes' Middle Commentary on Aristotle's *Physics* Gersonides seems to allow for the absolute generation of prime matter, a view rejected in all his other writings.

25. Harvey, Warren Zev. "The Term *Hitdabbekut* in Crescas' Definition of Time," *JQR* 71 (1980): 44-47.

Gersonides' influence on Crescas' use of the term *hitdabbekut* in the sense of 'continuity'.

26. Harvey, Warren Zev. "The Philosopher and Politics: Gersonides and Crescas," Leo Landman (ed.), *Scholars and Scholarship: The Interaction Between Judaism and Other Cultures* (The Bernard Revel Graduate School Conference Volume) (New York: Yeshiva University Press, 1990): 53-65.

What should a philosopher's attitude be towards the *vita activa?* Gersonides' "life exemplifies his philosophy, which teaches that intellectual contemplation is its own end, and our greatest happiness." Crescas' "life exemplifies his philosophy, which teaches that the final end of intellectual contemplation is action, and that our greatest happiness is acting in accordance with the will of God."

27. Husik, Isaac. "Studies in Gersonides," *JQR* (n.s.) 7 (1916-1917): 553-94 and 8 (1917-1918): 113-56, 231-68. Reprinted in Isaac Husik, *Philosophical Essays,* edited by Leo Strauss and Milton C. Nahm (Oxford: Oxford University Press, 1952): 186-254.

Critique of Kellermann's German translation of *Wars of the Lord* I-IV; an extremely valuable series of glosses on specific Gersonidean usages and exposition of many difficult passages in the *Wars of the Lord.*

28. Husik, Isaac. "Gersonides," in his *Philosophical Essays*, edited by Leo Strauss and Milton C. Nahm (Oxford: Oxford University Press, 1952): 172-85.

An English version of an article published in German in *Encyclopedia Judaica* (Berlin: Eschkol, 1928-34), Vol. VIII.

29. Ivry, Alfred. "Gersonides and Averroes on the Intellect: The Evidence of the Supercommentary on the *De anima*," G. Dahan (ed.), *Gersonide en son temps* (Louvain: Peeters, 1991): 235-51.

30. Joel, Manuel. "Lewi ben Gerson (Gersonides) als Religionsphilosoph," *MGWJ* 10 (1860) and 11 (1861). Reprinted in Joel, *Lewi ben Gerson (Gersonides) als Religionsphilosoph. Ein Beitrag zur Geschichte der Philosophie und der philosophischen Exegese des Mittelalters* (Breslau: Schletter, 1862) and in Joel, *Beitraege zur Geschichte der Philosophie,* Vol. I (Breslau, 1876).

31. Karo, Jakob. *Kritische Untersuchungen zu Levi ben Gersons (Ralbag) Widerlegung des Aristotelischen Zeitbegriffes* (Leipzig: Albert Teicher, 1935).

A fifty-five page monograph published as the author's "Inaugural-Dissertation."

32. Kellner, Menachem. "Gersonides, Providence, and the Rabbinic Tradition," *Journal of the American Academy of Religion* 42 (1974): 673-85.

An argument to the effect that Gersonides' views on providence are inconsistent with mainstream rabbinic positions, despite Gersonides' attempts to prove their congruity.

33. Kellner, Menachem. "Gersonides and His Cultured Despisers: Arama and Abravanel," *Journal of Medieval and Renaissance Studies* 6 (1976): 269-96.

Critical survey of theological responses to Gersonides and an argument to the effect that his naturalistic account of miracles fails to satisfy the theological demands he makes upon it.

34. Kellner, Menachem. "Maimonides and Gersonides on Mosaic Prophecy," *Speculum* 52 (1977): 62-79.

Gersonides' philosophic account of revelation is shown to be inconsistent with his claim that the Torah is immutable.

35. Kellner, Menachem. "Gersonides on Miracles, the Messiah, and Resurrection," *Da^cat* 4 (1980): 5-34.

Gersonides' traditionalist account of Messiah and resurrection cannot be supported by his philosophic account of providence and miracles.

36. Kellner, Menachem. "Gersonides on the Problem of Volitional Creation," *HUCA* 51 (1980): 111-28.

Gersonides' account of God's will and miracles does not make possible immutable revelation, as he maintains.

37. Kellner, Menachem. "Maimonides and Gersonides on Astronomy and Metaphysics," in S. Kottek and F. Rosner (eds.), *Moses Maimonides as Physician, Scientist and Philosopher* (New York: Jason Aronson, in press).

The views of Maimonides and Gersonides on the perfectiblity of the sciences contrasted.

38. Klein-Braslavy, Sara. "Gersonides on Determinism, Possibility, Choice, and Foreknowledge," *Da^cat* 22 (1989): 5-53 (Hebrew).

Gersonides' discussion of astral determinism, choice and possibility, and divine and human (especially prophetic) foreknowledge, in *Wars of the Lord* and in his supercommentary to Averroes' Epitome of the *Parva naturalia*, II. 3, showing the dependence of the epistemological level (foreknowledge) on the ontological (determinism, choice, and possibility); Gersonides' discussion situated in its broader Jewish and Christian context.

39. Kreisel, Haim (Howard). "Veridical Dreams and Prophecy in the Philosophy of Gersonides," *Da^cat* 22 (1989): 73-84 (Hebrew).

Gersonides' distinction of prophecy from veridical dreams examined and situated in the context of Arabic philosophy.

40. Langermann, Tzvi Y. "Gersonides on the Magnet and the Heat of the Sun," Gad Freudenthal (ed.), *Studies on Gersonides—A Fourteenth-Century Jewish Philosopher-Scientist* (Leiden: Brill, 1992): 267-84.

41. Lasker, Daniel L. ''Gersonides on Dreams, Divination, and Astronomy,'' *Proceedings of the Eighth World Congress of Jewish Studies, Division C* (Jerusalem: World Union of Jewish Studies, 1982): 47-52.

Gersonides' credulity towards exempla compared with R. Solomon ben Adret's skepticism.

42. Manekin, Charles. ''Problems of 'Plenitude' in Maimonides and Gersonides,'' Ruth Link-Salinger *et al.* (eds.), *A Straight Path—Studies in Medieval Philosophy and Culture: Essays in Honor of Arthur Hyman* (Washington: Catholic University of America Press, 1988): 183-94.

Maimonides and Gersonides both accept the principle of plenitude (''no genuine possiblity can remain forever unrealized''), but they restrict its application and in two cases anticipate problems of logic raised by modern interpreters of Aristotle.

43. Manekin, Charles. ''Logic and its Applications in the Philosophy of Gersonides,'' G. Dahan (ed.), *Gersonide en son temps* (Louvain: Peeters 1991): 133-49.

Passages in Gersonides' logical writings are used to illuminate some of his philosophical doctrines; in particular, Gersonides is shown to have adopted Averroes' interpretation of the universal (according to which, in modern terms, the relationship of species to genus is conceived in similar ways as that of sub-class to class) and is further shown not to have denied existential import to universal affirmations.

44. Manekin, Charles. ''Gersonides: Logic, Sciences, and Philosophy,'' Gad Freudenthal (ed.), *Studies on Gersonides—A Fourteenth-Century Jewish Philosopher-Scientist* (Leiden: Brill, 1992): 285-303.

45. Möbuss, Susanne. *Die Intellektlehre des Levi ben Gerson in ihrer Beziehung zur christlichen Scholastik* (Frankfurt/M., Bern, New York, Paris: Peter Lang, 1991).

This book argues that Gersonides' theory of the intellect reveals Ockhamist influences, which contrast with its overall Averroist thrust.

46. Nehorai, Michael. ''Crescas' Polemics with Gersonides,'' M. Hallamish (ed.), *Bar Ilan: Annual of Bar Ilan University* 22-23 (1987): 239-59 [= Moshe Schwarcz Memorial Volume] (Hebrew).

It is claimed that Crescas' critiques of Gersonides are often based on positions that Gersonides did not actually hold.

47. Nehorai, Michael. "Maimonides and Gersonides: Two Approaches to the Nature of Providence," *Da^cat* 20 (1988): 51-64 (Hebrew).

The author claims that Gersonides' theory of providence, unlike that of Maimonides, is fully consistent in form and content with accepted Biblical/Rabbinic views.

48. Pines, Shlomo. "Scholasticism after Thomas Aquinas and the Teachings of Hasdai Crescas and His Predecessors," *Proceedings of the Israel Academy of Sciences and Humanities* 1, no. 10 (1966): 1-101. Hebrew translation in Pines, *Studies in the History of Jewish Philosophy: The Transmission of Texts and Ideas* (= *Bein Maḥshevet Yisrael le-Maḥshevet he-Amim*) (Jerusalem: Bialik Institute, 1977): 178-262.

The influence of Latin scholastic philosophy on Gersonides, Bedersi, and Crescas and of Gersonides on Crescas. Specific discussions of Gersonides on determinism, God's knowledge of future contingents, and the 'now'. Conclusion: Gersonides' awareness of Latin scholastic thought was significant, "but it is not a decisive factor in the formation of his philosophic system; for he was too immersed in the Arabic-Jewish Aristotelian tradition." In this Gersonides is opposed to Crescas, for whom Latin scholasticism is shown to have had a decisive influence.

49. Pines, Shlomo. "Saint Thomas et la pensée juive médiévale: quelques notations," in G. Verbeke and D. Verhelst (eds.), *Aquinas and Problems of his Time* (Louven: University Press and The Hague: Martinus Nijhoff, 1976): 118-29.

Pp. 126-8 on the influence of Thomistic conceptions on Gersonides.

50. Pines, Shlomo. "Appendix: Problems in the Teachings of Gersonides," appended to "On Certain Subjects Included in the Book Ezer ha-Dat by Isaac Polkar and Parallels to them in Spinoza," in *Meḥqarim be-Qabbalah, be-Philosophiah Yehudit, u-ve-Safrut ha-Mussar ve-he-Hagut, Mugashim li-Yeshaiyah Tishbi* (Jerusalem: Magnes Press, 1986): 447-57 (Hebrew).

An argument to the effect that Latin scholasticism formed an integral part of "the natural historic context" of Gersonides' thought and a criticism of opposing views.

51. Pines, Shlomo. "Note sur la métaphysique et sur la physique de Gersonide," G. Dahan (ed.), *Gersonide en son temps* (Louvain: Peeters, 1991): 179-83.

52. Rudavsky, Tamar. "Individuals and the Doctrine of Individuation in Gersonides," *The New Scholasticism* 56 (1982): 30-50.

An argument to the effect that Gersonides' theory of individuals may have been influenced by Scotist doctrines and that at the very least his argument shows that he was aware of scholastic discussions relating to the doctrine of individuals.

53. Rudavsky, Tamar. "Divine Omniscience and Future Contingents in Gersonides," *Journal of the History of Philosophy* 21 (1983): 513-36.

This paper concludes "that without a coherent theory of conditionals, Gersonides' theory of prophecy is seriously jeapordized, and without an account of prophetic statements, God's inability to know future contingent events does appear to be a severe limitation upon his omniscience."

54. Rudavsky, Tamar. "Divine Omniscience, Contingency and Prophecy in Gersonides," in Tamar Rudavsky (ed.), *Divine Omniscience and Omnipotence in Medieval Philosophy* (Dordrecht: D. Reidel, 1985): 161-81.

A discussion of the "implications of Gersonides' theory of divine omniscience," with particular reference "to the difficulties Gersonides has in reconciling a theory of prophecy with an indeterminist scheme according to which God has no foreknowledge of future contingents."

55. Rudavsky, Tamar. "Creation, Time and Infinity in Gersonides," *Journal of the History of Philosophy* 26 (1988): 25-44.

An examination of Gersonides' theory of time and the infinite as developed against his views on creation, concluding that "Gersonides' discussion of time and the continuum is both a sophisticated and noteworthy attempt to resolve problems which to this day plague philosophers."

56. Rudavsky, Tamar. "Creation and Time in Maimonides and Gersonides," in David B. Burrell and Bernard McGuin (eds.), *God and Creation: An Ecumenical Symposium* (Notre Dame: Notre Dame University Press, 1990): 122-46.

Gersonides is portrayed as subscribing to the Aristotelian conception of time as the number or measure of motion in a moving body, with the qualification that as a manifestation of quantity, which is invariably finite, time cannot be infinite. It must have been generated instantaneously at some point not preceded by past time, although not necessarily *ex nihilo*. From here it is concluded that Gersonides adopts a compromise position, a version of the theory of eternal creation: Gersonides' version is that the world had a temporal beginning out of a preexistent matter. This article was followed by a "Response" by Barry Kogan (pp. 147-53), from which the above description is derived; Kogan's response deals almost exclusively with Maimonides.

57. Rudavsky, Tamar. "Individuals and Individuation in the Thought of Gersonides," G. Dahan (ed.), *Gersonide en son temps* (Louvain: Peeters, 1991): 185-97.

58. Samuelson, Norbert. "On Knowing God: Maimonides, Gersonides, and the Philosophy of Religion," *Judaism* 18 (1969): 64-77.

Explication of Gersonides' rejection of Maimonides' claim that knowledge of God is impossible through an analysis of passages from *Wars of the Lord* III.2 and 3.

59. Samuelson, Norbert. "Philosophic and Religious Authority in the Thought of Maimonides and Gersonides," *CCAR Journal* (October, 1969): 31-43.

Contra Husik, who claimed that Maimonides had a "truer theological sense" than did Gersonides, it is argued here that both thinkers were committed to the same methodology for settling disputes between philosophy and religion; Gersonides was simply the more consistent of the two.

60. Samuelson, Norbert. "The Problem of Free-Will in Maimonides, Gersonides, and Aquinas," *CCAR Journal* (January, 1970): 2-20.

Gersonides' views compared with those of Maimonides and Aquinas; passages from *Wars of the Lord* II.2 and IV.5 explicated.

61. Samuelson, Norbert. "Gersonides' Account of God's Knowledge of Particulars," *Journal of the History of Philosophy* 10 (1972): 399-416.

Gersonides is forced to adopt the prima facie untenable claim that what we ordinarily call knowledge of individuals is not really knowledge.

62. Samuelson, Norbert. "The Problem of Future Contingents in Medieval Jewish Philosophy," *Studies in Medieval Culture* 6/7 (1976): 71-82.

Analysis of Gersonides' discussion of future contingents in *Wars of the Lord* III.2.

63. Samuelson, Norbert. "Gersonides' Place in the History of Philosophy," Byron L. Sherwin and Michael Carasik (eds.), *The Solomon Goldman Lectures 5* (Chicago: Spertus College of Judaica Press, 1990): 105-18.

An assessment of Gersonides' importance in the history of Western philosophy, both in terms of his influence (through Crescas and Spinoza on Kant and Hegel) and the importance of his discussion of divine attributes for contemporary "God talk."

64. Samuelson, Norbert. "The Role of Elements and Matter in Gersonides' Cosmogony," G. Dahan (ed.), *Gersonide en son temps* (Louvain: Peeters, 1991): 199-233.

65. Silverman, David. "Dreams, Divination, and Prophecy: Gersonides on the Problem of Precognition," *The Samuel Friedland Lectures: 1967-1974* (New York: Jewish Theological Seminary of America, 1974): 99-120.

Summary of *Wars of the Lord*, Treatise II.

66. Silverman, David. "Some Remarks of Gersonides Concerning Prophecy," Arthur A. Chiel (ed.), *Perspectives on Jews and Judaism: Essays in Honor of Wolfe Kelman* (New York: Rabbinical Assembly, 1978): 395-408.

Gersonides' account of prophecy illuminated by reference to his supercommentary to Averroes' Epitome of the *Parva naturalia*; the relationship of miracles to prophecy.

67. Sirat, Colette. *Les théories de vision surnaturelle dans la pensée juive du moyen-âge* (Leiden: Brill, 1969): 166-74.

Outline of Gersonides' views on prophecy.

68. Staub, Jacob. *The Creation of the World According to Gersonides* (Chico, CA: Scholars Press, 1982) (Brown Judaic Studies no. 24).

Detailed study of Gersonides' account of creation, based on Treatises I and VI of the *Wars* and on Gersonides' commentary on Genesis.

69. Staub, Jacob. "Maimonides and Gersonides on the Purpose of the Supralunar World," *Proceedings of the Eighth World Congress of Jewish Studies, Division C* (Jerusalem: World Union of Jewish Studies, 1982): 245-59.

Explanation of Gersonides' disagreement with Maimonides over whether the heavenly bodies can act for the sake of human beings.

70. Staub, Jacob. "Gersonides and Contemporary Theories on the Beginning of the Universe," David Novak and Norbert Samuelson (eds.), *Creation and the End of Days: Judaism and Scientific Cosmology* (Lanham, MD.: University Press of America, 1986): 245-59.

Similarities between Gersonides' cosmology and that of contemporary physics.

71. Teicher, Jacob. "Studi preliminari sulla dottrina della conoscenza di Gersonide," *Rendiconte della Reale Accademia Nazionale dei Lincei* (*Classe di Scienzi Morale, Storiche e Filologiche*), 6th series (1932): 500-10.

72. Touati, Charles. *La pensée philosophique et théologique de Gersonide* (Paris: Les Editions de Minuit, 1973).

Comprehensive account of Gersonides' life, writings, thought, and influence. The overwhelming bulk of the book (pp. 98-537) deals with Gersonides' philosophy.

73. Touati, Charles. "*Theoria* et *praxis* dans l'éthique de Gersonide," G. Dahan (ed.), *Gersonide en son temps* (Louvain, Peeters, 1991): 151-8.

74. Ventura, Moise. "Belief in Providence According to Gersonides," *Minḥah le-Avraham* [*Abraham Elmaleh Festschrift*] (Jerusalem, 1959): 12-21 (Hebrew).

Summary of Gersonides on providence.

75. Weil, Isidore. *Philosophie religieuse de Lévi-ben-Gerson* (Paris: Chez Lagrange, 1868).

A summary of the *Wars*.

76. Wolfson, Harry A. "Maimonides and Gersonides on Divine Attributes as Ambiguous Terms," *Mordecai M. Kaplan Jubilee Volume* (New York: Jewish Theological Seminary of America, 1945): 515-30. Reprinted in Wolfson, *Studies in the History of Philosophy and Religion,* Vol. Two, edited by Isadore Twersky and George H. Williams (Cambridge: Harvard University Press, 1977): 231-46.

"In this paper, confining ourselves to the problem of whether divine attributes are to be taken as equivocal or ambiguous terms, we have tried to show that Maimonides' interpretation of divine attributes as equivocal terms is unique in the history of philosophy, that Moslem philosophers take them to be ambiguous terms, and that Gersonides has adopted this view of the Moslem philosophers in opposition to that of Maimonides."

VII. Science

A. Astronomy and Astrology

NOTE: *Wars of the Lord*, Treatise V, part i constitutes Gersonides' *Astronomy* and is sometimes referred to as such in the literature on Gersonides.

1. Barker, Peter and Bernard R. Goldstein, "The Role of Comets in the Copernican Revolution," *Studies in the History and Philosophy of Science* 19 (1988): 299-319.

Gersonides' cometary theory and observations are put in the context of other such medieval reports.

2. Beaujouan, Guy. "Les orientations de la science latine au début du XIVe siècle," Gad Freudenthal (ed.), *Studies on Gersonides—A Fourteenth-Century Jewish Philosopher-Scientist* (Leiden: Brill, 1992): 71-80.

3. Curtze, Maximilian. "Die Abhandlung des Levi ben Gerson ueber Trigonometrie und den Jacobstab," *Bibliotheca Mathematica* (n.s.) 12 (1898): 97-112.

Contains a German translation (from the Latin) of portions of Gersonides' *De sinibus, chordis, et arcubus,* one of the first European writings on trigonometry (this text is part of *Wars of the Lord* V.i) and material on Gersonides' Jacob Staff.

4. Duhem, Pierre. *Le système du monde* (Paris: Hermann, 1954), Vol. 4, pp. 38-41 and Vol. 5, pp. 201-29.

A brief account of Gersonides' astronomy, astrology, and philosophy.

5. Freudenthal, Gad. "Levi ben Gershom as a Scientist: Physics, Astrology, and Eschatology," *Proceedings of the Tenth World Congress of Jewish Studies,* Division C, Vol. 1: *Jewish Thought and Literature* (Jerusalem: World Congress of Jewish Studies, 1990): 65-72.

Shows that Gersonides' astrology "was founded on the best contemporary science;" Gersonides' "vision of mankind as influenced by the stars" is shown to relate to "his ideas of human freedom of choice and his eschatological views."

6. Goldstein, Bernard R. "Preliminary Remarks on Levi ben Gerson's Contributions to Astronomy," *Proceedings of the Israel Academy of Sciences and Humanities* 3 (1969): 239-54. Also published in Hebrew: "Al Terumato shel R. Levi ben Gershom le-Astronomiyah," *Divrei ha-Aqademiyah ha-Le'umit ha-Yisraelit le-Mada*ᶜ*im* 4 (1970): 174-85.

A brief account of Gersonides' astronomy, emphasizing his discussions of astronomical instruments and theories.

7. Goldstein, Bernard R. "Some Medieval Reports of Venus and Mercury Transits," *Centaurus* 14 (1969): 49-59. Reprinted in Goldstein, *Theory and Observation in Ancient and Medieval Astronomy* (London: Variorum Reprints, 1985).

P. 54: a translation of a passage from *Wars* V.i, chapt. 133, discussing a Venus transit reported by Averroes.

8. Goldstein, Bernard R. *Al-Biṭrūjī: On the Principles of Astronomy,* Vol. 1 (New Haven: Yale University Press, 1971).

Pp. 40-43 contain a discussion of criticisms of al-Biṭrūjī's astronomical models which appear in *Wars* V.i, chapts. 40-41.

9. Goldstein, Bernard R. "Theory and Observation in Medieval Astronomy," *Isis* 63 (1972): 39-47. Reprinted in Goldstein, *Theory and Observation in Ancient and Medieval Astronomy* (London: Variorum Reprints, 1985).

Goldstein presents Gersonides' unusual view (by medieval standards) that astronomical theories should be tested by observation and that where agreement between observation and theory is poor, the theory should be discarded.

10. Goldstein, Bernard R. "Levi ben Gerson's Preliminary Lunar Model," *Centaurus* 18 (1974): 275-88. Reprinted in Goldstein, *Theory and Observation in Ancient and Medieval Astronomy* (London: Variorum Reprints, 1985).

An account of Gersonides' preliminary lunar model, which he later replaced.

11. Goldstein, Bernard R. *The Astronomical Tables of Levi ben Gerson* (= *Transactions of the Connecticut Academy of Arts and Sciences,* Vol. 45) (Hamden, Conn.: Archon Books, 1974).

An edition, with commentary, of all trigonometrical and astronomical tables, in *Wars* V.i, published for the first time.

12. Goldstein, Bernard R. "Levi ben Gerson's Analysis of Precession," *Journal for the History of Astronomy* 6 (1975): 31-41. Reprinted in Goldstein, *Theory and Observation in Ancient and Medieval Philosophy* (London: Variorum Reprints, 1985).

Translation, with commentary, of *Wars* V.i, chapt. 61, concerning Gersonides' derivation of precession by comparing his own observations with those in Ptolemy's *Almagest.*

13. Goldstein, Bernard R. "Astronomical and Astrological Themes in the Philosophical Works of Levi ben Gerson," *Archives internationales d'histoire des sciences* 26 (1976): 221-24. Reprinted in Goldstein, *Theory and Observation in Ancient and Medieval Astronomy* (London: Variorum Reprints, 1985).

A brief account of Gersonides' views on astronomy, astrology, and miracles in the Bible.

14. Goldstein, Bernard R. "Levi ben Gerson: On Instrumental Errors and the Transversal Scale," *Journal for the History of Astronomy* 8 (1977): 102-112.

An account of *Wars* V.i, chapt. 12 in which Gersonides applies the transversal scale to the astrolabe, and discusses the errors in taking stellar altitudes with this instrument.

15. Goldstein, Bernard R. "Medieval Observations of Solar and Lunar Eclipses," *Archives internationales d'histoire des sciences* 29 (1979): 101-56. Reprinted in Goldstein, *Theory and Observation in Ancient and Medieval Astronomy* (London: Variorum Reprints, 1985).

A translation, with commentary, of *Wars* V.1, chapts. 80 and 100, in which are described Gersonides' observations and analyses of four solar and six lunar eclipses.

16. Goldstein, Bernard R. "The Status of Models in Ancient and Medieval Astronomy," *Centaurus* 24 (1980): 132-47.

Gersonides' attitude towards astronomical models is placed in the context of the views expressed by ancient and medieval astronomers.

17. Goldstein, Bernard R. "Star Lists in Hebrew," *Centaurus* 28 (1985): 185-208.

The relationship of Gersonides' short list of stars to other such lists in Hebrew and Arabic.

18. Goldstein, Bernard R. "Levi ben Gerson's Theory of Planetary Distances," *Centaurus* 29 (1986): 272-313.

Translation, with commentary, of *Wars* V.i, chapts. 130 and 131, concerning a new theory of planetary distances. The notion of a "fluid" layer between the planetary spherical shells allows for much greater distances than those in Ptolemy's *Planetary Hypotheses*.

19. Goldstein, Bernard R. ''Preliminary Remarks on Levi ben Gerson's Cosmology,'' David Novak and Norbert Samuelson (eds.), *Creation and the End of Days: Judaism and Scientific Cosmology* (Lanham, MD.: University Press of America, 1986): 261-76.

A translation, with commentary, of *Wars* V.i, chapt. 29, concerning the order of the planetary spheres.

20. Goldstein, Bernard R. ''A New Set of Fourteenth-Century Planetary Observations,'' *Proceedings of the American Philosophical Society* 132 (1988): 371-99.

A translation, with commentary, of *Wars* V.i, chapts. 46, 109, 113, 117, and 122, which texts include forty five planetary observations, a very extensive list by medieval standards.

21. Goldstein, Bernard R. ''Galileo's Account of Astronomical Miracles in the Bible: A Confusion of Sources,'' *Nuncius* 5 (1990): 3-16.

An account of Gersonides' discussion of astronomical miracles in the Bible in the context of other ancient and medieval discussions of them.

22. Goldstein, Bernard R. and David Pingree, *Levi ben Gerson's Prognostication for the Conjunction of 1345* in *Transactions of the American Philosophical Society* Vol. 80, part 6 (1990). 60 pp.

Editions of the Hebrew and Latin versions, with translations, of Gersonides' only known astrological treatise. A commentary includes discussions of the astronomical computations in this text, and of its relationship to astrological history, particularly the theory reported by Abraham ibn Ezra. It is also argued that Iohannes de Muris (fl. ca. 1320-1350) alluded to this treatise in his own discussion of the astrological meaning of this planetary conjunction. The date of Gersonides' death (April 20, 1344) is reported in the colophon to the Latin version of this text (and nowhere else).

23. Goldstein, Bernard R. ''Levi ben Gerson: On Astronomy and Physical Experiments,'' in S. Unguru (ed.), *Cosmology and Astronomy,* 1300-1700: *Tension and Accomodation* (= *Boston Studies in the Philosophy of Science*, vol. 126) (Dordrecht: Kluwer, 1991): 75-82.

Consideration of Gersonides' experiment for locating the center of vision in the eye and his experiment for explaining the size and shape of the image seen with the camera obscura; similarities to Kepler's discussion of the same topics are noted.

24. Goldstein, Bernard R. "Levi ben Gerson's Astrology in Historical Perspective," G. Dahan (ed.), *Gersonide en son temps* (Louvain: Peeters, 1991): 287-300.

25. Goldstein, Bernard R. "Levi ben Gerson's Contributions to Astronomy," Gad Freudenthal (ed.), *Studies on Gersonides—A Fourteenth-Century Jewish Philosopher-Scientist* (Leiden: Brill, 1992): 3-19.

26. Guenther, Siegmund. "Die erste Anwendung des Jakobsstabes zur geographischen Ortsbestimmung," *Bibliotheca Mathematica* (n.s.) 4 (1890): 73-80.

27. Hugonnard-Roche, Henri. "Problèmes méthodologiques dans l'astronomie au début du XIVe siècle," Gad Freudenthal (ed.), *Studies on Gersonides—A Fourteenth-Century Jewish Philosopher-Scientist* (Leiden: Brill, 1992): 55-70.

28. Langermann, Y. Tzvi. "An Unknown Astronomical Treatise by Levi ben Gershom," *Kiryat Sefer* 59 (1984), p. 636 (Hebrew).

This treatise, *Ḥug ha-Shamayim,* describes an astronomical instrument, the armillary sphere, distinct from the Jacob Staff; also includes a short star list for 1325 (on which see Bernard R. Goldstein, "Star Lists in Hebrew," *Centaurus* 28 (1985): 185-208, pp. 199-202).

29. Mancha, José Luis. "Egidius of Baisiu's Theory of Pinhole Images," *Archive for History of Exact Sciences* 40 (1989): 1-36.

On pp. 29-31 Mancha compares Gersonides' study of pinhole images in *Wars* V.1 with that of his contemporary Egidius in a text published here for the first time. Mancha also notes that the two Latin versions of *Wars* V.i differ only slightly and were composed by the same translator, Petrus of Alexandria, and not by two independent translators as has sometimes been supposed.

30. Mancha, José Luis. "The Latin Translation of Levi ben Gerson's *Astronomy*," Gad Freudenthal (ed.), *Studies on Gersonides: A Fourteenth-Century Jewish Philosopher-Scientist* (Leiden: Brill, 1992): 21-46.

31. Marx, Alexander. "The Scientific Work of Some Outstanding Medieval Jewish Scholars," Israel Davidson (ed.), *Essays and Studies in Memory of Linda R. Miller* (New York: Jewish Theological Seminary, 1938): 117-170.

Overview of Gersonides' mathematics and astronomy on pp. 153-60.

32. Poulle, Emmanuel. "L'astronomie latine au XIVe siècle," G. Dahan (ed.), *Gersonide en son temps* (Louvain: Peeters, 1991): 253-64.

33. Roche, J. J. "The Radius Astronomicus in England," *Annals of Science* 38 (1981): 1-32.

Pp. 3-9 on Gersonides' astronomical invention, the Jacob Staff.

34. Romano, David. "L'apport arabe dans l'œuvre scientifique de Gersonide," G. Dahan (ed.), *Gersonide en son temps* (Louvain: Peeters, 1991): 265-85.

35. Sarton, George. *Introduction to the History of Science,* Vol. III, pt. 1 (Washington: Carnegie Institute, 1947).

Pp. 594-607, give an overview, now largely outdated, of Gersonides' scientific work.

36. Sezgin, Fuat. *Geschichte des arabischen Schrifttums*, Band 6: *Astronomie* (Leiden: Brill, 1978).

Sezgin, pp. 53ff., places Gersonides among medieval critics of Ptolemy, and relates his work to treatises written in Arabic.

37. Steinschneider, Moritz. "Levi ben Gerson und der Baculus Jacobi," *Bibliotheca Mathematica* 4 (1890), p. 107. Reprinted in Steinschneider's *Gesammelte Schriften,* Vol. I (Berlin, 1925), p. 270.

38. Thorndike, Lynn. *A History of Magic and Experimental Science,* Vol. III (New York: Columbia University Press, 1934).

A discussion, on pp. 303-11, of Gersonides' astrological treatise based on the Latin manuscripts.

B. Mathematics

1. Carlebach, Joseph. *Lewi ben Gerson als Mathematiker* (Berlin: J. Lamm, 1910). Reprint: Miriam Gillis Carlebach (ed.), *Joseph Carlebach: Ausgewaehlte Schriften,* Vol. Two (Hildesheim: Georg Olms, 1982): 713-952.

Contains: biographical study of Gersonides, the Latin (and only surviving) text of Gersonides' *De numeris harmonicis,* and German translation of selections from Gersonides' *Maᶜaseh Ḥoshev.*

2. Chemla, Karine and Serge Pahaut, "Remarques sur les ouvrages mathématiques de Gersonide," Gad Freudenthal (ed.), *Studies on Gersonides—A Fourteenth-Century Jewish Philosopher-Scientist* (Leiden: Brill, 1992): 149-191.

3. Curtze, Maximilian. "Die Abhandlung des Levi ben Gerson ueber Trigonometrie und den Jacobstab," *Bibliotheca Mathematica* (n.s.) 12 (1898): 97-112.

Contains a German translation (from the Latin) of Gersonides' *De sinibus, chordis, et arcubus,* one of the first European writings on trigonometry. This text is part of *Wars of the Lord* V.i.

4. Curtze, Maximilian. "Urkunden zur Geschichte der Trigonometrie im christlichen Mittelalter," *Bibliotheca Mathematica* (3rd series) 1 (1900): 321-416.

Further portions of *De sinibus* . . . translated into German.

5. Curtze, Maximilien. "Die Dunkelkammer," *Himmel und Erde* 13 (1901): 225-36.

Contains a German translation of portions of *De sinibus* . . .

6. Espenshade, Pamela. "A Text on Trigonometry by Levi ben Gerson," *The Mathematics Teacher* 60 (1967): 628-37.

Portions of *De sinibus* . . . translated into English.

7. Lange, Gerson. *Sefer Maassei Choscheb. Die Praxis des Rechners. Ein hebraeisch-arithmetisches Werk des Levi ben Gerschom aus dem Jahre* 1321 (Frankfurt am Main: Louis Golde, 1909).

Edition of *Ma^caseh Ḥoshev* with German translation, preceded by a 14 page introduction.

8. Lévy, Tony. "Gersonide, commentateur d'Euclide: Traduction annotée de ses gloses sur les *Eléments*," Gad Freudenthal (ed.), *Studies on Gersonides—A Fourteenth-Century Jewish Philosopher-Scientist* (Leiden: Brill, 1992): 83-147.

9. Lindberg, David C. "The Theory of Pinhole Images in the Fourteenth Century," *Archive for History of the Exact Sciences* 6 (1970): 299-328.

10. Mancha, José Luis. "Egidius of Baisiu's Theory of Pinhole Images," *Archive for History of Exact Sciences* 40 (1989): 1-36.

Gersonides' contributions to optical theory are compared with other medieval writings on the subject, pp. 29-31.

11. Marx, Alexander. "The Scientific Work of Some Outstanding Medieval Jewish Scholars," Israel Davidson (ed.), *Essays and Studies in Memory of Linda R. Miller* (New York: Jewish Theological Seminary, 1938): 117-170.

Overview of Gersonides' mathematics and astronomy on pp. 153-60.

12. Polski, Joseph. "Fragment of the Commentaries [in Hebrew] on Euclid Concerning Parallel Lines," *Istoriko-matematitcheskie Issledovaniya* [= Historico-Mathematical Researches] 11 (1958): 763-82 (Russian).

Russian translation of Gersonides on Euclid's fifth (parallel) postulate; cf. Rosenfeld, 1958 and 1976 and Pont, 1986 (all in this section).

13. Pont, Jean-Claude. *L'Aventure des parallèles. Histoire de la géométrie non euclidienne: Précurseurs et attardés* (Bern/Frankfurt/New York: Peter Lang, 1986).

Pp. 188-91 give a brief account of Gersonides' attempts to prove Euclid's fifth (parallel) postulate, following Rosenfeld, 1958. Cf. also Rosenfeld, 1976.

14. Rabinovitch, Nachum L. "Rabbi Levi ben Gershon and the Origins of Mathematical Induction," *Archive for History of Exact Sciences* 6 (1970); 237-48.

Survey of Gersonides' contributions to mathematics and argument that Gersonides is the earliest known mathematician to have used the technique of mathematical induction in a systematic and self-conscious fashion.

15. Rabinovitch, Nachum L. *Probability and Statistical Inference in Ancient and Medieval Jewish Literature* (Toronto: University of Toronto Press, 1973): index, s.v., "Levi ben Gershon."

16. Rabinovitch, Nachum L. "Early Antecedents of Error Theory," *Archive for History of Exact Sciences* 13 (1974): 348-58.

Gersonides' anticipation of Galileo's error theory; contains discussions of Gersonides' commentaries to Proverbs 19:28, 16:13-14, and 27:23.

17. Rosenfeld, B. A. "The Proofs of Euclid's Fifth Postulate by the Mathematicians Ibn al-Haitham and Gersonides," *Istorikomatematitcheskie Issledovaniya* [= Historico-Mathematical Researches] 11 (1958): 733-90 (Russian).

18. Rosenfeld, B. A. *Istoriia Neevklidovoi Geometrii* (Moscow: Nauka, 1976) (Publication of the Russian Academy of Sciences, Institute for the History of Nature and Technology) (Russian). English translation: *A History of Non-Eculidean Geometry. Evolution of the Concept of a Geometric Space,* translated by A. Shenitzer, with the assistance of A. Grant (New York: Springer Verlag, 1988).

Pp. 86-91 of the Russian and pp. 109-12 of the English present a brief account of Gersonides' attempt to prove Euclid's fifth (parallel) postulate, noting similarities to analogous attempts by Arab mathematicians.

19. Sarfatti, Gad B. *Mathematical Terminology in Hebrew Scientific Literature in the Middle Ages* (Jerusalem: Magnes, 1968) (Hebrew).

Pp. 220-30 on Gersonides' mathematical usages; includes a detailed description of *Ma^caseh Ḥoshev*. Gersonides' mathematical terminology is shown not to be original, testifying to the existence of a received terminology; this received terminology is shown to be permeated with Arabisms.

20. Sarton, George. *Introduction to the History of Science,* Vol. III, pt. 1 (Washington: Carnegie Institute, 1947).

Pp. 594-607, give an overview, now largely outdated, of Gersonides' scientific work.

21. Sezgin, Fuat. *Geschichte des arabischen Schrifttums,* Band 5: *Mathematik* (Leiden: Brill, 1974).

On pp. 56-60 Gersonides' contributions to trigonometry and to the study of Euclid's parallel postulate are noted.

22. Steinschneider, Moritz. *Mathematik bei den Juden,* (Berlin/ Leipzig, 1893-99; Frankfurt, 1901; Hildesheim: Georg Olms, 1964).

Pp. 129-33 on Gersonides' mathematical works.

23. Werner, Eric and Isaiah Sonne. "The Philosophy and Theory of Music in Judeo-Arabic Literature" (Second Installment), Appendix II: "Concerning the Treatise *De numeris harmonicis* by Gersonides," *HUCA* 17 (1942-43): 564-72.

A study of *De numeris harmonicis* in the context of musical theory.

24. Werner, Eric. "The Mathematical Foundation of Philippe de Vitri's *Ars nova*," *Journal of the American Musicological Society* 9 (1956): 128-32.

The importance of Gersonides' *De numeris harmonicis* for the history of music theory.

C. Logic

1. Bertola, Ermenegildo. "Levi ben Gerson e la logica Arabo-Giudaica," *Pier Lombardo* 5 (1961): 55-68. Reprinted in Bertola, *Il Pensiero Ebraico: Studi e Ricerche* (Padova: Cedam, 1972).

Pp. 337-59 on Gersonides.

2. Manekin, Charles. "Preliminary Observations on Gersonides' Logical Writings," *PAAJR* 52 (1985): 85-113.

Comprehensive description of Gersonides' logical writings.

3. Manekin, Bezalel (Charles). "The Book *Sha^carei Ẓedeq* and its Attribution to Gersonides," *Alei Sefer* 14 (1987): 55-58 (Hebrew).

The author demonstrates that it is very unlikely that Gersonides is the author of *Shaᶜarei Ẓedeq*, a commentary on the thirteen hermeneutical principles of halakhic exegesis.

4. Manekin, Charles. "Problems of 'Plenitude' in Maimonides and Gersonides," Ruth Link-Salinger *et al.* (eds.), *A Straight Path—Studies in Medieval Philosophy and Culture: Essays in Honor of Arthur Hyman* (Washington: Catholic University of America Press, 1988): 183-94.

Maimonides and Gersonides both accept the principle of plenitude ("no genuine possiblity can remain forever unrealized"), but they restrict its application and in two cases anticipate problems of logic raised by modern interpreters of Aristotle.

5. Manekin, Charles. "Logic and Science in Gersonides," *Knowledge and the Sciences in Medieval Philosophy. Proceedings of the Eighth International Congress of Medieval Philosophy (S.I.E.P.M), Helsinki 24-29 August 1987* (Helsinki, 1990), Vol. II: 565-73.

6. Manekin, Charles. *The Logic of Gersonides: A Translation of the Sefer ha-Heqqesh ha-Yashar* (*Book of the Correct Syllogism*) (Dordrecht: Kluwer, 1992) (New Synthese Historical Library no. 40).

7. Rosenberg, Shalom. "Logic and Ontology in Jewish Philosophy in the Fourteenth Century," Ph.D. Dissertation (Hebrew University, 1973) (Hebrew).

Pp. 25-28, 78-81, and 214-35 contain references to Gersonides' contributions to logic.

8. Sinyor, Alan David. "Gersonides on the *Categories*," Ph. D. Diss. (Cambridge University, 1989).

A study of Gersonides' supercommentary on Averroes' Middle Commentary on Aristotle's *Categories*. This dissertation seeks to evaluate the supercommentary insofar as it relates to Gersonides' mature philosophical views as expressed in *Wars of the Lord*. For Gersonides, the *Categories* is not a part of logic, but a pre-scientific study of the extra-mental world which is prior to logic proper; doctrines discussed include the relation of substance to accident, the locus of differentia in the categorical scheme; the definition of place and its relation to space; and the nature of number. The dissertation includes a working translation of the supercommentary.

VIII. Influence

1. Berman, Lawrence. "Greek into Hebrew: Samuel ben Judah of Marseilles, Fourteenth-Century Philosopher and Translator," A. Altmann (ed.), *Jewish Medieval and Renaissance Studies* (Cambridge: Harvard University Press, 1967): 289-320.

Pp. 300-01: the criticism of Gersonides' logic by Samuel b. Judah and his student, Judah b. Isaac.

2. Bonfil, Reuven. "Introduction" to the facsimile edition of the Mantua ca. 1475 edition of Judah Messer Leon, *Nofet Ẓufim* (Jerusalem: Jewish National and University Library, 1981) (Hebrew).

Pp. 11, 16-18: sources concerning Judah Messer Leon's opposition to Gersonides' Commentary on the Bible.

3. Chabás, José. "L'influence de l'astronomie de Levi ben Gershom sur Jacob ben David Bonjorn," Gad Freudenthal (ed.), *Studies on Gersonides—A Fourteenth-Century Jewish Philosopher-Scientist* (Leiden: Brill, 1992): 47-54.

4. Dahan, Gilbert. "Les traductions latines médiévales des œuvres de Gersonide," G. Dahan (ed.), *Gersonide en son temps* (Louvain: Peeters, 1991): 329-68.

5. Feldman, Leon (ed.)."Introduction" to *Perush ha-Ran al ha-Torah* (Jerusalem: Shalem, 1968).

Pp. 84-87 on Gersonides' influence on the Bible commentaries of Rabbenu Nissim ben Reuven Gerondi.

6. Harvey, Warren Zev. "R. Hasdai Crescas and His Critique of Philosophic Happiness," *Proceedings of the Sixth World Congress of Jewish Studies* (Jerusalem: World Union of Jewish Studies, 1977), III: 143-49 (Hebrew).

Gersonides' doctrine on the type of knowledge which confers immortality briefly compared with that of Maimonides; Crescas' use of Gersonides' writings on this subject and his critique of them considered.

7. Husik, Isaac. *Judah Messer Leon's Commentary on the "Vetus Logica"* (Brill: Leiden, 1906)

Pp. 93-108 on Judah Messer Leon's critique of Gersonides as "the wise in his own eyes." Husik proves that it was Gersonides whom Messer Leon had in mind when he used the expression.

8. Kellner, Menachem. ''Gersonides and His Cultured Despisers: Arama and Abravanel,'' *Journal of Medieval and Renaissance Studies* 6 (1976): 269-96.

Gersonides' reputation and influence after his death described (pp. 269-73); critiques of Isaac Arama and Isaac Abravanel on Gersonides' account of the miracle in Joshua 10.

9. Néher, André. *David Gans (1541-1613): disciple du Maharal, assistant de Tycho Brahe et de Jean Kepler* (Paris: Klincksieck, 1974).

Pp. 276-8 on Kepler and Gersonides.

10. Parry, W. ''Quantification of the Predicate and Many-Sorted Logic,'' *Philosophy and Phenomenological Research* 26 (1966): 342-59.

Discusses (p. 358) Gersonides' doctrine of the quantification of the predicate (''every man is every rational'') and cites the interpretation of Sir William Hamilton thereon. Hamilton's citation of Gersonides is also discussed by John Stuart Mill in *An Examination of Sir William Hamilton's Philosophy* in *Collected Works of John Stuart Mill* Vol. 9 (Toronto: University of Toronto Press, 1979), p. 400.

11. Rabinowitz, Isaac. *The Book of the Honeycomb's Flow by Judah Messer Leon* (Ithaca: Cornell University Press, 1983).

Pp. xxi and xlix: sources and studies concerning Judah Messer Leon's opposition to Gersonides.

12. Steinschneider, Moritz. ''Zu Levi ben Gerson,'' *Magazin fuer die Wissenschaft des Judenthums* 16 (1889): 139-55.

Pp. 146-55 on references to Gersonides in later Jewish literature.

13. Tirosh-Rothschild, Hava. *Between Worlds: The Life and Thought of Rabbi David ben Judah Messer Leon* (Albany: SUNY Press, 1991).

Discussions of Judah Messer Leon's ban on the study of Gersonides commentary on the Torah (pp. 26, 221, and 249) and of David ben Judah Messer Leon's critique of Gersonides' view of miracles (p. 179).

14. Touati, Charles. *La pensée philosophique et théologique de Gersonide* (Paris: Les Editions de Minuit, 1973).

Pp. 541-59 on Gersonides' influence.

15. Wirszubski, Chaim. ''Giovanni Pico's Book of Job,'' *Journal of the Warburg and Courtauld Institutes* 32 (1969): 171-99.

Pico's extensive use of the (unpublished) Latin translation of Gersonides' commentary on Job. See also Wirszubski's *Pico Della Mirandola and his Encounter with Jewish Mysticism* (Cambridge: Harvard University Press, 1989): 157-58.

16. Wirszubski, Chaim. *Three Chapters in the History of Christian Kabbalah* [*Sheloshah Peraqim be-Toldot ha-Qabbalah ha-Nozerit*] (Jerusalem: Mosad Bialik, 1975): 11-27, 57-58 (Hebrew).

Influence of Gersonides' allegorical interpretation of Song of Songs on Pico.

IX. Varia

1. Provençal, Moses ben Abraham (1503-1575), *Responsa* [*She'elot u-Teshuvot Rabbenu Moshe Provenzalo*] (Jerusalem: Makhon Or ha-Mizrah/Makhon Jerusalem, 1989), edited by Abraham Joseph Yani.

Responsum number 1 (pp. 1-2) deals with a question concerning Gersonides' ''body which does not retain its shape.''

2. Sirat, Colette. ''La tradition manuscrite des *Guerres du Seigneur*,'' G. Dahan (ed.), *Gersonide en son temps* (Louvain: Peeters, 1991): 301-28.

3. Yoel, Yonatan. ''The Syntax of R. Levi ben Gershom's *Wars of the Lord*'' [Taḥbir Sefer Milḥamot ha-Shem le-R. Levi ben Gershom]. Ph.D. Dissertation (Hebrew University, 1971) (Hebrew).

A study of the peculiarities of Gersonides' Hebrew.

Index of Modern Editors of Gersonides in Section I

Index of Modern Translators of Gersonides in Section II

Index of Authors of Studies on Gersonides in Sections III-IX

THE CONTRIBUTORS

Guy Beaujouan, École pratique des hautes études, Section des sciences historiques et philologiques, 45 rue des Écoles, 75005 Paris, France.

José Chabás, Institut d'Estudis Catalans, Barcelona, Spain.

Karine Chemla, Centre national de la recherche scientifique (C.N.R.S.), "REHSEIS," 3, Square Bolivar, 75019 Paris, France.

Herbert A. Davidson, University of California, Department of Near Eastern Languages and Cultures, Los Angeles, 405 Hilgard Avenue, Los Angeles, California 90024-1511, U.S.A.

Gad Freudenthal, Centre national de la recherche scientifique (C.N.R.S.), Institut d'histoire des sciences, 13, rue du Four, 75006 Paris, France.

Amos Funkenstein, University of California, Department of History, Berkeley, California 94720, U.S.A.

Bernard R. Goldstein, University of Pittsburgh, Department of the History and Philosophy of Science, Pittsburgh, Pennsylvania 15260, U.S.A.

Henri Hugonnard-Roche, Centre national de la recherche scientifique (C.N.R.S.), Centre d'histoire des sciences et de la philosophie arabes, 9, rue Spontini, 75116 Paris, France.

Menachem Kellner, University of Haifa, Wolfson Chair of Jewish Thought, Haifa 31999, Israel.

Y. Tzvi Langermann, Institute of Microfilmed Hebrew Manuscripts, The Jewish National and University Library, P.O.B. 503, Jerusalem 91004, Israel.

Tony Lévy, Centre national de la recherche scientifique (C.N.R.S.), Centre d'histoire des sciences et de la philosophie arabes, 17 rue Auguste Comte, 92170 Vanves, France.

José Luis Mancha, Universidad de Sevilla, Departamento de filosofía, lógica y filosofía de la ciencia, 41005 Sevilla, Spain.

Charles H. Manekin, University of Maryland, Department of Hebrew and East Asian Languages, College Park, Maryland 20742, U.S.A.

Serge Pahaut, Université Libre de Bruxelles, Service de chimie physique II, Campus plaine, CP 231, 50 boulevard du Triomphe, 1050 Bruxelles, Belgium.

Anne-Marie Weil-Guény, Université Jean Moulin—Lyon III, "CATAB," 43 boulevard du 11 novembre 1918, 69622 Villeurbanne cedex, France.

INDEX OF PROPER NAMES

INDEX OF PROPER NAMES

Note: Names are given in their usual English forms. The names appearing in the bio-bibliographical appendices and those appearing in references only have not been included.

COLLECTION DE TRAVAUX DE L'ACADÉMIE INTERNATIONALE D'HISTOIRE DES SCIENCES

RÉDACTEUR EN CHEF
JOHN D. NORTH

Nouvelle série:

31. LEJEUNE, A. (ed.) *L'Optique de Claude Ptolémée dans la version latine d'après l'arabe de l'émir Eugène de Sicile*. Édition critique et exégétique augmentée d'une traduction française et de compléments. 1989. ISBN 90 04 09126 2
32. FREUDENTHAL, G. (ed.) *Études sur/Studies on Hélène Metzger*. 1990. ISBN 90 04 09210 2
33. MARTELS, Z.R.W.M. von (ed.) *Alchemy Revisited*. Proceedings of the International Conference on the History of Alchemy at the University of Groningen, 17-19 April 1989. 1990. ISBN 90 04 09287 0
34. OBRIST, B. (ed.) *Constantine of Pisa*. The Book of the Secrets of Alchemy. Introduction, Critical Edition, Translation and Commentary. 1990. ISBN 90 04 09288 9
35. NEWMAN, W.R. *The* Summa Perfectionis *of Pseudo-Geber*. A Critical Edition, Translation and Study. 1991. ISBN 90 04 09464 4
36. FREUDENTHAL, G. (ed.) *Studies on Gersonides*. A Fourteenth-Century Jewish Philosopher-Scientist. 1992. ISBN 90 04 09641 8

Still available of the "première série":

7. LABAT, R. *Traité akkadien de diagnostics et pronostics médicaux*. 1951. 2 vols. I. Transcription et traduction. II. Portefeuille. ISBN 90 04 01268 0
10. BODENHEIMER, F.S. *Animal and Man in Bible Lands*. 1. Text. 1960. ISBN 90 04 00264 2; 2. *Figures and Plates*. 1972. ISBN 90 04 03541 9
25. JAOUICHE, K. *Le Livre du Qarasṭūn Ṯābit ibn Qurra*. Étude sur l'origine de la notion de travail et du calcul du moment statique d'une barre homogène. 1976. ISBN 90 04 04727 1

E. J. BRILL — P.O.B. 9000 — 2300 PA LEIDEN — THE NETHERLANDS